"十四五"职业教育国家规划教材

互联网+教育改革新理念教材

中文版

AutoCAD 2016

室内装潢设计案例教程

主编 徐海峰 胡 洁 刘重桂

教·学
资 源

江苏大学出版社
JIANGSU UNIVERSITY PRESS
镇 江

内 容 提 要

　　本书通过多个家装和公装工程案例，系统、详细地讲解了使用 AutoCAD 2016 绘制室内装潢施工图的各种方法和技巧。全书共 9 章，内容涵盖 AutoCAD 2016 基础入门，常用绘图和编辑命令，室内设计制图基础知识，绘制家装施工图（上、下），绘制办公空间室内平面图、顶棚平面图和立面图，绘制宾馆大堂室内装潢施工图，以及绘制餐厅室内装潢施工图。

　　本书以精通为目标，以应用为主线，以案例为引导，深入浅出，详略得当，既可作为职业技术院校及各类培训学校的教材，也特别适合渴望使用计算机绘制室内装潢施工图的读者及相关行业从业人员自学使用。

图书在版编目（Ｃ Ｉ Ｐ）数据

　　中文版 AutoCAD 2016 室内装潢设计案例教程 / 徐海峰，胡洁，刘重桂主编. -- 镇江 ： 江苏大学出版社，2017.8（2023.7 重印）
　　ISBN 978-7-5684-0553-9

　　Ⅰ. ①中… Ⅱ. ①徐… ②胡… ③刘… Ⅲ. ①室内装饰设计－计算机辅助设计－AutoCAD 软件－教材 Ⅳ. ①TU238.2-39

　　中国版本图书馆 CIP 数据核字(2017)第 186057 号

中文版 AutoCAD 2016 室内装潢设计案例教程
Zhongwenban AutoCAD 2016 Shinei Zhuanghuang Sheji Anli Jiaocheng

主　　编 / 徐海峰　胡　洁　刘重桂
责任编辑 / 王　晶　吴昌兴
出版发行 / 江苏大学出版社
地　　址 / 江苏省镇江市京口区学府路 301 号（邮编：212013）
电　　话 / 0511-84446464（传真）
网　　址 / http://press.ujs.edu.cn
排　　版 / 三河市祥达印刷包装有限公司
印　　刷 / 三河市祥达印刷包装有限公司
开　　本 / 787 mm×1 092 mm　1/16
印　　张 / 20
字　　数 / 450 千字
版　　次 / 2017 年 8 月第 1 版
印　　次 / 2023 年 7 月第 9 次印刷
书　　号 / ISBN 978-7-5684-0553-9
定　　价 / 58.00 元

如有印装质量问题请与本社营销部联系（电话：0511-84440882）

随着社会的发展，传统的教学模式已难以满足毕业生就业的需求。一方面，大量的毕业生无法找到满意的工作；另一方面，用人单位感叹无法招到符合职位要求的人才。因此，从传统的偏重知识的传授转向注重学生职业技能的培养，并让学生有兴趣学习、轻松学习，已成为大多数高等院校，中、高等职业技术院校及培训学校的共识。

教育改革首先是教材的改革，为此，我们走访了众多院校，与许多教师探讨当前教育面临的问题和机遇，邀请具有丰富教学经验的一线教师编写了本书。

此外，为贯彻落实党的二十大精神，我们还结合中文版 AutoCAD 2016 室内装潢设计课程的教学内容，进一步修订了本书。

本书特色

1. 启智润心，立德铸魂

为落实立德树人、铸魂育人的根本任务，本书在每章前设有"素质目标"，在每章后设有"拓展园地"，将爱国主义情怀、中华优秀传统文化、工匠精神和创新精神等恰当地融入教材，潜移默化地进行思想教育、理论武装和价值引领，实现全面育人。

2. 校企合作，职业引领

本书涉及的原始框架图、平面布置图、地面材料图、原梁结构图、顶棚平面图、室内立面图、室内构造详图及开关、插座、水路布置图等，均来自室内装潢设计企业。另外，为了让读者在学会使用 AutoCAD 2016 绘制室内施工图的同时，还能了解行业知识，本书从第 4 章开始，在具体讲解每个案例的过程中，介绍了一些实用的室内装潢知识，如隔断墙体材料的选用、吊顶材料的选用，以及墙面和地面的设计等内容。

3. 全新理念，易教易学

作为一本"行业应用+软件"模式的教材，本书的最终目标是让读者掌握 AutoCAD 2016 的主要功能，同时学到实用的室内装潢知识。那么，如何才能让读者轻松掌握这些知识呢？答案就是动手做！让读者在做中学、学中做，边学边练，避免枯燥的讲解。

具体来讲，本书前两章主要讲解绘制室内装潢施工图的一些基本命令和基础知识，按照"命令讲解→典型案例→知识补充"的方式编排，即先简单讲解常用命令，然后通过典型案例及时练习和巩固所学命令，完成案例的绘制后，再对案例中涉及但前面没有讲解的知识进行归纳和补充。

讲解软件的命令时，根据命令的难易程度采用不同的讲解方式。例如，对于一些较难理解或掌握的命令，用举例子的方式进行讲解，方便教师上课时演示；对于一些简单的命令，只简单讲解或在绘制案例时讲解。

此外，在开始学习绘制室内装潢施工图时（第 4 章和第 5 章），先讲解室内装潢平面图、顶棚图、立面图和结构详图等主要内容及基本要素的画法，如平面图中墙体搭接处的画法、门窗画法等，使读者对所绘制图形有一定的了解，然后引入具体的绘图案例并介绍步骤，使读者能举一反三，而不是机械地根据案例绘图。

4．平台支撑，资源丰富

在"时间就是财富，效率就是竞争力"的今天，谁能快速、高效地学习，谁就能掌握主动权。为了方便读者高效、轻松地学习，本书将"互联网+"思维融入教材，读者可以借助手机或其他移动设备扫描本书中的二维码获取相关内容的微课视频，从而更方便地理解和掌握本书内容。此外，本书还配有优质课件等教学资源，读者可以登录文旌综合教育平台"文旌课堂"（www.wenjingketang.com）查看并下载。如果读者在学习过程中有什么疑问，也可登录该网站寻求帮助。

5．案例引导，快速精通

AutoCAD 软件有很多命令，如果对所有命令都进行一一介绍，无疑会花费大量时间，并且读者学完后也不能马上上手进行室内装潢设计。因此，本书从室内装潢施工图与 AutoCAD 应用的角度出发，有针对性地设计内容、结构和讲解方式。其中，本书前三章讲解绘制室内装潢施工图常用的 AutoCAD 命令和基础知识；后几章通过多个精心设计的、符合实际应用和教学需求的室内装潢设计典型案例，讲解具体的设计思路和绘图步骤，并在绘图步骤中穿插讲解重要的设计知识和命令应用技巧，从而让读者快速精通室内装潢设计和绘图。

本书创作团队

本书由徐海峰、胡洁、刘重桂担任主编，张泽同担任副主编。由于编者水平有限，书中难免存在疏漏与不当之处，敬请广大读者批评指正。

目录

第 1 章　AutoCAD 2016 基础入门

　　俗话说，识人先识面，学习软件也是如此。本章先熟悉 AutoCAD 2016 的"面孔"，然后学习 AutoCAD 中命令的执行方法、快速绘图技巧，以及用于精确绘图的辅助工具。在学习这些基本知识的过程中，我们安排了两个案例，并对绘制案例过程中需要用到的与视图操作相关的知识进行了补充讲解。通过绘制本章中的案例，读者将对使用 AutoCAD 绘图不再陌生……

第 2 章　常用绘图和编辑命令

　　在 AutoCAD 中，再复杂的室内装潢施工图也是由直线、圆、圆弧和多边形等基本图形元素组成的。可见，掌握基本图形元素的绘制方法是使用 AutoCAD 绘图的重要环节。本章主要介绍绘制室内装潢施工图时经常用到的命令，如直线、偏移、多线……

第 3 章　室内设计制图基础知识

室内设计图样是交流设计思想、传达设计意图的技术文件，是室内装修施工的依据，因此应该遵循统一的制图规范。对于没有经过常规制图训练的读者，在具体学习绘制室内装潢施工图之前，有必要先了解室内设计制图的基本要求和制图规范……

第4章　绘制家装施工图（上）

室内设计中最常见的设计项目莫过于普通住宅的室内设计，它是初学者快速入门的切入点。本章中，我们先简单介绍住宅建筑平面图和平面布置图的主要内容，以及平面布置图中墙体、门、窗、家具和地面等的画法，然后讲解如何利用 AutoCAD 2016 绘制住宅的建筑平面图和平面布置图……

第5章　绘制家装施工图（下）

紧接上章，本章继续介绍住宅的顶棚平面图、立面图和构造详图，以及开关、插座、水路等布置图的具体绘制步骤及方法。从本章开始，我们将逐步迈入室内设计绘图的殿堂，希望读者能够结合上章所学知识，从绘图的角度出发，尽量把握规律性的内容……

第6章　绘制办公空间室内平面图

家装和公装的服务对象不同，因而室内设计的侧重点也不同。本章以巩固 AutoCAD 基本绘图命令的操作方法为主，主要讲解办公空间的室内装潢施工图的绘制方法，涉及的具体内容主要有绘制办公空间建筑平面图、墙体定位图、平面布置图和地面材料图……

第7章　绘制办公空间顶棚平面图和立面图

紧接上章，本章继续学习办公空间室内装潢施工图中的顶棚平面图、灯具定位图和相关立面图的绘制。在学习过程中，读者不仅要能够按照书中的操作步骤及操作提示绘制出相应图形，还应仔细体会设计者的设计意图……

第 8 章　绘制宾馆大堂室内装潢施工图

宾馆大堂是指宾馆主入口处的大厅，其设计应很好地展示该宾馆的文化、档次和客户群体，同时也要处理好宾客流线、服务流线、物品流线及信息流线等问题。本章主要讲解宾馆大堂室内平面图、地面材料图、顶棚平面图和立面图等施工图的绘制方法……

第 9 章　绘制餐厅室内装潢施工图

本章主要讲解餐厅一层的建筑平面图、墙体定位图、平面布置图、地面材料图、顶棚平面图和灯具定位图等施工图的绘制方法。看到这些室内装潢施工图，读者或许会问"有没有快捷的绘图方法来绘制这些图形？"答案是肯定的！读者只要按照书中的操作步骤和操作提示绘图，就能轻松画出所需图形……

第1章 AutoCAD 2016 基础入门

章前导读

AutoCAD 是目前最流行的计算机辅助设计软件之一，它不仅功能强大，而且操作简单快捷，广泛应用于机械、建筑、室内装潢设计等领域。本章主要讲解 AutoCAD 2016 的操作界面和绘图的基础知识，如命令的执行方法、快速绘图的技巧，以及用于精确绘图的一些辅助工具。

此外，AutoCAD 的大多数命令都可以通过输入命令缩写字符（即快捷命令）来执行，熟练掌握这些快捷命令有助于提高绘图效率。

技能目标

+ 熟悉 AutoCAD 2016 的操作界面。
+ 熟悉命令的执行方法。
+ 掌握快速绘图的技巧。
+ 能够利用辅助绘图工具绘图。

素质目标

+ 加强实践练习，注重学思结合、知行合一，培养勇于探索的创新精神。
+ 体会先辈精益求精的职业态度和对国家、民族无私奉献的敬业精神，铭记历史，担起时代责任。

1.1 熟悉 AutoCAD 2016 的操作界面

启动 AutoCAD 2016 简体中文版软件后，将弹出 AutoCAD 2016 的初始界面，如图 1-1 所示。该初始界面包括"快速入门""最近使用的文档""通知""连接"等模块。

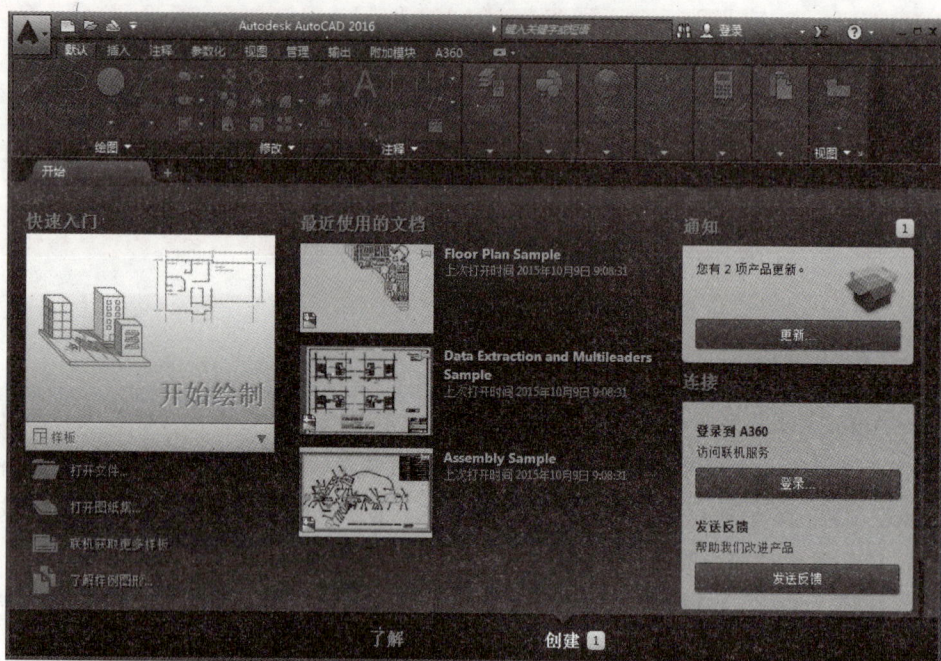

图 1-1 AutoCAD 2016 的初始界面

➢ **"快速入门"选项组**：在此选项组中可以执行"开始绘制""打开文件""打开图纸集""联机获取更多样板"和"了解样例图形"等操作命令。

➢ **"最近使用的文档"列表**：列出了最近使用过的文档，单击某一文档可快速打开该文档。

➢ **"通知"区**：显示与产品更新、硬件加速，以及脱机帮助文件等相关的信息。

➢ **"连接"区**：可登录到 A360 访问联机服务，也可以发送反馈以帮助改进产品。

开始绘图，可单击"快速入门"选项组中的"开始绘制"图标，系统会自动创建一个名称为"Drawing1.dwg"的图形文件并显示如图 1-2 所示的操作界面，它主要由"应用程序"按钮、快速访问工具栏、标题栏、功能区、绘图区、ViewCube 工具、导航栏、命令行和状态栏等组成。

1．功能区

AutoCAD 2016 中的大部分命令以按钮的形式分类显示在功能区中选项卡下的面板中。例如，"直线"命令和"文字"命令分别显示在"默认"选项卡的"绘图"和"注释"面板中，如图 1-2 所示。单击某个选项卡标签，可显示该选项卡中的所有面板。

"应用程序"按钮　快速访问工具栏　标题栏

功能区

ViewCube 工具：绘制三维图形时，单击或单击并拖动该工具中的某一方向标识，可以方便地调整当前视图的投影方向

绘图区：AutoCAD 的绘图区是无限大的，用户可在其中绘制任意尺寸的图形

十字光标　　导航栏

单击"模型""布局 1"或"布局 2"标签，可在模型空间和图纸空间之间切换

坐标系

命令行

状态栏

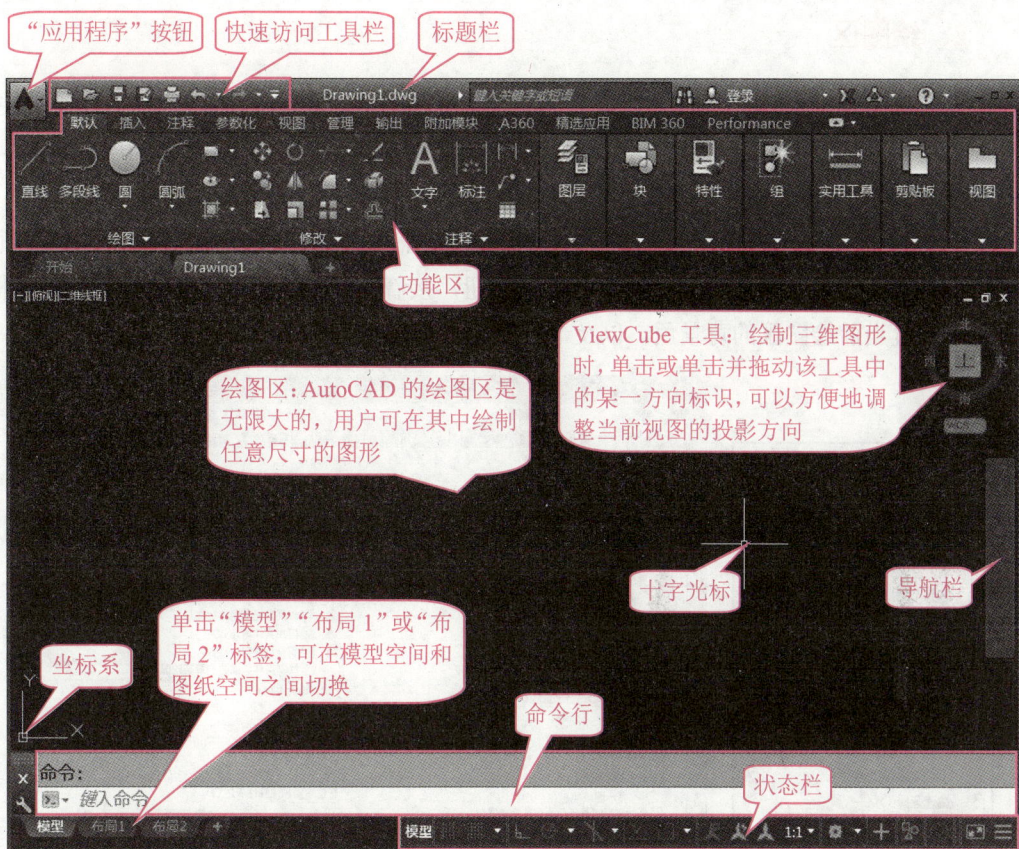

图 1-2　AutoCAD 2016 的操作界面

此外，单击快速访问工具栏右侧的▼按钮，在弹出的下拉列表中选择"显示菜单栏"菜单项，可显示"文件""编辑""视图"等经典的菜单栏；单击选项卡标签行最右侧的三角符号，可收缩和展开功能区，如图 1-3 所示。

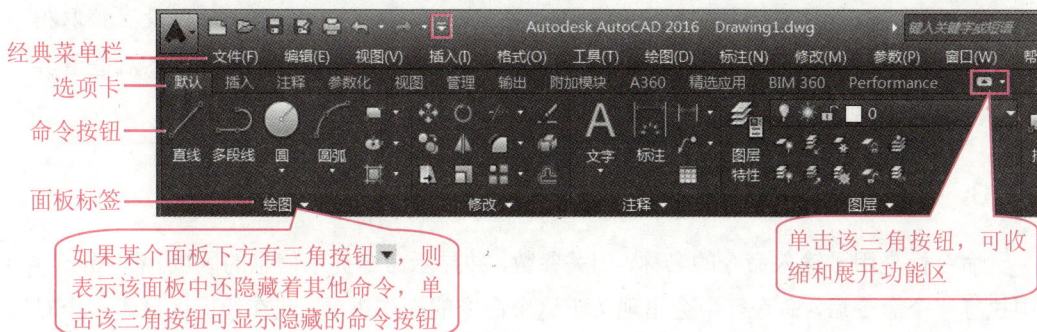

经典菜单栏
选项卡
命令按钮
面板标签

如果某个面板下方有三角按钮▼，则表示该面板中还隐藏着其他命令，单击该三角按钮可显示隐藏的命令按钮

单击该三角按钮，可收缩和展开功能区

图 1-3　显示经典菜单栏

2. 绘图区

绘图区是用户绘图的区域，类似于手工绘图时的图纸。前后滚动鼠标滚轮，可将绘图区及该区中的图形放大或缩小显示。此外，在绘图区单击鼠标右键，利用弹出的如图 1-4 所示快捷菜单中的"平移"和"缩放"菜单项，还可以将绘图区平移或缩放。

选择图 1-4 所示快捷菜单中的"选项"菜单项，然后在打开的如图 1-5 所示的"选项"对话框中单击"显示"选项卡中的"颜色"按钮，接着在打开的"图形窗口颜色"对话框中可以设置当前绘图区的背景色，以及十字光标、自动捕捉标记和命令行等的颜色。

图 1-4　快捷菜单

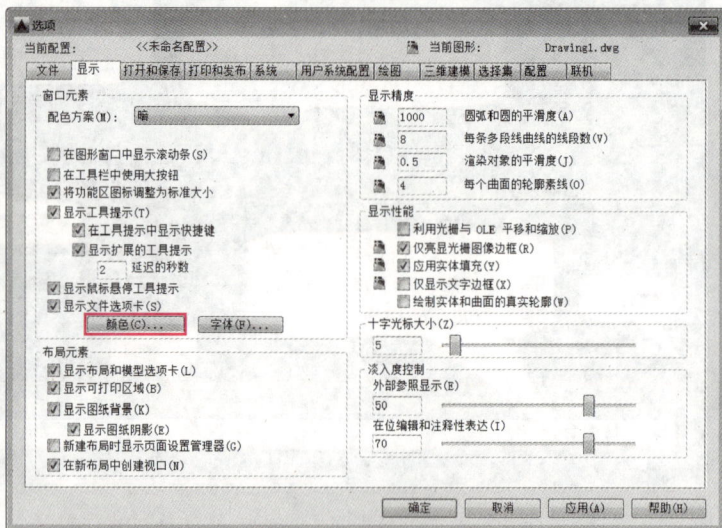

图 1-5　"选项"对话框

> **提示**
>
> 在图 1-5 所示对话框的"打开和保存"选项卡中，可以重新设置文件的保存版本、自动保存时间及加密文件的密码，在"绘图"选项卡中可以设置自动捕捉标记的大小，在"选择集"选项卡中，可以设置拾取框和选中对象时对象上夹点的大小。读者可单击这些选项卡，然后查看其中的内容。

3. 命令行

命令行是用于输入命令的名称、相关参数，并显示命令提示信息的区域。在 AutoCAD 中执行一个命令后，命令行中会出现关于这个命令的操作提示，或在绘图区显示一个对话框。因此，绘图时，当执行某一个命令后却不知道接下来该怎么操作时，一定要留意命令行中的提示信息。

例如，单击"默认"选项卡"绘图"面板中的"圆"按钮，命令行将出现图 1-6 所示信息。此时，既可以直接在绘图区单击以指定圆心位置，也可以输入"3P""2P"或"T"并回车，以选择其他方式绘制圆。

图 1-6　命令行

4．状态栏

状态栏位于 AutoCAD 操作界面的最下方，主要显示用于精确绘图的相关功能的状态（打开与关闭），如图 1-7 所示。用户可对状态栏显示的内容进行自定义，方法是单击状态栏最右端的"自定义"按钮，在弹出的列表中选择要显示或隐藏的工具选项（带有✔符号的选项表示该工具的图标在状态栏中显示）。

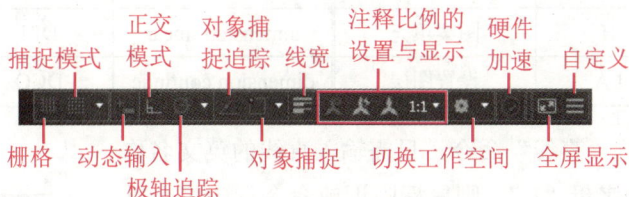

图 1-7　状态栏

> **提示**　图 1-7 所示是绘制二维平面图形时常用的工具按钮，关于它们的具体用法将在 1.4 节详细介绍。

1.2　命令的执行方法

如前所述，AutoCAD 中的大部分命令是以按钮形式在功能区的不同面板中显示的，使用时，直接在相关面板中单击所需命令按钮即可。但有些命令功能区中并无对应的命令按钮，此时，可在相应的菜单栏中选择该命令。

除上述方法外，实际绘图时，为了提高绘图效率，还可以使用快捷命令。所谓快捷命令，实际上就是命令的英文名称前一个、两个或多个字母。表 1-1 所示为绘制室内装修施工图时最常用到的一些快捷命令。

表 1-1　常用快捷命令及其功能

命　令	快捷命令	功　能	命　令	快捷命令	功　能
line	L	绘制直线	explode	EXPL	分解对象
circle	C	绘制圆	move	M	移动对象

命　令	快捷命令	功　能	命　令	快捷命令	功　能
circular arc	ARC	绘制圆弧	copy	CO	复制对象
rectangle	REC	绘制矩形	rotate	RO	旋转对象
polyline	PL	绘制多段线	offset	O	偏移对象
mlstyle	MLST	设置多线样式	mirror	MI	镜像对象
mline	ML	绘制多线	array	AR	阵列对象
style	ST	创建文字样式	stretch	S	拉伸对象
text	T	注写单行文字	trim	TR	修剪对象
mtext	MT	注写多行文字	scaling	SC	缩放对象
edit	ED	编辑文字注释	dimension style	D	创建标注样式
hatching	H	图案填充	dimension linear	DLI	标注线性尺寸
layer	LA	设置图层	dimension continue	DCO	标注连续尺寸

例如，要执行"直线"命令，只需输入直线的英文名称"line"的第一个字母"L"，则鼠标附近或命令行中将会以列表的形式显示出 AutoCAD 中所有以"L"为首字母的命令，如图 1-8 所示。若选中当前命令，则直接按回车键即可；否则，接着输入第二个字母、第三个字母……或通过按方向键【↓】选择所需命令，选中后按回车键即可。

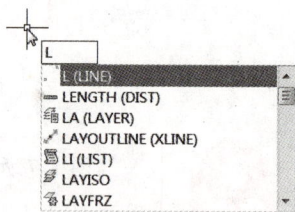

图 1-8　命令列表

> 在 AutoCAD 中输入快捷命令或选择相关选项时，所输入的字母没有大小写之分。
>
> 对于表 1-1 中的快捷命令，读者可结合其英文名称，并按照一定规律来速记。例如，以"多"字开头的命令，其快捷命令为命令名称前加"M"，如"多线"和"多行文字"命令；"线性尺寸"命令为 D（dimension）+ LI（line）；"连续尺寸"命令为 D（dimension）+ CO（continue）。

1.3　快速绘图技巧

在 AutoCAD 中，无论是输入快捷命令、尺寸数字还是其他字母，在输入完成后都需要按回车键或空格键确认，否则所输入的内容无效。此外，绘图过程中按【Esc】键，随时可以终止当前操作；绘图结束后，按空格键或回车键，可重复执行上一个命令，不管上一个命令是完成了还是被取消了。

　　绘图过程中，如果发现上一步操作出现错误，可按【Ctrl+Z】键撤销上一步操作，连续按【Ctrl+Z】键，可连续撤销多步操作。如果撤销后未执行其他操作，还可以按【Ctrl+Y】键恢复被撤销的内容。

1.4　利用辅助绘图工具绘图

扫一扫

视频讲解

　　在使用 AutoCAD 绘图时，利用"极轴追踪"开关 或输入坐标的方法可以绘制水平、竖直或倾斜直线；利用"对象捕捉"开关 可以精确地捕捉对象的特征点（如中点、端点、交点和圆心等）；利用"对象捕捉追踪"开关 可使光标沿指定的特征点进行正交和极轴追踪。下面，我们便来学习这些知识。

1.4.1　坐标输入

　　使用 AutoCAD 绘图时，若要确定图形对象间的相对位置，或者按尺寸要求绘制图形对象，可通过指定点的坐标来实现。点的坐标可以使用绝对直角坐标、绝对极坐标、相对直角坐标和相对极坐标表示。在输入坐标值时要注意以下几点。

　➤　**绝对直角坐标**：是从（0，0）点出发的位移，可以使用分数、小数或科学记数等形式表示点的 X，Y 坐标值，各坐标值间用逗号隔开，如"8.0，6.7""12.5，5.0""−8.0，−6.7"等。

　➤　**绝对极坐标**：是从（0，0）点出发的位移，输入时需指出 X 轴方向上的点距（0，0）点的位移，以及该点和（0，0）点的连线与 X 轴正方向的夹角。其中，位移和角度值之间用"＜"分开，且规定 X 轴正向为 0°、Y 轴正向为 90°，如 15＜65，8＜30 都是合法的绝对极坐标。

　➤　**相对坐标**：是指相对于前一点的位移，其表示方法是在绝对坐标表达式前加"@"，如@4，7（相对直角坐标）和@16＜30（相对极坐标）。其中，相对极坐标中的角度是新点和上一点的连线与 X 轴正方向的夹角。

案例 1——绘制简单平面图形（1）

　　下面将通过绘制图 1-9 所示图形，初步学习绘制平面图形时各坐标数值的功能及具体操作方法。

存储路径：素材与实例\ch01\case1.dwg

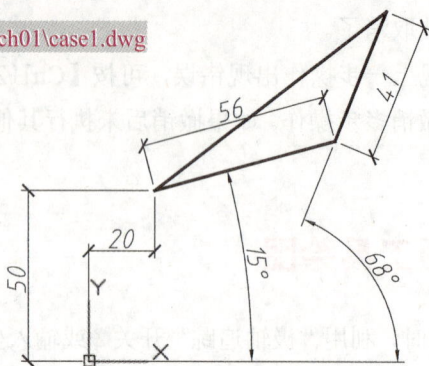

图 1-9　绘制简单平面图形

绘图步骤

步骤 1▶ 启动 AutoCAD 2016，单击状态栏中的"栅格"开关 ▦，将栅格关闭。在"默认"选项卡的"绘图"面板中单击"直线"按钮 ╱，然后直接输入或在命令行中输入坐标值"20，50"（绝对直角坐标）并回车，可确定直线的起点，如图 1-10 所示。

图 1-10　指定直线的起始坐标

> **提示**　在输入绝对直角坐标"20，50"中的"，"时，必须先将输入法切换到英文输入状态下再输入，或者在输入"20"后按【Tab】键，再输入"50"。

步骤 2▶ 按住鼠标滚轮并拖动鼠标，将坐标系平移到绘图区的中心位置，此时可以看到直线的起点位置，接着直接输入"56<15"或"@56<15"（相对极坐标），此时所输入的坐标值将显示在光标附近的动态提示框中，如图 1-11 所示，最后按回车键，可确定直线的另一端点。

步骤 3▶ 直接输入"41<68"或"@41<68"（相对极坐标），如图 1-12 所示，按回车键即可确定另一条直线的端点，接着移动光标，可看到图 1-13 所示效果。此时，根据命令行提示输入"C"并回车，即可闭合图形。

图 1-11　指定直线端点 ①

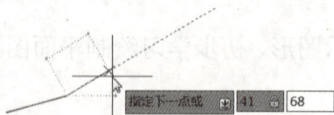

图 1-12　指定直线端点 ②

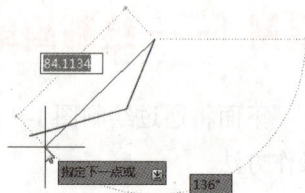

图 1-13　移动光标效果

> 在 AutoCAD 2016 中，默认状态下，无论状态栏中的"极轴追踪"开关 🕐 和"对象捕捉追踪"开关 ∠ 是否打开，在绘图区输入的坐标值前无论是否添加了 "@" 符号，所输入的数值都作为相对坐标值。
>
> 值得注意的是，如果在输入数值时，光标附近并不显示动态提示框，且所输入的数值位于命令行中，则当前所输入的数值为绝对坐标。此时，可打开状态栏中的"动态输入"开关 ＋ （开关显亮），将其切换到相对坐标模式，或通过输入相对坐标值指定点的位置。

步骤 4▶ 按快捷键【Ctrl+S】打开"图形另存为"对话框，然后在"保存于"列表框中选择保存路径，在"文件名"编辑框中输入文件名称"case1"，最后单击"保存"按钮，将该文件保存。

1.4.2　极轴和极轴追踪

绘图时，除了利用坐标指定点的位置外，还可以利用状态栏中的"极轴追踪"功能绘制指定角度的直线。

例如，要绘制长度为 120 mm，角度为 60°的斜线，可在执行"直线"命令后在绘图区任意位置单击，接着输入相对极坐标"@120＜60"，并按两次回车键结束命令，或者按如下方法操作。

步骤 1▶ 打开状态栏中的"极轴追踪"开关 🕐 并右击，或单击其右侧的三角符号，在弹出的快捷菜单中选择图 1-14 所示选项。

步骤 2▶ 在绘图区任意位置单击，以指定直线的起点，接着移动光标，当光标位于极轴角附近时，光标附近将出现一条极轴追踪线及提示信息，如图 1-15 所示。此时，输入长度值"120"并回车，再次按回车键即可结束命令。

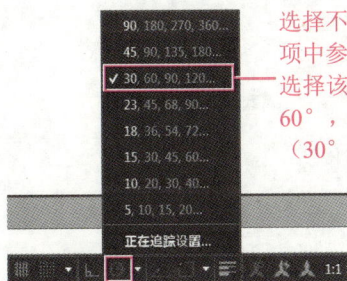

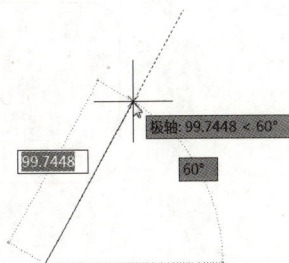

图 1-14　选择极轴增量角　　　图 1-15　极轴追踪线及提示信息

如果图 1-14 所示的快捷菜单中没有所需角度，可选择该快捷菜单中的"正在追踪设置"选项，然后在打开的图 1-16 所示的"草图设置"对话框中"极轴追踪"选项卡的"增量角"编辑框中输入所需角度。若想同时追踪两个不成整数倍的角度，可选中"附加角"复选框，然后单击"新建"按钮，接着输入所需角度值即可。

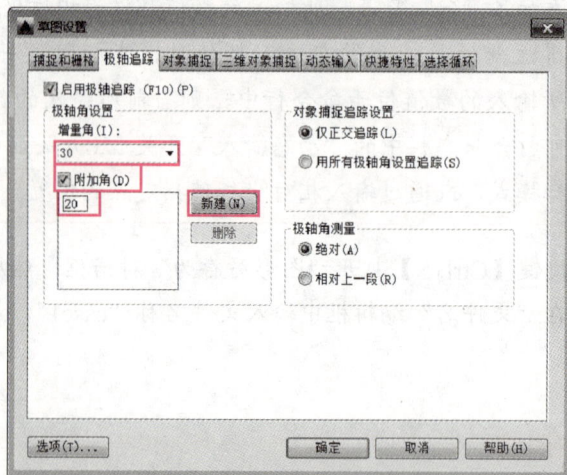

图 1-16　"草图设置"对话框

1.4.3　对象捕捉和对象捕捉追踪

绘图时，如果希望将十字光标定位在现有图形的某些特征点上，如圆的圆心、直线的中点或端点处，可以利用"对象捕捉"功能来实现。

默认情况下，使用状态栏中的"对象捕捉"功能只能捕捉到图形对象的端点、圆心和交点。如果还需要捕捉到图形对象的其他特征点，可右击"对象捕捉"开关，然后在弹出的菜单中选择所需菜单项，如图 1-17 所示。

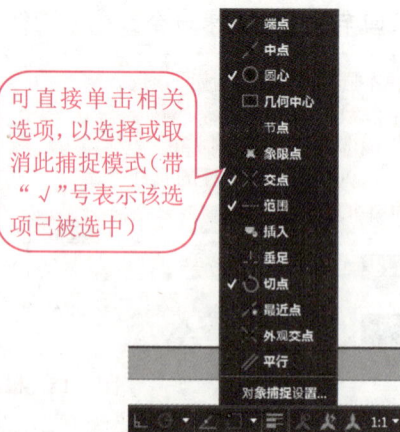

图 1-17　设置"对象捕捉"模式

利用"对象捕捉"功能仅能捕捉到对象上的特征点，但如果同时打开"对象捕捉追踪"开关，还可以在捕捉到对象上的特征点后，将这些特征点作为基点进行极轴追踪，如图 1-18 所示。

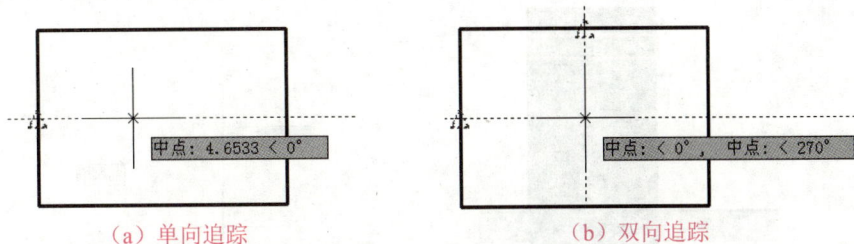

（a）单向追踪　　　　　　　　　（b）双向追踪

图 1-18　对象捕捉追踪

案例 2——绘制简单平面图形（2）

通过前面的学习，相信大家已经对 AutoCAD 2016 的操作界面、命令的执行方法和参数的输入方法等有了一定了解。接下来将通过绘制图 1-19 所示的简单平面图形（不要求标注尺寸），学习并掌握"极轴追踪""对象捕捉"和"对象捕捉追踪"等辅助绘图工具的具体用法。

存储路径：素材与实例\ch01\case2.dwg

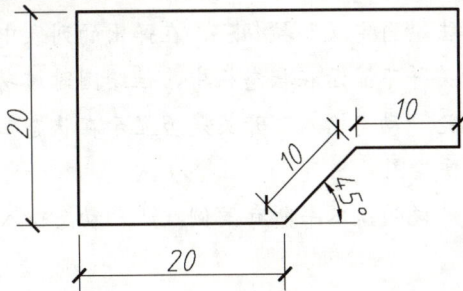

图 1-19　绘制简单平面图形

绘图步骤

步骤 1▶　启动 AutoCAD 2016，关闭状态栏中的"栅格"开关，然后打开状态栏中的"极轴追踪"开关、"对象捕捉"开关、"对象捕捉追踪"开关和"动态输入"开关，其余开关采用默认设置。

步骤 2▶　右击"极轴追踪"开关，在弹出的快捷菜单中选择"45,90,135,180…"选项，即可将极轴增量角设置为 45°的整数倍，如图 1-20 所示。

步骤 3▶　在"默认"选项卡的"绘图"面板中单击"直线"按钮，或输入快捷命令"L"并回车，以执行"直线"命令，然后在绘图区的合适位置单击，以指定直线的起点，接着输入相对坐标（0，-20）并回车，或竖直向下移动光标，待出现图 1-21 所示的极轴追踪线时输入"20"并回车，即可绘制长度为 20 mm 的竖直直线。

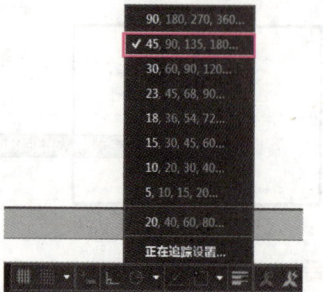

图 1-20　设置极轴增量角　　　　　　　图 1-21　竖直极轴追踪线

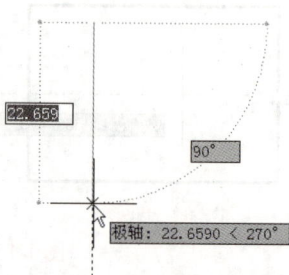

> 如果在绘图区所绘制的直线显示太小或太大，在该直线的附近向前或向后滚动鼠标的滚轮，即可将图形放大或缩小显示。
>
> 由于"动态输入"开关 处于打开状态，因此所输入的坐标（0，-20）前虽然未加"@"符号，但系统都会按相对坐标来处理。
>
> 状态栏仅是相关开关显示的地方。如果某个开关没有显示在该状态栏中，并不代表该功能未开启。例如，开启状态栏中的"极轴追踪"开关，然后单击"自定义"按钮 ，在弹出的列表中选择"极轴追踪"选项，则该开关并不显示在状态栏中，但绘图时该功能仍有效。因此，在绘图时，无论"动态输入"开关是否显示在状态栏中，最好将该开关打开，从而方便绘图。
>
> 若无特殊说明，本书所有案例默认"动态输入"开关已打开，此后不再重述。

步骤 4▶　输入相对坐标（20，0）并回车，或水平向右移动光标，待出现水平极轴追踪线时输入"20"并回车，即可绘制水平直线。

步骤 5▶　输入相对坐标（10＜45）并回车，或向右上方移动光标，待出现图 1-22 所示的 45°极轴追踪线时输入"10"并回车，即可绘制一条长度为 10 mm 的 45°斜线。

步骤 6▶　向右移动光标，待出现水平极轴追踪线时输入"10"并回车，即可绘制水平直线，然后将光标移动到图 1-23 所示直线的端点处，待捕捉到该端点后向右水平移动光标，待出现图 1-24 所示的两条垂直相交追踪线时单击，即可绘制竖直直线，最后根据命令行提示输入"C"并回车，以封闭图形，效果如图 1-25 所示。

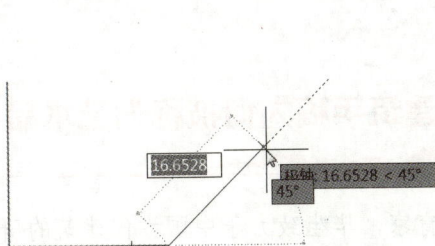

图 1-22　45°极轴追踪线　　　　　图 1-23　捕捉直线的端点

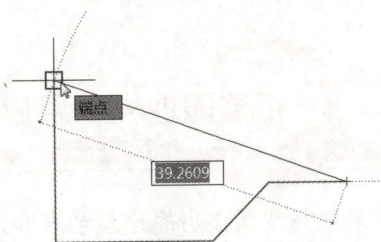

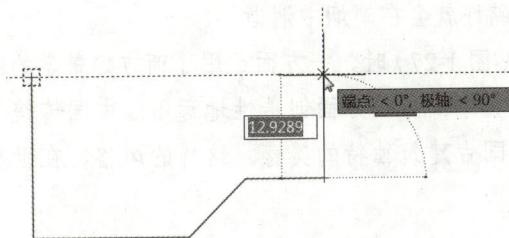

图 1-24　利用捕捉追踪功能绘制直线　　　图 1-25　图形效果

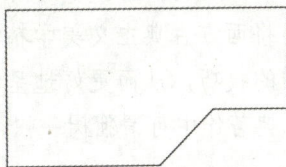

步骤 7▶　按快捷键【Ctrl+S】，在打开的对话框中将该文件以名称"case2"保存在合适位置。

知识补充——视图的缩放和平移

通过绘制案例中的图形可知，使用 AutoCAD 绘图的过程中，经常需要缩放或平移视图，即调整绘图区中图形的显示大小和位置。无论是在绘图过程中，还是在绘图工作结束后，都可以通过操作或命令缩放或平移视图。

（1）缩放视图

缩放视图的方法有很多种，下面仅介绍 3 种最简便、最常用的操作方法。

① 前、后滚动鼠标滚轮。

② 当前、后滚动鼠标滚轮无法进一步缩放视图时，可快速双击鼠标滚轮，然后再滚动鼠标滚轮。

③ 单击绘图区右侧导航栏中"范围缩放"按钮下方的三角符号，然后在出现的如图 1-26 所示的命令列表中选择所需命令缩放视图。

（2）平移视图

若要平移视图，既可以按住鼠标滚轮并移动鼠标（移动鼠标时不松开鼠标滚轮），也可以在如图 1-26 所示的命令列表中单击"平移"按钮，然后在绘图区按住鼠标左键移动鼠标。

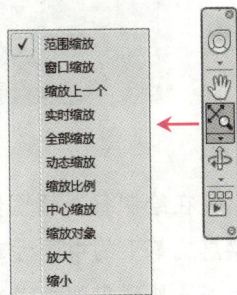

图 1-26　缩放视图的命令列表

拓展园地──梁思成的建筑手稿为何被称为艺术品

梁思成是我国杰出的建筑学家和建筑教育家,毕生致力于中国古代建筑的研究和保护。在那个山河破碎的年代,若不是他和中国营造学社的同仁深入人迹罕至之地寻找并记录古代建筑,那些文明瑰宝或许就会在硝烟中消逝。

梁思成在绘制中国古建筑测绘图(见图1-27)时,一方面运用了西方建筑学的制图手法,将西方古典主义美学精神融入其中;另一方面创造性地运用了中国传统工笔和白描的技巧,从而更好地呈现出中国古建筑独特的美感。这样的风格,在世界建筑史经典著作中可谓独树一帜。

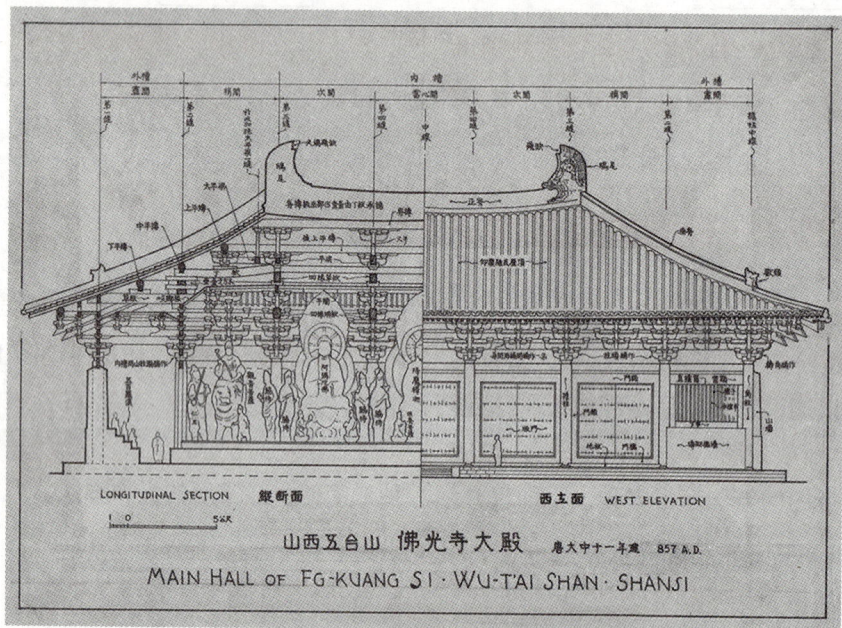

图 1-27　中国古建筑测绘图

在绘制每一幅图纸前,梁思成和中国营造学社的同仁都会亲自进行实地测绘。梁思成笔下的中国古建筑测绘图比例精确、结构清晰,还有翔实的中英文注释,这些无一不展现出他严谨细致、一丝不苟的工作作风。

在梁思成的手稿中,中国古建筑独特的美感跃然纸上。梁思成与其助手莫宗江手绘的中国古建筑测绘图被收录于1984年美国麻省理工学院出版社出版的《图像中国建筑史》中,该书获当年"全美最优秀出版物"荣誉。可以说,《图像中国建筑史》

的成功，在很大程度上得益于这些丰富、翔实又富有美感的插图。

　　梁思成曾说过，中国古建筑的保护工作，与在大火之中抢救宝器名画同样有急不容缓的性质。1932—1946 年的十多年间，梁思成和中国营造学社的同仁自发开始了抢救式的考察古建筑之旅。他们考察了全中国 200 多个市、县的上千座古建筑，对其中大多数建筑进行了精细测量，并绘制出一幅幅精美如艺术品的建筑手稿。

　　如今，人们只需要一台计算机，就可以利用制图软件绘制出精确的建筑图纸。但是在那个科技不发达的年代，梁思成利用一双眼睛、一双手，以及鸭嘴笔和墨线等简陋的工具，却绘制出达到当时世界先进水准的建筑图纸。梁思成笔下的中国古建筑测绘图构图之精准、细节之精细、图片之精美，令人惊讶不已。

第2章 常用绘图和编辑命令

章前导读

　　在熟悉了 AutoCAD 的操作界面和用于精确绘图的一些辅助工具后，本章将以绘制某一住宅户型图为例，讲解绘制室内施工图时最常用到的一些基本绘图命令、编辑命令和尺寸标注命令，如直线、多线、偏移、复制、修剪、文字注释和尺寸标注等。此外，本章还讲解了"块"的创建和使用，熟练掌握这一知识，将会达到事半功倍的效果。

技能目标

◆ 能够熟练地使用常用绘图命令。

◆ 能够创建与管理图层。

◆ 能够添加文字注释和标注尺寸。

素质目标

◆ 在实践中不断提高技能水平，树立技能成才、技能报国的人生理想。

◆ 培养执着专注、精益求精、一丝不苟、追求卓越的工匠精神。

2.1 常用绘图命令（一）

　　本节以绘制某一常见住宅户型图为例，讲解绘制室内施工图时最常用的几种命令，如直线、多线、偏移和修剪等。

2.1.1 绘制直线

　　执行"直线（line）"命令后，可通过输入其端点坐标（X，Y）或直接在绘图区单击鼠标左键，指定直线的起点和端点。此外，结合状态栏中的"对象捕捉"功能，利用"直线"命令还可以绘制平行线、垂直线和切线等，如图 2-1 所示。

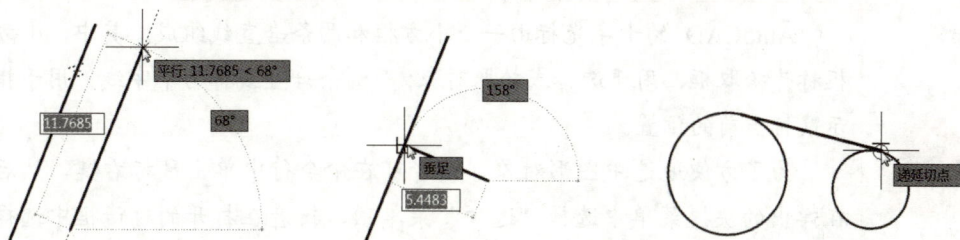

图 2-1　绘制平行线、垂直线和切线

2.1.2　偏移对象

利用"偏移（offset）"命令可以创建与选定对象类似的新对象，并使其处于源对象的某一侧，常用于绘制直线的平行线，如图 2-2 所示。

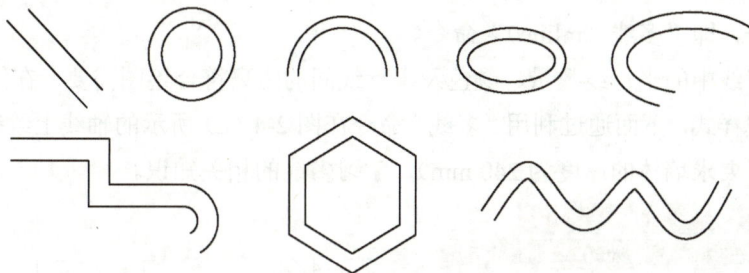

图 2-2　利用"偏移"命令得到的各种图形

利用"偏移"命令不仅可以偏移对象，还可以根据需要选择是否删除偏移的源对象。例如，要将图 2-3（a）所示的图形向其外侧偏移并复制，其偏移值为 50，具体操作过程如下。

步骤 1▶　在"默认"选项卡的"修改"面板中单击"偏移"按钮 ，或者输入快捷命令"O"并回车，根据命令行提示采用默认的不删除源对象，然后输入偏移距离值"50"并回车。

步骤 2▶　在图 2-3（a）所示图形上单击，以指定偏移对象，接着在该图形的外侧任意位置单击，以指定偏移方向，最后按回车键结束命令，效果如图 2-3（b）所示。

素材：素材与实例\ch02\2.1.2.dwg

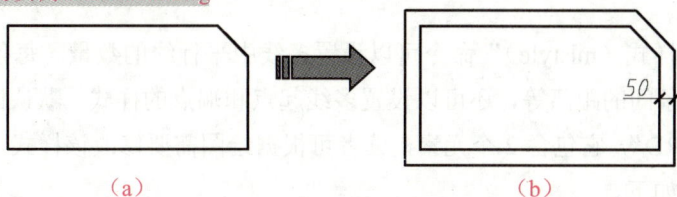

（a）　　　　　　　　　　　　　　　　　（b）

图 2-3　偏移并复制对象

> AutoCAD 的十字光标由一个小方框和两条垂直线组成。其中，小方框称为拾取框，用于选择或拾取对象；而两条垂直线称为十字线，用于指示鼠标当前的位置。
>
> 为了方便地选中图形对象，读者可在命令行中单击鼠标右键，然后在弹出的快捷菜单中选择"选项"菜单项，接着在打开的对话框中选择"选择集"选项卡，将"拾取框大小"设置区中的滑块向右拖动到合适位置，以调整拾取框的大小。

2.1.3　绘制多线

墙体和窗户是室内施工图中不可缺少的元素，其平面图和剖面图虽然可以使用"偏移"命令来绘制，但绘图过程比较烦琐。为此，AutoCAD 提供了专门用于绘制墙体和窗户平面图形的命令，即"多线（mline）"命令。

为了使多线中的平行线数量、颜色及平行线间的距离符合绘图需要，在绘制多线前，应先设置多线样式。下面通过利用"多线"命令在图 2-4（a）所示的轴线上绘制图 2-4（b）所示的墙体（要求墙体的厚度为 240 mm），学习多线的相关知识。

素材：素材与实例\ch02\2.1.3.dwg
存储路径：素材与实例\ch02\2.1.3-ok.dwg

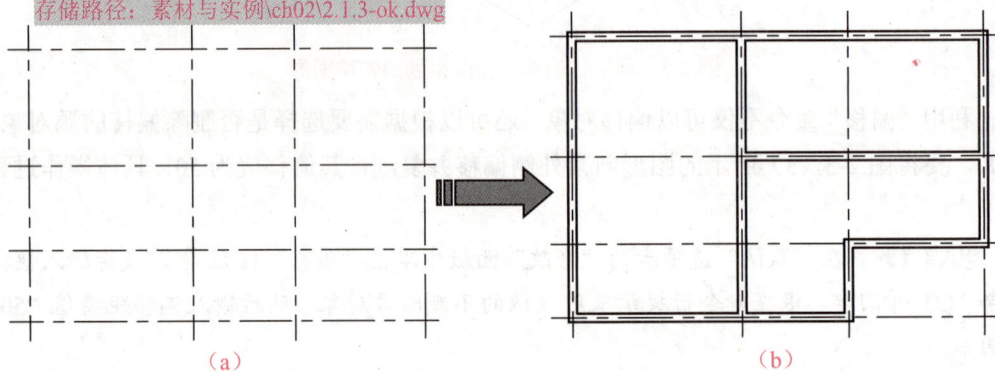

（a）　　　　　　　　　　　　　　　（b）

图 2-4　利用"多线"命令绘制墙体

1.　设置多线样式

利用"多线样式（mlstyle）"命令可以设置多线中平行线的数量、每条线的颜色和线型，以及相邻线条间的距离等，还可以设置多线起点和端点的样式。默认情况下，多线样式为"STANDARD"，它包含 2 个元素，读者可根据绘图需要修改该样式，或新建多线样式，其操作方法如下。

步骤 1▶ 在"开始"标签上或该标签行中单击鼠标右键，从弹出的快捷菜单中选择"打开"菜单项，然后在打开的对话框中选择本书配套素材中的"素材与实例" > "ch02" > "2.1.3.dwg"文件，单击"打开"按钮。

步骤 2▶ 选择"格式" > "多线样式"菜单，或输入"MLST"并回车，打开图 2-5 所示的"多线样式"对话框。

> **提示**
>
> 利用图 2-5 所示对话框中的相关按钮可以新建、修改、重命名和删除多线样式，也可以将选中的样式设置为当前样式，但无法对当前样式和包含图形对象的样式进行重命名和删除，也无法对包含图形对象的多线样式进行修改。

步骤 3▶ 单击"多线样式"对话框中的"新建"按钮，在打开的"创建新的多线样式"对话框中输入新样式名"墙体-240"，如图 2-6 所示。

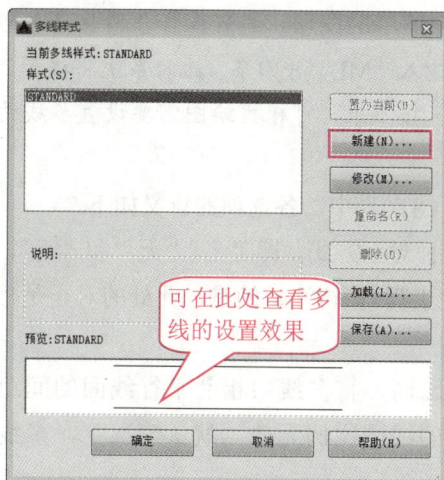

图 2-5　"多线样式"对话框　　　　图 2-6　输入多线样式名称

步骤 4▶ 单击"继续"按钮，打开"新建多线样式：墙体-240"对话框。选中"封口"设置区中"直线"右侧的"起点"和"端点"复选框，然后在"图元"设置区中选中偏移值为"0.5"的列表项，接着在"偏移"编辑框中输入"120"；选中偏移值为"−0.5"的列表项，接着在"偏移"编辑框中输入"−120"，如图 2-7 所示。

步骤 5▶ 单击"新建多线样式：墙体-240"对话框中的"确定"按钮，返回"多线样式"对话框；单击"置为当前"按钮，可将"墙体-240"样式设为当前样式。

该区域中有几个列表项，就表示使用该样式绘制的多线中有几条平行线

单击该按钮，系统会在多线之间添加新线，该线的偏移量可在"偏移"编辑框中设置

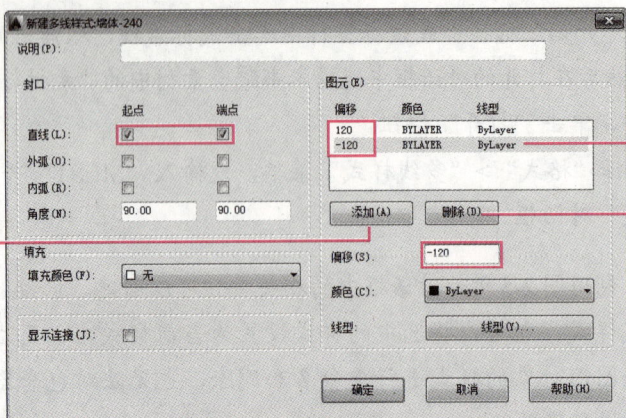

单击该按钮，可删除"图元"列表框中选定的多线列表项

图 2-7　设置"墙体-240"样式

2. 绘制多线

设置完多线样式后，接下来绘制图 2-4（b）所示的图形，具体操作步骤如下。

步骤 1▶　选择"绘图"＞"多线"菜单，或输入"ML"并回车，此时系统将提示"指定起点或［对正（J）/比例（S）/样式（ST）］:"。接下来，可根据绘图需要设置多线的对正方式、比例和样式。

命令行提示的"对正（J）/比例（S）/样式（ST）"中，各选项的意义如下。

➢ **对正**：设置多线的对正方式。多线有 3 种对正方式，即"上""无"和"下"，如图 2-8 所示。多线的对正方式默认为"上"。值得注意的是，此处的对正是相对于多线的起点位置而言的。

➢ **比例**：设置多线的比例。按所设置的比例，将多线中相邻平行线间的间距进行放大或缩小，但对这些平行线自身的线型比例无效。默认情况下，多线比例为 20。

➢ **样式**：设置多线的样式。选择该选项后，可直接输入要使用的多线样式的名称，或在命令行中输入"？"并回车，此时命令行中将列出该文件中的所有多线样式并打开"AutoCAD 文本窗口"对话框。用户可根据需要输入样式名称。

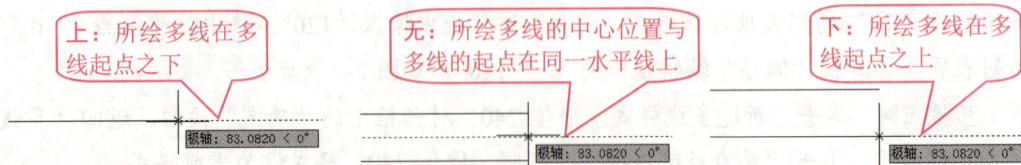

上：所绘多线在多线起点之下

无：所绘多线的中心位置与多线的起点在同一水平线上

下：所绘多线在多线起点之上

图 2-8　多线的 3 种对正方式

步骤 2▶　在命令行中输入"J"并回车，然后输入"Z"并回车，将对正方式设为"无"；输入"S"并回车，输入绘制比例"1"，捕捉图 2-9 中的交点 A 并单击，以指定多线的起点，接着依次捕捉并单击交点 B，G，F，J 和 H，最后输入"C"并回车，效果如图 2-10 所示。

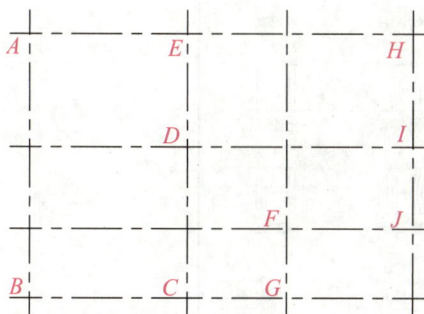

图 2-9　指定多线的起点和终点　　　　图 2-10　多线的绘制效果 ①

步骤 3▶　按回车键重复执行"多线"命令，采用默认的多线样式和比例，依次捕捉并单击图 2-9 中的交点 E 和交点 C，按回车键结束命令；再次回车，依次单击交点 D 和交点 I 并按回车键，效果如图 2-11 所示。

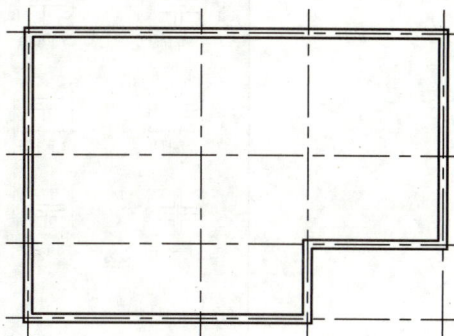

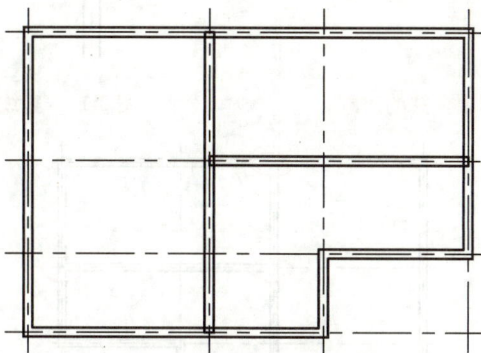

图 2-11　多线的绘制效果 ②

3. 编辑多线

绘制完多线后，还可以根据需要对多线的接口进行编辑，具体的操作步骤如下。

步骤 1▶　双击绘图区中的任意一条多线对象，或输入"MLED"并回车，打开图 2-12 所示的"多线编辑工具"对话框。

步骤 2▶　单击该对话框中的"T 形合并"或"T 形打开"图标，然后单击图 2-13 所示的多线 1，接着单击多线 2，多线编辑效果如图 2-14 所示。

步骤 3▶　依次选择其余 3 组要编辑的多线，编辑结束后按【Esc】键退出编辑状态，效果如图 2-15 所示。

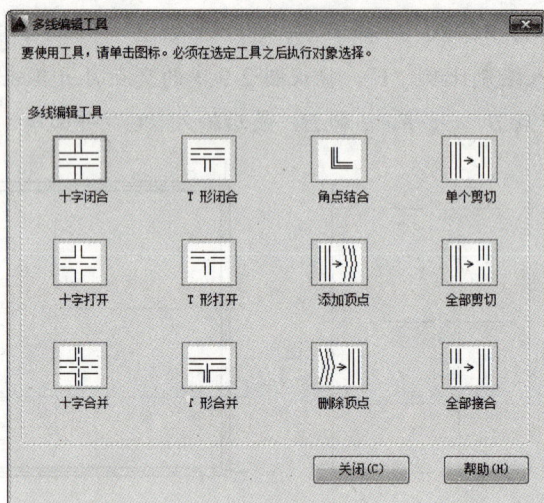

图 2-12　"多线编辑工具"对话框

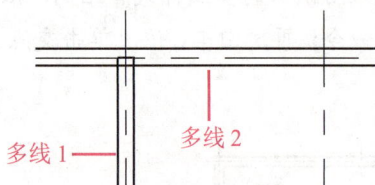

图 2-13　选择要合并的对象

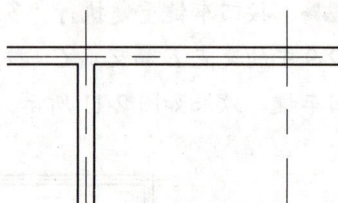

图 2-14　多线编辑效果 ①

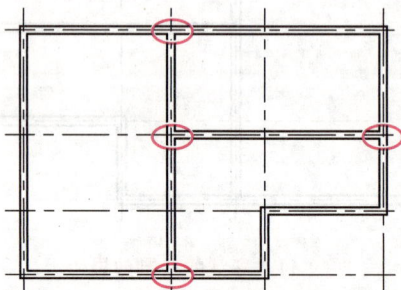

图 2-15　多线编辑效果 ②

　　在编辑多线的接口时，一定要先选择需修剪掉的多线，然后再选择与之相关的另外一条多线，且在选择多线时，尽量在要编辑的多线的接口附近单击，否则，将出现预想不到的效果或无法执行该操作。

　　此外，若一条多线在某处断开，可单击图 2-12 所示的"多线编辑工具"对话框中的"全部接合"按钮，然后依次在断开的两端点处单击，可使其成为一条完整的多线。

2.1.4　修剪对象

"修剪（trim）"命令用于修剪图形，该命令要求用户先指定修剪边界，然后再指定希望修剪掉的对象。例如，要将图 2-16（a）所示图形修剪为图 2-16（b）所示，其操作方法如下。

步骤 1▶　打开本书配套素材中的"素材与实例" > "ch02" > "2.1.4.dwg"文件，如图 2-16（a）所示，然后单击"默认"选项卡"修改"面板中的"修剪"按钮，或输入"TR"并回车。

步骤 2▶　根据命令行提示依次单击选取图 2-16（a）所示的曲线 1 和曲线 2 并回车，以指定修剪边界，然后在要修剪掉的图形对象上依次单击，最后按回车键结束命令，效果如图 2-16（b）所示。

素材：素材与实例\ch02\2.1.4.dwg

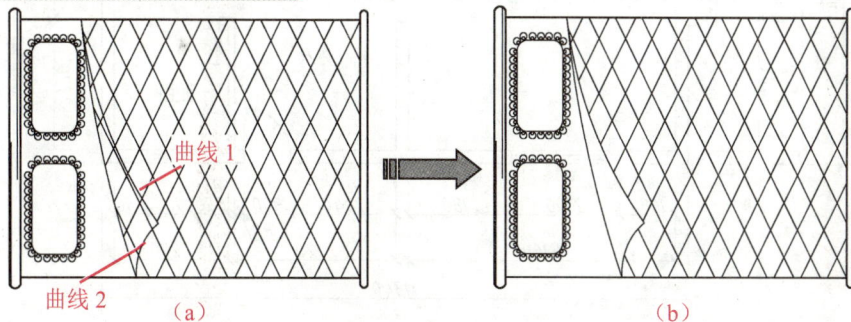

曲线 1

曲线 2　　（a）　　　　　　　　　　（b）

图 2-16　修剪床的装饰图案

提示

在执行"修剪"命令时，当命令行中提示"选择对象或<全部选择>"时，若直接按回车键，可将所有图形对象作为修剪边界，此时只需在要修剪掉的图形上单击，即可进行修剪。

在修剪过程中，若遇到一些修剪不掉的单个图形对象，可先选中该对象，然后按【Delete】键将其删除。

案例 1——绘制住宅户型图中的墙体和窗

下面将通过绘制图 2-17 所示住宅户型图中的墙体和窗，学习"直线""多线""偏移"和"修剪"等命令的具体操作方法（要求：承重墙厚度为 240 mm，非承重墙厚度为 120 mm，门、柱子、文字及尺寸标注暂时不需要绘制）。

扫一扫

视频讲解

素材：素材与实例\ch02\样板.dwt
存储路径：素材与实例\ch02\case1.dwg

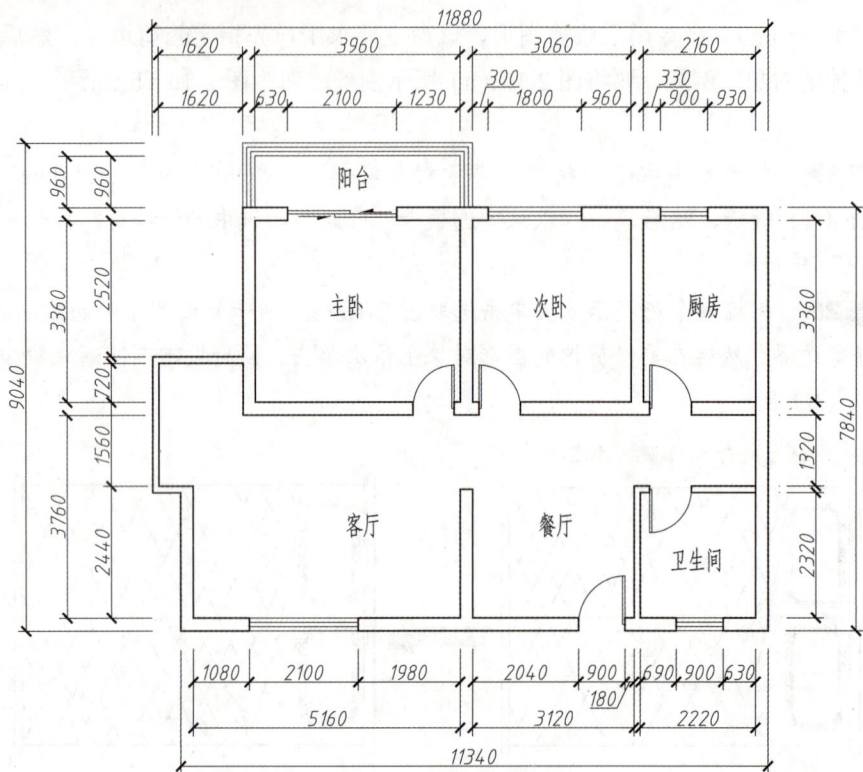

图 2-17　某住宅户型图

图形分析

图 2-17 中的墙体和窗均可使用"多线"命令绘制。由该图中的尺寸标注可知，绘制墙体时，应依次沿室内确定各区域的大小。绘制好墙体后，再利用"偏移"和"修剪"命令分别绘制门、窗洞口，最后再绘制窗。此外，为了便于绘图和管理图形，本案例以"素材与实例"文件夹中自定义的"样板.dwt"文件为模板进行绘制。

绘图步骤

（1）绘制墙体

本案例中的墙体厚度有 240 mm 和 120 mm 两种，因此可在设置多线样式时将两条多线间的间距设置为其中任意一种，如设置为 240 mm。在绘制厚度为 120 mm 的墙体时，只需将多线的比例设为 0.5 即可，具体操作过程如下。

步骤 1▶　单击快速访问工具栏中的"新建"按钮 ⬜，或者按快捷键【Ctrl+N】，在打开的"选择样板"对话框中选择本书配套素材中的"素材与实例" > "ch02" > "样板.dwt"文件，然后单击打开按钮。

步骤 2▶　在"默认"选项卡的"图层"面板中的"图层"列表框中单击，在弹出的如图 2-18 所示的下拉列表中选择"墙体"图层，即可将该图层设置为当前图层。

步骤 3▶　输入"MLST"并回车，然后在打开的对话框中单击"新建"按钮，接着输入新样式名称"墙体-240"并回车；参照图 2-19 所示对话框中的参数设置多样样式。设置完成后依次单击"确定""置为当前"和"确定"按钮，即可将"墙体-240"样式设置为当前样式。

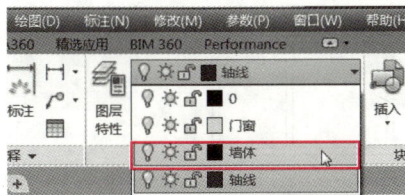

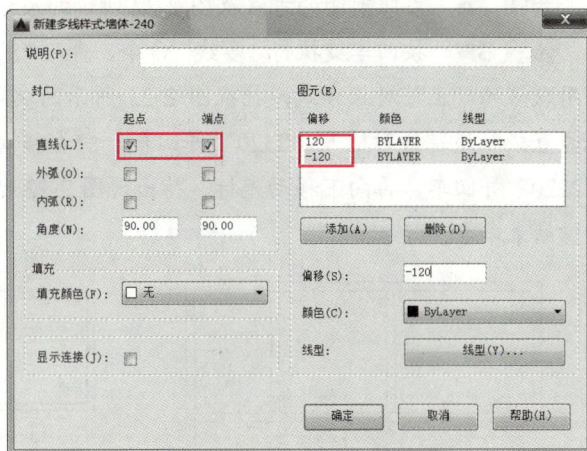

图 2-18　设置当前图层　　　　图 2-19　样式"墙体-240"的参数设置

步骤 4▶　输入"ML"并回车，根据命令行提示输入"S"并回车，然后输入多线比例值"1"并回车；输入"J"并回车，接着输入"T"并回车，将多线的对正方式设为"上"；在绘图区合适位置单击，向下移动光标，待出现竖直极轴追踪线时输入"2440"并回车；向右移动光标，待出现水平极轴追踪线时输入"10860"并回车。

步骤 5▶　向上移动光标，采用同样的方法依次绘制长度为 7360，9660，3360 mm的直线段，最后向右移动光标，待出现图 2-20 所示的"交点"提示时单击，再按回车键结束命令。

步骤 6▶　按回车键重复执行"多线"命令，捕捉图 2-21 所示的端点 A 并向右移动光标，待出现水平极轴追踪线时输入"3960"并回车，接着向上移动光标，待出现图 2-21 所示的"交点"提示时单击，最后按回车键结束命令。

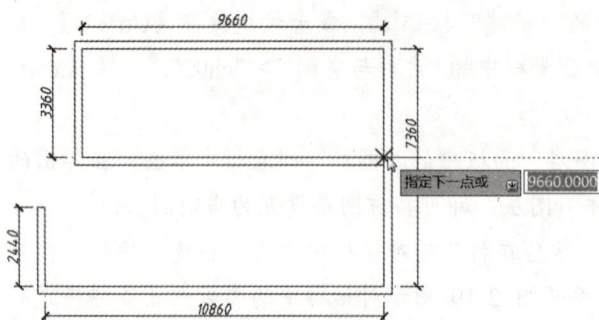

图 2-20　绘制墙体 ①

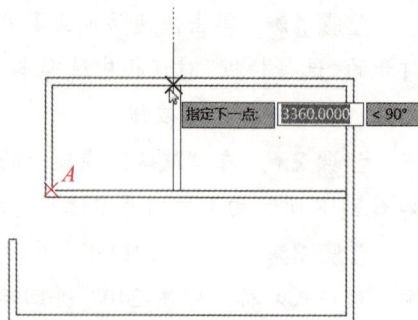

图 2-21　绘制墙体 ②

步骤 7▶ 参照前面的方法及图 2-22 所示的尺寸，自下向上绘制该图中的两道墙线。

步骤 8▶ 按回车键执行"多线"命令，输入"S"并回车，然后将多线比例设为"0.5"，采用默认的"上"对正方式，捕捉图 2-23 所示的端点 B 并向上移动光标（不单击），待出现竖直极轴追踪线时输入"2320"并回车；向左移动光标，待出现水平极轴追踪线时输入"2220"并回车，再向下移动光标，待出现图 2-23 所示的"交点"提示时单击，最后按回车键结束命令。

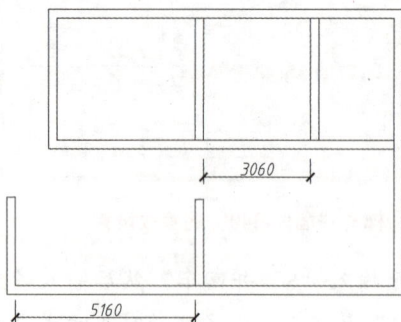

图 2-22　绘制墙体 ③

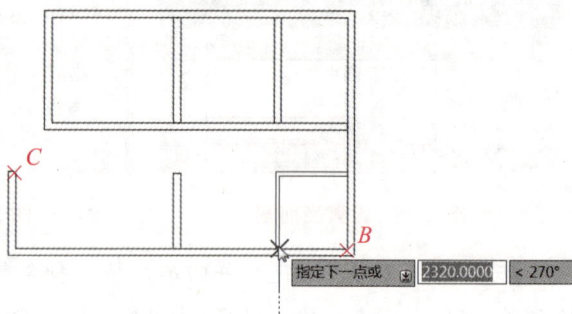

图 2-23　绘制墙体 ④

步骤 9▶ 按回车键重复执行"多线"命令，输入"J"并回车，再输入"B"并回车，将对正方式设为"下"；捕捉图 2-23 所示的点 C 并单击，接着向左移动光标，待出现水平极轴追踪线时输入"660"并回车；向上移动光标，输入"2280"并回车，最后向右移动光标，待出现图 2-24 所示的交点提示时单击，最后按回车键结束命令。

步骤 10▶ 双击任意一条多线，然后在出现的"多线编辑工具"对话框中单击"角点结合"图标，依次单击图 2-24 所示的多线 1 和多线 2，即可合并多线的接口，最后按回车键结束命令。

步骤 11▶ 按回车键打开"多线编辑工具"对话框，然后单击该对话框中的"T 形打开"图标，依次单击图 2-24 所示的多线 3 和多线 2，即可合并多线的接口；继续单击其他要合并接口处的多线进行合并，效果如图 2-25 所示。

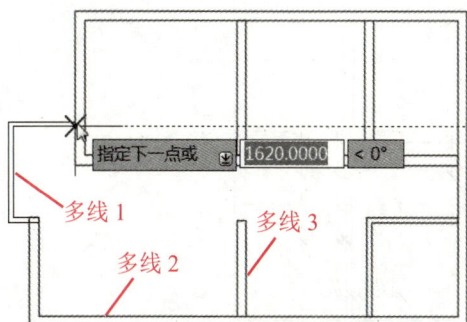

图 2-24　绘制墙体 ⑤

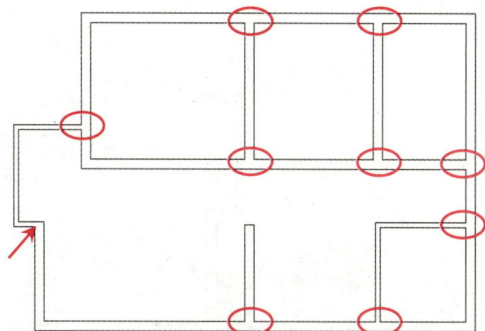

图 2-25　合并多线的接口

> **提示**　单击"T 形打开"图标对多线的接口进行合并时，需先在要修剪的多线上单击，然后再单击选择另外一条多线进行合并。

（2）绘制门洞、窗洞和窗子

要绘制户型图中的门和窗，需先绘制门洞和窗洞。在 AutoCAD 中，门洞和窗洞一般使用"偏移"和"修剪"命令绘制，窗子使用"多线"命令绘制，具体绘制方法如下。

步骤 1▶　输入"L"并回车，捕捉图 2-26 所示的端点 A 并向右移动光标，待出现水平极轴追踪线时输入"630"并回车，然后向上移动光标，在合适位置单击，绘制任意长度的直线；选中绘制的该竖直直线，输入"O"并回车，然后输入偏移距离"2100"并回车，接着在该直线的右侧单击，指定偏移方向，最后按回车键结束命令，结果如图 2-26 所示。

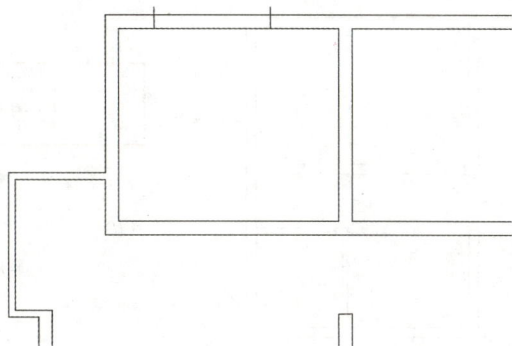

图 2-26　绘制门洞辅助线 ①

步骤 2▶　采用同样的方法，利用"直线"和"偏移"命令绘制图 2-27 所示的辅助直线。

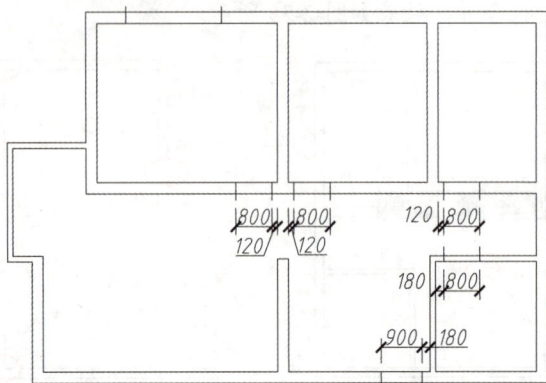

图 2-27　绘制门洞辅助线 ②

步骤 3▶ 输入 "TR" 并回车，再次按回车键将所有对象作为修剪边界，然后在要修剪掉的多线上单击，即可修剪出门洞，最后选中步骤 2 绘制的门洞辅助直线，按【Delete】键将其删除，结果如图 2-28 所示。

步骤 4▶ 在 "默认" 选项卡 "图层" 面板中的 "图层" 列表框中单击，然后在弹出的下拉列表中选择 "门窗" 图层，即可将该图层设为当前图层。

步骤 5▶ 输入 "MLST" 并回车，然后在打开的对话框中单击 "新建" 按钮，接着输入新样式名称 "窗子" 并回车；在打开的对话框中单击 "添加" 按钮，然后在 "偏移" 编辑框中输入 "40"；再次单击 "添加" 按钮并输入偏移值 "-40"，如图 2-29 所示。其余采用默认设置，依次单击 "确定" "置为当前" 和 "确定" 按钮，将 "窗子" 样式设为当前样式。

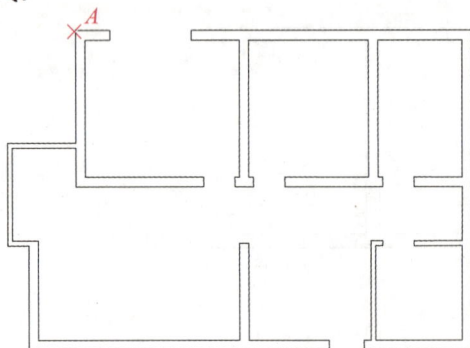

图 2-28　绘制门洞

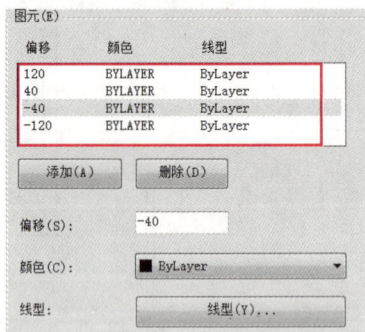

图 2-29　"窗子" 多线样式的参数设置

步骤 6▶ 输入 "ML" 并回车，根据命令行提示将对正方式设置为 "上"，比例设置为 "1"，然后捕捉图 2-28 所示墙体的端点 *A* 并单击，向上移动光标，绘制长度为 1200 mm 的竖直多线；向右移动光标，绘制长度为 4440 mm 的水平多线，最后向下移动光标，待出现图 2-30 所示的 "交点" 提示时单击，最后按回车键结束命令。

步骤 7▶　参照图 2-31 所示的尺寸，利用"直线"和"偏移"命令绘制窗洞辅助线。

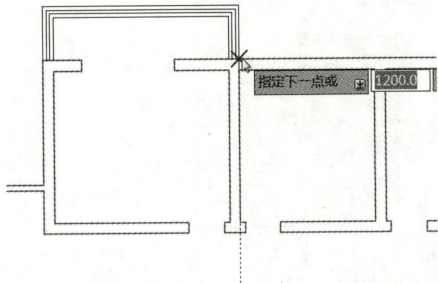

图 2-30　绘制窗子 ①

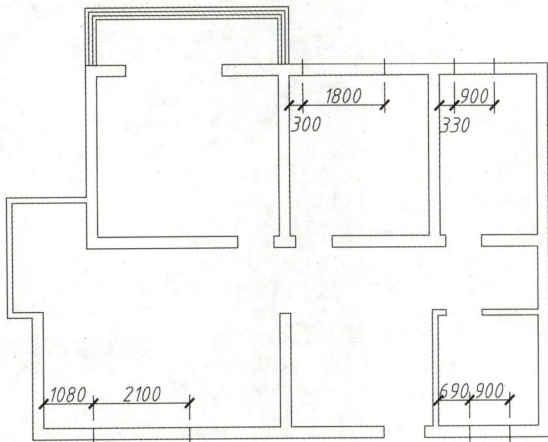

图 2-31　绘制窗洞辅助线

步骤 8▶　输入"TR"并回车，然后按回车键将所有图形对象作为修剪边界，接着在要修剪掉的多线上单击，即可将其修剪，最后按回车键结束命令。选中图 2-31 所示的所有辅助参考线，按【Delete】键将其删除，效果如图 2-32 所示。

步骤 9▶　输入"ML"并回车，采用默认设置依次绘制图 2-33 所示的窗子。

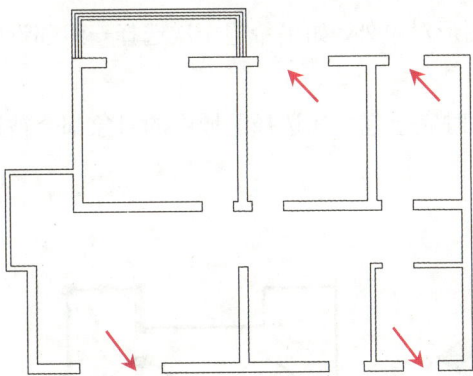

图 2-32　绘制窗洞

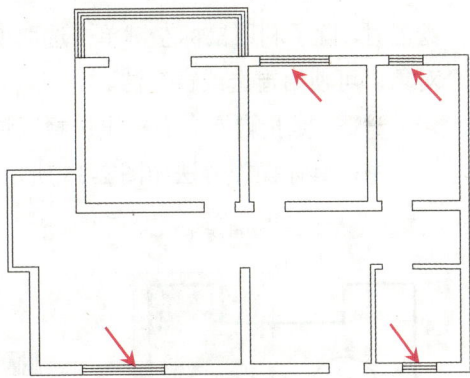

图 2-33　绘制窗子 ②

步骤 10▶　至此，该住宅户型图的大体结构就绘制完了。按快捷键【Ctrl+S】打开"图形另存为"对话框，然后在"文件名"编辑框中输入名称"case1"，接着在"文件类型"列表框中单击，在弹出的下拉列表中选择该文件的保存类型，如选择"AutoCAD 2013 图形（*.dwg）"，如图 2-34 所示，最后单击"保存"按钮，即可保存该文件。

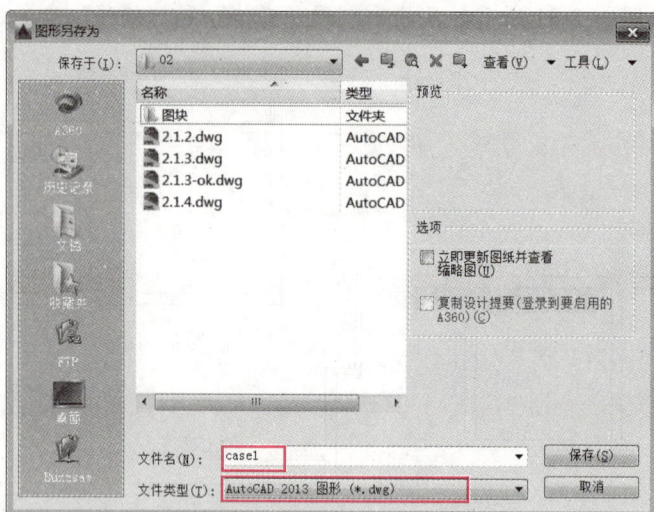

图 2-34　设置文件名称及保存类型

关于户型图中的门、柱子、文字，以及相关尺寸标注等，将在接下来的案例中逐一讲解。

知识补充——图形对象的选择方法

绘图时，除了利用鼠标左键单击选取所需图形对象外，如果希望一次选择一组邻近的多个对象，可使用窗选或窗交法。

➢ **窗选**：是指自左向右拖出选择区域，此时完全包含在选择区域中的对象都会被选中，具体操作方法如图 2-35 所示。

素材：素材与实例\ch02\补充知识 1.dwg

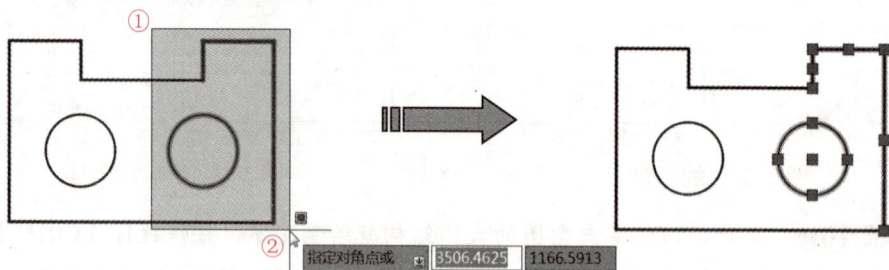

图 2-35　采用窗选法选择图形对象

➢ **窗交**：是指自右向左拖出选择区域，此时所有完全包含在选择区域中，以及所有与选择框相交的对象均会被选中，具体操作方法如图 2-36 所示。

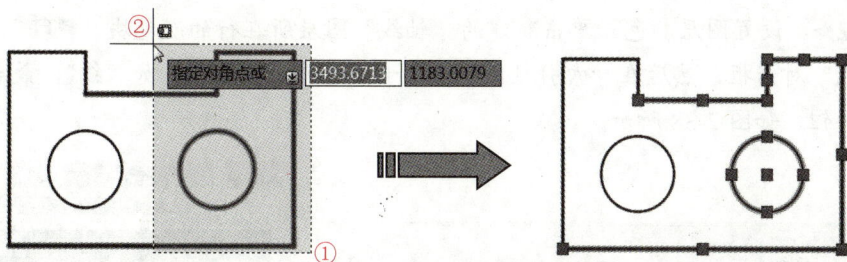

图 2-36　采用窗交法选择图形对象

> 如图 2-36 所示，被选中的直线和圆上都会出现用于控制其尺寸、形状及位置的夹点，这些夹点的位置不同，其功能也有所不同。例如，单击直线的两个端点处的夹点并移动光标，可调整直线的长度和角度；单击直线中部的夹点并移动光标，可移动该直线的位置。

2.2　创建与管理图层

通过绘制案例 1 可知，要绘制墙体图线，需将"墙体"图层设为当前图层；要绘制窗子，需将"门窗"图层设为当前图层。为什么要这样操作呢？

我们知道，建筑平面图中的线型和线宽有多种，且不同线型和线宽均代表不同含义。在 AutoCAD 中，为了便于修改图形，绘图时可将颜色、线型和线宽等属性相同的图线置于同一个图层上。例如，将图中所有轴线置于同一个图层上，以后若需修改轴线的颜色或线型，只要修改该图层的颜色或线型即可。

2.2.1　新建并设置图层

AutoCAD 中的每个图层都具有线型、线宽和颜色等属性。所有图形的绘制工作都是在当前图层中进行的，并且所绘制的图形对象都会自动继承该图层的所有属性。默认情况下，新建的空白图形文件中只有一个 0 图层。要创建其他图层，可按如下方法操作。

步骤 1▶　新建图层。在"默认"选项卡的"图层"面板中单击"图层特性"按钮，或输入"LA"并回车，打开"图层特性管理器"选项板；单击该选项板中的"新建图层"按钮，可创建一个名称为"图层 1"的新图层。在名称编辑框中输入新图层的名称，如"轴线"，如图 2-37 所示。

> 图层的名称可为数字、汉字或字母。一般情况下，为了便于识别，建议图层的名称一般要能够反映绘制在该图层上的图形元素的特性。

步骤 2▶ 设置图层颜色。单击新建的"轴线"图层所在行的颜色块"■白",打开"选择颜色"对话框,然后在"索引颜色"选项卡中选择所需颜色,如"红",最后单击"确定"按钮,如图 2-38 所示。

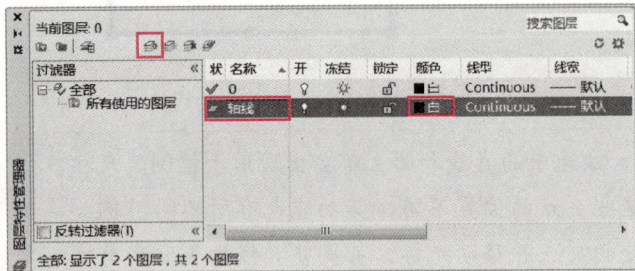

图 2-37 新建图层并输入图层的名称

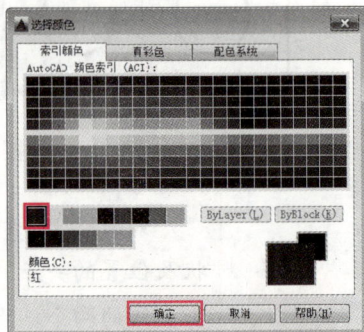

图 2-38 设置图层的颜色

步骤 3▶ 设置图层线型。单击"轴线"图层所在行的"Continuous"项,打开"选择线型"对话框,如图 2-39 所示。如果该线型列表中没有用户需要的线型(默认情况下只有连续线型"Continuous"),可单击"加载"按钮。

步骤 4▶ 加载所需线型。在打开的"加载或重载线型"对话框中选择所需线型,如选择"CENTER",如图 2-40 所示,然后单击"确定"按钮返回"选择线型"对话框;选择新加载的线型"CENTER"并单击"确定"按钮,完成线型设置工作。

步骤 5▶ 设置图层的线宽。默认情况下,新创建的图层的线宽为"默认",在标注尺寸或绘制细线时一般无须改变。如果要绘制粗线,可单击该图层所在行的"默认"选项,打开"线宽"对话框,然后选择所需线宽,如图 2-41 所示。

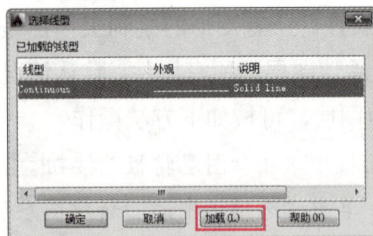

图 2-39 "选择线型"对话框 图 2-40 加载所需线型 图 2-41 选择所需线宽

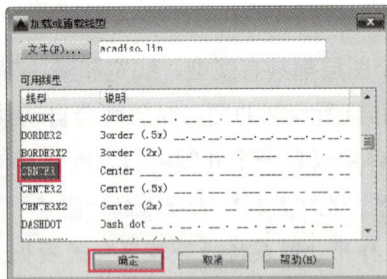

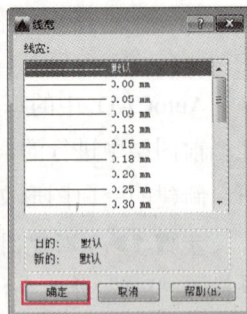

提示 图层线宽的默认值为 0.25 mm。若图形的线宽大于 0.25 mm,则打开状态栏中的"线宽"开关,才能在绘图区看到图形的线宽效果。

步骤6▶　设置当前图层。用户的所有绘图操作都是在当前图层中进行的，要将所需图层设置为当前图层，可在"图层特性管理器"选项板的图层列表中选择要设置的图层，然后单击"置为当前"按钮 ⟲，或直接双击该图层的名称，如图2-42所示。

图 2-42　将"轴线"图层设置为当前图层

步骤7▶　重命名图层。在"图层特性管理器"选项板中单击要重命名的图层名称，以选中该图层，然后单击该图层的名称并输入新名称，或先选中要重命名的图层并单击鼠标右键，从弹出的快捷菜单中选择"重命名图层"选项，最后输入图层名称即可。

步骤8▶　删除图层。在"图层特性管理器"选项板中选中要删除的图层，然后按【Delete】键，即可删除该图层。

> **提示**　　系统默认的 0 图层、包含图形元素的图层、当前图层、Defpoints 图层（进行尺寸标注时系统自动生成的图层）和依赖外部参照的图层不能被删除。此外，不能重命名 0 图层。

2.2.2　设置图层状态

绘图过程中，可根据绘图需要随时单击各图层列表前的相关开关，以便关闭、冻结、锁定图层或修改图层的颜色，如图 2-43 所示。关闭图层或冻结图层后，该图层上的所有内容是不可见和不可编辑的，同时也不可打印，但是锁定图层后，该图层上的所有图形对象均可见且可打印，但不可编辑。

如果当前文件中的图层较多，使用上述控制图层状态的方法将多有不便。为此，AutoCAD 2016 的"图层"面板中提供了可根据指定对象控制该对象所在图层状态的相关按钮。例如，在绘图过程中，如果想要隐藏、冻结、锁定某个图层，或将某个图层设为当前图层，只需在绘图区选中该图层上的任意一个图形对象，然后单击"图层"面板中的"关"⟲、"隔离"⟲、"冻结"⟲、"锁定"⟲或"置为当前"⟲按钮，如图2-44所示。

开/关图层
在所有视口中冻结/解冻
锁定/解锁图层
图层颜色

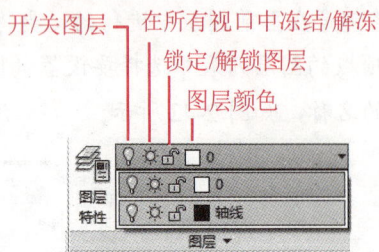

图 2-43　图层下拉列表

可将绘图区中指定对象所在的图层关闭、隔离、冻结、锁定或置为当前图层

将某个图形对象所在的图层赋予指定对象

将绘图区中所有被关闭、隔离、冻结或锁定的对象打开、取消隔离、解冻或解锁

图 2-44　"图层"面板

2.3　常用绘图命令（二）

本节继续以案例 1 中图 2-17 所示的住宅户型图为例，介绍在 AutoCAD 中绘制室内施工图中的门时最常用的命令，如复制、移动、旋转等。此外，在绘制地面材料布置图时，常使用"图案填充"命令来填充图案，以示各区域所使用的材料。

2.3.1　复制对象

利用"复制（copy）"命令不仅可以将一个或多个图形对象复制到指定位置，还可以将其进行多次复制。例如，将图 2-45（a）所示的装饰图案"×××"进行复制［效果如图 2-45（b）所示］，其具体操作步骤如下。

素材：素材与实例\ch02\2.3.1.dwg

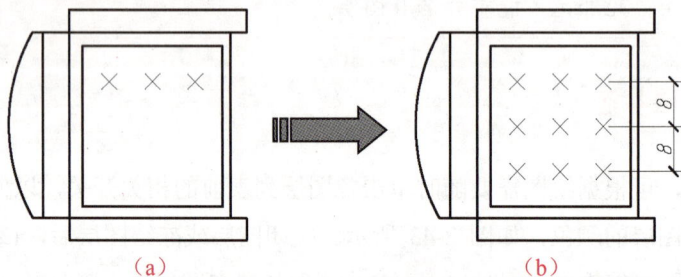

（a）　　　　　　　　　　　（b）

图 2-45　复制图形

步骤 1▶ 在"默认"选项卡的"修改"面板中单击"复制"按钮，或输入快捷命令"CO"或"CP"并回车，然后在要复制的 3 个装饰图案上依次单击，最后按回车键结束对象的选取。

步骤 2▶ 在绘图区任意位置单击，以指定复制的基点，接着输入复制的第二个点"@0，-8"并回车，继续输入"@0，-16"并回车，再次按回车键结束命令。

2.3.2　移动对象

利用"移动（move）"命令可在不改变源对象大小和形状的前提下，将所选对象从一个位置移动到另一个位置。下面通过将图 2-46（a）所示选择区域内的所有图形对象向左侧移动 10 个绘图单位，学习"移动"命令的具体操作方法。

步骤 1▶　在"默认"选项卡的"修改"面板中单击"移动"按钮✛，或输入"M"并回车，然后根据命令行提示，采用窗交法选取矩形内的所有图形对象并回车，以指定移动对象，如图 2-46（a）所示。

步骤 2▶　在命令行"指定基点或［位移（D）］＜位移＞:"的提示下，在绘图区的任意位置单击，以指定移动的基点，接着输入移动距离"@-10，0"并回车，以指定移动方向和距离，效果如图 2-46（b）所示。

素材：素材与实例\ch02\2.3.2.dwg

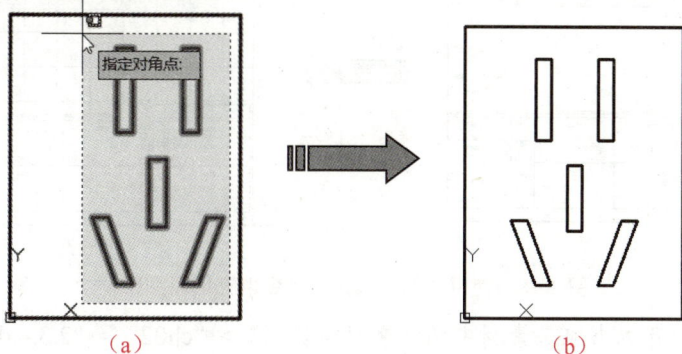

（a）　　　　　　　　　　　　　　　　（b）

图 2-46　指定移动对象并移动图形

2.3.3　旋转对象

使用"旋转（rotate）"命令可将所选对象绕指定点旋转一定角度，且在旋转的过程中，还可以根据需要选择是否保留旋转前的对象，其操作方法与"移动"命令类似。

例如，要将图 2-46（b）所示的插板图形绕其左下角点按顺时针方向旋转 90°，可先选中要旋转的所有图形对象，然后输入"RO"并回车，接着捕捉图形的左下角点并单击，以指定旋转基点，最后输入旋转角度值"-90"并回车，效果如图 2-47 所示。

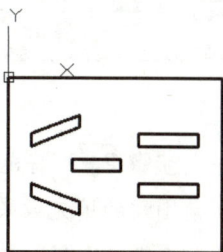

图 2-47　插板旋转效果

> **提示**
>
> 　要对图形对象进行偏移、复制、移动和旋转等操作，既可以在执行操作命令后选择要进行操作的图形对象，也可以在选择图形对象后再执行操作命令。实际绘图时，读者可根据自己的绘图习惯灵活选择。
>
> 　使用"旋转"命令旋转图形时，若输入的旋转角度为正值，则图形按逆时针方向旋转；否则，图形按顺时针方向旋转。

2.3.4 图案填充

绘制室内施工图时，通常利用 AutoCAD 提供的"图案填充（hatching）"命令绘制表示地面和墙面的材料图案。在绘制图案时，还可以根据需要设置图案样式、比例和填充角度等。下面通过为图 2-48（a）所示的墙面绘制图 2-48（b）所示的图案，讲解"图案填充"命令的具体操作方法。

素材：素材与实例\ch02\2.3.4.dwg

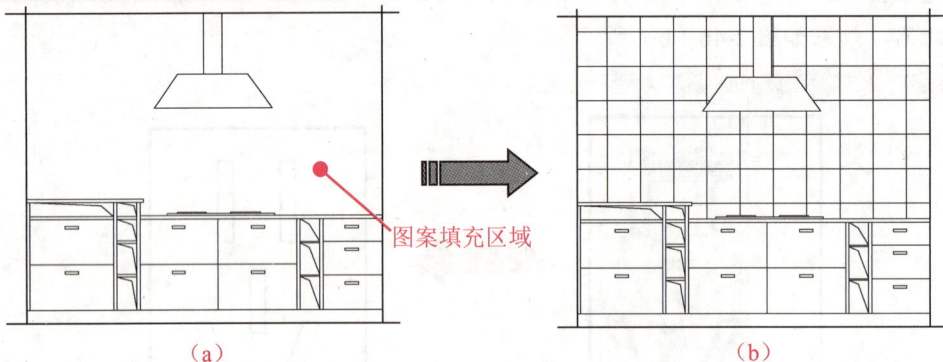

（a）   （b）

图 2-48　使用"图案填充"命令填充墙面图案

步骤 1▶　打开本书配套素材中的"素材与实例"＞"ch02"＞"2.3.4.dwg"文件，然后在"默认"选项卡的"绘图"面板中单击"图案填充"按钮，或输入"H"并回车，此时系统将打开图 2-49 所示的"图案填充创建"选项卡。

图 2-49　"图案填充创建"选项卡

步骤 2▶　将光标移动到要填充图案的区域内（不单击），此时系统会自动搜索并显示当前图案的填充效果，然后在要填充的区域内单击，以指定填充区域。若所填充的图案、比例和角度合适，则可直接按回车键结束命令。

步骤 3▶　若所选填充的图案比例和角度不合适，则单击"图案"面板右下角的按钮，在展开的列表框中选择所需图案，如选择"ANSI37"；在"特性"面板的"角度"编辑框中输入角度值，如输入"45"并回车；在"填充图案比例"编辑框中输入比例值，如输入"80"并回车。设置完成后，直接按回车键结束命令即可。

> 为图形填充图案时，图 2-49 所示"特性"面板的"填充图案比例"编辑框中的值越小，图案就越密，反之则越疏。

若要修改所填充的图案，可先选中该图案，然后在出现的"图案填充编辑器"选项卡中根据需要更改图案的形状、颜色、角度和比例等；若单击该选项卡的"边界"面板中的"拾取点"按钮 ▣ 和"删除"按钮 ▣，还可以添加或删除某些填充区域，其操作方法与绘制图案填充相同。

2.3.5　创建和使用普通块

在绘制室内平面布置图时，有许多图形是需要经常使用的，如门、柱子、洗脸池、浴缸和洗衣机等。为了方便用户使用，AutoCAD 的"工具选项板"和"设计中心"中存放了门、窗、立柱、洗脸池等一些常用的建筑装修图块，用户可根据绘图需要方便地使用这些图块。

对于"工具选项板"和"设计中心"中没有的图块，还可以将所绘制的图形定义为块，使用时直接将其插入所需位置即可。下面以图 2-50 所示的沙发平面图为例，来讲解创建和储存普通块的具体方法。

素材：素材与实例\ch02\2.3.5.dwg

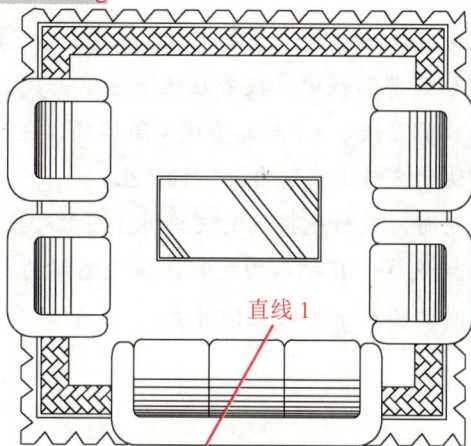

直线 1

图 2-50　沙发平面图

1. 创建块（block）

步骤 1▶ 打开本书配套素材中的"素材与实例" > "ch02" > "2.3.5.dwg"文件，然后在"默认"选项卡的"块"面板中单击"创建"按钮 ▣ 创建，或输入快捷命令"B"并回车，打开"块定义"对话框。

步骤 2▶ 在"名称"编辑框中输入块的名称，如"沙发"，在"基点"设置区中单击"拾取点"按钮 ▣，然后捕捉图 2-50 所示直线 1 的中点并单击，以指定插入基点，此时系统将自动返回至"块定义"对话框，如图 2-51 所示。

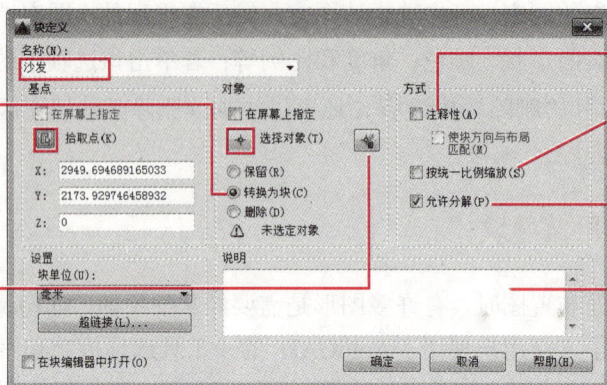

利用这3个单选钮可设置定义块后对源对象的处理方式

单击此按钮，可在打开的"快速选择"对话框中通过指定条件（如颜色、线型等）来过滤选择集

选择是否创建带有注释特性的块

控制是否将组成块的对象按比例统一缩放

控制创建的块能否被分解为单个图形元素

可在该编辑框中输入关于块的一些说明文字

图 2-51　"块定义"对话框

步骤 3▶　在"对象"设置区中单击"选择对象"按钮，然后选取图 2-50 所示的整个图形并按回车键，接着选中"块定义"对话框中的"转换为块"单选钮，采用默认的单位"毫米"，最后单击"确定"按钮，完成块的创建。

> 在绘图区选取一组图形对象，然后按【Ctrl+C】或【Ctrl+X】键，将其复制或剪切到剪贴板中，接着在绘图区单击鼠标右键，在弹出的快捷菜单中选择"剪贴板">"粘贴为块"菜单项，也可以将所选对象转换为块。此时，块的名称由系统自动随机产生。
>
> 创建图块时，最好先将该图块的所有图形对象置于"0"图层，然后再创建图块。这样，在插入图块时，该块图形的颜色、线型及线宽就会与插入图块时的图层中的设置相同了。

2. 储存块

为了便于在其他图形文件中使用创建的图块，应将创建的图块储存为独立的图形文件（称为外部块）。要储存块，可执行"写块（wblock）"命令。例如，要储存前面创建的"沙发"图块，可按如下方法进行操作。

步骤 1▶　在"插入"选项卡的"块"面板中单击"创建块"按钮下方的三角符号，在弹出的命令列表中选择"写块"命令，或输入"WB"并回车，然后在打开的"写块"对话框中选中"块"单选钮，如图 2-52 所示。

如果当前图形文件中没有定义的块，可以选中"对象"单选钮，然后通过指定基点和图形对象创建块；也可以选中"整个图形"单选钮，将整个图形定义为块，其插入基点为坐标原点

单击此按钮，可在打开的"浏览图形文件"对话框中设置该块的存储位置

使用块时，系统将按照此处的单位插入该块

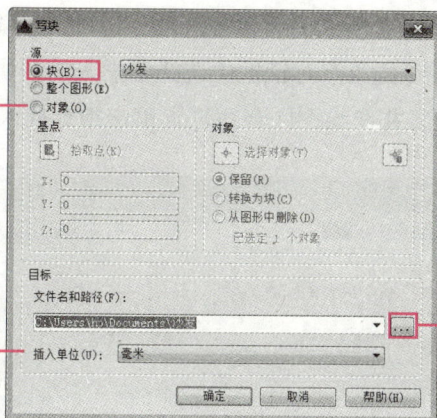

图 2-52　"写块"对话框

步骤 2▶　在"块"单选钮后的下拉列表框中选择当前图形文件中已创建的图块，如"沙发"，然后单击"目标"设置区中的"浏览"按钮 📄，在打开的"浏览图形文件"对话框中设置图块的存储位置。

步骤 3▶　采用系统默认的插入单位"毫米"，单击"确定"按钮即可。

> **小技巧**　如果要储存的块图形位于绘图区中，为了操作方便，可先在绘制区选中要存储的块图形，然后输入"WB"并回车，而不必在"块"单选钮后的下拉列表框中选择要存储的块。

3．使用普通块

要使用当前图形文件或其他图形文件中所创建的块，可在"默认"或"插入"选项卡的"块"面板中单击"插入"按钮 🔲，然后在出现的列表框中单击要插入的图块，并根据命令行提示指定块的插入比例和旋转角度等，如图 2-53 所示。

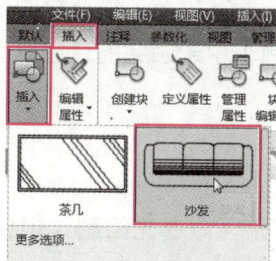

图 2-53　图块列表框

此外，如果选择图 2-53 所示的"更多选项"选项，或输入快捷命令"I"并回车，可在打开的图 2-54 所示的"插入"对话框中选择要插入的图块，以及图块的比例和角度等，最后单击"确定"按钮，并在绘图区合适位置单击指定插入点即可。

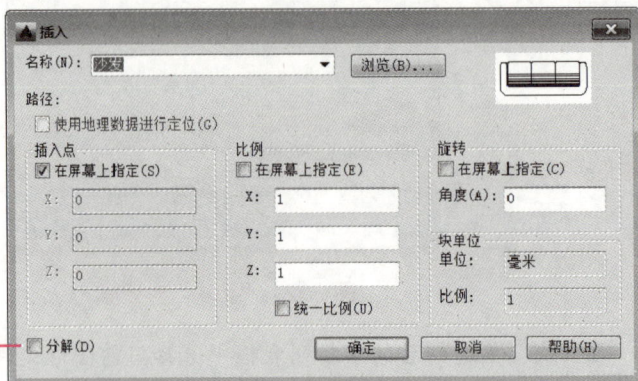

选中该复选框，可使所插入的块分解成单个图形对象

图 2-54 "插入"对话框

> 提示
>
> 如果选中图 2-54 所示对话框中"比例"和"旋转"设置区中的"在屏幕上指定"复选框，则在插入块时，命令行将会提示输入 X 轴和 Y 轴方向上的比例因子和旋转角度。
>
> 如果要插入的图块位于当前文件中，或者要插入的图块是在当前文件中创建的，那么插入该图块时，图 2-53 所示的列表框中会出现当前文件中的所有图块，这样的图块称为内部块；否则，需要单击"浏览"按钮，然后在打开的"选择图形文件"对话框中选择要插入的块。

案例 2——绘制住宅户型图中的门

在学习了复制、移动、旋转、图案填充，以及块的创建和储存等相关知识后，接下来继续绘制案例 1 中未画完的住宅户型图，其效果如图 2-55 所示。

扫一扫

视频讲解

图形分析

可使用"矩形"和"图案填充"命令先绘制一根柱子，其余柱子可使用"复制"命令得到。此外，该户型图中有单扇平开门和双扇推拉门两种。由于这两种门都比较常见，因此可将其创建为块并进行存储，以便后续使用。

存储路径：素材与实例\ch02\case2.dwg

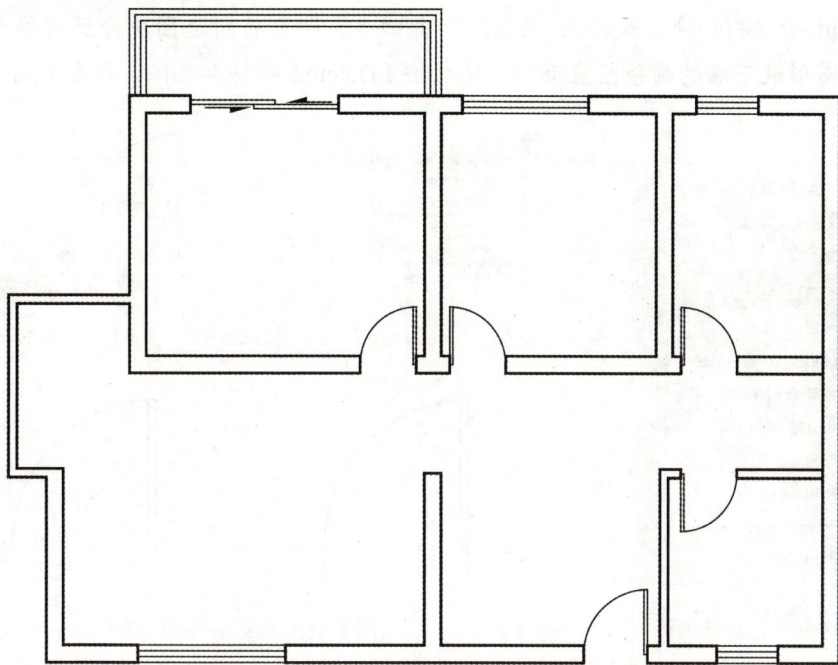

图 2-55　某住宅户型图（本节效果图）

绘图步骤

（1）绘制单扇平开门

为了简化作图，可先在绘图区任意位置插入"工具选项板"中的门图块，然后将其修改为所需图形，最后将该图形创建为块并存储，具体操作过程如下。

步骤 1▶　打开案例 1 中绘制的"case1.dwg"文件。选中绘图区中的任意一个窗子图形，然后单击"默认"选项卡"图层"面板中的"置为当前"按钮，将"门窗"图层设为当前图层。

步骤 2▶　选择"工具" > "选项板" > "工具选项板"菜单，或按快捷键【Ctrl+3】，在打开的"工具选项板"中选择"建筑"选项卡，然后单击"公制样例"列表中的"门-公制"按钮，如图 2-56 所示。移动光标，并在绘图区任意空白位置单击，放置该图块。

步骤 3▶　选中该图块，然后单击其左上方的夹点▼，在弹出的快捷菜单中选择"打开 90°角"选项，如图 2-57（a）所示；单击图 2-57（b）所示的夹点▶，在出现的动态提示框中输入门的尺寸值"800"并回车，最后按【Esc】键，效果如图 2-57（c）所示。

步骤 4▶ 选中步骤 3 所绘制的块，然后单击"默认"选项卡"修改"面板中的"分解（explode）"按钮，或输入"EXPL"并回车，即可将所选图块分解为单个图形对象。选中图形最下端的两条竖直直线，然后按【Delete】键将其删除，效果如图 2-57（d）所示。

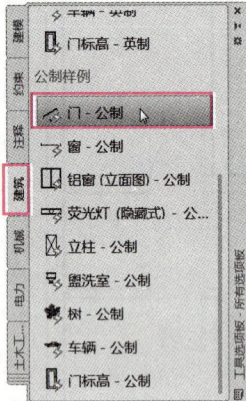

图 2-56　工具选项板

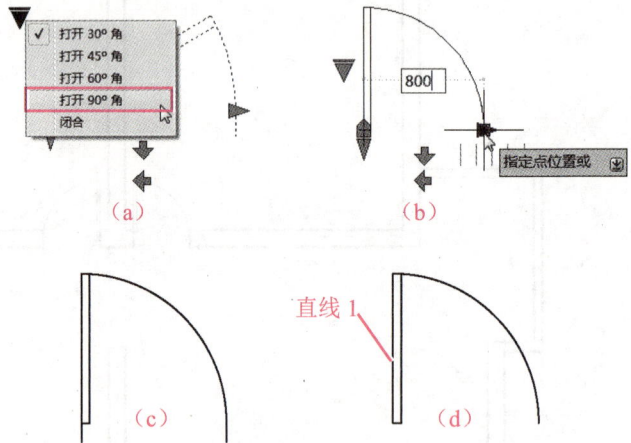

图 2-57　调整并修改门图形

> **提示**　图 2-56 所示工具选项板中的图块大多数为动态块。利用这些动态块上的夹点可以动态地调整该图块的形状和尺寸。关于动态块的具体创建方法，将在稍后的知识补充中讲解。

步骤 5▶ 采用窗交法选取图 2-57（d）所示的所有图形对象，然后输入"B"并回车，在打开的对话框中输入块名称"门"；单击"拾取点"按钮，然后捕捉图 2-57（d）所示直线 1 的下端点并单击；选中"转换为块"单选钮，如图 2-58 所示，最后单击"确定"按钮，即可创建"门"图块并将绘图区中的门图形转换为块。

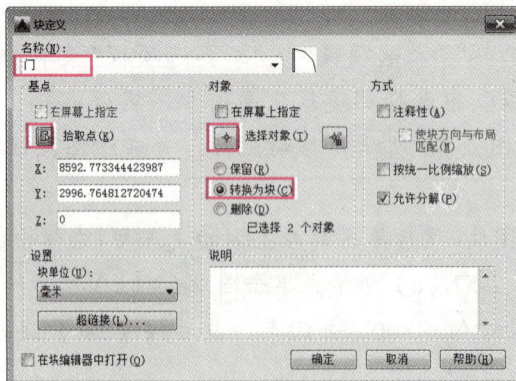

图 2-58　"块定义"对话框

步骤 **6**▶　选中绘图区中的"门"图块，然后输入"CO"并回车，以图 2-57（d）所示直线 1 的下端点为基点，将该块复制到图 2-59 所示的 *A* 和 *B* 两处，接着按回车键结束命令，最后选中不需要的"门"图块，并按【Delete】键将其删除。

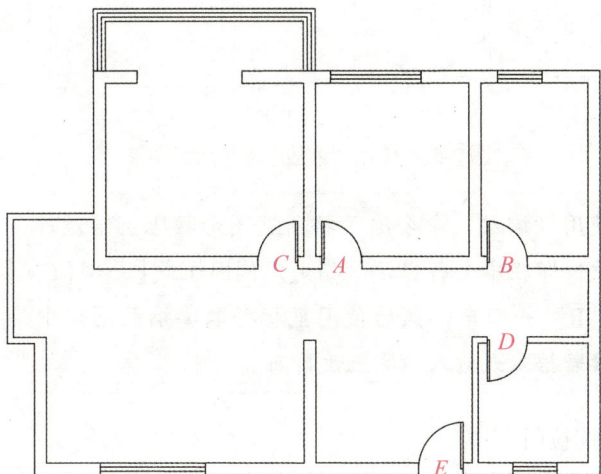

图 2-59　插入"门"图块

步骤 **7**▶　选中图 2-59 中 *B* 处的"门"图块，然后输入"MI"并回车，以执行"镜像（mirror）"命令；在该图块下方任意位置单击后向右移动光标，待出现水平极轴追踪线时在任意位置单击，即可指定镜像线；回车，采用默认的不删除镜像源对象，即可将该图块进行镜像。

步骤 **8**▶　选中镜像得到的图块，然后单击夹点■并移动光标，捕捉图 2-59 中 *D* 处墙线的中点并单击，即可将该图块移动到此处。

步骤 **9**▶　选中图 2-59 中 *A* 处的"门"图块，然后输入"MI"并回车；在该图块右侧任意位置单击后向上移动光标，待出现竖直极轴追踪线时在任意位置单击，接着按回车键结束命令，最后利用该图形上的夹点将该图块移动到图 2-59 所示的 *C* 处。

步骤 **10**▶　选中图 2-59 中 *C* 处的"门"图块，然后输入"CO"并回车，将该图块复制到 *E* 处。

步骤 **11**▶　输入"SC"并回车，以执行"缩放（scaling）"命令；选取上步复制得到的门图形，然后捕捉图 2-60（a）所示端点 *A* 单击，以指定缩放的基点；根据命令行提示输入"R"并回车，接着依次单击 *A* 和 *B* 两个端点，以指定参照长度；最后移动光标，捕捉端点 *C* 并单击，或输入新长度"900"并回车，即可将该门的尺寸修改为 900 mm，效果如图 2-60（b）所示。

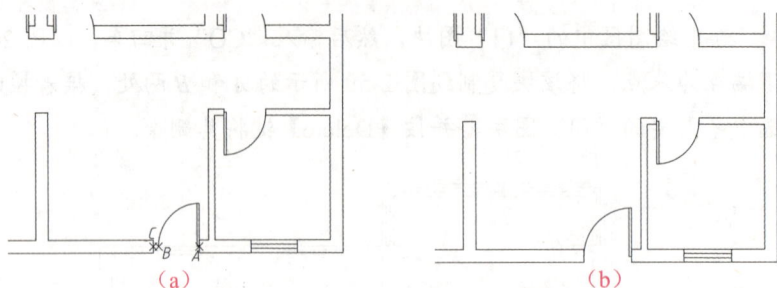

（a）　　　　　　　　　　　　　　　（b）

图 2-60　使用"缩放"命令放大图形

> **提示**　使用"缩放"命令除了将所选图形按比例缩放外，还可以将其按尺寸缩放。即在命令行提示"指定比例因子或［复制（C）参照（R）］:"时，输入"R"并回车，然后使用鼠标拾取要缩放图形中某条线的两个特征点，接着拾取或输入所需长度即可。

（2）绘制双扇推拉门

为了简化作图，本案例中已经将双扇推拉门设置成了图块，使用"插入（insert）"命令直接插入即可。

步骤1▶　输入"I"并回车，在打开的对话框中单击"浏览"按钮，然后选择本书配套素材中的"素材与实例">"ch02">"图块">"双扇推拉门.dwg"图块并单击"打开"按钮，返回至图 2-61 所示的"插入"对话框。

步骤2▶　采用默认的比例和旋转角度，然后单击"确定"按钮，接着捕捉图 2-62 所示的中点并单击，即可将该图块插入所需位置。

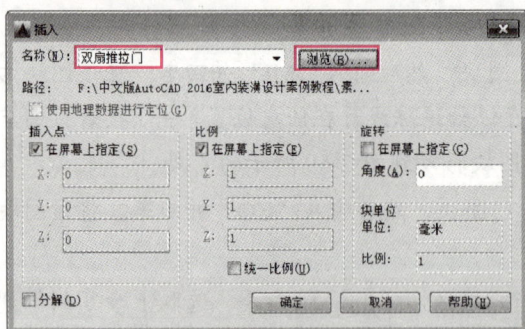

图 2-61　"插入"对话框

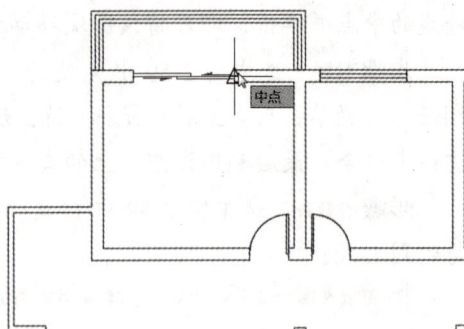

图 2-62　指定图块的插入点

步骤3▶　至此，住宅户型图中的门和柱子就绘制完了。选择"文件">"另存为"菜单，将该文件以名称"case2"保存。

知识补充 1——编辑块图形

一般情况下，组成块的图形对象是不能被编辑修改的。若要修改块图形的形状，有以下两种方法。

> **方法 1**：先使用"分解"命令将块图形分解为单独的对象，然后再进行编辑修改。使用这种方法只能编辑某个指定的块对象，也就是说，如果在一幅图形中插入了多个同样的图块，使用该方法一次只能修改其中的一个图块。

> **方法 2**：借助块编辑器进行编辑修改。使用这种方法的优点是，只要修改绘图区中的任何一个块对象，则绘图区中所有该块的引用都会自动更新。

下面以方法 2 为例，讲解编辑块图形的具体操作方法。

步骤 1▶ 在绘图区双击案例 2 中任意一个"门"图块，然后在打开的"编辑块定义"对话框中选择所需图块，如图 2-63 所示。

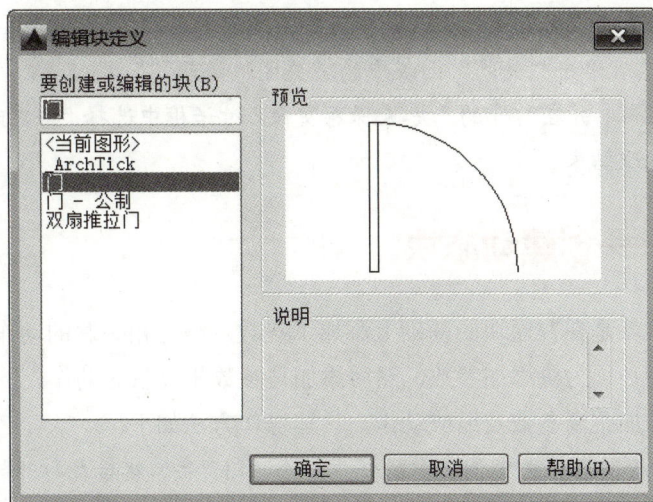

图 2-63　"编辑块定义"对话框

步骤 2▶ 单击"确定"按钮，可打开块编辑界面，如图 2-64 所示。该界面默认显示的选项卡为"块编辑器"，但"默认""插入"等选项卡中的命令皆可使用。因此，可以借助这些选项卡中的相关命令对绘图区中的块图形进行编辑修改。

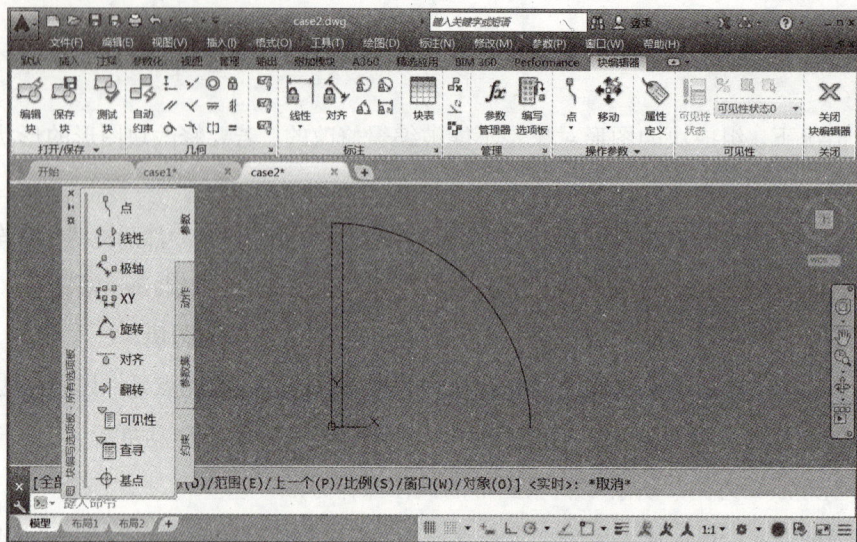

图 2-64　块编辑界面

步骤 3▶　修改结束后，应先在"块编辑器"选项卡的"打开/保存"面板中单击"保存块"按钮 ，然后单击"关闭"面板中的"关闭块编辑器"按钮 ，或直接单击"关闭块编辑器"按钮 ，并在打开的"块-未保存更改"对话框中选择"将更改保存到门（S）"选项，即可保存修改结果。

知识补充 2——创建动态块

动态块实际上就是在普通块的基础上添加了参数及与之相关联的动作。要使普通块转换为动态块，首先必须为块添加参数，然后添加与参数相关联的动作。例如，要为案例 2 中的"门"图块添加距离参数及缩放动作，具体操作方法如下。

步骤 1▶　在绘图区双击案例 2 中的任意一个"门"块，然后在打开的"编辑块定义"对话框中选择"门"图块并单击"确定"按钮，即可打开图 2-64 所示的块编辑界面和块编写选项板。

图 2-64 所示的块编写选项板中各选项卡的功能如下。

➢ **参数**：为块中的图形对象添加线性距离、旋转角度、对齐等参数。

➢ **动作**：为所添加的参数指定移动、缩放、拉伸和旋转等动作，该动作决定了块的动作，通常添加的动作需要与参数一致。

➢ **参数集**：为动态块添加成对的参数和动作。

➢ **约束**：在定义动态块时，可利用该选项卡中的按钮控制某些对象的位置及状态。

步骤 2▶ 打开块编写选项板中的"参数"选项卡，然后单击"线性"按钮 🔲线性，依次捕捉并单击图 2-65 所示的端点 *A* 和端点 *B*，接着向下移动光标并在合适位置单击，以指定线性参数的标签位置。

步骤 3▶ 打开块编写选项板中的"动作"选项卡，然后单击"缩放"按钮 📐缩放，根据命令行提示在步骤 2 所添加的线性参数上单击，采用窗交法选取所有图形对象并回车。此时系统将自动为该线性参数添加缩放动作，且该参数的右下角处出现"缩放"图标 🔲×，如图 2-66 所示。

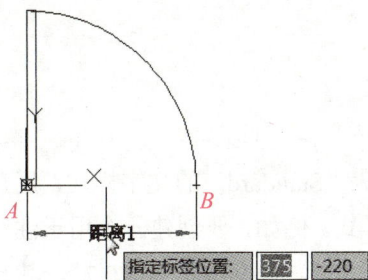

图 2-65　添加"线性"参数　　　　图 2-66　添加"缩放"动作

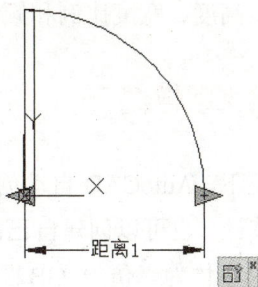

步骤 4▶ 选中所添加的线性参数后右击，在弹出的快捷菜单中选择"夹点显示">"1"菜单项，即可更改夹点的个数，效果如图 2-67 所示。

> 在为动态块添加参数时，系统会自动为该块添加与该参数相关的所有夹点。此时，最好利用右键快捷菜单中的"夹点显示"菜单项，隐藏不需要的夹点。否则，图块的动作会与预期的效果不太一致。

步骤 5▶ 在"块编辑器"选项卡的"打开/保存"面板中单击"保存块"按钮 🔲，然后单击"关闭"面板中的"关闭块编辑器"按钮 ✖，即可保存修改结果。

步骤 6▶ 选中绘图区中的任意一个"门"图块，然后单击夹点▶并移动光标，接着输入所需参数并回车，则整个块图形都会随之放大或缩小，如图 2-68 所示。

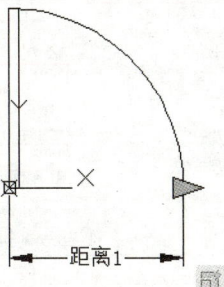

图 2-67　修改夹点个数　　　　图 2-68　动态调整该图块

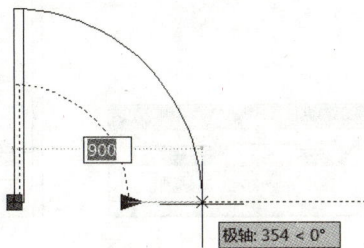

步骤 7▶ 由于该动态块较常用，建议读者先选中该图块，然后输入 "WB" 并回车，最后选择合适的存储路径将其储存，以便后续使用。

2.4 文字注释

在室内施工图中可以为没有表达清楚的部分添加文字注释，如家具名称、地面和墙面材料等。在为图形添加文字注释前，首先应创建合适的文字样式。文字样式主要用来控制文字的字体、高度、宽度比例和倾斜角度等。

2.4.1 创建文字样式

默认情况下，AutoCAD 自动创建了一个名为 "Standard" 的文字样式，用户既可以对该样式进行修改，也可以创建自己需要的文字样式。例如，要创建一个用于注写汉字的文字样式，要求字体为 "仿宋_GB2312"，高度为 "5"，宽度因子为 "0.7"，其具体操作方法如下。

步骤 1▶ 单击 "注释" 选项卡 "文字" 面板右下角的█按钮，或输入 "ST" 并回车，打开 "文字样式" 对话框；单击 "新建" 按钮，在打开的 "新建文字样式" 对话框中输入样式名 "汉字"，如图 2-69 所示。

步骤 2▶ 单击 "确定" 按钮返回至 "文字样式" 对话框，在 "字体名" 下拉列表中选择 "仿宋_GB2312"，然后将文字高度设置为 "5"，将宽度因子设置为 "0.7"，如图 2-70 所示。

步骤 3▶ 依次单击 "应用" 和 "关闭" 按钮，即可完成文字样式的设置。此时，系统自动将所创建的文字样式设置为当前样式。

图 2-69 "新建文字样式" 对话框

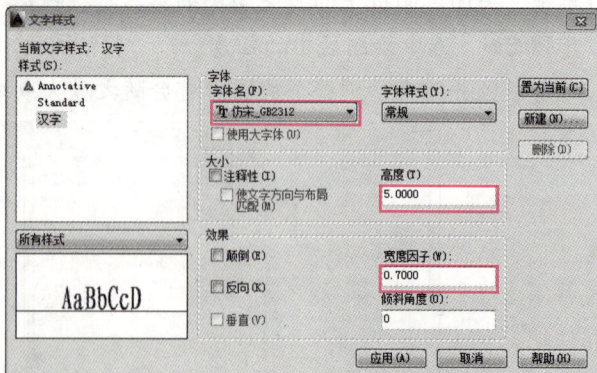

图 2-70 "文字样式" 对话框

室内施工图中，一般将用于注写汉字的字体设置为"黑体"，宽度因子为"1"，或将字体设置为"仿宋_GB2312"，宽度因子为"0.7"；将用于注写数字和字母的字体设置为"gbeitc.shx"，宽度因子为"1"。

当要注写的数字或字母中含有"×"和"＝"等符号时，还可以选中"文字样式"对话框中的□使用大字体(U)复选框，然后在"大字体"下拉列表中选择"gbcbig.shx"字体，以指定符号的字体样式。

当□使用大字体(U)复选框处于选中状态时，"字体名"列表框中仅显示".shx"字体。此时，若需要使用"仿宋_GB2312"或其他字体，需先取消□使用大字体(U)复选框的选中状态再设置。

2.4.2　使用单行文字

设置完文字样式后，就可以注写文字了。AutoCAD 为用户提供了"单行文字"和"多行文字"两种文字注释命令。其中，"单行文字（text）"命令主要用于注写内容简短的文字，而"多行文字（mtext）"命令主要用于注写内容较多且需要换行的文字。

要使用"单行文字"命令注写所需内容，可按如下步骤进行操作。

步骤 1▶　在"注释"选项卡的"文字"面板中单击"多行文字"按钮下的三角符号，然后在弹出的命令列表中选择"单行文字"命令，或输入"TEXT"并回车。

步骤 2▶　此时，根据命令行提示直接在绘图区单击，以指定文字的起点，接着根据需要输入文字的旋转角度，或直接回车采用默认的旋转角度 0°。此时，可在绘图区出现的编辑框中输入所需文字，如图 2-71 所示。

提示　如果当前所使用的文字样式的"高度"编辑框中的数值为 0，则在执行"单行文字"命令并指定文字的起点后，系统还会提示指定文字高度，因此可根据需要输入所需文字高度并回车。

步骤 3▶　若要输入其他行文字，可在合适位置单击后输入，或按回车键后继续输入，但所输入的每一行文字是单独的。输入完成后，按两次回车键结束命令。

提示　对于使用"单行文字"命令注写的文字，若要修改文字样式、文字高度或宽度因子，只能先选中要修改的文字，然后单击鼠标右键，从弹出的快捷菜单中选择"特性"菜单项，接着在打开的图 2-72 所示的"特性"选项板中进行修改。

图 2-71　输入所需文字　　　　　　　　图 2-72　修改文字属性

2.4.3　使用多行文字

相对于单行文字而言，多行文字的可编辑性较强。要使用"多行文字"命令注写文字内容，可按如下步骤进行操作。

步骤 1▶　在"注释"选项卡的"文字"面板中单击"多行文字"按钮 **A**，或在命令行中输入"MT"并回车，然后在绘图区任意位置单击，以指定文本框的第一个角点。

步骤 2▶　移动光标并在绘图区其他位置单击，以指定文本框的对角点。此时，绘图区将出现一个带标尺的文本框，并在绘图区上方显示"文字编辑器"选项卡。此时，可在绘图区的文本框中输入所需内容，如图 2-73 所示。

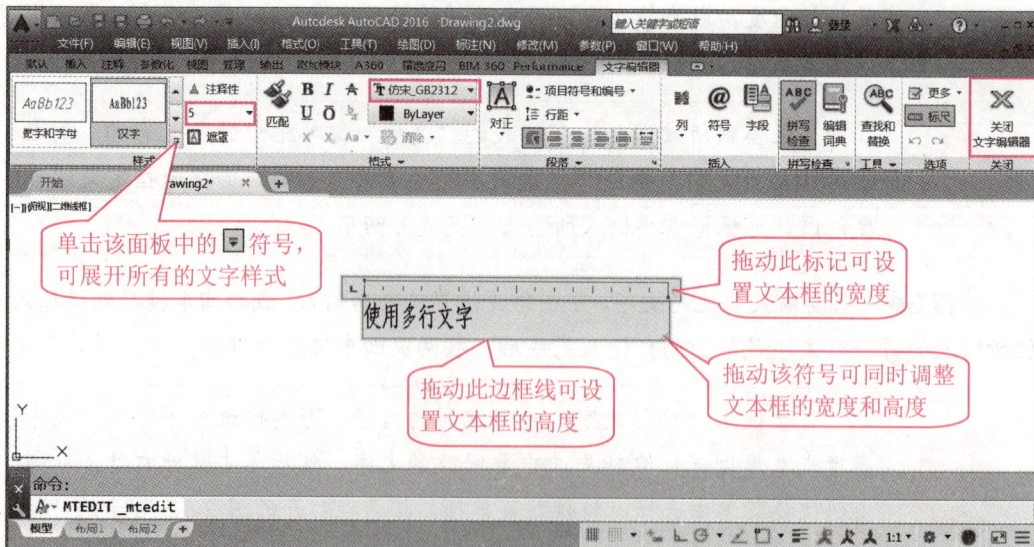

图 2-73　多行文字编辑界面

步骤 3▶　在文本框中输入文字时，当输入的文字到达文本框边缘时系统将自动换行。如果希望在某处开始一个新的段落，可按回车键；如果希望调整所输入内容中的某些文字的高度、字体和格式等，可先选中要修改的文字，然后在"样式"和"格式"面板中进行修改。

步骤 4▶ 文字输入完成后，可单击"文字编辑器"选项卡中的"关闭文字编辑器"按钮✕，或在绘图区其他位置单击，均可退出多行文字的编辑状态。

> **知识库**
>
> 对于使用"单行文字"和"多行文字"注写的文字，均可在图 2-72 所示的"特性"选项板中修改文字高度、宽度因子和旋转角度等属性。若要修改文字的内容，可在要修改的文字上双击，或输入"ED"并回车，然后选择要修改的文字进行修改。

2.5 标注尺寸

与文字注释类似，尺寸标注的外观由尺寸标注样式控制。因此，在标注尺寸前，一般都要先创建符合国家制图标准的尺寸标注样式，然后再标注尺寸。为此，在学习尺寸标注之前有必要简单了解一下尺寸标注要求及标注样式的设置方法。

2.5.1 尺寸标注要求

室内装潢施工图中的尺寸标注如图 2-74 所示，其尺寸由尺寸线、尺寸界线、尺寸起止符号和尺寸数字组成。标注尺寸时应注意以下几点。

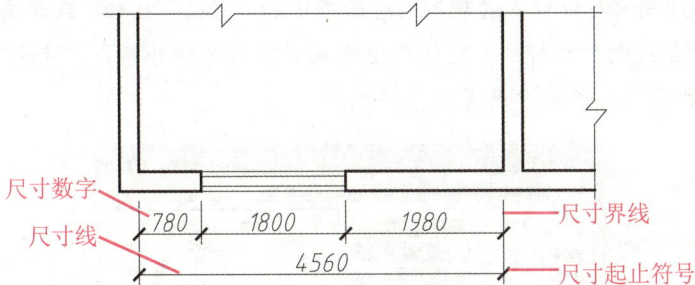

尺寸数字
尺寸线
780 1800 1980 尺寸界线
4560 尺寸起止符号

图 2-74 尺寸标注示例

① 尺寸界线的一端离开图样轮廓线的间距不小于 2 mm，另一端超出尺寸线 2～5 mm。

② 尺寸线应尽量标注在图样轮廓线外侧，且应遵照"小尺寸在内，大尺寸在外"的原则。必要时可将图样的轮廓线作为尺寸界线，但不能作为尺寸线。

③ 一般情况下，线性尺寸的尺寸起止符号采用 45° 倾斜的中粗短线，半径、直径、角度和弧度的尺寸起止符号采用箭头表示。

④ 室内装潢施工图中的尺寸一般需要标注室内净尺寸和必要的门窗定位尺寸，墙体的厚度尺寸通常不标注。

2.5.2　创建尺寸标注样式

尺寸标注样式主要定义了尺寸线、尺寸界线和尺寸起止符号的外观，以及尺寸数字的字体、字高和精度等内容。下面以创建室内施工图中最常见的线性尺寸标注样式为例，讲解尺寸标注样式的设置方法。

步骤1▶ 打开本书配套素材中的"素材与实例" > "ch02" > "2.5.2.dwg"文件，然后单击"注释"选项卡"标注"面板右下角的 按钮，或在命令行中输入"D"并回车，打开"标注样式管理器"对话框，如图 2-75 所示。

素材：素材与实例\ch02\2.5.2.dwg
存储路径：素材与实例\ch02\2.5.2-ok.dwg

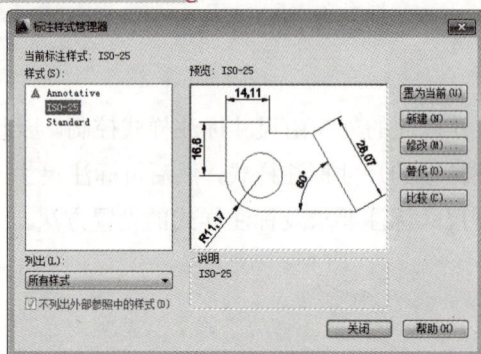

图 2-75　"标注样式管理器"对话框

步骤2▶ 单击"标注样式管理器"对话框中的"修改"按钮，或单击"新建"按钮，然后在打开的"创建新标注样式"对话框中输入新样式名称并单击"继续"按钮，均可在打开的图 2-76 所示的对话框中设置尺寸样式。

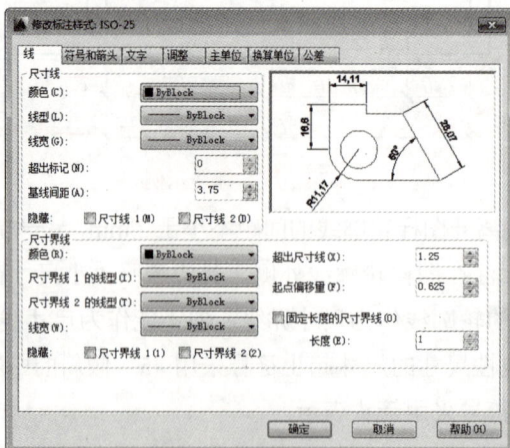

图 2-76　"修改标注样式：ISO-25"对话框

图 2-76 所示对话框中，各选项卡的主要功能如下。

➤ **"线"选项卡**：设置尺寸线与尺寸界线的外观。

➤ **"符号和箭头"选项卡**：设置尺寸标注中尺寸起止符号的样式。

➤ **"文字"选项卡**：设置尺寸数字的文字样式、大小、位置和对齐方式等。

➤ **"调整"选项卡**：当尺寸界线间的空间不足时，利用该选项卡可设置尺寸线、尺寸数字和尺寸起止符号的相对位置和尺寸标注的全局比例等。

➤ **"主单位"选项卡**：设置尺寸数字的单位格式、精度、前缀、后缀等。通常情况下，将尺寸数字的单位格式设置为"小数"。

➤ **"换算单位"选项卡**：控制是否在标注中显示换算单位，并可设置换算单位的格式、精度、倍数、舍入精度，以及换算后得到尺寸的前缀和后缀等。

➤ **"公差"选项卡**：设置尺寸数字的公差类型、精度、上偏差、下偏差以及公差的放置位置等，在绘制机械零件图时使用较多。

步骤 3▶ 选择"线"选项卡，将"尺寸线"设置区采用默认设置，在"尺寸界线"设置区中的"超出尺寸线"编辑框中输入"3"，在"起点偏移量"编辑框中输入"3"，其他选项采用默认设置。

步骤 4▶ 选择"符号和箭头"选项卡，在"箭头"设置区中"第一个"下方的列表框中单击，在出现的下拉列表中选择"建筑标记"选项。此时，"第二个"下方的列表框中的箭头样式也随之更改，在"箭头大小"编辑框中输入"3.5"，其他选项采用默认设置。

步骤 5▶ 选择"文字"选项卡，然后在"文字样式"列表框中单击，在弹出的列表框中选择"数字及字母"文字样式，接着在"文字高度"编辑框中输入"7"，最后在"文字对齐"设置区中选择所需文字对齐方式即可。

> 利用"文字"选项卡"文字对齐"设置区中的单选钮，可设置尺寸数字是沿水平方向还是平行于尺寸线的方向放置，各单选钮的功能如图 2-77 所示。需要注意的是，"ISO 标准"表示将尺寸数字按照国际标准放置，即当尺寸数字能够放置在尺寸界线内部时，采用"与尺寸线对齐"方式放置，否则采用"水平"方式放置。

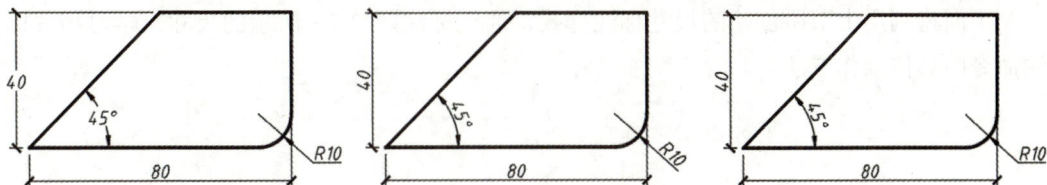

水平：将尺寸文本始终沿水平方向放置　　**与尺寸线对齐**：总是沿尺寸线方向放置标注文字　　**ISO 标准**

图 2-77　文字的 3 种对齐方式

步骤6▶ 如果要将尺寸起止符号、尺寸数字，以及尺寸界线的起点偏移量和超出尺寸线的距离按比例进行缩放，可选择"调整"选项卡，然后在"使用全局比例"编辑框中输入所需比例值，如输入"40"。

步骤7▶ 用于标注室内施工图的尺寸标注样式，一般不需要进行"主单位""换算单位"和"公差"等设置。依次单击"确定"和"关闭"按钮，即可完成尺寸标注样式的设置。

2.5.3 基本尺寸标注命令

要为图形标注线性尺寸，可单击"注释"选项卡"标注"面板中的"标注"按钮或"线性"按钮；若要标注对齐、角度、半径和直径等基本尺寸，可单击"线性"按钮右侧的三角符号，然后在弹出的图2-78所示的命令列表中选择所需命令。这些基本尺寸标注命令的功能及标注方法如表2-1所示。

表2-1 基本尺寸标注命令的功能及标注方法

命 令	功 能	标注方法
线性	用于标注两点之间的水平或垂直方向的距离	依次单击尺寸界线的起点、终点和尺寸文本的位置
已对齐	用于标注两点间的直线距离，且所标注的尺寸线始终与标注点之间的连线平行	
角度	用于标注圆弧的角度、两条直线间的角度和三点间的夹角	单击角度的两个边界对象，然后指定尺寸文本的位置
弧长	用于标注圆弧的长度。弧长标注包含一个弧长符号，以便与其他标注区分开来	直接选择要标注的对象，然后指定尺寸文本的位置
半径/直径	可分别标注圆弧或圆的半径和直径尺寸	
已折弯	用于标注半径过大，或圆心位于图纸（或布局）之外的圆弧尺寸	直接选择标注对象，然后依次指定圆心的替代位置和两个折弯位置
坐标	基于当前坐标系标注任意点的 X 或 Y 坐标	指定要标注的点，然后向 X 或 Y 方向移动光标并单击

下面将利用上节所创建的尺寸标注样式，通过标注图2-79所示的尺寸来学习相关标注命令的具体操作方法。

54

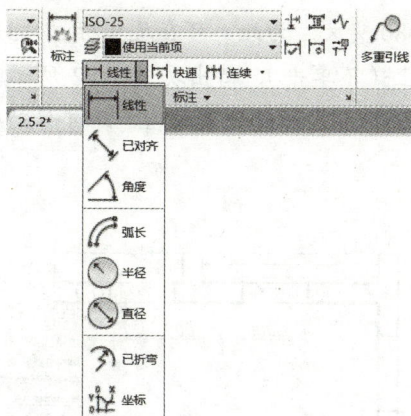

图 2-78　基本尺寸标注命令

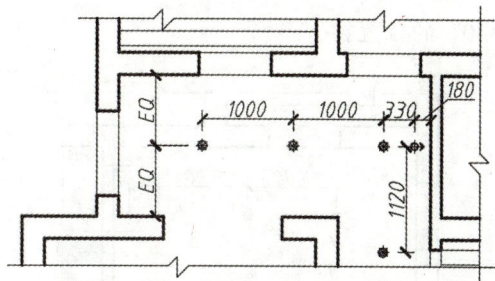

图 2-79　标注图形的尺寸

步骤 1▶　单击图 2-78 中的"线性"按钮 线性，或输入"DLI"并回车，然后按住【Shift】键并在绘图区右击，从弹出的快捷菜单中选择"圆心"项，接着移动光标，捕捉图 2-80（a）所示筒灯 1 的圆心并单击，以指定尺寸界线的起点。

步骤 2▶　再次按住【Shift】键并在绘图区右击，从弹出的快捷菜单中选择"圆心"项，接着移动光标，捕捉图 2-80（a）所示筒灯 2 的圆心并单击，以指定尺寸界线的终点，接着向上移动光标并在合适位置单击，以指定标注方向和尺寸数字的位置，效果如图 2-80（b）所示。

步骤 3▶　输入"DCO"并回车，或单击"注释"选项卡"标注"面板中的"连续"按钮 连续，然后按回车键，选择步骤 2 所标注的尺寸"1000"的右侧尺寸界线，按住【Shift】键并在绘图区右击，从弹出的快捷菜单中选择"圆心"项，再捕捉单击图 2-80（b）所示筒灯 3 的圆心，以标注尺寸"1000"。

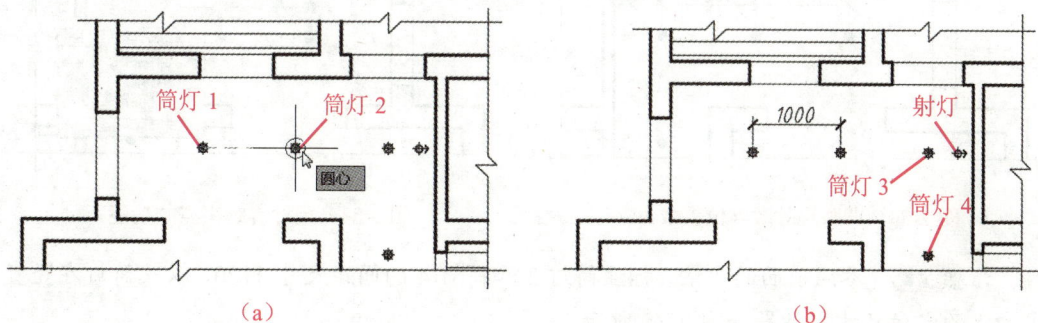

（a）

（b）

图 2-80　标注线性尺寸

步骤 4▶　采用同样的方法，利用右键快捷菜单中的"圆心"项捕捉并单击射灯的圆心，以标注尺寸 330；继续移动光标，捕捉图 2-81 所示的中点并单击，再次按回车键结束命令。

步骤 5▶ 由图 2-81 可知，尺寸 330 和尺寸 180 交叉。为此，可在尺寸标注"330"上单击，然后将光标放在尺寸数字"330"的夹点上（不单击），待出现图 2-82 所示的右键快捷菜单后选择"仅移动文字"选项，接着移动光标并在合适位置单击，即可移动数字"330"的位置。

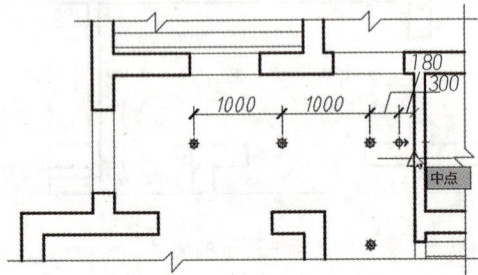

图 2-81　标注连续尺寸

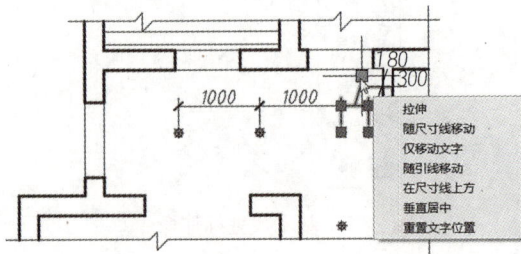

图 2-82　调整尺寸数字的位置

步骤 6▶ 选中尺寸标注"180"，然后在该尺寸数字的夹点上单击并向右移动光标，并在合适位置单击，最后按【Esc】键退出对象的选中状态，结果如图 2-83 所示。

> **知识库**
>
> 除了利用输入"DCO"和单击"注释"选项卡"标注"面板中的"连续"按钮 ⟨连续⟩ 标注连续尺寸外，标注完图 2-80（b）所示的尺寸"1000"后，选中该尺寸，然后将光标放在图 2-84 所示的夹点上（不要单击），在出现的快捷菜单中选择"连续标注"项，也可以标注连续尺寸。

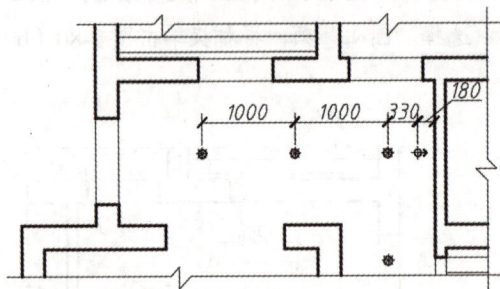

图 2-83　调整尺寸数字位置效果

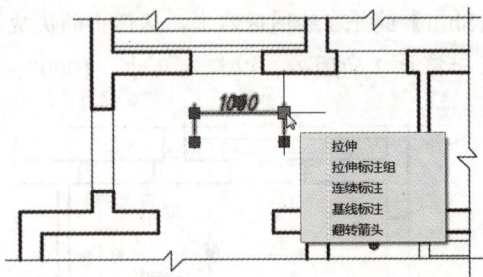

图 2-84　尺寸界线夹点的功能

步骤 7▶ 参照前面的方法，标注筒灯 3 和筒灯 4 的间距尺寸 1120，以及筒灯在竖直方向上的定位尺寸，结果如图 2-85 所示。

步骤 8▶ 双击尺寸数字"750"，即可进入文字的编辑状态，按【Delete】键删除选中的尺寸数字，然后输入"EQ"并在绘图区的其他空白处单击，即可修改该文字。采用同样的方法，将另一个尺寸数字"750"修改为"EQ"，以示此排灯具距两侧墙体的距离相等，结果如图 2-86 所示。

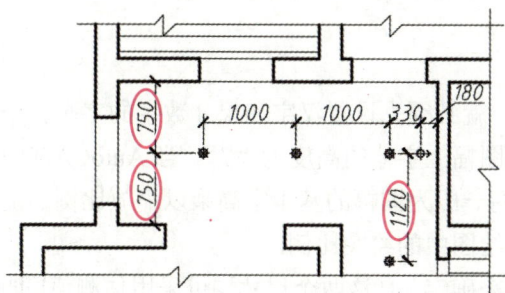

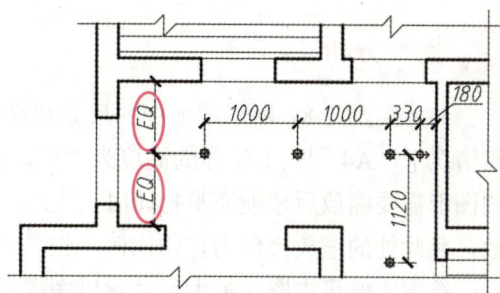

图 2-85　标注尺寸　　　　　　　　　图 2-86　修改尺寸数字

案例 3——标注住宅户型图中的文字和尺寸

下面通过为前面所绘制的住宅户型图标注必要的文字注释和尺寸，学习在 AutoCAD 中为图形标注尺寸和注写相关文字的具体方法。图 2-87 所示为住宅户型图的标注效果。

扫一扫

视频讲解

存储路径：素材与实例\ch02\case3.dwg

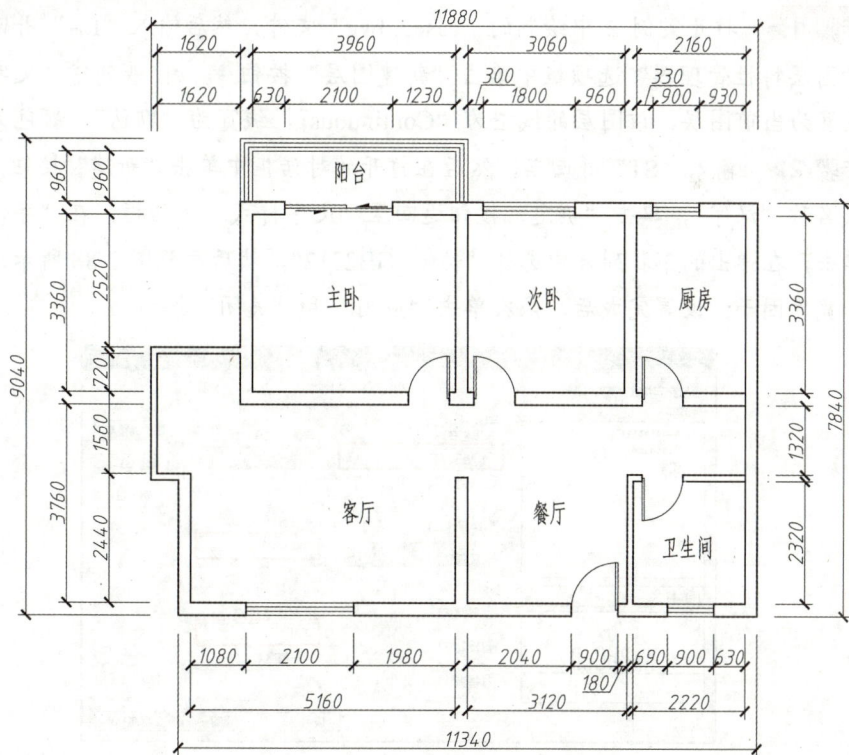

图 2-87　住宅户型图标注效果

🧑 图形分析

要标注图 2-87 所示图形中的尺寸和汉字，就必须先设置汉字和尺寸数字的字高。一般情况下，A4 图幅上字体的高度为"5"，A3 图幅上字体的高度为"7"。当 AutoCAD 中的图形需要缩放后才能完整打印时，图上的字高一般为图幅的基本字高乘以缩放比例的倒数，且此处的缩放比例为打印比例，也是手工绘图中的绘图比例。

绘图比例可由图中最大尺寸除以图幅尺寸来确定，且这两个尺寸均可采用估测值。如图 2-87 中，长度方向尺寸约为 15000（包括尺寸标注所需要的空间），A3 图纸的宽度尺寸均为 300，则有 15000/300＝50，即绘图比例为 1：50。

🤚 绘图步骤

（1）注写汉字

在注写各房间的名称前，应先创建用于注写这些汉字的文字样式，并将字体设置为"仿宋_GB2312"，字高为"350（7×50）"。此外，由于这些汉字比较简短，因此使用"单行文字"命令注写比较方便。

步骤 1▶ 打开案例 2 中绘制的"case2.dwg"文件，然后输入"LA"并回车，在打开的"图层特性管理器"选项板中单击"新建图层"按钮 ，接着创建"文字"图层并将其设置为当前图层，该图层的线型为"Continuous"，线宽为"默认"，颜色为"绿"。

步骤 2▶ 输入"ST"并回车，然后在打开的对话框中单击"新建"按钮，接着输入新样式名称"汉字"，单击"确定"按钮返回至"文字样式"对话框；在"字体名"列表框中单击，在弹出的下拉列表中选择"仿宋_GB2312"，然后参照图 2-88 所示设置文字的高度和宽度因子；设置完成后，依次单击"应用"和"关闭"按钮。

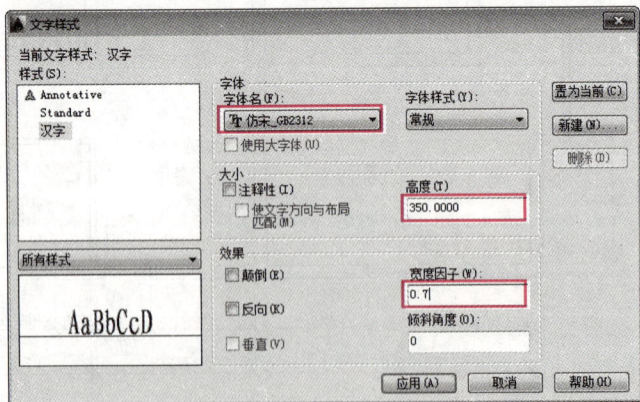

图 2-88   "文字样式"对话框

步骤 3▶ 输入"TEXT"并回车，然后在要注写文字的位置单击，根据命令行提示按回车键，以采用默认的旋转角度 0°，接着输入所需文字，如"阳台"；输入完成后在其他要输入文字的位置单击，继续输入所需文字。

步骤 4▶　输入完要注写的所有文字后，按两次回车键结束命令。选中要调整位置的文字，然后单击该文字上的夹点并移动光标，将其移动到合适位置即可，效果如图 2-89 所示。

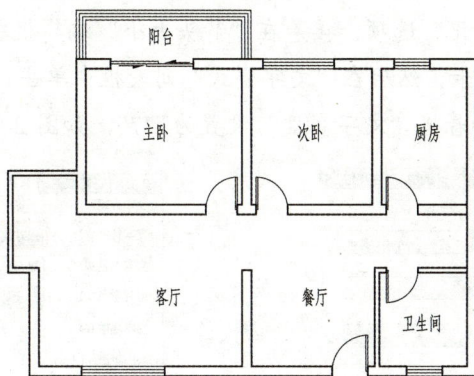

图 2-89　文字注释效果

（2）标注尺寸

创建尺寸标注样式时，一般先将尺寸起止符号和尺寸数字的大小按图幅的基本要求设置，然后在"调整"选项卡中的"使用全局比例"编辑框中设置尺寸的放大比例，即打印比例的倒数。一般情况下，A3 图幅中的基本要求是：尺寸起止符号为 3.5；尺寸数字大小为 7。

步骤 1▶　输入"LA"并回车，在打开的"图层特性管理器"选项板中新建"尺寸标注"图层，该图层的线型为"Continuous"，线宽为"默认"，颜色为"绿"，最后将其设置为当前图层。

步骤 2▶　输入"ST"并回车，在打开的"文字样式"对话框中新建"尺寸数字"样式，然后参照图 2-90 所示设置字体、高度和宽度因子；设置完成后，依次单击"应用"和"关闭"按钮。

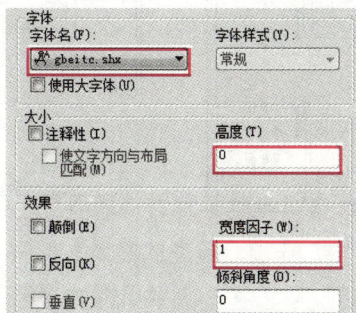

图 2-90　创建"尺寸数字"样式

步骤3▶ 输入"D"并回车，在打开的"标注样式管理器"对话框中单击"修改"按钮，然后在打开的对话框中选择"线"选项卡，接着在"超出尺寸线"编辑框中输入"3"，在"起点偏移量"编辑框中输入"3"。

步骤4▶ 选择"符号和箭头"选项卡，在"第一个"列表框中单击，然后在弹出的下拉列表中选择"建筑标记"选项，接着在"箭头大小"编辑框中输入"3.5"，如图 2-91 所示；选择"文字"选项卡，然后在"文字样式"列表框中单击，在弹出的下拉列表中选择"尺寸数字"样式，接着将"文字高度"设置为"7"，如图 2-92 所示。

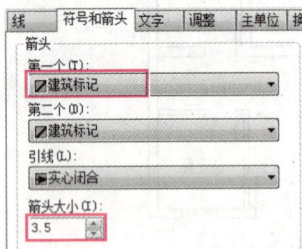

图 2-91　设置尺寸起止符号　　图 2-92　设置文字样式

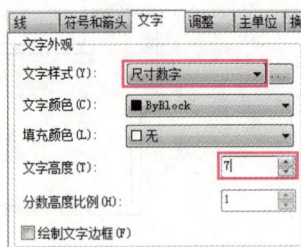

步骤5▶ 选择"调整"选项卡，然后在"使用全局比例"编辑框中输入"50"，最后依次单击"确定"和"关闭"按钮，即可完成"ISO-25"样式的设置。

步骤6▶ 输入"DLI"并回车，依次捕捉并单击图 2-93 所示轴线的下端点 A 和 B，接着向下移动光标并在合适位置单击，以标注尺寸 1080。

步骤7▶ 输入"DCO"并回车，采用系统默认选中的第一条尺寸界线，依次在要标注尺寸的位置处捕捉并单击，以标注连续尺寸，最后按【Esc】键结束命令，结果如图 2-94 所示。

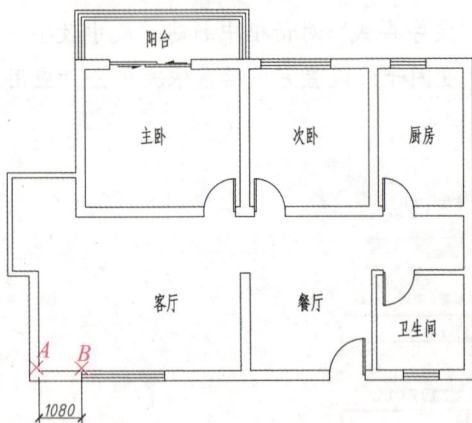

图 2-93　标注线性尺寸　　图 2-94　标注连续尺寸

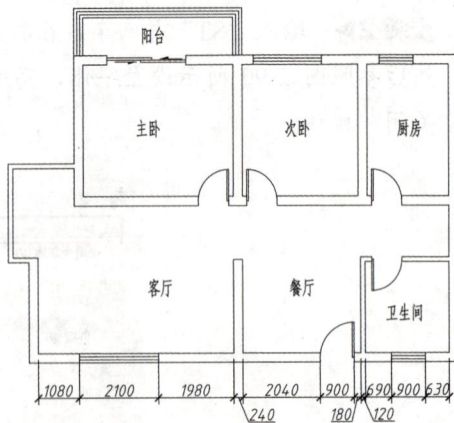

步骤 8▶ 选中步骤 7 标注的墙体厚度尺寸数字 "240" 和 "120"，然后按【Delete】键将其删除。选中绘图区中的所有尺寸标注，输入 "M" 并回车，在绘图区任意位置单击，接着向下移动光标，待出现竖直极轴追踪线时移动光标并在合适位置单击，使得尺寸界线的起始位置离开图线，结果如图 2-95 所示。

> **知识库**
>
> 一般情况下，在进行室内装修前，需要对室内每个空间的面积进行实地测量。在测量时，比较注重各区域的净面积，并不注重墙体的具体厚度。因此，测量后所绘制的户型图中的墙体厚度并没有实际参考价值。

步骤 9▶ 采用窗交法选取图 2-96 所示的区域，然后单击 "默认" 选项卡 "修改" 面板中的 "拉伸" 按钮，或输入 "STR" 并回车，接着在绘图区任意位置单击，以指定拉伸基点；向上移动光标，待出现竖直极轴追踪线时向上移动光标并在合适位置单击，使所有尺寸界线缩短。

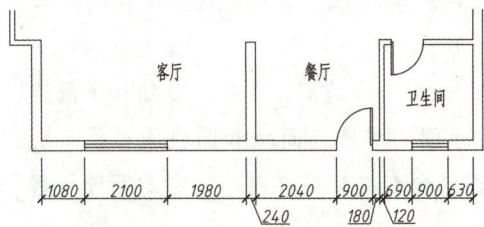

图 2-95　移动尺寸标注

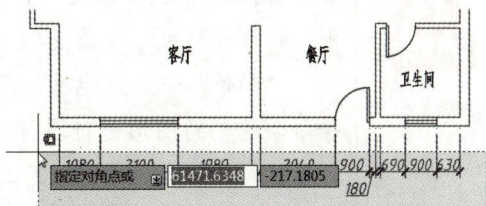

图 2-96　框选拉伸区域内的对象

步骤 10▶ 参照图 2-87 所示的尺寸，采用同样的方法利用 "线性" 和 "连续" 命令标注其余尺寸。

知识补充——拉伸对象

"拉伸（stretch）" 命令是图形编辑中使用较频繁的命令之一，利用该命令可以将所选对象沿指定方向拉长、缩短或移动。要执行该命令，可在 "默认" 选项卡的 "修改" 面板中单击 "拉伸" 按钮，或直接在命令行中输入 "S" 并回车。

例如，要使用 "拉伸" 命令将图 2-97（a）所选中的对象向右移动并拉伸 80 个绘图单位，可在执行该命令后先采用窗交法选取要拉伸的对象，如图 2-97（a）所示，然后按回车键确认，接着在绘图区任一位置单击，以指定拉伸基点，最后输入拉伸距离，如输入 "@80<0" 并回车，结果如图 2-97（b）所示。

（a）　　　　　　　　　　　　　　　　（b）

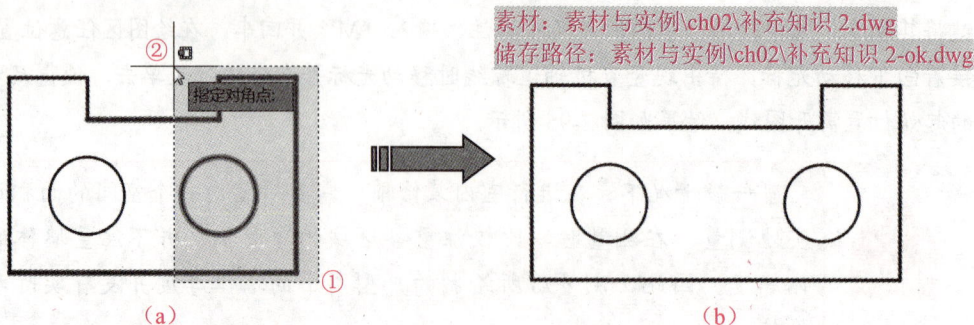

图 2-97　拉伸对象

　　　　使用"拉伸"命令拉伸图形对象时，通过单击选取的对象只能被移动，而对于使用窗交法选取的图形对象，系统将根据所选对象的特征点（如圆心）是否完全包含在交叉窗口内而决定对其进行移动或拉伸操作。若特征点完全包含在交叉窗口内，则移动对象，如图 2-98 中的圆；否则，将拉伸对象，如图 2-98 中的矩形。

　　　　"拉伸"命令只能对使用直线、矩形、多边形、圆弧、多线和多段线等命令绘制的图形进行拉伸，而对于圆、椭圆、面域和图块等对象，则根据该对象的特征点（如圆心）是否包含在交叉窗口内而决定是否进行移动操作。

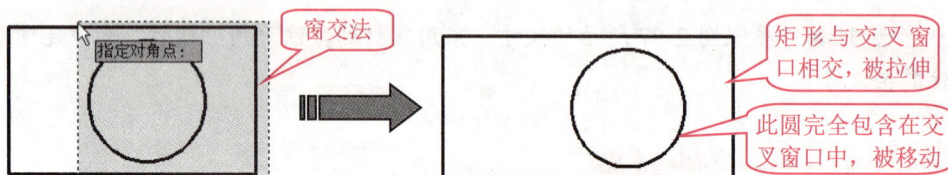

图 2-98　交叉窗口内的圆被移动

拓展园地——胡海峰：传承工匠精神，演绎匠艺人生

　　　　中国著名室内设计师胡海峰凭借北京首都国际机场三号航站楼、通盈·雁栖湖高尔夫俱乐部、北京世纪华天酒店等各具特色且代表行业一流设计水平的作品，成为中国建筑装饰行业当之无愧的领军人物。

胡海峰在中国室内设计行业走过了20多个年头，他的作品磅礴大气却又不失精微，这也成为他本人的独特设计风格。作为中国室内设计师的领跑者，胡海峰在设计创作过程中擅长挖掘当地的建筑特色和文化背景，并将其融入设计作品，赋予建筑独特的精神，使建筑在岁月的洗礼中经久不衰。

在北京首都国际机场三号航站楼室内装潢工程中，胡海峰采用了亚洲最大的双曲面网架屋面天花设计，从而在这座飞行体状的建筑物内引入最多的自然光线，实现最好的节能效果。该项目最终获得了由住房和城乡建设部批准设立的中国建筑装饰行业最高荣誉奖——中国建筑工程装饰奖。

北京首都国际机场三号航站楼室内装潢工程之所以能够获得如此高的荣誉，是因为它具有独特的创意，而且在设计上也达到了国内先进水平。中国建筑工程装饰奖的评审程序比较烦琐，满足有关条件的工程必须在通过省级评选后，才有资格向中国建筑装饰协会申报参选，再经过由行业知名专家组成的评审委员会的审核、评议及复查，才能评选出最终的获奖者。烦琐的评审程序既保证了获奖工程名副其实，又体现了该奖项在中国建筑装饰领域的权威性。

如此珍贵的奖项，胡海峰先后获得过10多项，除了北京首都机场三号航站楼室内装潢工程外，他还在西双版纳喜来登度假酒店项目室内装修工程、东莞长安万达广场室内步行街精装修工程等工程中，获得了包括此奖项在内的众多殊荣。

胡海峰的作品无处不体现着匠人精神。器物有魂魄，匠人自谦恭。胡海峰对自己的作品永远抱着精益求精的态度，他常说，设计师是永远不能停止脚步的追逐者，要迎着心中的那个"器魂"不断追寻。

3 第3章 室内设计制图基础知识

章前导读

　　室内设计图样是交流设计思想、传达设计意图的技术文件，是室内装修施工的依据，因此应该遵循统一的制图规范，且应在正确的制图理论与绘图方法的指导下完成。对于没有经过常规制图训练的读者，在具体学习绘制室内设计图之前，有必要先了解一下室内设计制图的程序、内容，以及制图的相关标准等。

技能目标

◆　能够严格遵守室内设计制图的要求及规范。
◆　能够创建 A3 样板文件。
◆　能够创建打印样式。

素质目标

◆　通过学习室内设计制图的要求及规范，培养规则意识。
◆　通过了解《营造法式》及其对后世的影响，领略我国古代辉煌、卓越的文化成就，坚定文化自信。

3.1　室内设计制图概述

　　室内设计制图就是根据正确的制图理论及方法，并按照国家统一的室内制图规范将室内空间 6 个面上的设计情况在图纸上表现出来，它是室内装修施工的依据。

1. 室内设计制图的方式

　　室内设计制图有手工制图和计算机辅助制图两种方式。其中，手工制图又分为徒手绘图和使用制图工具绘图两种。一般情况下，手工制图多用于方案构思设计阶段，计算机辅助制图多用于施工设计阶段。本书重点讲解应用 AutoCAD 2016 按国家制图规范要求绘制的室内装修设计图。

2．室内设计制图的程序

室内设计一般分为方案设计阶段和施工图设计阶段。方案设计阶段形成方案图，施工设计阶段形成施工图。方案图包括平面图、顶棚图、立面图、剖面图及透视图，一般要进行色彩表现，主要用于向业主或招标单位进行方案展示和汇报。

施工图包括平面图、顶棚图、立面图、剖面图和构造详图，它是施工的主要依据，因此需要详细、准确地表示出室内布局，以及各部分的形状、大小、材料和构造做法等内容。

3.2　室内设计制图的要求及规范

室内设计制图多沿用建筑制图的方法和标准，即依据《房屋建筑制图统一标准》（GB/T 50001—2017）和《建筑制图标准》（GB/T 50104—2010）。

1．图幅

图幅是指绘图时所用图纸的大小。国家制图标准规定的图幅有 A0（也称 0 号图幅，其余类推），A1，A2，A3，A4 共 5 种，每种图幅及图框的尺寸如表 3-1 所示。

表 3-1　图幅及图框尺寸

尺寸代号	图幅代号				
	A0	A1	A2	A3	A4
$b \times l$/mm×mm	841×1189	594×841	420×594	297×420	210×297
c/mm	10			5	
a/mm	25				

注：表中 b 和 l 分别表示图幅的宽和长，c 和 a 表示图框边界线到幅面边界线的距离，如图 3-1 所示。

必要时，允许采用加长图幅。加长时，基本图幅的长边 l 保持不变，A0～A2 基本幅面的短边 b 按 $l/4$ 的整数倍加长，A3 基本幅面的短边 b 按 $l/2$ 的整数倍加长。例如，加长后的 A0 图幅的短边尺寸为 1189 mm，长边可为 $l+l/4$，$l+l/2$ 等，即 1486，1783 mm 等。

图幅通常有横式和立式两种，以长边作为水平边的为横式，如图 3-1（a）所示；以短边作为水平边的为立式，如图 3-1（b）所示。A0～A3 图纸宜横式使用，必要时也可立式使用，而 A4 图纸只能立式使用。

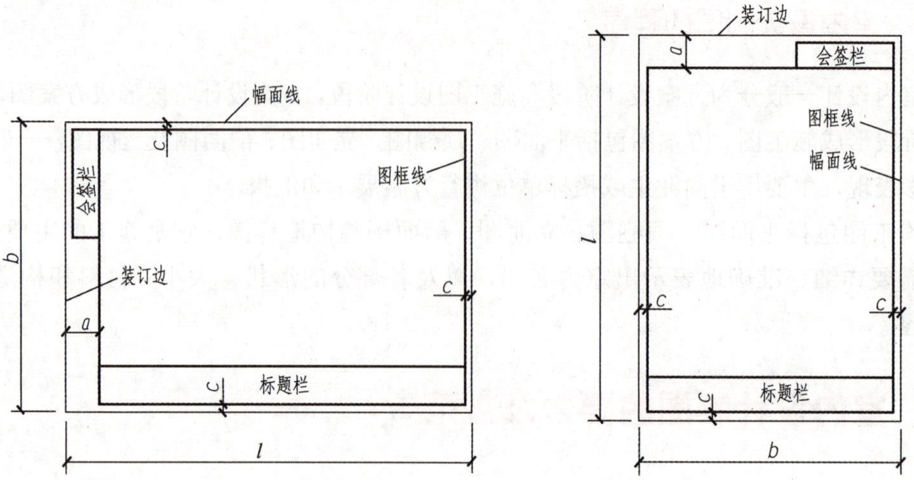

（a）横式，适合 A0～A3 图纸幅面　　　　　（b）立式，适合 A0～A4 图纸幅面

图 3-1　图纸幅面

2. 标题栏与会签栏

每张图纸都应在图框的右侧或下方设置标题栏。标题栏包括设计单位名称、工程名称、签字区、图名区和图号区等内容。如今不少设计单位采用个性化的标题栏格式，其内容必须包括上述几项，但标题栏的尺寸可根据工程需要灵活确定。图 3-2 所示为某设计单位的标题栏。

设计单位	工程名称						图纸名称		
说明	打印线型说明					主持		校对	工程编号
	色号	图例	打印线宽	色号	图例	打印线宽	项目负责人	审核	图号
	1	——	0.18	1	——	0.18			
	2	——	0.18	2	——	0.35	设计	图别	比例
	3	——	0.7	3	——	0.35			

图 3-2　某设计单位的标题栏

会签栏是为各工种负责人签署专业、姓名、日期用的表格，以便明确其技术职责，如图 3-3 所示。对于不需要会签的图样可不设此栏。

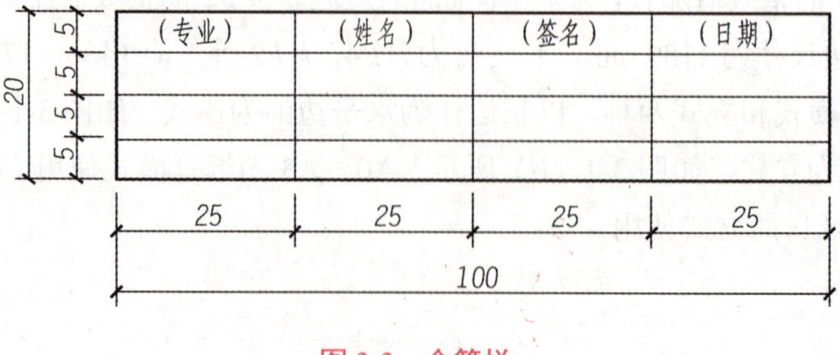

图 3-3　会签栏

3．图线

室内设计图主要由各种图线构成，不同图线表示不同的对象，代表不同含义。为了能够清晰、准确、美观地表达设计思想，工程实践中采用了一套常用的线型，并规定了它们的使用范围。常用图线的线型如表 3-2 所示。

表 3-2　常用图线的线型、线宽及用途

名　称		线　型	线宽	一般用途
实线	粗	————	b	建筑平面图、剖面图、顶棚图、立面图和构造详图中被剖切的主要构件的轮廓线；图框线
	中	————	$0.5b$	室内设计图中被剖切的次要构件的轮廓线；室内平面图、顶棚图、立面图和家具三视图中构配件的轮廓线
	细	————	$0.25b$	尺寸线、图例线、索引符号、地面材质线及其他细部结构用线
虚线	中	------	$0.5b$	主要用于构造详图中不可见的实物轮廓
	细	------	$0.25b$	其他不可见的次要实物轮廓
点画线		—·—·—	$0.25b$	轴线、构配件的中心线、对称线等
折断线		∿	$0.25b$	图样中的断开界线
波浪线		∿∿	$0.25b$	构造层次的断开界线

在 AutoCAD 中，可利用"图层特性"命令设置各图线的线型和线宽，其线宽一般取 $b=0.4\sim0.8$ mm。

4．常用符号

（1）详图符号及详图索引符号

当无法表达清楚施工图中的某一局部或构件时，通常将这些局部或构件用较大的比例放大画出，且被放大部位需标上详图索引符号，放大图或详图中还需要标出详图符号。详图符号采用细实线绘制，圆圈的直径为 $8\sim10$ mm。

当索引出的详图与被索引部分在同一图样上时，可采用图 3-4（a）所示形式；当其不在同一图样上时，可采用图 3-4（b）至图 3-4（f）所示形式。此外，图 3-4（d）至图 3-4（f）所示形式用于索引剖面详图。

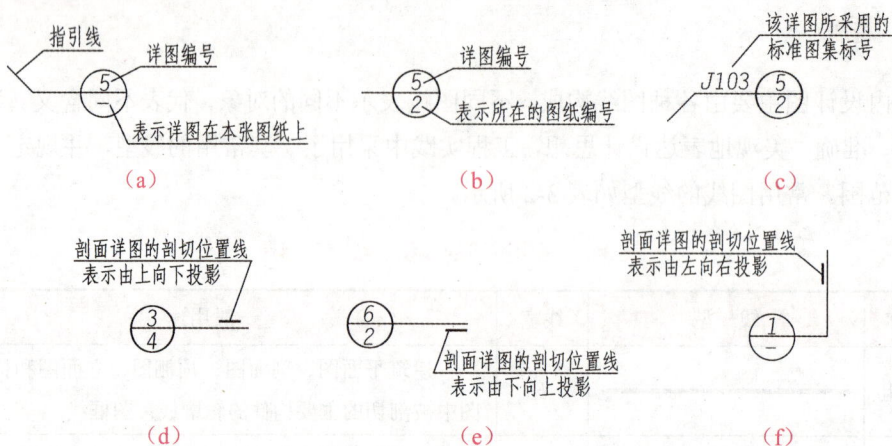

指引线　详图编号　表示详图在本张图纸上　详图编号　表示所在的图纸编号　该详图所采用的标准图集标号　J103

(a)　(b)　(c)

剖面详图的剖切位置线表示由上向下投影　剖面详图的剖切位置线表示由下向上投影　剖面详图的剖切位置线表示由左向右投影

(d)　(e)　(f)

图 3-4　详图索引符号

（2）引出线

引出线用细实线绘制，常与详图索引符号、文字说明等配合使用。绘制引出线时，宜采用图 3-5 所示形式，且图中的斜线应与水平方向成 30°，45°，60° 或 90° 角。此外，引出几个相同部分的引出线应相互平行，如图 3-5（d）所示。

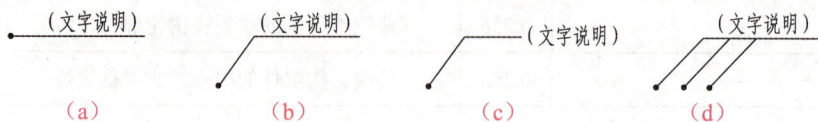

（文字说明）　（文字说明）　（文字说明）　（文字说明）

(a)　(b)　(c)　(d)

图 3-5　引出线的形式

图 3-6（a）所示为多层构造引出线，使用多层构造引出线时，应注意构造层的顺序要与文字说明的顺序一致，或采用图 3-6（b）所示方式逐层标注。

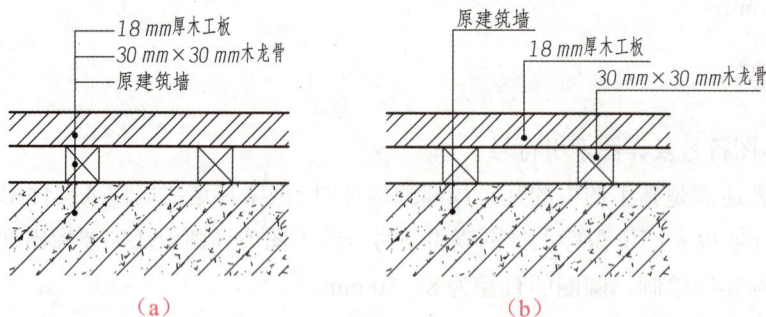

18 mm 厚木工板　30 mm×30 mm 木龙骨　原建筑墙　原建筑墙　18 mm 厚木工板　30 mm×30 mm 木龙骨

(a)　(b)

图 3-6　引出线标注示例

（3）其他符号

室内设计图中，其他符号及其说明如表 3-3 所示。

表 3-3　室内设计图中其他符号及其说明

符　号	说　明	符　号	说　明
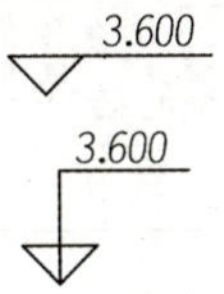 3.600 3.600	标高符号，线上数字为标高值，单位为 m。 下面的标高符号在标注位置比较拥挤时采用	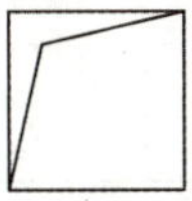	楼板开方孔
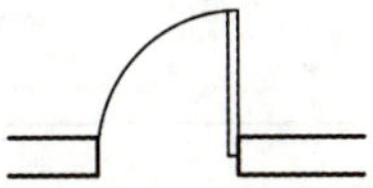	单扇平开门	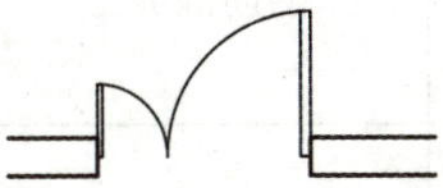	子母门
	双扇平开门		卷帘门
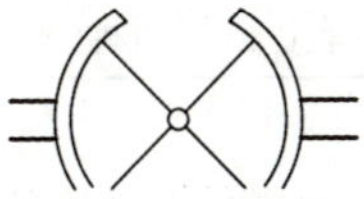	旋转门	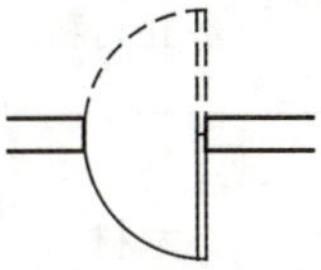	单扇双向弹簧门
	单扇推拉门	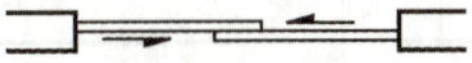	双扇推拉门
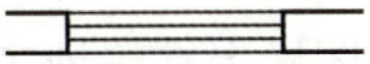	窗	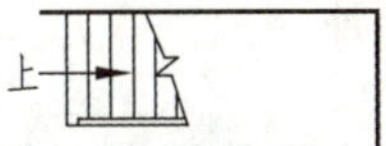 上	首层楼梯
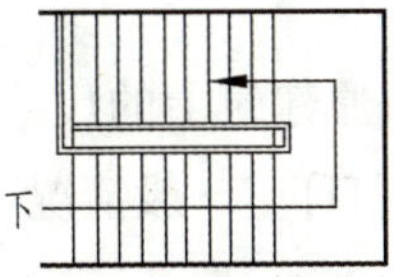 下	顶层楼梯	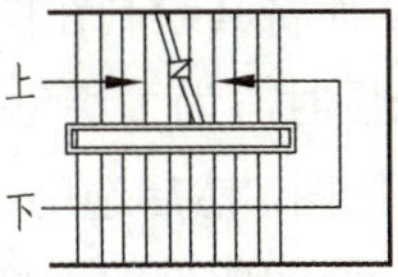 上 下	中间层楼梯

5. 常用材料符号

室内设计图中经常要用材料图例来表示材料，在无法用图例表示的地方，可采用文字说明。表 3-4 所示为室内设计图中常用的材料图例及其说明。

表 3-4　室内设计图中常用材料图例及其说明

材料图例	说　明	材料图例	说　明
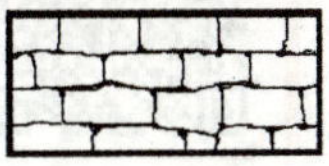	毛石砌体	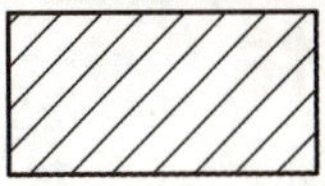	普通砖

材料图例	说　明	材料图例	说　明
	石材		空心砖
	钢筋混凝土		金属
	混凝土		玻璃
	多孔材料		防水材料,可根据绘图比例选择上、下两种
	木材		液体,须注明液体名称

6. 常用绘图比例

　　室内设计图样中,大到整层楼,小到某个局部地面的构造等都要在图样上准确地表示出来。而实际建筑物和构造区域的大小都与图幅尺寸相差太大,这就需要通过比例进行不变形地缩小或放大,从而将其绘制在图纸上。

　　使用 AutoCAD 绘图时,为了避免换算尺寸时造成错误,一般先按原建筑上的尺寸,采用 1∶1 的绘图比例绘图,然后选用合适的图纸和打印比例将其进行打印。一般情况下,图样中视图名称右侧的绘图比例即为打印比例。

　　除下面列出的优先选用的绘图比例外,还允许使用 1∶3,1∶15,1∶25,1∶300 等比例,读者可根据实际情况灵活选用。

　　① 平面图:1∶50,1∶100,1∶150,1∶200,1∶300 等。

　　② 立面图:1∶20,1∶30,1∶50,1∶100 等。

　　③ 顶棚图:1∶50,1∶100 等。

　　④ 构造详图:1∶1,1∶2,1∶5,1∶10,1∶20 等。

3.3　创建 A3 样板文件

　　通过前两章的学习可知,要在 AutoCAD 中注写文字,须先创建

扫一扫

视频讲解

合适的文字样式；要标注尺寸，须先创建合理的尺寸标注样式。为了避免绘制每一张施工图时重复地设置这些内容，可以预先将这些相同设置一次性设置好，然后将其保存为样板文件，使用时，直接调用样板文件即可。

结合室内装修施工图的特点，样板文件中一般需要设置图形单位、图层、文字样式、图框、标题栏、会签栏和尺寸标注样式等。

3.3.1　设置图形单位

在 AutoCAD 中绘制室内装修施工图时，经常采用 1∶1 的绘图比例，即按照物体的实际尺寸绘图，故通常采用"毫米"作为基本单位。

值得注意的是，图形精度会影响计算机的运行速度。因此，在绘制室内装潢施工图时，将图形单位设置为"0.0"就足以满足绘图要求，其具体设置方法如下。

步骤 1▶ 启动 AutoCAD 2016，并单击"开始绘制"图标后，系统将自动创建一个名为"Drawing1.dwg"的文件，其默认使用的样板文件为"acadiso.dwt"。

> **知识库**　acadiso.dwt 是 AutoCAD 默认的标准样板文件，该样板文件只定义了一个 0 图层，未定义图纸规格、边框和标题栏，且图形单位被设置为公制（acad.dwt 与 acadiso.dwt 的区别是前者的图形单位为英寸）。在绘制室内施工图时，如果用户事先没有创建符合需要的样板文件，一般选用 acadiso.dwt 样板文件。

步骤 2▶ 设置绘图单位和精度。选择"格式"＞"单位"菜单，然后在打开的图 3-7 所示的"图形单位"对话框中进行设置。设置完毕后，单击"确定"按钮。

3.3.2　创建图层

由于建筑平面图、平面布置图和顶棚平面图等图样的内容不同，其图层也有所不同。为方便以后绘图，本节仅创建表 3-5 所示室内施工图中最常用的几种图层，其他图层在具体使用时可随时创建。图层的具体创建方法参照第 2 章 2.2 节。

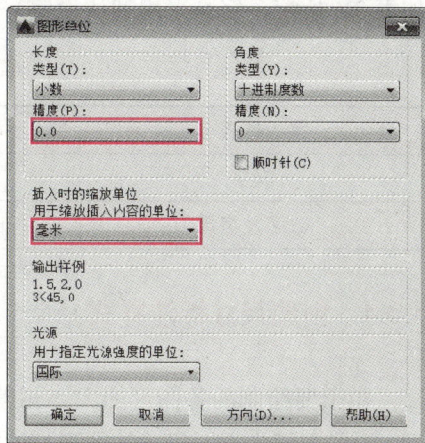

图 3-7　设置图形单位

表 3-5　室内施工图中最常用的几种图层

名　　称	颜　色	线　型	线　宽
幅面线	白色	Continuous	默认
轴线	红色	Center	默认
墙体	白色	Continuous	0.5
门窗	黄色	Continuous	默认
文字	绿色	Continuous	默认
尺寸标注	绿色	Continuous	默认

> 图形的线宽效果主要体现在打印输出的图纸上。AutoCAD 中有两种方法可以控制输出后图形的线宽：① 按创建图层时所设置的每个图层的线宽进行打印输出；② 按系统默认的各个颜色的线宽进行打印输出。如果采用第二种方法打印图形，那么在创建图层时，各图层的颜色不能随意设置。关于按颜色打印的具体方法，稍后在 3.4 节详细介绍。

3.3.3　创建文字样式

样板文件中，仅设置两种最常用的文字样式，一种是用于注写汉字的"汉字"样式，一种是用于注写数字和字母的"数字及字母"样式。这两种样式所使用的字体和宽度因子如表 3-6 所示，字高采用默认设置。

表 3-6　字体设置要求

字体样式名	字　体	宽度因子
汉字	T 仿宋_GB2312	0.7
数字及字母	gbeitc.shx，gbcbig.shx	1

3.3.4　创建尺寸标注样式

由于要绘制的各图形的大小相差较大，因此其尺寸数字和尺寸起止符号的大小也不同。为了方便为不同尺寸的图形标注尺寸，样板文件中一般可将尺寸数字和尺寸起止符号的大小按基本图幅的要求来设置，在具体标注尺寸时，可根据所绘制图形的大小，在图 3-8 所示对话框中的"使用全局比例"编辑框输入打印比例的倒数值，即可调整尺寸数字和尺寸起止符号的大小。

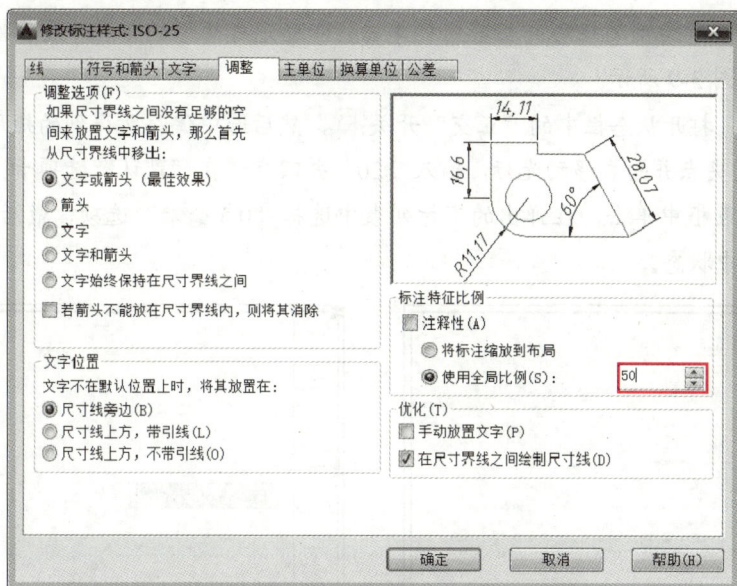

图 3-8　设置尺寸标注的全局比例因子

本节中，按 A3 图幅中的基本要求，将尺寸界线超出尺寸线的距离设置为 "3"，尺寸界线离开图形的距离设置为 "3"；将尺寸起止符号设为 "建筑标记"，大小设为 "3.5"；将文字样式设为 "数字及字母"，文字高度设为 "7"，其他参数采用默认设置。关于尺寸标注样式的具体创建方法，读者可参照第 2 章中的案例 3。

3.3.5　绘制图框、标题栏及会签栏

实际工作中，每个装修公司都有自己规定的图框、标题栏及会签栏，读者将其插入绘图区中直接使用即可。下面以学生作业中常用的标题栏及会签栏为例，讲解绘制图框、标题栏及会签栏的方法。

1. 绘制幅面线和图框线

A3 图纸的幅面尺寸为 420 mm×297 mm，且图框线位于幅面线内侧。图框线用粗实线表示，幅面线用细实线表示，其具体绘制方法如下。

步骤 1▶ 将 "幅面线" 图层设置为当前图层，然后单击 "默认" 选项卡 "绘图" 面板的 "矩形" 按钮 ▭，或输入 "REC" 并回车，输入第一个角点 "0，0" 并回车，接着输入第二个角点 "420，297" 并回车。

步骤 2▶ 快速按两次鼠标滚轮，可将该矩形最大化显示在绘图区，然后根据需要滚动鼠标滚轮，调整矩形的显示大小。输入 "O" 并回车，然后输入偏移距离 "5" 并回车，

接着选择步骤 1 所绘制的矩形并在其内侧单击，即可完成矩形的偏移，最后按回车键结束命令，效果如图 3-9 所示。

步骤3▶ 打开状态栏中的"正交"开关 ╚，然后选中偏移所得到的矩形，接着单击图 3-10 所示的夹点并向右移动光标，输入"20"并回车；在"默认"选项卡"特性"面板的"线宽"列表框中单击，在弹出的下拉列表中选择"0.5 毫米"选项，最后按【Esc】键退出对象的选中状态。

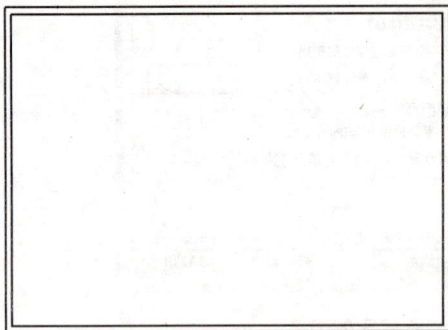

图 3-9　绘制并偏移矩形

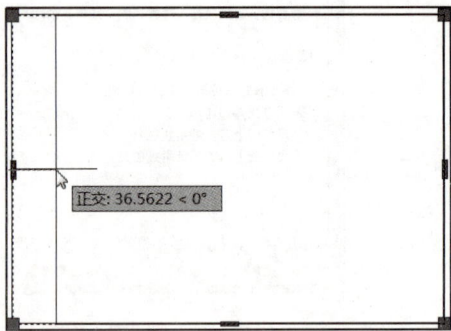

图 3-10　利用夹点拉伸矩形

2.　绘制会签栏

与尺寸标注类似，在绘制表格前应先设置所需要的表格样式。AutoCAD 中的表格分为标题、表头和数据 3 项内容，设置表格样式实际上就是分别设置这 3 项的文字样式、文字高度和对齐方式等，如图 3-11 所示。

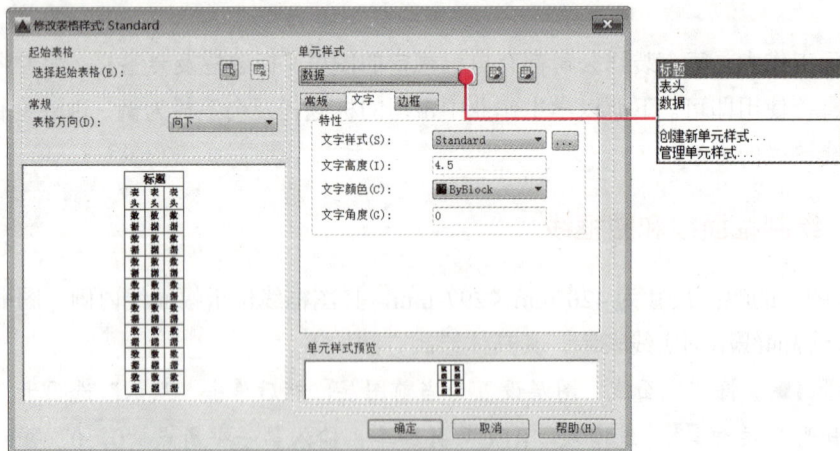

图 3-11　设置表格样式

本案例中，由于会签栏中无标题和表头，因此只需要设置数据项的样式，其具体操作方法如下。

步骤 1▶　新建表格样式。单击"注释"选项卡"表格"面板右下角的▣按钮，在打开的"表格样式"对话框中单击"新建"按钮，打开"创建新的表格样式"对话框；输入新样式名"会签栏"，如图 3-12 所示，最后按回车键，打开"新建表格样式：会签栏"对话框。

步骤 2▶　设置表格样式。在"单元样式"下拉列表中选择"数据"选项，然后分别在"常规""文字"和"边框"选项卡中进行设置。本案例中，"常规"和"文字"选项卡的设置如图 3-13 所示，"边框"选项卡采用默认设置。

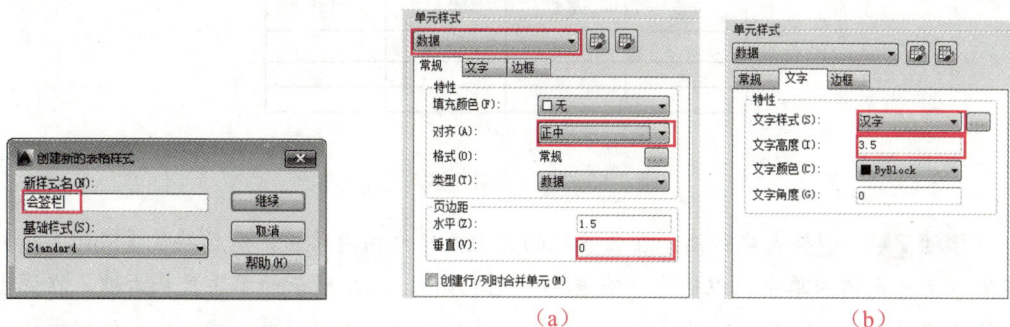

（a）　　　　　　　　　　（b）

图 3-12　输入表格样式名称　　　　　　图 3-13　设置"数据"单元样式

步骤 3▶　设置完成后，依次单击"确定"和"关闭"按钮，完成表格样式的设置。

步骤 4▶　设置表格参数。单击"注释"选项卡的"表格"面板中的"表格"按钮▦，或输入"TABLE"并回车，然后在打开的对话框中设置表格的行数、行高、列数、列宽，如图 3-14 所示。

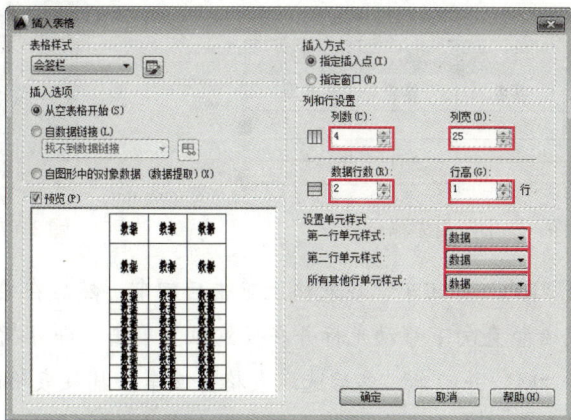

图 3-14　设置表格相关参数

步骤 5▶　绘制表格。单击"插入表格"对话框中的"确定"按钮，然后在绘图区任意位置单击，即可绘制表格并进入表格编辑模式，如图 3-15（a）所示。

步骤 6▶ 输入表格内容。输入"专业"后按【Tab】或【→】键，输入"实名"后再按【Tab】或【→】键，采用同样的方法依次输入"签名"和"日期"，最后在绘图区任意位置单击，即可退出表格编辑状态，效果如图 3-15（b）所示。

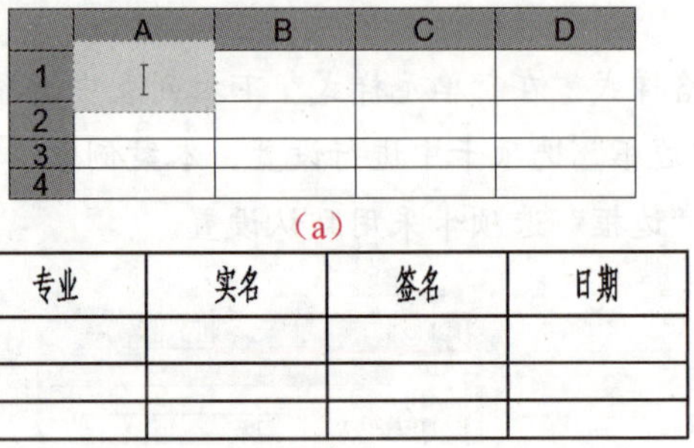

（a）

（b）

图 3-15　绘制表格并输入文字

步骤 7▶ 调整表格行高。在会签栏的左上角单元格内单击，然后按住【Shift】键并在右下角单元格内单击，以选中所有表格单元，如图 3-16 所示；单击鼠标右键，在弹出的快捷菜单中选择"特性"菜单项，接着在打开的选项板中的"单元高度"编辑框中输入"5"并回车，如图 3-17 所示；最后按【Esc】键退出表格的选中状态。

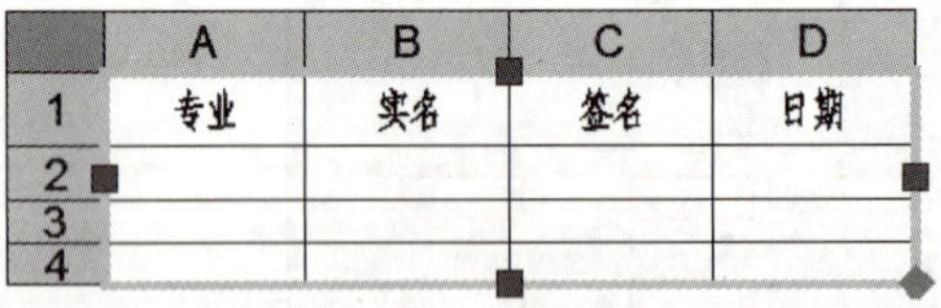

图 3-16　选中所有表格单元

图 3-17　设置单元高度

步骤 8▶ 输入"RO"并回车，在表格上单击后回车，然后在绘图区任意位置单击，以指定旋转基点；接着竖直向下移动光标并在任意位置单击，即可指定旋转角度。

步骤 9▶ 输入"M"并回车，然后选取表格并回车；捕捉表格的右上角点并单击，接着捕捉偏移得到的矩形的左上角点并单击，效果如图 3-18 所示。

步骤 10▶ 选中所绘制的会签栏，然后单击"默认"选项卡"修改"面板中的"分解"按钮，或输入"EXPL"并回车，即可将所选表格分解；选中最左、最上和最下图线，然后在"默认"选项卡"特性"面板的"线宽"列表框中单击，在弹出的下拉列表中选择"0.5毫米"选项，最后按【Esc】键即可。

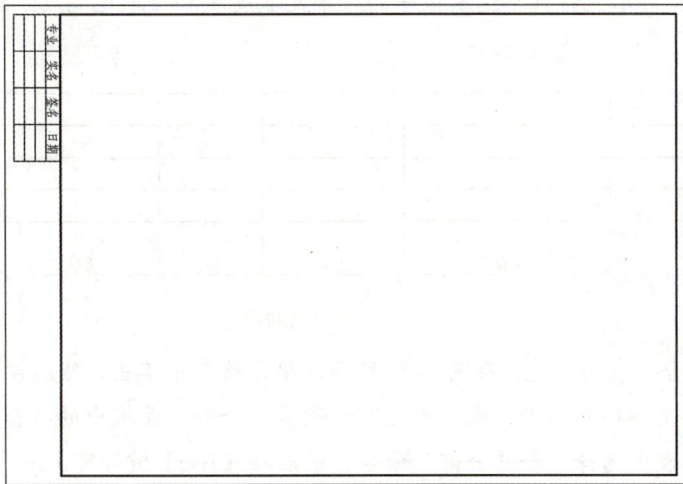

图 3-18　会签栏效果图

3．绘制标题栏

（1）设置"标题栏"表格样式

单击"注释"选项卡的"表格"面板右下角的▣按钮，然后在打开的对话框中基于"会签栏"新建"标题栏"表格样式，如图 3-19 所示，然后在打开的对话框中将"常规"选项卡中的对齐方式设置为"左中"，"文字"选项卡中的文字高度设置为"5"，其余设置与"会签栏"相同。

（2）绘制标题栏

输入"TABLE"并回车，然后参照图 3-20 所示参数设置表格，接着在绘图区任意位置单击，以指定表格的位置，按两次【Esc】键退出表格编辑状态，最后进行如下操作。

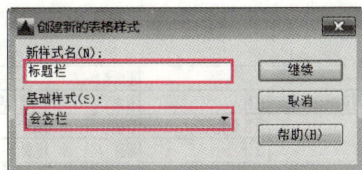

图 3-19　新建"标题栏"表格样式

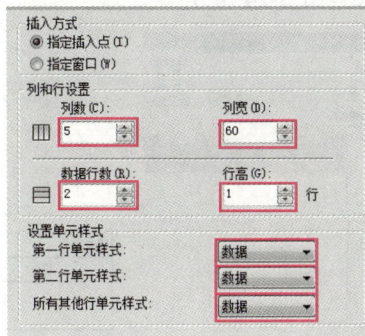

图 3-20　设置标题栏相关参数

步骤1▶ 调整表格单元的尺寸。先选中要调整的表格单元，然后参照图 3-21 所示尺寸，利用图 3-18 所示"特性"选项板中的"单元宽度"和"单元高度"编辑框调整表格单元的尺寸。

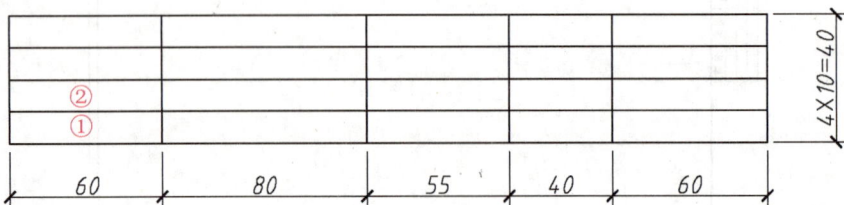

图 3-21　表格单元的尺寸

步骤2▶ 合并表格单元。在图 3-21 所示的单元格①中单击，然后按住【Shift】键并在单元格②中单击，接着单击"表格单元"选项卡"合并"面板中的"合并单元"按钮，在弹出的命令列表中选择"合并全部"命令，最后按【Esc】键即可。

步骤3▶ 采用同样的方法合并其他表格单元，最后在要输入文字的单元格中双击并输入所需文字，效果如图 3-22 所示。

建筑单位	工程名称		图纸名称		
说明	打印线型说明	主持	校对	工程编号	
		项目负责人	审核	图号	
		设计	图别	比例	

图 3-22　输入表格内容

步骤4▶ 在"说明"单元格中单击，然后单击"表格单元"选项卡的"单元样式"面板中的"左中"按钮下方的三角符号，在弹出的图 3-23 所示的命令列表中选择"正中"，即可将所选内容置于单元格正中间。

步骤5▶ 采用同样的方法将"打印线型说明"单元格的对齐方式设置为"正中"，其对齐效果如图 3-24 所示。

建筑单位	工程名称		图纸名称		
说明	打印线型说明	主持	校对	工程编号	
		项目负责人	审核	图号	
		设计	图别	比例	

图 3-23　表格单元的对齐方式　　　　图 3-24　标题栏效果

步骤 6▶ 利用"移动"命令将该标题栏移动到合适位置,并利用"分解"命令将其分解,最后在"默认"选项卡"特性"面板中将标题栏最上和最左图线的线宽设为 0.5 毫米。至此,A3 样板文件的基本设置已经完成了。

3.3.6　创建图块并保存

为了后须绘图方便,可将绘图区中的图框(包括标题栏和会签栏)设置为图块,并单独储存,最后将该文件储存为样板文件,以便使用该文件中的文字样式、标注样式和图层等内容,其具体操作过程如下。

步骤 1▶ 输入"B"并回车,然后在打开的"块定义"对话框中输入块名称"图框及标题栏",接着单击"拾取点"按钮 ,捕捉幅面线的右下角点并单击;单击"选择对象"按钮 ,然后采用窗交法选取绘图区中的所有图形对象并回车。

步骤 2▶ 选中"块定义"对话框中的"删除"单选钮,其他采用默认设置,单击"确定"按钮。

步骤 3▶ 输入"WB"并回车,打开"写块"对话框;单击该对话框中的"块"单选钮,然后单击其后的列表框,在弹出的下拉列表中选择"图框及标题栏"选项,最后选择合适的保存路径并单击"确定"按钮,即可将其保存。

步骤 4▶ 按【Ctrl+S】快捷键,打开"图形另存为"对话框;在"文件类型"列表框中单击,在弹出的下拉列表中选择"AutoCAD 图形样板(*.dwt)"选项,此时该对话框如图 3-25 所示。

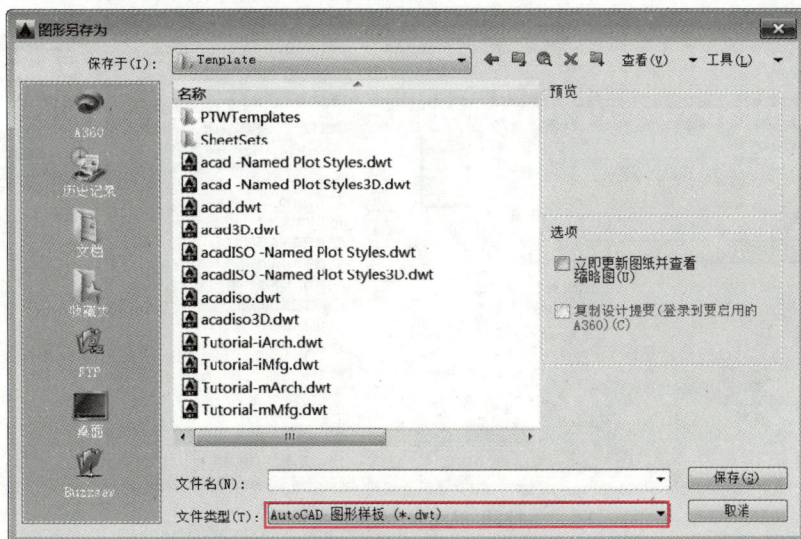

图 3-25　"图形另存为"对话框

步骤 5▶ 采用默认的存储路径，输入文件名 "A3 样板" 后单击 "保存" 按钮，接着在打开的 "样板选项" 对话框中单击 "确定" 按钮，即可将该文件保存。

3.4 创建打印样式

打印样式用于控制图形打印输出的线型、线宽、颜色等外观。AutoCAD 中的图形，可按以下两种方法进行打印。

➢ **方法 1**：按当前绘图区中图形对象所显示的颜色、线型和线宽来打印。该方法的优点是操作简单、方便，缺点是如果当前使用的不是彩色打印机，那么当图形对象的颜色较多时，输出的图形中有些图线会变淡，从而影响图形的清晰度和美观。

➢ **方法 2**：使用颜色打印模式打印图形，即在打印前，先根据绘图区中所有图形对象的颜色设置使用该颜色的所有图形对象的打印线宽、线型和打印颜色。使用该方法打印出的施工图清晰、美观，但是在创建图层时，图层的颜色不能随意设置。

对于初学者来说，使用方法 1 打印图形会比较方便，那么怎样才能保证所打印出的图线颜色一致呢？

下面带着这一问题，采用方法 1 来打印第 2 章案例 3 所绘制的住宅户型图，具体操作步骤如下。

步骤 1▶ 打开本书配套素材中的 "素材与实例" > "ch02" > "case3.dwg" 文件，然后选择 "文件" > "打印" 菜单，或按【Ctrl+P】快捷键，在打开的 "打印-模型" 对话框中选择打印机的名称和图纸尺寸，如图 3-26 所示。

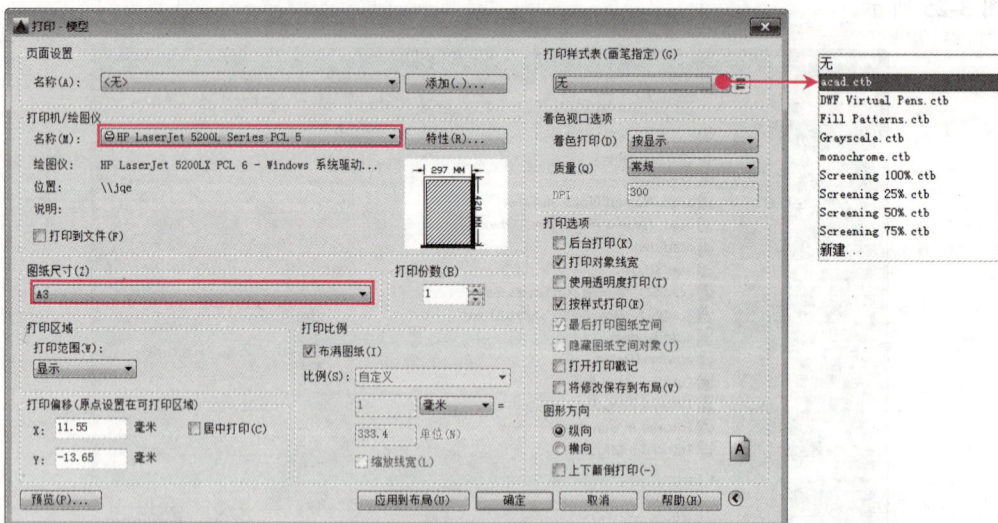

图 3-26 "打印-模型" 对话框

步骤 2▶ 在 "打印区域" 设置区的 "打印范围" 列表框中单击，在弹出的下拉列表中选择所需选项，一般情况下选择 "窗口" 选项，接着在绘图区采用窗交法框选出要打印的区域，选中"打印偏移"设置区中的"居中打印"复选框，最后单击"预览"按钮，可查看打印效果。

步骤 3▶ 此时，可以看到有些图形的颜色变淡了。为此，按【Esc】键返回至图 3-26 所示的对话框，然后在"打印样式表"设置区的列表框中单击，在弹出的下拉列表中选择 "acad.ctb"选项，如图 3-26 所示，接着在打开的"问题"对话框中单击"是"按钮。

步骤 4▶ 单击"打印样式表"设置区中的"编辑"按钮，打开"打印样式表编辑器-acad.ctb"对话框，如图 3-27 所示。单击"打印样式"列表框中的"颜色 1"选项，然后将右侧的滑块拖动到最下方，接着按住【Shift】键单击"颜色 255"，即可选中该列表框中的所有选项。

步骤 5▶ 在"特性"设置区的"颜色"列表框中单击，在弹出的下拉列表中选择"黑"选项；在"线宽"列表框中单击，在弹出的下拉列表中选择"使用对象线宽"选项；在"线型"列表框中单击，在弹出的下拉列表中选择"使用对象线型"选项，如图 3-28 所示。其他选项采用默认设置，单击"保存并关闭"按钮，即可将所有图线的打印颜色设为黑色，并使打印线型和线宽按所创建图层中的设置打印。

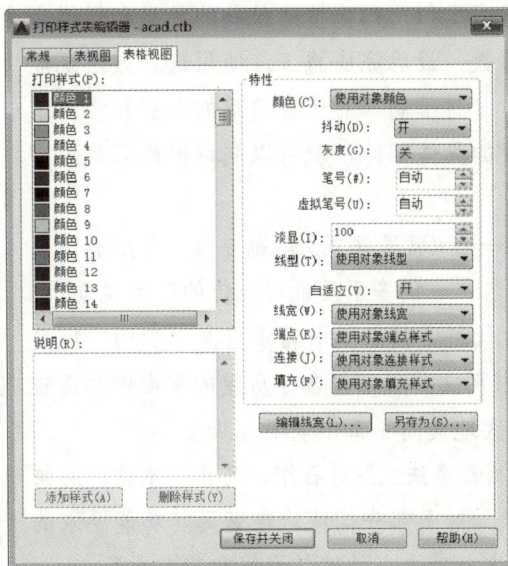

图 3-27　"打印样式表编辑器-acad.ctb"对话框　　　图 3-28　设置打印颜色和打印线宽

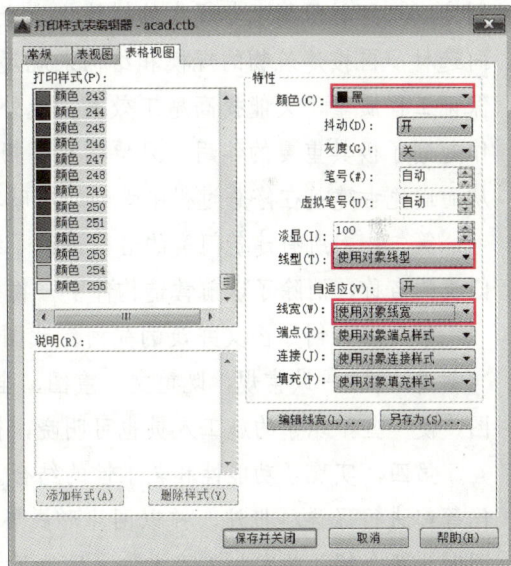

步骤 6▶ 此时，单击"打印-模型"对话框中的"预览"按钮，即可看到所有图形的打印颜色均变成了黑色。若图纸方向合适，直接按回车键即可打印图形；否则，按【Esc】键返回至图 3-26 所示的对话框，继续进行修改。

拓展园地——《营造法式》及其对后世的影响

北宋元符三年（公元 1100 年），李诫编写完成《营造法式》，于崇宁二年（公元 1103 年）刊印。全书共 36 卷，按其内容可分为释名、诸作制度、功限、料例和图样五部分。

《营造法式》是当时中原地区官式建筑的规范。有了它，无论是群体建筑的布局设计，单体建筑及构件的比例、尺寸的确定，还是各工种用工计划和质量标准、工程总造价的编制，都有章可循，既便于建筑设计和施工的顺利进行，也便于质检和竣工验收。

《营造法式》作为我国第一部详细论述建筑工程技术及规范的官方著作，对后世产生了深远影响，具体如下：

第一，制定和运用了模数思想。《营造法式》中对建筑与结构设计所规定的用材制度——"材份制"与现在的模块化生产方式类似，即先按建筑物的种类和规模定向选材，再按建筑物的规模和结构来规定份数，最后完成施工。使用这种方法既能保证工程质量，又能提高施工效率。此外，"材份制"对于古建筑的保护和修复工作起到了极其重要的作用，只要确定了损毁的具体部件，就可以制订出修葺计划，从而避免古建筑在修葺过程中受到二次破坏。

第二，对所有建筑门类的名称进行了统一。《营造法式》规范并统一了所有建筑门类的名称，消除了以前营造构件中一物多名、一词多用及讹谬互传的混乱现象。

第三，开创了图文并茂的先河。我国古代科学技术类书籍多重文而少图，但是《营造法式》一改常规，既重文又重图，全书图文并茂，包含了房屋的平面图和透视图，使一些不识字的施工人员也可明晓，极大地提高了工作效率。

第四，实现了功能性和艺术性的结合。《营造法式》对石作、砖作、木作、彩画作等都进行了详尽批注，并以图片形式展示；对于部分构件，在满足其功能要求的同时，还介绍了艺术加工的方法，反映了北宋时期杰出的建筑水平和艺术水平。

4 第 4 章　绘制家装施工图（上）

章前导读

　　室内设计的主要工作是在建筑主体内组织空间，布置家具，装修地面、墙面、柱面和顶棚等界面，确定照明方式和灯具的位置，以及布置花草、艺术品等景物和陈设。

　　室内设计中最常见到的设计项目莫过于普通住宅的室内设计，因此绘制家装施工图是初学者快速入门的切入点。读者在具体学习使用 AutoCAD 2016 绘制家装施工图前，有必要先了解一下平面图中墙体、门、窗和家具等的具体绘制方法。

技能目标

+ 能够绘制住宅原始框架图。
+ 能够进行住宅空间的功能布局及墙体改造。
+ 能够绘制住宅平面布置图。
+ 能够绘制住宅地面材料图。

素质目标

+ 培养"以人为本"的设计理念，从人的需求出发进行住宅空间的功能布局，处理好各功能区域间的关系。
+ 领略古代传统室内设计之美，体会其中蕴含的中华优秀传统文化，坚定文化自信。

4.1　家装施工图的主要内容及绘制方法

　　一套完整的家装施工图一般包括原始框架图（也称原始户型图）、平面布置图、地面材料图、顶棚平面图、立面图、构造详图、电气布置图、开关布置图和水路布置图等内容。本章仅讲解原始框架图、平面布置图和地面材料图。

从制图角度看，原始框架图和平面布置图实际上是一种水平剖面图，即假想一个水平剖切平面，沿房屋窗台上方将房屋剖开，移去上面部分后，由上向下对剩余部分进行投影所得到的正投影图。

4.1.1　原始框架图的主要内容

原始框架图是室内设计绘制的第一张图样，其他图样（如平面布置图、顶棚平面图和开关布置图等）都是在该图样的基础上绘制的。因此，设计前，应对要设计的项目进行实地勘察，并将被设计对象和最终的测量结果用图样表现出来，即为原始框架图。

家装施工图中的原始框架图以表达房屋内部为主，因此，多数情况下不表示室外的建筑，如台阶、散水、明沟和雨篷等。

原始框架图的主要内容：

① 原有建筑中被保留下来的墙和柱子，以及各区域的室内主要尺寸。

② 原有建筑中被保留下来的隔断、门、窗、楼梯、电梯、自动扶梯、管道井和阳台等。

③ 地面标高和楼梯平台的标高（若室内各区域的地面高度相同，此项可不注出）。

④ 图名、比例、索引符号及相关编号。

4.1.2　平面布置图的主要内容

平面布置图是在原始框架图的基础上，根据业主的需求和设计师的设计意图，对室内空间进行详细的功能划分和相关设施定位。因此，平面布置图中除了要包含上述原始框架图的相关内容外，还应有以下内容。

① 各种门、窗的位置尺寸，以及划分空间的分隔物，如隔断、屏风、帷幕、护栏和隔墙等。

② 各种家具、厨具、洁具以及家具上的陈设，如电视机、冰箱、台灯、盆景、鱼缸等。对于一些有门的柜子，还应表示柜门的开启方向。

③ 各种自然景物，如水池、瀑布、峰石、散石、步石，草坪、花木、盆景、园灯等，并标注主要定位尺寸及其他必要尺寸。

④ 标注详图索引符号及立面内视符号。

⑤ 标注不同地面的标高、材质，以及不同材质的分界线。

⑥ 房间名称。工程项目较小时，可将房间名称直接标在房间内；项目较大且绘图比例较小时，可将房间进行编号，如 001，002，此时需要再绘制一个编号与房间名称对应的明细表，以便了解各房间的功能。

4.1.3　家装施工图中基本要素的典型绘制方法

下面对家装施工图中一些基本要素的绘制方法做简要提示。

（1）墙和柱子

原始框架图和平面布置图中，墙和柱子的轮廓应用粗实线绘制，因为它们都是用假想的剖切平面剖切得到的构件。为使图样清晰，家装施工图中一般不表示墙体的材料，但值得注意的是，不同材料的墙体相接或相交时，相接及相交处要画线，如图 4-1 所示；反之，相同材料的墙体相接或相交时，相接或相交处不画线，如图 4-2 所示。

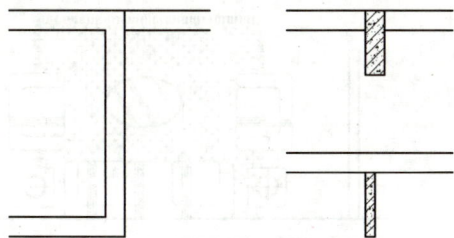

图 4-1　不同材料的墙体画法　　　　图 4-2　相同材料的墙体画法

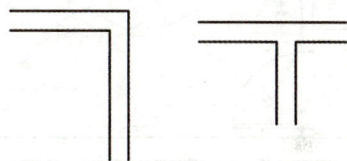

（2）门与窗

平面布置图中，要按设计位置、尺寸和规定的图例画出门和窗。一般情况下，可以不注写门窗号。在绘图比例较小的图样中，门扇可用单线（中粗线）表示，且可不画开启方向线，如图 4-3（a）所示；在绘图比例较大的图样中，为了使图面丰富、耐看且富有表现力，可将门扇画出厚度，并加画开启方向线，如图 4-3（b）所示。

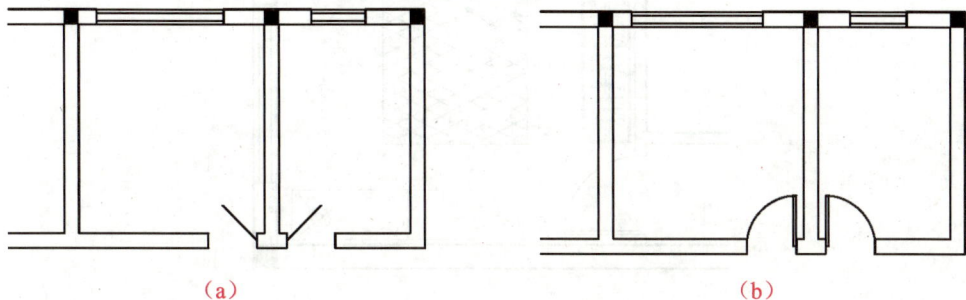

（a）　　　　　　　　　　（b）

图 4-3　门和窗的画法

（3）家具与陈设

平面布置图中的家具包括可移动的家具和固定的家具，如日常生活中使用的桌、椅、床、柜子、沙发、马桶、洗手池等，室内的陈设主要指盆景、植物、鱼缸等。

上述家具与陈设没有统一的图例，在绘图比例较小的图样中，可简单画出它们的外轮廓；在绘图比例较大的图样中，可绘制出它们的外轮廓平面图，并视情况加画一些具有装饰意味的符号，如木纹、织物图案等。图 4-4 所示为一个卧室的平面布置图，其中床就加画了枕头和被子的图案。

窗帘和地毯等织物一般可以不画，但在绘图比例较大的平面图中，也有画窗帘和地毯的。例如，用波浪线表示窗帘，用简化了的图案表示工艺地毯等，如图 4-5 所示。

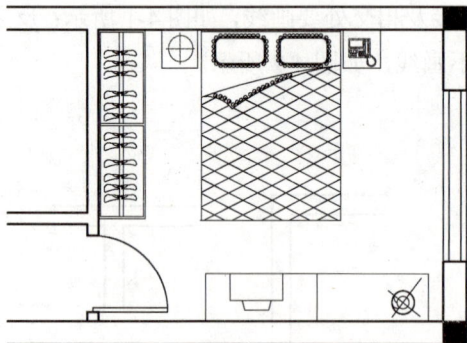

图 4-4　卧室中的家具

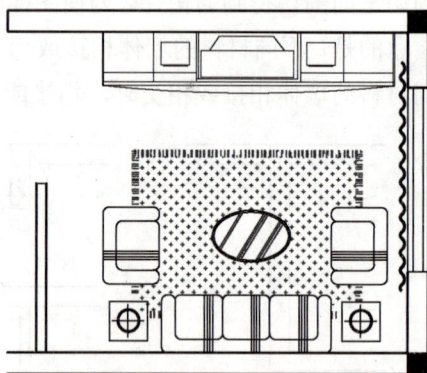

图 4-5　窗帘和地毯的画法

> 家具与墙面之间是否要留出间隙，应视图样的打印比例而定。打印比例小时可以不留间隙，如图 4-4 所示；打印比例大时，可以画出家具与墙面以及家具与家具之间的间隙，如图 4-6 所示。

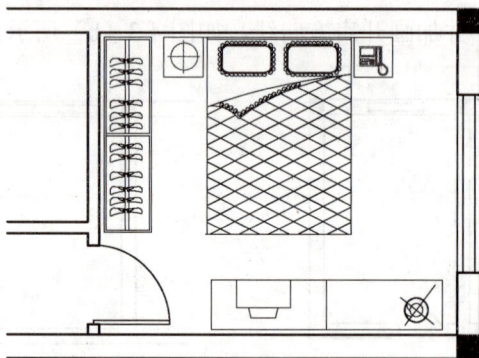

图 4-6　家具与墙面之间留有间隙

（4）卫生洁具

卫生洁具包括淋浴器、便器和洗手池等。一般情况下，可只画出其大致轮廓，但在绘图比例较大的图样中，也可画出更加具体的轮廓和细部。

（5）地面

当地面做法比较简单时，可将其形式、材料和做法直接绘制并标注在平面布置图上。

地面材料通常有以下 3 种画法，目前使用最多的是画法 1 和画法 2。

> 画法 1：采用示意性画法。例如，在平面布置图中画一些平行线，表示实木地板；在卫生间平面图中画一些方格，表示地面砖，如图 4-7 所示。其中，平行线的间距和方格的大小不一定与实木地板和地面砖的实际尺寸一致。

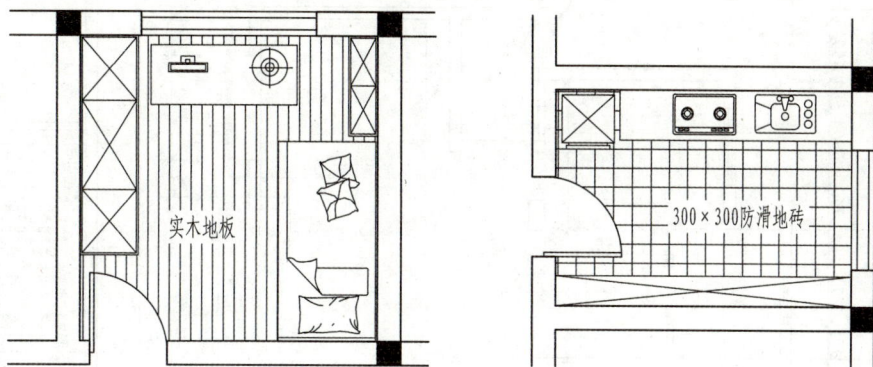

图 4-7 地面材料的画法 ①

> 画法 2：在平面图中选一块家具不多的地方，画出地面砖的实际尺寸和其材料图案，并注明材料名称和型号，如图 4-8（a）所示。

> 画法 3：直接用引出线注出地面材料，如"满铺灰色防静电地毯"等，如图 4-8（b）所示。

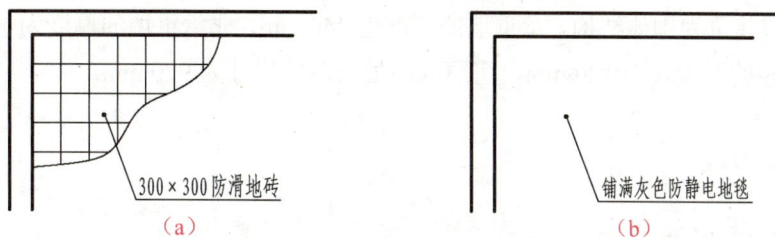

图 4-8 地面材料的画法 ②

4.2 绘制住宅原始框架图

如前所述，平面布置图是在原始框架图的基础上展开的，因此，掌握原始框架图的绘制方法是进行室内设计的一个重要环节。在学习了原始框架图的内容及基本要素的绘制方法后，接下来开始绘制图 4-9 所示装修前的原始框架图。

存储路径：素材与实例\ch04\××家装修方案（现代风格）.dwg

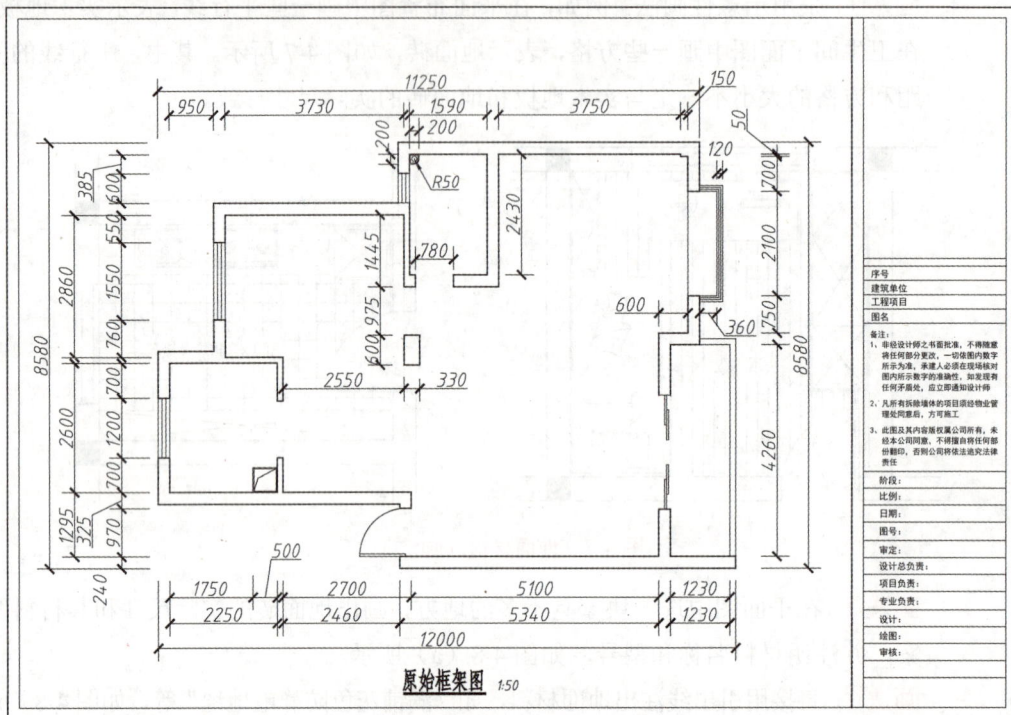

图 4-9　某住宅原始框架图

其中，该建筑为砌体结构，承重墙的厚度为 240 mm，非承重墙的厚度为 120 mm，飘窗与阳台护栏的厚度均为 120 mm，房屋入口处大门的尺寸为 970 mm。

4.2.1　绘图流程

原始框架图的一般绘图流程如下：

① 绘制墙体。

② 绘制柱子。

③ 绘制窗洞和窗子。

④ 绘制门洞和门。

⑤ 绘制护栏、楼梯及台阶。

⑥ 绘制其他构配件及细部。

⑦ 标注尺寸，并注写相关文字、图名和比例。

原始框架图是以表达房屋内部结构为主的图纸，室内设计师在进行实地测量时，有时无需准确分辨出墙和柱，因此在绘图过程中可以省略绘制柱子的步骤，只需要清晰地表达出室内尺寸。下面讲解绘制图 4-9 所示住宅原始框架图的具体方法。

4.2.2　绘制墙体

该住宅原始框架图中的墙体厚度有两种，即 240 mm 和 120 mm。因此，可在设置多线样式时将两条线间的间距设置为 120 mm，然后通过控制多线的比例来绘制不同厚度的墙体。此外，为提高绘图效率，在绘制墙体时，可先忽略各门洞和窗洞，具体绘图步骤如下。

步骤 1▶ 按【Ctrl+N】键打开本书配套素材中的"素材与实例" > "ch03" > "A3样板"文件，输入"MLST"并回车，然后在打开的"多线样式"对话框中单击"新建"按钮，输入新样式名称"墙体-120"并回车，接下来按图 4-10 所示对话框中的参数设置该样式。设置完成后依次单击"确定""置为当前"和"确定"按钮，将"墙体-120"样式设置为当前多线样式。

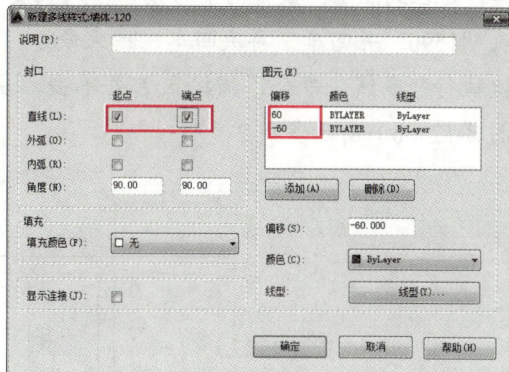

图 4-10　"墙体-120"的参数设置

步骤 2▶ 将"墙体"图层设置为当前图层，按【F10】键，打开极轴追踪。输入"ML"并回车，根据命令行提示输入"S"并回车，然后输入"2"并回车，以指定多线比例；输入"J"并回车，接下来输入"B"并回车，将对正方式设为"下"。

步骤 3▶ 单击任意一点作为图 4-11 中的点 A，然后光标竖直向上移动，输入"2600"并回车，绘制出第一段墙体；随即光标往右移动，输入第二段墙的长度"1190"并回车；接下来参照图 4-11 所标尺寸依次画出图中其他墙体，直到到达点 B 处，输入"C"并回车，闭合多段线，结束命令。

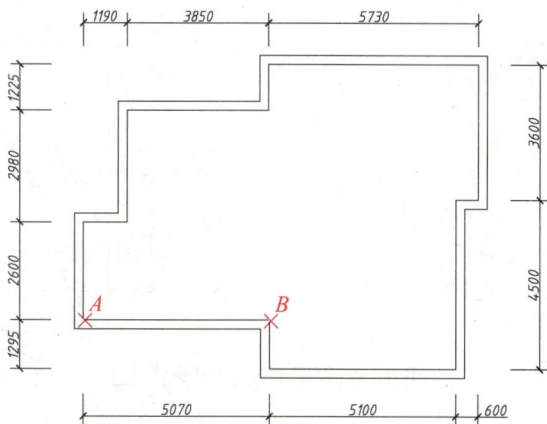

图 4-11　绘制墙体

提示 使用"多线"命令绘制墙体时需要注意多线的对正方式，即以多线某一侧的线条长度为准。图 4-11 中，将"多线"的对正方式设为"下"后，由下向上绘制墙线时，均以内侧墙体的尺寸绘制各多线。

步骤 4▶ 按回车键重复执行"多线"命令，采用默认的对正方式和比例，将光标置于图 4-12（a）中的点 C 处，捕捉此点（不要单击），鼠标向右平移，输入"1590"并回车，定位到点 D；鼠标向下移动，输入长度"2430"并回车，然后鼠标继续往左移动，输入"1590"并回车。再次回车，结束命令，绘制出图 4-12（a）所示多线 1；继续按回车键执行"多线"命令，捕捉点 E 并单击，鼠标向右移动，输入"1350"并回车，绘制出图 4-12（b）所示多线 2。

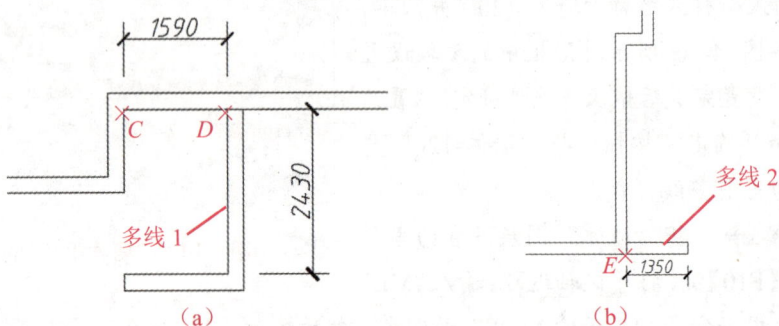

图 4-12 绘制多线 1 和多线 2

步骤 5▶ 再次按回车键执行"多线"命令，输入"S"并回车，将多线比例设置为 1。以点 F 为起点，参照图 4-13（a）所示尺寸绘制多线 3；再次回车，以点 G 为起点，参照图 4-13（b）所示尺寸绘制多线 4。至此，该原始框架图的墙体部分已绘制完成，效果如图 4-14 所示。

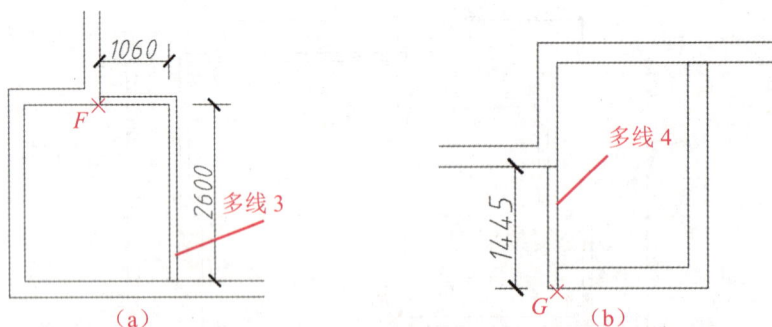

图 4-13 绘制多线 3 和多线 4

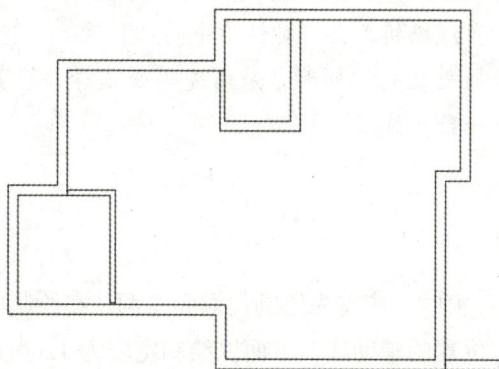

图 4-14　初步绘制完成的墙体

步骤 6▶　双击任意一条多线，然后在弹出的"多线编辑工具"对话框中单击"角点结合"图标，依次选择图 4-15 中的多线 4 和多线 5，最后按回车键结束命令。

步骤 7▶　按回车键重复执行"多线编辑"命令，在打开的对话框中单击"T 形打开"图标，然后依次单击图 4-16 中 ⬭ 内节点连接的两段墙体；然后选中所有多线，输入"X"并回车，将多线进行分解，删除 ▢ 内的短线条；输入"TR"并双击回车，对 ▢ 内的线条进行修剪，修剪后的效果如图 4-17 所示。

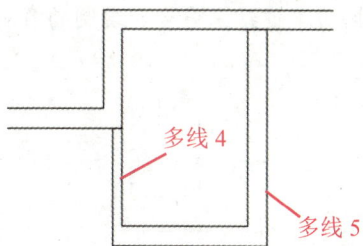

图 4-15　将多线 4 和多线 5 进行"角点结合"

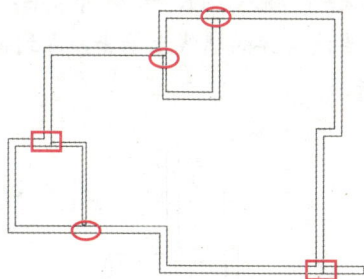

图 4-16　编辑、分解和修剪多线

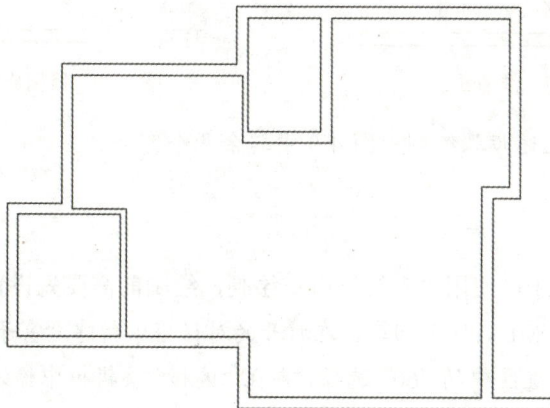

图 4-17　初步编辑完成的墙体

> 提示
>
> 单击"多线编辑工具"对话框中的"T形合并"或"T形打开"图标对多线的交接处进行编辑时，应首先单击选择要修剪掉的多线，然后再单击选择另一条多线。

4.2.3 绘制门窗

在 AutoCAD 中绘制门窗时，应首先绘制门洞和窗洞。在绘制门洞和窗洞时，常以邻近的墙线作为确定各洞口位置的辅助线。下面以绘制宽度为 1200 mm 的窗洞为例，讲解各洞口，以及门、窗的绘制方法。

1. 绘制窗洞

步骤 1▶ 由图 4-9 中的尺寸可知，宽度为 1200 mm 的窗洞与两侧墙线的距离均为"700"。如图 4-18 所示，过内侧墙线作辅助线 1，输入"O"并回车，将偏移值设为"700"，将辅助线向上偏移；回车重复执行偏移命令，将偏移值设为"1200"，再次将辅助线向上偏移，即可得到图 4-18 所示的 3 条辅助线。

步骤 2▶ 输入"TR"并双击回车，依次单击 3 条辅助线左端，将多余部分进行修剪；接下来在要修剪掉的墙线上单击，得到窗洞；最后按回车键结束命令，绘制的窗洞效果如图 4-19 所示。

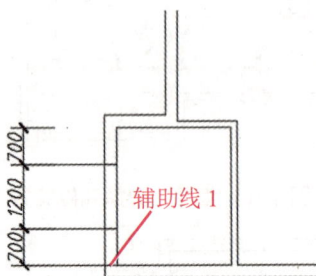

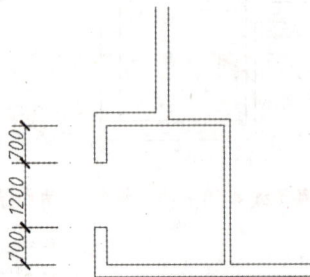

图 4-18 作辅助线　　　　　图 4-19 修剪出窗洞

步骤 3▶ 参照上述步骤绘制出图 4-9 中其余两个窗洞。

2. 绘制窗子

AutoCAD 中的窗子可使用"多线"命令绘制，绘制前需要先设置多线样式。

步骤 1▶ 输入"MLST"并回车，在打开的对话框中新建"窗子-240"样式，然后单击对话框中"图元"设置区中的"60"选项，再在"偏移"编辑框中输入"120"，选择"-60"选项，在"偏移"编辑框中输入"-120"；接着单击"添加"按钮，在"偏移"编辑框中输入"40"；再次单击"添加"按钮，在"偏移"编辑框中输入"-40"，如图 4-20 所示。其余采用默认设置，依次单击"确定""置为当前"和"确定"按钮，将该多线样式设为当前样式。

步骤 2▶ 将"门窗"图层设为当前图层。输入"ML"并回车，根据命令行提示，采用默认的多线比例"1"，输入"J"并回车，再输入"T"并回车，把对正方式改为"上"，依次捕捉并单击窗洞处左下方和左上方的点，绘制出图 4-21 所示的窗子。接下来以同样的方法绘制出图 4-9 中其余两个窗子。

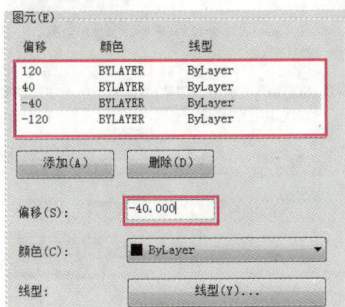

图 4-20 "窗子-240"样式的参数

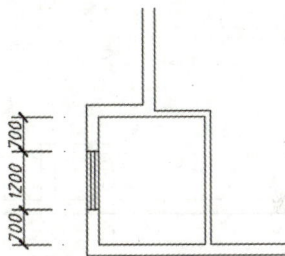

图 4-21 绘制窗子

步骤 3▶ 参照绘制窗洞的方法和图 4-22 所示尺寸，利用"偏移"和"修剪"命令绘制飘窗洞；然后输入"ML"并回车，根据命令行提示将多线比例设为"0.5"，将对正方式设为"上"，接着按图 4-23 中所示尺寸绘制出飘窗；最后输入"L"并回车，绘制窗台内侧的边线。

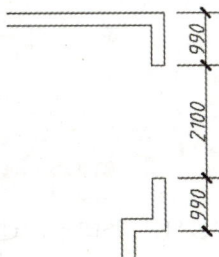

图 4-22 修剪飘窗洞

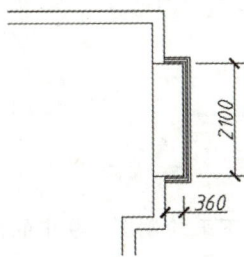

图 4-23 绘制飘窗

3. 绘制门洞和门

下面以房屋入口处的门和阳台的推拉门为例，介绍门洞和门的绘制方法。首先参照图 4-24 所示尺寸，利用"偏移"和"修剪"命令绘制 4 个门洞。然后绘制房屋入口处的门，该处门的图形利用"插入"命令将第 2 章所创建的动态块——"门"插入所需位置即可，具体操作方法如下。

步骤 1▶ 输入 "I" 并回车，在打开的对话框中单击 "浏览" 按钮，然后选择本书配套素材中的 "素材与实例" > "ch04" > "图块" > "门.dwg" 文件并单击 "打开" 按钮，返回至 "插入" 对话框。

步骤 2▶ 采用默认的插入比例1，将旋转角度设为 90°，如图 4-25 所示；单击 "确定" 按钮后在绘图区任意位置单击，即可将该图块沿逆时针方向旋转 90° 并插入绘图区，效果如图 4-26 所示。

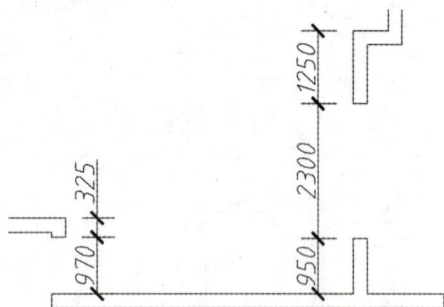

图 4-24 门洞及门洞尺寸

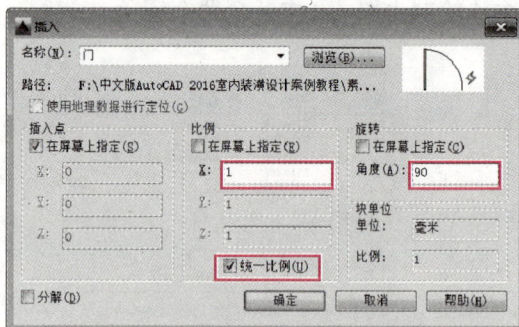

图 4-25 设置插入块的比例和角度

步骤 3▶ 作门所在的墙体的中线，即图 4-27 中的直线 1，然后选中 "门" 图块，单击其夹点■后移动光标，捕捉直线 1 的下端点并单击；接下来单击该图块上的▲夹点，捕捉直线 1 的上端点并单击，即可调整该门的尺寸；最后按【Esc】键，并删除直线 1，效果如图 4-28 所示。

直线 1

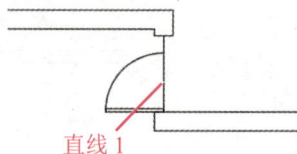

图 4-26 插入 "门"   图 4-27 指定插入点   图 4-28 调整门的尺寸

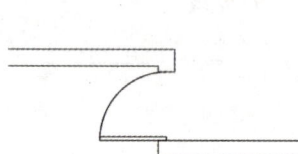

步骤 4▶ 接下来绘制图 4-9 中的阳台推拉门。输入 "L" 并回车，过门洞处墙线的中点作直线 1，然后输入 "REC" 并回车，单击直线 1 的下端点 A，输入 "@40，600" 并回车，作矩形，结果如图 4-29 所示。

步骤 5▶ 选中步骤 4 绘制的矩形，然后输入 "CO" 并回车，捕捉该矩形最左侧边线的中点并单击，再捕捉该矩形的右上角点并单击，最后按回车键结束命令，结果如图 4-30 所示。

步骤 6▶ 输入 "MI" 并回车，选中上一步绘制的两个矩形，按回车键，捕捉直线 1 的中点并单击，然后向右移动光标，待出现图 4-31 所示的水平极轴追踪线时单击，再按回车键结束命令，最后删除直线 1，完成推拉门的绘制。

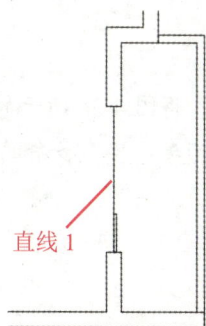

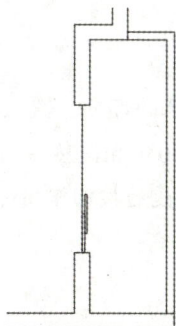

图 4-29　绘制辅助线　　图 4-30　绘制第一扇推拉门　　图 4-31　绘制第二扇推拉门

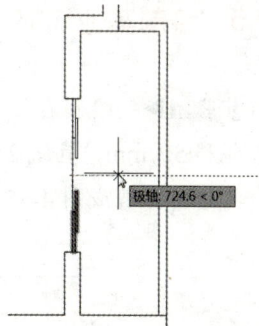

4.2.4　绘制阳台护栏

图 4-9 中的护栏为双线，且两条线之间的距离为 120 mm，因此既可以使用"多线"命令绘制，也可以使用"多段线"和"偏移"命令绘制。使用"多线"命令绘制时，应先将前面所创建的"墙体-120"样式置于当前样式 0，然后将对正方式设为"上"，将多线比例设置为"1"。

下面利用"多段线（polyline）"和"偏移"命令绘制护栏线，具体操作方法如下。

步骤 1▶　输入"LA"并回车，然后在打开的选项板中创建"护栏"图层，并将其设为当前图层。该图层的线型为"Continuous"，线宽为"默认"，颜色为"黄"。

步骤 2▶　输入"PL"并回车，捕捉图 4-32 所示的端点 A 并单击，竖直向上移动光标，输入"4380"并回车；继续向左移动光标，与第一条竖直线相交时单击，最后按回车键结束命令。

步骤 3▶　输入"O"并回车，将上步所绘制的多段线向其下方偏移，偏移距离为 120 mm，结果如图 4-33 所示。

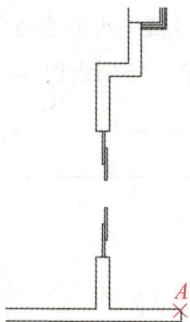

图 4-32　指定多段线的端点　　　图 4-33　指定多段线的终点并偏移复制多段线

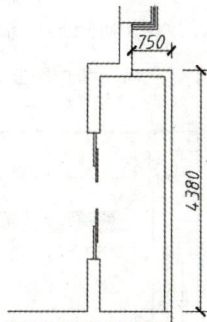

> **提示**　利用"多段线"命令绘制的多条直线是一体的，"多段线"命令常与"偏移"命令配合使用，用于绘制建筑平面图中的墙线和护栏等。

4.2.5　绘制其他细部

步骤 1▶ 绘制右上方墙角凸出来的部分。输入 "O" 并回车，将图 4-34 所示的直线 1 向下偏移 50 mm，直线 2 向左偏移 150 mm，然后输入 "TR" 并回车，单击多余的线条部分，将墙角修剪成图 4-35 所示效果，最后按回车键结束命令。

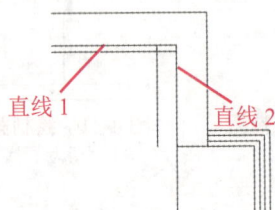

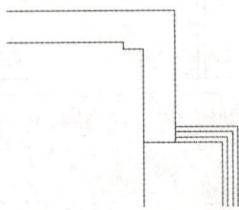

图 4-34　偏移直线　　　图 4-35　图形修剪效果

步骤 2▶ 输入 "REC" 并回车，捕捉图 4-36 所示的端点并向下移动光标，待出现竖直极轴追踪线时输入 "1575" 并回车，接着输入 "@330,600" 并回车，结果如图 4-37 所示。

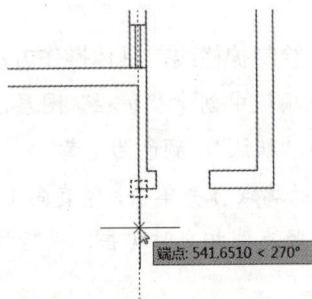

图 4-36　捕捉并追踪端点　　　图 4-37　绘制矩形

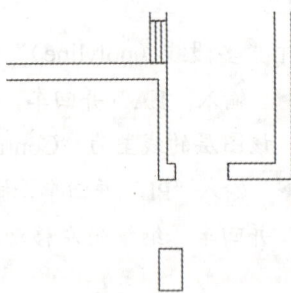

步骤 3▶ 输入 "REC" 并回车，捕捉图 4-38 所示的点 A 并单击，然后输入 "@200,−200" 并回车，以绘制矩形；输入 "C" 并回车，分别捕捉矩形相邻两条边的中点，待出现图 4-38 所示的交点提示时单击，接着输入半径值 "50" 并回车，绘制出图 4-39 中的圆。

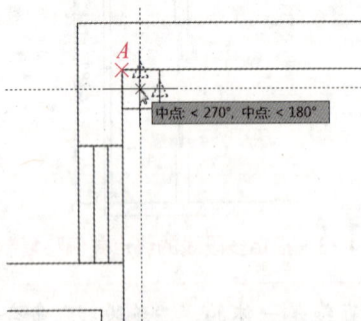

图 4-38　捕捉中点　　　图 4-39　绘制圆

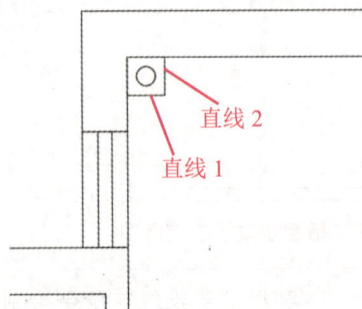

步骤 4▶　单击"默认"选项卡"修改"面板中的"圆角"按钮 🔲，或输入"F"并回车，根据命令行提示输入"R"并回车，输入圆角半径值"100"并回车，然后输入"T"并回车，再次输入"T"并回车，选择修剪模式，最后依次在图 4-39 所示的直线 1 和直线 2 上单击，结果如图 4-40 所示。

步骤 5▶　输入"O"并回车，将偏移距离设置为"20"，然后将带圆弧的矩形向其内侧偏移，结果如图 4-41 所示。

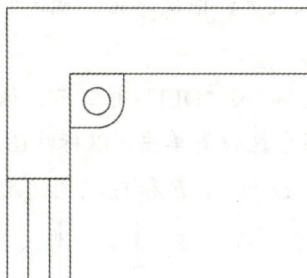

图 4-40　绘制圆角　　　　图 4-41　偏移图形

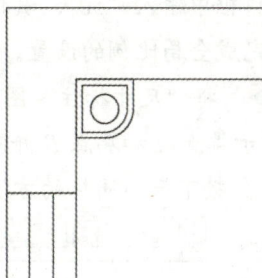

步骤 6▶　绘制厨房的烟道部分。输入"REC"并回车，捕捉并单击图 4-42 中的点 A，输入"@-500，500"并回车；输入"O"并回车，将偏移值设为"20"，将上一步绘制的正方形向内偏移；输入"PL"并回车，依次单击图 4-43 中的 B，C，D 三点，最后按回车键结束命令。

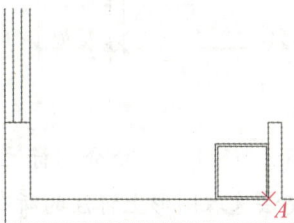

图 4-42　绘制烟道轮廓　　　　图 4-43　绘制烟道折线

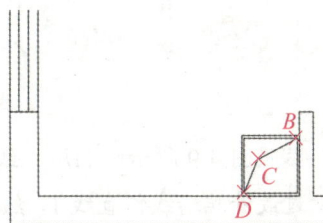

至此，该原始框架图的图线部分已经绘制完了。接下来需要为图形标注尺寸、图名和绘图比例。

4.2.6　标注尺寸、图名及绘图比例

1. 标注尺寸

由于前面所绘制的原始框架图的尺寸较大，因此在具体标注尺寸前，需要先设置尺寸标注样式的全局比例因子。

由图 4-9 中的尺寸可知，该图形的最大尺寸为 12000 mm，留出标注尺寸所需的空间后，估测本案例的最大尺寸为 18000 mm，A3 图纸的最大尺寸为 420 mm，即 18000/420≈43，故可将全局比例因子设为 50，即将"A3 样板"文件中的尺寸起止符号和尺寸数字的大小等放大 50 倍。

步骤1▶ 输入"D"并回车，在打开的"标注样式管理器"对话框中选择"ISO-25"选项，然后单击"修改"按钮；在打开的对话框中选择"调整"选项卡，接着在"使用全局比例"编辑框中输入"50"；其他选项卡采用默认设置，依次单击"确定"和"关闭"按钮，即可完成全局比例的设置。

步骤2▶ 将"尺寸标注"图层设为当前图层。输入"DLI"并回车，依次捕捉并单击图 4-44 所示端点 A 和端点 B 并向下移动光标，在合适位置单击，以标注图 4-45 所示的尺寸"2250"。接下来用同样的方法标注出 C 和 D，D 和 E，F 和 G 之间的尺寸。

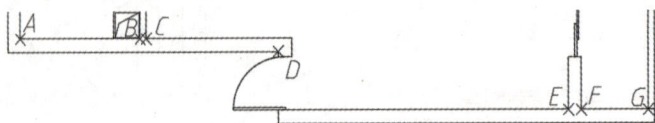

图 4-44　指定尺寸界线的位置

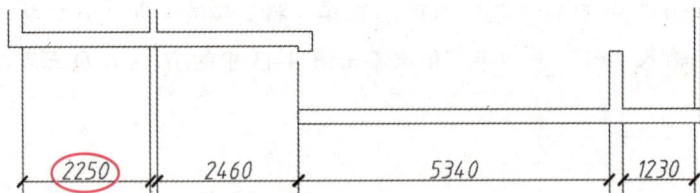

图 4-45　标注尺寸

步骤3▶ 参照图 4-9 所示，利用"线性"命令和"连续"命令分别标注其余尺寸。

步骤4▶ 过最外端墙线作直线 1，然后采用窗交法选取图形上标注的所有尺寸，接着单击图形内部尺寸界线起点处的夹点并向下移动光标，待极轴追踪线与所作直线 1 相交时单击，使尺寸界线位于图形的外部，如图 4-46 所示，最后按【Esc】键，并删除直线 1，效果如图 4-9 所示。

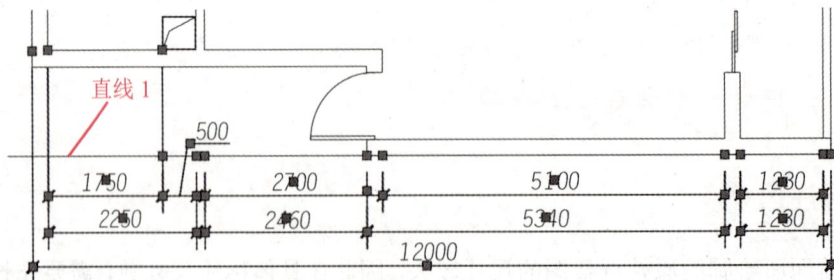

图 4-46　利用夹点调整尺寸界线的位置

在标注尺寸时，应先标注距离图样较近的细部尺寸，如标注门、窗洞口的定位尺寸，然后再标注每个居室的室内尺寸，最后再标注总尺寸。如果所标注的尺寸数字的位置不合适，还可以先选中该尺寸，然后利用尺寸数字上的夹点调整其位置。

为了使图样美观，对于同一方向上相互平行的尺寸标注，可利用尺寸标注上的夹点调整尺寸界线的起始位置，如图 4-46 所示。

2. 标注图名和绘图比例

图名和绘图比例应注写在图样的下面或一角，且图名下方应画一条粗实线，线长与图名所占长度大致相等。绘图比例的字号应比图名的字号小一号或小两号，字的底部与图名平齐，如图 4-47 所示。

<u>原始框架图</u>　*1:50*

图 4-47　图名及绘图比例

本节中可使用"单行文字"和"多段线"命令绘制图 4-47 所示的图名和绘图比例，具体操作方法如下。

步骤 1▶　输入"TEXT"并回车，然后在图形下方合适位置单击，以指定文字的起点，接着输入文字高度"350（即 7×50）"并回车；再次回车，采用默认的旋转角度 0°，接着输入"原始框架图"，按两次回车键结束命令。

步骤 2▶　回车，重复执行"单行文字"命令，在"原始框架图"文字右侧合适位置单击，然后参照上述方法将文字高度设置为"250（即 5×50）"，并输入文字"1：50"。

步骤 3▶　单击选中"原始框架图"文字，然后在"注释"选项卡的"文字"面板中的"文字样式"列表框中单击，在弹出的下拉列表中选择"汉字"列表项，如图 4-48 所示，最后按【Esc】键取消对象的选中状态。

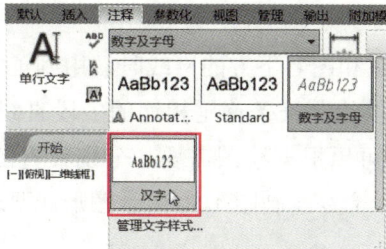

图 4-48　选择文字样式

步骤 4▶ 采用同样的方法，将"1∶50"设为"数字及字母"文字样式，效果如图 4-49 所示。

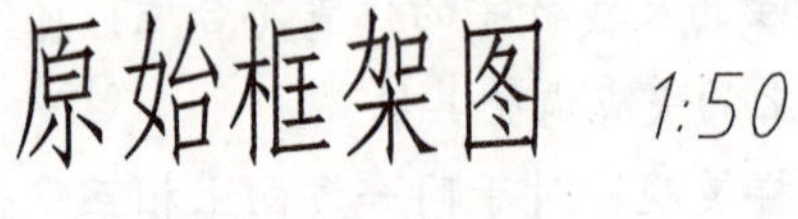

原始框架图 1:50

图 4-49　注写文字效果

步骤 5▶ 输入"PL"并回车，然后在"原始框架图"文字下方合适位置单击，以指定多段线的起点；根据命令行提示输入"W"并回车，然后输入起点宽度"35（即 0.7×50）"并回车，接着输入端点宽度"35"并回车；水平向右移动光标并在合适位置单击，最后按回车键结束命令，结果如图 4-47 所示。

4.2.7　绘制图框、标题栏及会签栏

绘制完图形后，还需要绘制出图框、标题栏，以及必要的会签栏。为简化绘图，本案例中直接将已有的"图框及标题栏"图块插入所需位置。插入图块时，需将该图块按绘图比例的倒数倍放大，具体操作方法如下。

步骤 1▶ 将"幅面线"图层设为当前图层。输入"I"并回车，选择本书配套素材中的"素材与实例">"ch04">"图块">"图框及标题栏.dwg"文件并单击"打开"按钮，返回至"插入"对话框；选中"插入"对话框中的"统一比例"复选框，接着在"X"编辑框中输入插入比例"50"。

步骤 2▶ 单击"插入"对话框中的"确定"按钮，然后在绘图区合适位置单击，以放置该图块，并使所绘图形位于图框内，其最终效果如图 4-9 所示。

步骤 3▶ 按快捷键【Ctrl+S】，然后将该文件以"××家装修方案（现代风格）"为名保存。

知识补充 1——多段线

绘制原始框架图中的护栏和图名下方的直线时，用到了"多段线"命令。利用"多段线（polyline）"命令，可以绘制一条首尾相连的多段直线或圆弧，如图 4-50 所示。此外，在执行该命令后，还可以根据绘图需要，分别设置图线的起点和终点线宽。

例如，要使用"多段线"命令绘制图 4-50 所示图形（要求多段线的宽度为 2 mm），可按如下步骤操作。

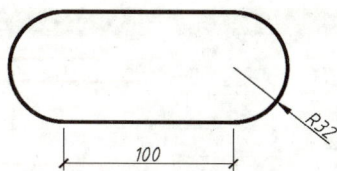

图 4-50 图形示例

步骤 1▶ 输入 "PL" 并回车，然后在绘图区的合适位置单击以指定多段线的起点；输入 "W" 并回车，然后分别将多段线的起点和端点的宽度设为 "2"，接着输入 "@100，0" 并回车，以绘制第一条直线。

步骤 2▶ 输入 "A" 并回车，即可进入 "圆弧" 模式，输入 "@0，−64" 并回车，以指定圆弧的端点；输入 "L" 并回车，即可进入 "直线" 模式，输入 "@−100，0" 并回车，以绘制第二条直线；输入 "A" 并回车，接着输入 "CL" 并回车，即可绘制左侧圆弧并结束命令。

> **提示**
>
> 默认情况下，多段线的起点和端点线宽均为 0。若更改多段线的起点和端点线宽，则使用 "多段线" 命令绘制的所有图线的线宽均为上次所设置的线宽。若关闭当前文件，则多段线的线宽为默认值 0。

知识补充 2——创建带属性的动态块

通常情况下，可以将一些带有文字的常用图形设置为带属性的块，使用时只需更改属性文字的内容，而不必重画整个图形。由此可见，带属性的块实际上是由图形对象和属性文字两部分组成的。

1. 创建带属性的块

下面将图 4-47 中的图名和比例设置成属性文字，然后将整个图形设置成带属性的块，其具体设置方法如下。

步骤 1▶ 单击 "插入" 选项卡 "块定义" 面板中的 "定义属性" 按钮 ✎，然后在打开的 "属性定义" 对话框中设置属性的标记、对正方式、文字样式和文字高度，如图 4-51 所示。设置完成后单击 "确定" 按钮，然后在绘图区合适位置单击，以放置 "图名" 文字。

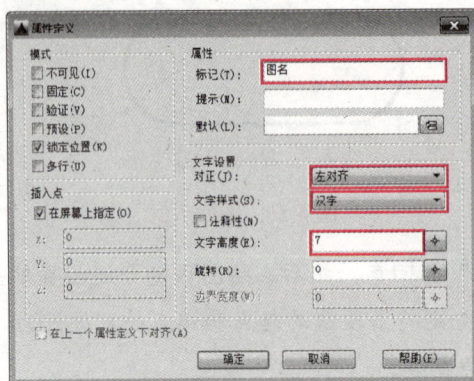

图 4-51　定义属性

步骤 2▶ 按回车键重复执行"定义属性"命令，采用同样的方法，将属性标记设为"比例"，将文字样式设为"数字及字母"，将文字高度设为"5"，然后采用默认的对正方式，将"比例"文字插入"图名"文字的右侧，并使其底部大致平齐。

步骤 3▶ 输入"PL"并回车，然后在"图名"文字下方合适位置单击，接着将起点和端点宽度均设为"0.7"，以绘制图 4-52 所示的直线。

图 4-52　插入属性标记并绘制直线

步骤 4▶ 输入"B"并回车，然后在打开的对话框中输入块名称"图名及比例"，然后单击"拾取点"按钮，捕捉步骤 3 所绘制的直线的左端点并单击，接着单击"选择对象"按钮，选中图 4-52 所示的文字和直线，按回车键返回至"块定义"对话框。

步骤 5▶ 选中"块定义"对话框中的"删除"单选钮，最后单击"确定"按钮，即可完成"图名及比例"属性块的创建。

> **提示** 在创建属性块时，若选中"块定义"对话框中的"转换为块"单选钮，则在单击该对话框中的"确定"按钮后，系统会弹出图 4-53 所示的"编辑属性"对话框。在该对话框中输入相关文字后单击"确定"按钮，系统会生成属性块并更改该图块中的文字。

2．为带属性的块添加动作

图名下方的粗实线应与图名所占长度大致相等。图名有长有短，要使粗实线的长度随图名的长短而变化，可为其添加拉伸动作，具体操作方法如下。

步骤 1▶ 输入"I"并回车，然后在打开的"插入"对话框的"名称"列表框中单击，在打开的下拉列表中选择前面所创建的"图名及比例"图块；采用默认的插入比例和旋转角度，单击"确定"按钮后在绘图区任意位置单击，即可打开"编辑属性"对话框。

步骤 2▶ 根据绘图需要，在"编辑属性"对话框中输入所需文字，如图 4-53 所示。输入完成后单击"确定"按钮即可。此时，所插入的图块如图 4-54 所示。

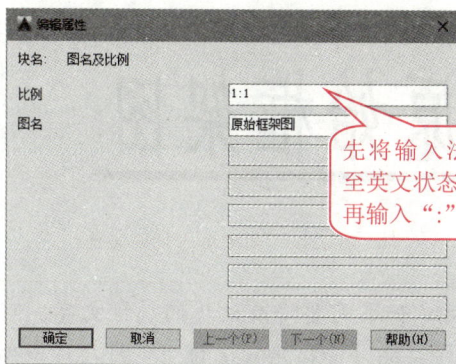

先将输入法切换至英文状态，然后再输入":"符号

原始框架图

图 4-53 "编辑属性"对话框   图 4-54 插入带属性的块效果

步骤 3▶ 选中所插入的属性块，然后单击鼠标右键，在弹出的快捷菜单中选择"块编辑器"菜单项，即可进入块编辑器界面，选择"块编写选项板–所有选项板"中的"参数"选项卡，然后单击"线性"按钮 线性，依次捕捉并单击直线的起点和终点，接着在下方合适位置单击，即可添加"距离 1"参数，如图 4-55 所示。

步骤 4▶ 选择"动作"选项卡，然后单击"拉伸"按钮 拉伸，根据命令行提示选择上步所添加的线性参数，接着将光标移至夹点 ▶处，待出现捕捉标记时单击，以指定该拉伸动作的夹点位置。

步骤 5▶ 依次单击图 4-56 所示的两个对角点①和②，此时将出现一个矩形线框；采用窗交法选取图 4-57 所示矩形线框区域内的"比例"和直线的右侧，最后按回车键结束拉伸对象的选取，此时系统将自动为该线性参数添加拉伸动作，且参数"距离 1"的右下角处出现"拉伸"图标。

图 4-55 添加"距离 1"参数   图 4-56 选择拉伸区域

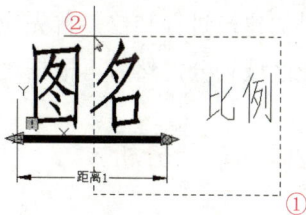

步骤 6▶ 单击"块编辑器"选项卡"关闭"面板中的"关闭块编辑器"按钮 ✖，然后在出现的"块—是否保存参数更改？"对话框中选择"保存更改（S）"选项，关闭块编辑界面并返回至原图形文件窗口。

步骤 7▶ 选中所插入的图块，然后单击夹点 ▶并向右移动光标，可拉长图名下方的直线，且文字"1：1"也随着直线的拉长而移动，如图 4-58 所示，最后在合适位置单击即可。

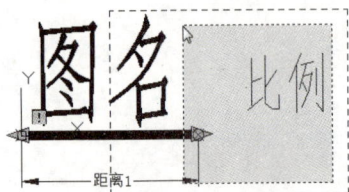

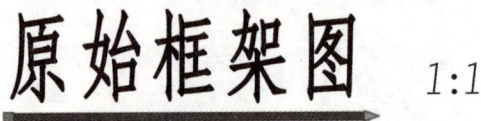

图 4-57　选择拉伸对象　　　　　　　　　图 4-58　利用夹点拉长直线

对于绘图区中的带属性的块，如果需要修改该块的属性文字，可双击该块，然后在打开的图 4-59 所示的"增强属性编辑器"对话框中修改属性文字。此外，利用该对话框中的"文字选项"选项卡，还可以修改各属性文字的文字样式、对正方式和大小等。

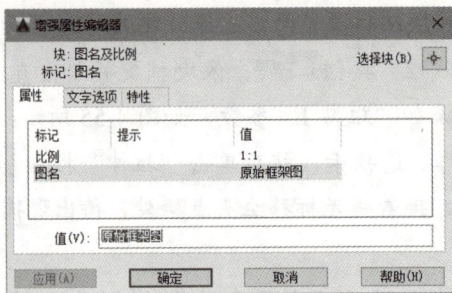

图 4-59　"增强属性编辑器"对话框

4.3　住宅空间的功能布局及墙体改造

要对所提供的建筑进行装修，首先应结合业主的需求，对要装修的目标进行功能区域划分，然后再根据这些需求进行墙体改造。

4.3.1　住宅空间的功能分析

扫一扫

视频讲解

对于大部分家庭而言，日常生活一般都会涉及家人团聚、会客、学习、就餐、睡觉、做饭、盥洗及储藏等方面。为了给这些活动提供所需场所，使家庭生活健康、有序地进行，应处理好这些功能区域的关系。

在划分这些功能区域时，应注意以下几点。

① 卧室是睡眠休息的主要场所，应安静、舒适、私密，应与客厅、厨房等公开且嘈杂的场所隔离开。有的住宅在卧室的内部设置有单独的卫生间和更衣间，以方便主人起居。

② 根据住宅的使用面积大小不同，有的设有单独的餐厅，有的餐厅设在客厅内。此外，为方便生活，餐厅与厨房应尽量靠近。

③ 阳台一般分生活阳台和服务阳台。其中，生活阳台通常与客厅、卧室相连，主要供观景、休闲之用；服务阳台通常与厨房、餐厅相连，主要供家务活动、晾晒之用。

4.3.2 墙体改造

由前面所绘制的原始框架图可知，该建筑的空间结构已经比较合理，因此在尊重原有空间布局的基础上，可初步将前面所绘制的住宅原始框架图的功能按图 4-60（a）所示划分。

此外，为了方便各功能区门的布置和安装，需要将部分墙体进行适当的拆除或者增补，如图 4-60（b）所示。

为了突出新建或者拆除的墙体，可在绘图时为新建和拆除的墙体填充图案。下面以图 4-60（b）所示为例，讲解墙体定位图的具体绘制方法。

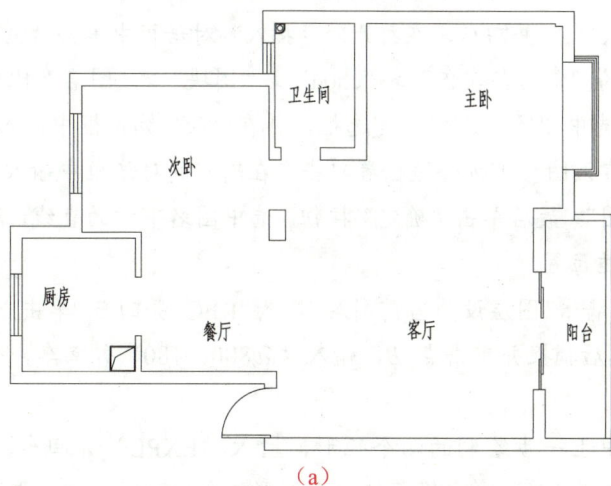

（a）

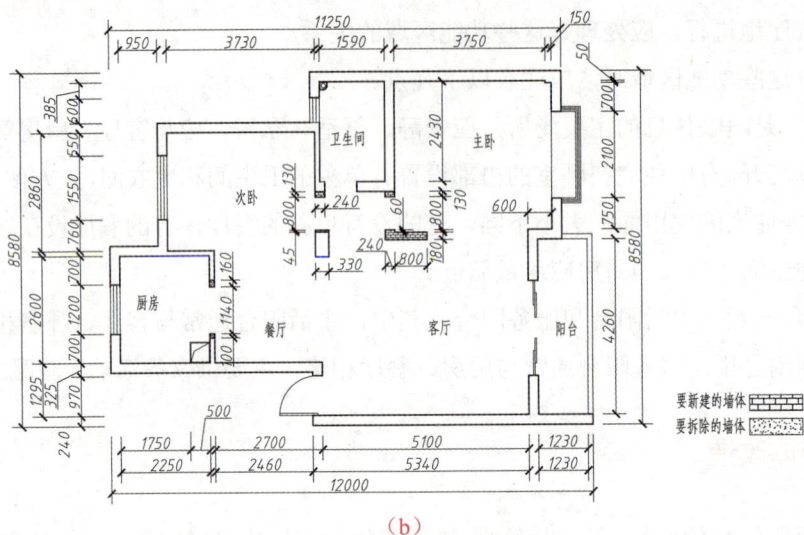

图 4-60 功能区域划分及墙体定位

1. 新建及拆除墙体

步骤 1▶ 打开"××家装修方案（现代风格）.dwg"文件，采用窗交法选中绘图区中的所有对象，然后输入"CO"并回车，在绘图区任意位置单击后向右移动光标，接着在合适位置单击，即可将原始框架图复制一份，最后删除复制得到的图形内部的所有尺寸和图形下方的图名、比例及图名下方的直线。

步骤 2▶ 输入"I"并回车，在打开的"插入"对话框中单击"浏览"按钮，然后选择本书配套素材中的"素材与实例"＞"ch04"＞"图块"＞"图名及比例.dwg"文件，在"插入"对话框中选中"统一比例"复选框，并在"X"编辑框中输入"50"，接着单击"确定"按钮，并在该图形下方合适位置单击，在输入的对话框中输入比例"1∶50"，输入图名"墙体改造图"，最后单击"确定"按钮。选中图名下方的直线，利用其上的夹点▶将该直线拉长到合适位置。

步骤 3▶ 将"墙体"图层设为当前图层。输入"REC"并回车，单击点 A，输入"@-240，-1170"并回车；然后捕捉并单击点 B，输入"@800，180"并回车，分别绘制出两段墙体，如图 4-61 所示。

步骤 4▶ 选中上一步绘制的两个矩形，输入"EXPL"并回车，分解矩形；参照图 4-61 所示，利用"修剪"命令修剪掉两个矩形重合的边线部分，再选中修剪不掉的图线，按【Delete】键删除。

步骤 5▶ 输入"O"并回车，将偏移值设置为"130"，单击直线 1，然后在其向下方单击；再次单击直线 1，并将光标移至该直线的下方，输入偏移值"930"并回车，最后输入"TR"并回车，参照图 4-62 所示修剪出门洞。

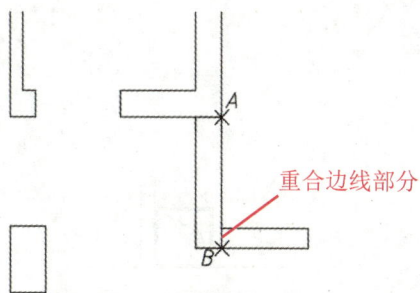

图 4-61　补绘墙体

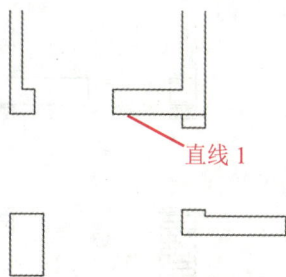

图 4-62　修剪出门洞

步骤 6▶ 输入"REC"并回车，捕捉并单击点 *C*，输入"@240，-130"并回车，然后捕捉并单击点 *D*，输入"@330，45"并回车，绘制出次卧处增补的墙体，如图 4-63 所示；回车，重复执行"REC"命令，捕捉并单击点 *E*，输入"@120，160"并回车，然后捕捉并单击点 *F*，输入"@120，-100"并回车，绘制出厨房处需要拆除的墙体，如图 4-64 所示。

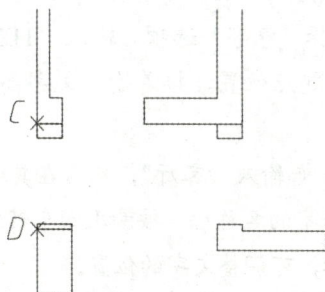

图 4-63　补绘次卧墙体

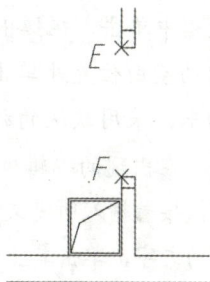

图 4-64　补绘厨房处需要拆除的墙体

步骤 7▶ 将"0"图层设为当前图层。输入"H"并回车，在弹出的"图案填充创建"选项卡的"图案"面板中选择"AR-B816C"图案，接着依次在图 4-63 中补绘的四段墙体的墙线内单击，最后在"特性"面板中输入填充比例"0.3"，按【Esc】键结束命令，效果如图 4-65 所示。

步骤 8▶ 回车继续执行"H"命令，在弹出的"图案填充创建"选项卡的"图案"面板中选择"AR-CONC"图案，接着依次在图 4-64 中要拆除的两段墙体的墙线内单击，最后在"特性"面板中输入填充比例"0.3"，按【Esc】键结束命令，效果如图 4-66 所示。

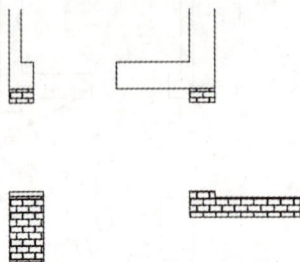

图 4-65　填充增补墙体　　　　　　　　图 4-66　填充拆除墙体

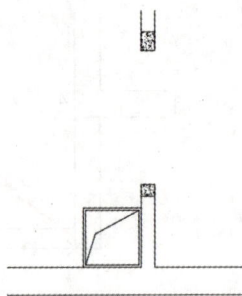

2．标注墙体改造图

　　墙体改造图中需要用文字注明各居室的名称。各居室的名称常用"单行文字"或"多行文字"命令来注写。此外，由于该墙体改造图与前面所绘制的原始框架图的图形大小及绘图比例完全相同，因此，该图形可借用前面已经创建好的尺寸标注样式进行标注。

　　步骤 1▶　将"文字"图层设为当前图层，然后在"注释"选项卡"文字"面板的"文字注释"列表框中单击，在弹出的下拉列表中选择"汉字"选项。输入"TEXT"并回车，然后在客厅内的空白位置处单击，以指定文字的起点位置，接着输入文字高度"250"并回车；再次回车，采用默认的旋转角度 0°。

　　步骤 2▶　在出现的编辑框中输入所需文字，如输入"客厅"，然后在其他要注写文字的位置处单击，接着输入所需文字。注写完所有居室的名称后，按两次回车键结束命令，最后选中所注写的文字，单击其上的夹点并移动光标，可调整文字的位置。

　　步骤 3▶　将"尺寸标注"图层设为当前图层，然后参照图 4-67 所示利用"线性"和"连续"命令为新建墙体标注尺寸。

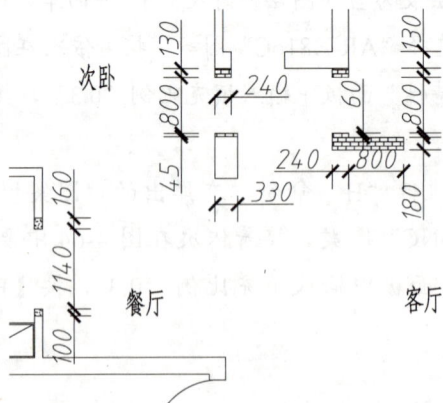

图 4-67　标注新建墙体的尺寸

对于要拆除或者要新建的墙体，还需要用图案注明哪部分是要拆除的，哪部分是要新建的。为此，还需要进行如下操作。

步骤 4▶ 选中绘图区中的任意一条墙线，然后单击"图层"面板中的"置为当前"按钮，将"墙体"图层设为当前图层。输入"REC"并回车，然后在图形右下侧的合适位置依次单击，以指定矩形的两个对角点；输入"CO"并回车，在绘图区任意位置单击后向下移动光标并在合适位置单击，复制一个同样大小的矩形。

步骤 5▶ 将"0"图层设为当前图形，然后输入"H"并回车，为步骤 4 绘制的第一个矩形填充"AR-B816C"图案；为第二个矩形填充"AR-CONC"图案，填充比例均为"0.3"，以绘制图 4-60（b）右侧墙体图例。

步骤 6▶ 将绘图区任意一处的文字复制到新建墙体图案的左侧，然后双击该文字，在出现的编辑框中输入"要新建的墙体"，再在绘图区任意位置单击，退出文字编辑状态。采用同样的方法，注写文字"要拆除的墙体"，如图 4-68 所示。至此，墙体改造图绘制完成了。

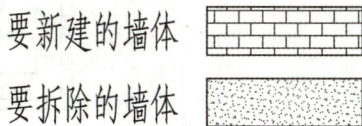

图 4-68　墙体图例

4.4　绘制住宅平面布置图

在墙体改造图的基础上，本节将展开室内平面布置图的绘制，即依次介绍各个居室室内的家具家电布置、装饰元素及细部处理，以及平面布置图中的尺寸标注、文字说明等内容。

4.4.1　室内空间布局分析

本住宅的业主为一家三口，主体装饰风格倾向于时尚、温馨、稳重、大方，主体设计采用简洁的大块几何造型，局部设计采用集中且精致造型的手法。

该住宅的功能区有阳台、餐厅、客厅、厨房、主卧、次卧、卫生间等，其中：

① 餐厅以用餐为主，客厅以会客和娱乐为主，因此需要在餐厅安排餐桌、椅子、柜子等，需要在客厅安排沙发、茶几和电视设备。此外，为了明确功能分区，可以在就餐部分与会客部分之间设置适当的隔断。

② 主卧为主人的就寝空间，里面需安排双人床、床头柜和衣柜。

③ 次卧为孩子的就寝与学习空间，里面需要有书桌、衣柜、单人床等家具。

④ 厨房内需要布置厨房操作平台、储藏柜和冰箱。

⑤ 阳台需要设置晾衣设备，并放置洗衣机。

⑥ 卫生间内需布置马桶、淋浴喷头、毛巾架、洗手池等，进门处的过道内需设鞋架。

该建筑的室内平面布置效果如图 4-69 所示。下面将详细介绍如何使用 AutoCAD 绘制这个室内平面布置图。

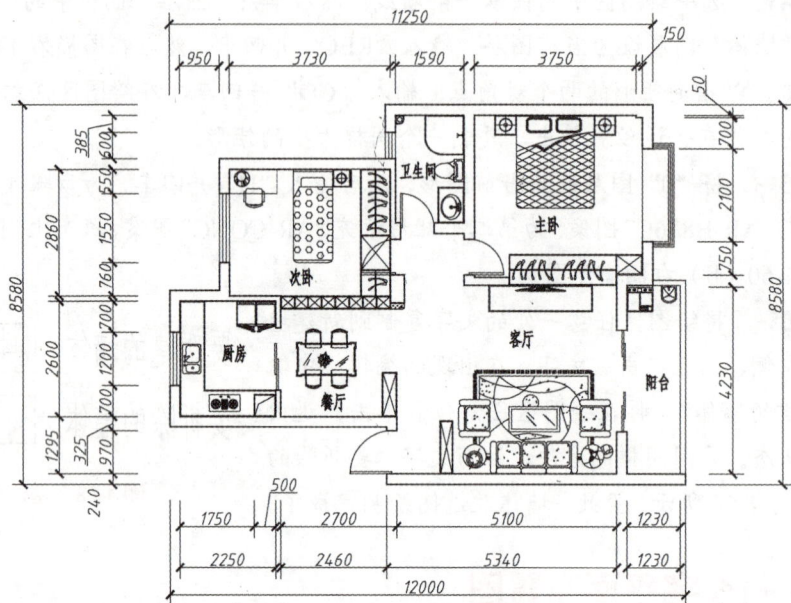

图 4-69　室内平面布置效果

4.4.2　家具家电布置

不同的装修公司都有自己的图库，因此在 AutoCAD 中绘制平面布置图时，其中的大多数家具家电可以直接使用图库中的图块，没必要再绘制。对于没有现成图库的读者，为方便大家学习，本书配套素材中的"素材与实例"文件中的"室内装修常用图库.dwg"文件中提供了一些常用图块，以供自学时使用。

此外，在绘制各居室的家具家电前，有必要先绘制出门的平面图，以避免布置家具后，家具与门互相影响，从而出现门不能完全打开等问题。

1. 绘制门

扫一扫

视频讲解

步骤 1▶ 打开"××家装修方案（现代风格）.dwg"文件，将绘图区中的墙体改造图向其右侧复制一份，删除复制得到的图形中墙体内部的填充图案、墙体图例和名称，以及墙体的尺寸；然后双击图名，在打开的对话框中选择"属性"选项卡，接着选择"图名"选项，在"值"编辑框中输入"平面布置图"，采用默认的比例 1：50；最后单击"确定"按钮。

步骤 2▶ 选择改造墙体时所绘制的矩形及与矩形相连的多线，输入"X"并回车，将选中的对象进行分解，然后利用"修剪"命令和【Delete】键处理增补、拆除的墙体与原有墙体的交接处，结果如图 4-70 所示。

次卧

餐厅

图 4-70　修剪墙体

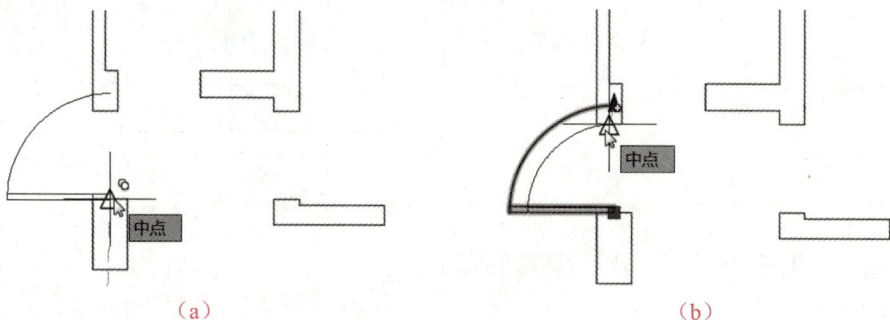

步骤 3▶ 绘制次卧门。输入"CO"并回车，选中已绘制的房屋入口处的门图形并回车，然后捕捉该门的右下角端点并单击，以指定复制基点，接着捕捉图 4-71（a）所示墙线的中点并单击，最后按【Esc】键结束命令。

步骤 4▶ 选中复制得到的门图形，单击夹点▶并向下移动光标，捕捉到另一墙线的中点后单击，如图 4-71（b）所示，最后按【Esc】键结束命令。

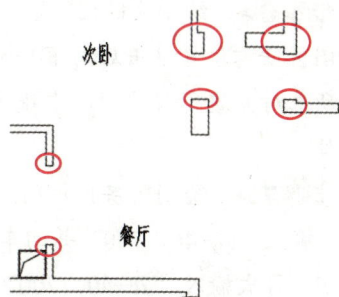

（a）　　　　　（b）

图 4-71　指定次卧门的插入点并调整其尺寸

步骤 5▶ 绘制卫生间门。输入"RO"并回车，然后选中上一步绘制的门图形并回车，在绘图区任意位置单击后输入"C"并回车，以选择"复制"选项，接着输入旋转角度值"270"并回车。选中旋转所得到的门图形，然后单击其夹点■并移动光标，捕捉图 4-72（a）所示墙线的中点并单击，接着单击夹点▶并向左移动光标，捕捉到另一墙线的中点后单击，最后按【Esc】键，结果如图 4-72（b）所示。

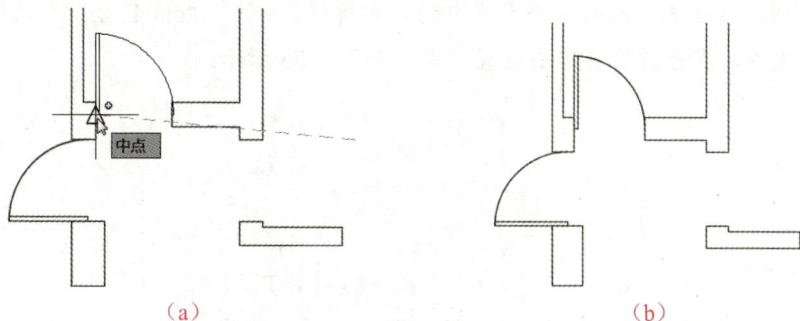

（a）　　　　　（b）

图 4-72　指定卫生间门的插入点并调整其尺寸

步骤6▶ 绘制主卧门。输入"MI"并回车，然后选中次卧处的门图块并回车，接着在绘图区任意位置单击后向下移动光标，待出现竖直极轴追踪线时单击，最后按回车键即可将所选对象进行镜像。选中镜像所得到的图形，利用其夹点■将门移动到图 4-73 所示位置处。

步骤7▶ 绘制厨房推拉门。输入"REC"并回车，捕捉并单击图 4-74 所示的墙线中点 A，输入"@-40，700"并回车，绘制出第一扇推拉门；然后捕捉所绘制矩形的左边线中点 B，再次输入"@-40，700"并回车，绘制出第二扇推拉门。

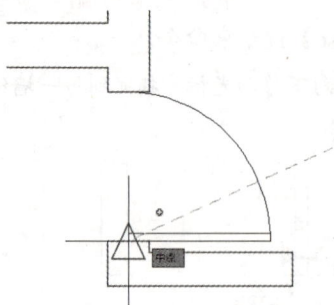

为了方便看图，此处已将"文字"图层隐藏

图 4-73 指定主卧门的插入点　　图 4-74 绘制厨房推拉门

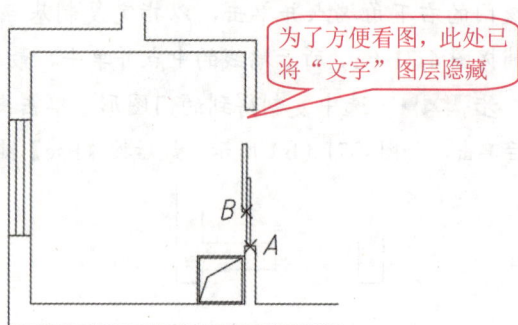

至此，该住宅内的所有门图形就绘制完了。

2. 布置客厅

本案例的客厅中设有沙发、茶几、电视机柜和鞋柜。在布置家具前，应先为这些家具创建两个图层，即"家具外线"图层和"家具内线"图层。这两个图层的线型均为"Continuous"，线宽为"默认"，颜色可在"选择颜色"对话框的"索引颜色"选项卡中任选两种相差较大的，以便区分家具图形，最后将"家具外线"图层设为当前图层。

步骤1▶ 插入客厅沙发和茶几。输入"I"并回车，在打开的"插入"对话框中单击"浏览"按钮，然后选择本书配套素材中的"素材与实例"＞"ch04"＞"图块"＞"客厅沙发.dwg"文件，在合适位置单击放置沙发，如图 4-75 所示。

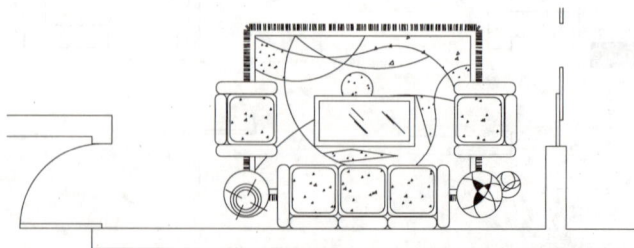

图 4-75 插入客厅沙发

步骤 2▶　插入电视机柜。按回车键重复执行"插入"命令，在打开的"插入"对话框中单击"浏览"按钮，然后选择"图块"文件夹中的"电视机柜.dwg"文件；采用同样的方法，将电视机柜插入图 4-76 所示的位置。

步骤 3▶　绘制鞋柜。在图 4-75 中沙发左侧的内墙线位置单击，输入"REC"并回车，然后输入"@-300，1200"并回车，绘制出鞋柜的外轮廓线；输入"O"并回车，将偏移值设为"20"，将鞋柜的外轮廓线向内偏移，得到鞋柜的内轮廓线；然后绘制鞋柜内部两条对角线，如图 4-77 所示；最后选中内轮廓线与两条对角线，将其图层更改为"家具内线"。

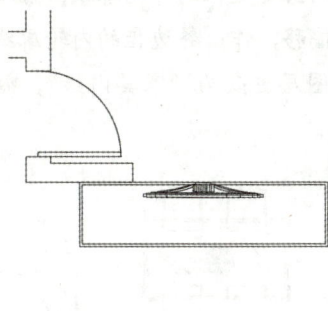

图 4-76　插入电视机柜　　　　　　　　　图 4-77　绘制鞋柜

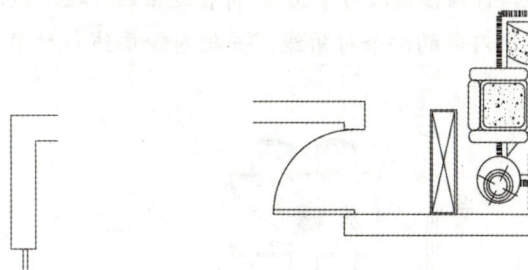

至此，客厅部分已经布置完成，效果如图 4-78 所示。

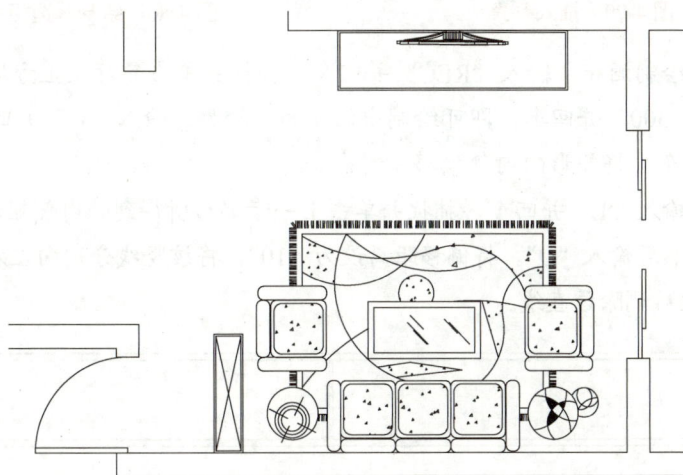

图 4-78　客厅布置效果

> 在绘制室内平面布置图中的书柜、吊柜、橱柜等家具时，一般用交叉的对角线表示该结构的高度与天花板（即吊顶）平齐，用单对角线表示该结构的高度未达到天花板。

3. 布置餐厅

本案例的餐厅中设有餐桌、餐边柜和酒柜。

步骤1▶ 插入餐桌。与布置客厅的方法相同，利用"插入"命令将本书配套素材中的"素材与实例" > "ch04" > "图块" > "餐桌.dwg"图块插入绘图区中的就餐区，如图 4-79 所示。

步骤2▶ 绘制餐边柜。与绘制鞋柜的方法一样，输入"REC"并回车，捕捉并单击餐厅右侧墙角处的点，输入"@-350,1000"并回车，绘制出餐边柜的外轮廓线；输入"O"并回车，将偏移值设为"20"，将餐边柜的外轮廓线向内偏移，作出餐边柜的内轮廓线；最后绘制出内部的两条对角线，并把内轮廓线与对角线的图层更改为"家具内线"，效果如图 4-80 所示。

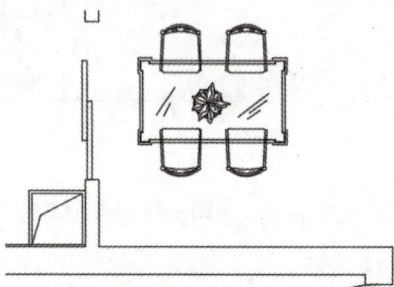

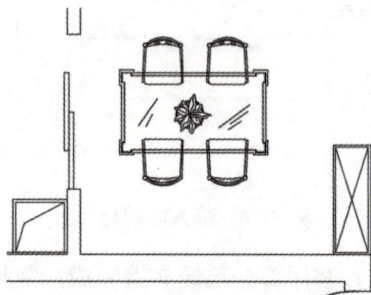

图 4-79　插入餐桌　　　　　　图 4-80　绘制餐边柜

步骤3▶ 绘制酒柜。输入"REC"并回车，捕捉并单击餐厅左上方墙角处的顶点，输入"@2550,-300"并回车，即可绘制出酒柜的外轮廓；输入"O"并回车，输入偏移距离"20"并回车，将矩形向内侧偏移。

步骤4▶ 输入"L"并回车，捕捉并单击上一步偏移所得到的内侧矩形的长边中点，绘制一条竖线，然后输入"O"，将偏移距离设为"10"，将该竖线分别向左右两侧偏移，如图 4-81 所示，最后删除该直线。

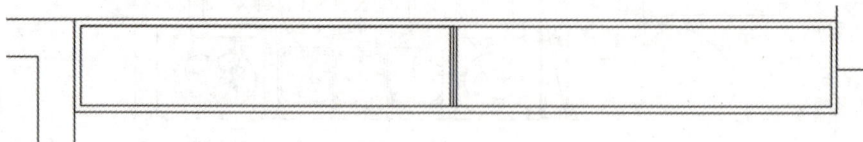

图 4-81　绘制酒柜轮廓线与一个隔板

步骤5▶ 选中上一步偏移得到的两条直线，输入"CO"并回车，在绘图区任意位置单击后向左移动光标，待出现水平极轴追踪线时依次输入"320"并回车，输入"640"并回车，最后输入"960"并回车；向右移动光标，采用同样的操作复制右侧的隔板轮廓线，得到如图 4-82 所示的效果。

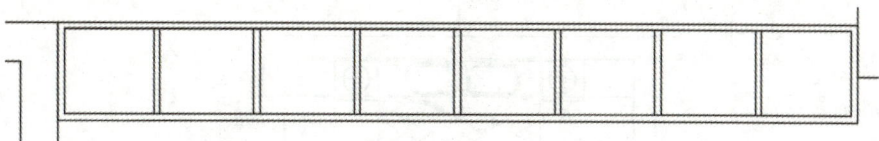

图 4-82　绘制酒柜的其他隔板

步骤 6▶　在被分隔出来的每一个小矩形里面绘制两条对角线，最后把除了外轮廓线以外的所有线条的图层更改为"家具内线"，酒柜就绘制完成了，效果如图 4-83 所示。

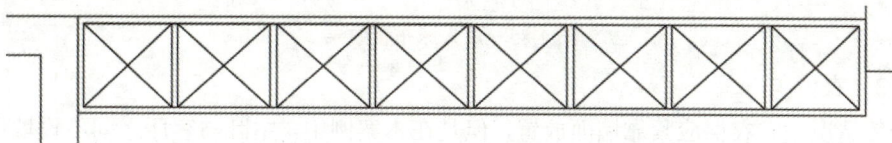

图 4-83　酒柜绘制完成效果

至此，餐厅部分的家具已经布置完成，效果如图 4-84 所示。

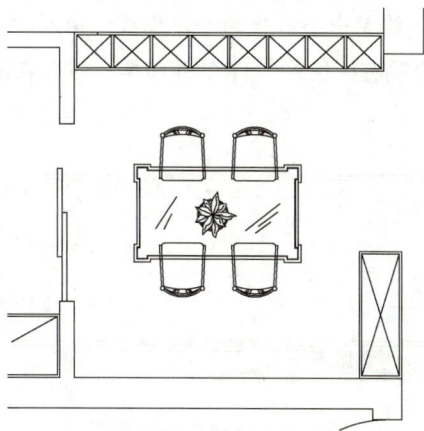

图 4-84　餐厅布置效果

4．布置主卧

本案例的主卧中设有双人床和衣柜。

（1）双人床

卧室的主角是床。本案例中，可将床布置在与门斜对着的墙体的中部位置。即先绘制一条辅助直线，然后输入"I"并回车，将本书配套素材中的"ch04"＞"图块"＞"双人床.dwg"图块按图 4-85 所示插入该房间内，最后删除该辅助直线。

扫一扫

视频讲解

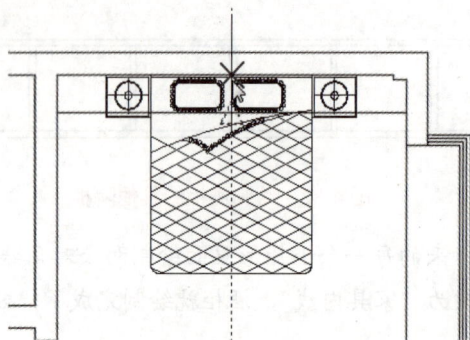

图 4-85　双人床布置效果

（2）衣柜

一般情况下，衣柜应紧靠墙面放置，但是在本案例中，主卧与客厅之间不设墙体，主卧的衣柜同时也是二者之间的隔断。主卧衣柜的具体绘制步骤如下。

步骤 1▶ 输入"REC"并回车，捕捉并单击图 4-86 中主卧墙角处的点 A，输入"@2500，700"并回车，绘制出主卧大衣柜的外轮廓线；回车继续执行"REC"命令，依次捕捉并单击图 4-86 中的点 B 与点 C，绘制出小衣柜的外轮廓线；输入"O"并回车，输入偏移距离"20"，将两个矩形分别向内偏移；输入"TR"并回车，然后在图 4-86 中的直线 1 上单击，将其修剪掉。

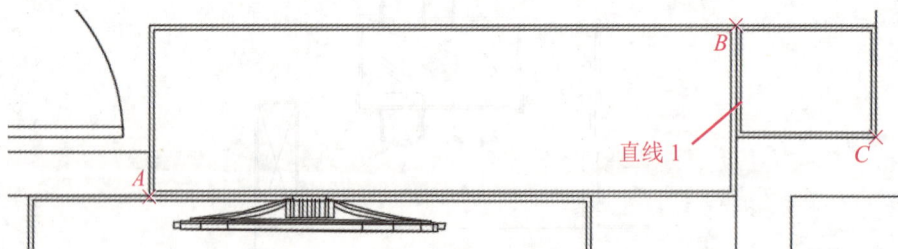

图 4-86　绘制衣柜轮廓线

步骤 2▶ 输入"EX"并回车，分别将图 4-87 中的直线 2 和直线 3 向左延长至图中所示位置，并用"TR"命令修剪多余的线条部分；输入"L"并回车，绘制矩形内的两条对角线。

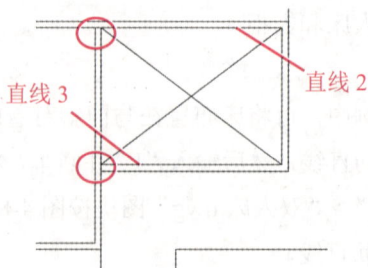

图 4-87　处理衣柜相交部分的线条并绘制对角线

步骤 3▶　衣柜内部结构可以从现成衣柜图块中复制而来。输入"I"并回车，然后单击"浏览"按钮，在打开的对话框中找到"ch04">"图块">"衣柜.dwg"图块并单击"打开"按钮，在绘图区任意空白位置单击，插入衣柜图块；选中衣柜图块，输入"X"并回车，将其分解。

步骤 4▶　输入"CO"并回车，选中图 4-88（a）所示衣柜内部的挂衣杆及部分挂衣架，按回车键，捕捉并单击点 D 为插入点，然后移动光标，捕捉并单击图 4-88（b）所示的端点；最后利用"TR"命令将晾衣杆多余的部分进行修剪，并将除了外轮廓线以外的所有线条更改为"家具内线"图层。至此，主卧的衣柜部分就绘制完成了，效果如图 4-89 所示。

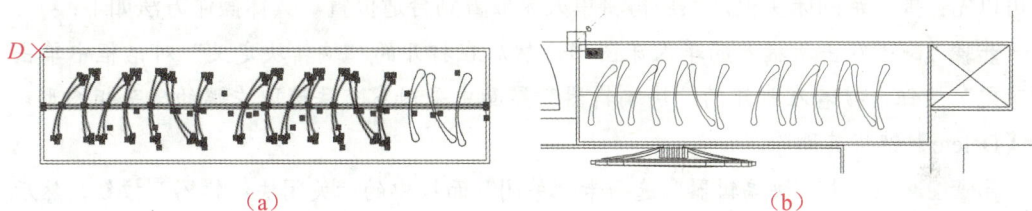

（a）　　　　　　　　　　　　　　　　　　　（b）

图 4-88　插入、分解和复制衣柜图块

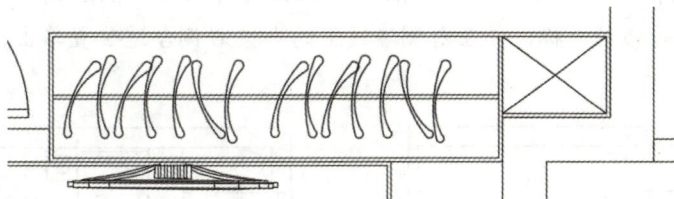

图 4-89　主卧衣柜效果

至此，主卧就布置完成了，效果如图 4-90 所示。

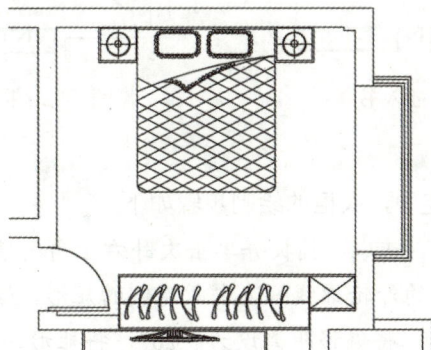

图 4-90　主卧布置效果

5．布置次卧

本案例中的次卧为业主孩子就寝及学习的空间，因此布置书桌、单人床和衣柜等家具。

（1）书桌

利用"插入"命令将本书配套素材中的"素材">"ch04">"图块">"书桌.dwg"图块插入次卧区域的合适位置，如图 4-91 所示。

（2）单人床

单人床的插入同样也是运用"I"命令，将本书配套素材中的"素材">"ch04">"图块">"单人床.dwg"图块插入绘图区中的次卧，但是由于该住宅的次卧面积比较小，因此可以先去掉左端的床头柜，然后再将单人床放置到合适位置。具体操作方法如下：

步骤 1▶ 双击所插入的单人床图形，然后在打开的"编辑块定义"对话框中单击"确定"按钮，接着在打开的"块编辑器"界面中采用窗交法选取左端的床头柜图形，按【Delete】键将其删除。

步骤 2▶ 单击"块编辑器"选项卡"关闭"面板中的"关闭块编辑器"按钮，然后在出现的对话框中选择"保存更改（S）"选项，即可返回至原绘图窗口。

步骤 3▶ 输入"M"并回车，选择单人床图形并回车，然后捕捉单人床左上角的顶点并单击，接着移动光标，并在内侧墙线上的书桌右侧合适位置单击，效果如图 4-92 所示。

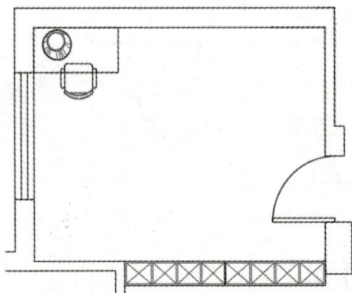

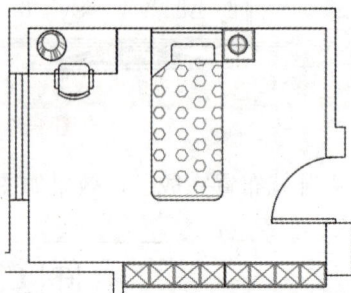

图 4-91　插入书桌　　　　图 4-92　插入单人床

（3）衣柜

本案例中的衣柜需要定做，衣柜的绘制步骤如下。

步骤 1▶ 输入"REC"并回车，捕捉并单击次卧右上角内墙角的顶点，输入"@-700，-2860"并回车，绘制衣柜的外轮廓线；选中所绘制的矩形，输入"X"并回车，分解矩形；然后输入"O"并回车，将偏移距离设为"20"，将矩形的上、左、右 3 条边线分别向内偏移；利用"TR"命令修剪边角部位的多余线条，效果如图 4-93（a）所示。

步骤 2▶ 输入 "O" 并回车，选中图 4-93（b）中的直线 1，偏移距离设为 "1460"，将直线 1 向下偏移，得到直线 2；回车继续执行 "偏移" 命令，偏移距离设为 "20"，将直线 2 向下偏移得到直线 3；参照此方法继续将上一步偏移的直线分别向下偏移 670 mm 和 20 mm，得到如图 4-93（b）所示效果。

步骤 3▶ 选择前面所绘制的主卧衣柜，输入 "CO" 并回车，在绘图区任意位置单击，指定复制的基点，接着移动光标，在复制的衣柜位于空白区域后单击；输入 "RO" 并回车，然后选择复制所得的衣柜并回车，在绘图区任意一点单击，输入 "270" 并回车，将衣柜旋转，如图 4-93（c）所示。

步骤 4▶ 输入 "M" 并回车，采用窗交法选取图 4-93（c）所示的部分挂衣架及挂衣杆。按回车键，捕捉并单击衣柜的任意角点，移动光标，捕捉并单击次卧衣柜处对应的角点，复制衣柜内的晾衣架及晾衣杆；修剪晾衣杆多余的线条部分，效果如图 4-93（d）所示。

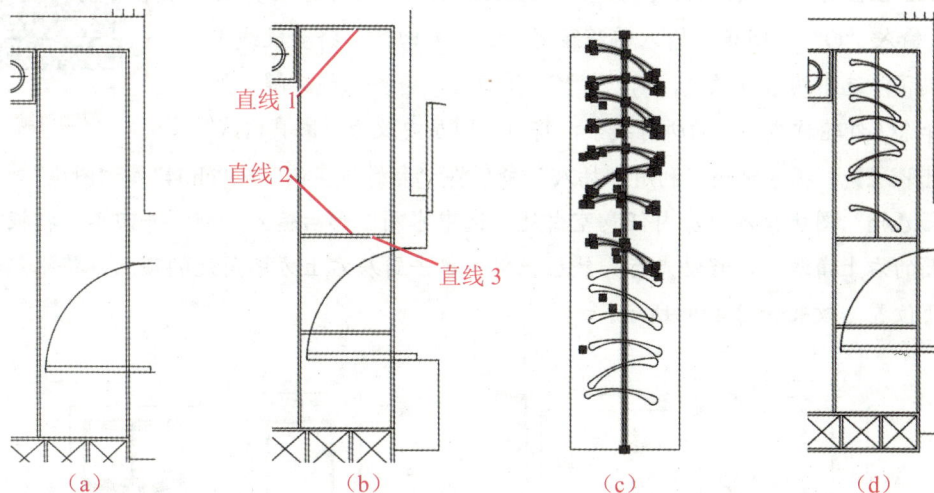

| (a) | (b) | (c) | (d) |

图 4-93　绘制次卧衣柜

步骤 5▶ 单击 "默认" 选项卡 "特性" 面板中的 "线型" 列表框，在下拉菜单中选择 "其他"，然后在弹出的对话框中单击 "加载" 按钮，选择 "ACAD_ISO03W100"，并单击 "确定" 按钮。

步骤 6▶ 同时按住【Ctrl】键和【1】键打开特性面板，并在特性面板中将 "线型" 设置为 "ACAD_ISO03W100"，比例设为 "3" 并回车。输入 "L" 并回车，然后绘制次卧门上方吊柜的四条对角线；最后选择除了外轮廓线之外的所有线条，将图层更改为 "家具内线"。至此，次卧衣柜就绘制完成了。

至此，次卧部分的家具就布置完成了，效果如图 4-94 所示。

提示

平面布置图是由一个假想的水平剖切平面，沿房屋窗台上方将房屋剖开，移去上面部分后，由上向下对剩余部分进行投影所得到的正投影图。因此，一般情况下，吊柜为剖去的不可见物体，因此需要用虚线来表示。

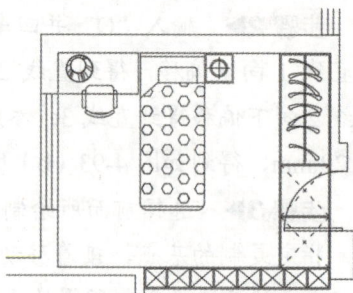

图 4-94　次卧布置效果

6. 布置厨房

本案例中，厨房内主要有操作台、燃气灶、洗涤盆和冰箱，具体布置方法如下。

步骤 1▶ 绘制操作台。将"家具外线"设为当前图层，确认"特性"面板的"线型"列表框中为"ByLayer"选项。输入"PL"并回车，以图 4-95 所示的点 A 为起点，参照图中所标尺寸绘制多段线 1；输入"O"并回车，输入偏移距离"20"并回车，将多段线 1 向内偏移；选中两条多段线，输入"X"并回车，将多段线分解，然后选择除了外轮廓线以外的所有线条，将所在图层更改为"家具内线"。

扫一扫

视频讲解

步骤 2▶ 插入冰箱。利用"插入"命令将"素材与实例" > "ch04" > "图块" > "双门冰箱.dwg"图块插入厨房内任意空白处；选中冰箱图形后输入"M"并回车，捕捉并单击冰箱的右上角端点，移动光标，然后捕捉并单击厨房右上方墙角处的顶点，将冰箱移动至墙角位置，效果如图 4-96 所示。

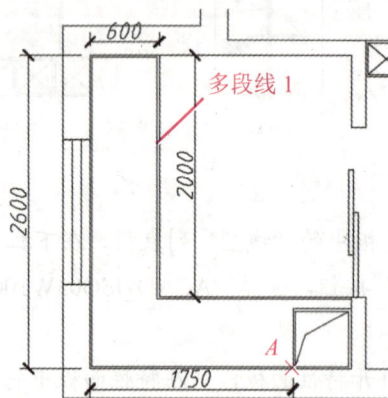

图 4-95　绘制操作台

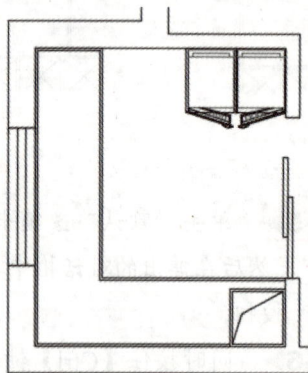

图 4-96　插入冰箱

步骤 3▶ 插入洗涤盆和燃气灶。洗涤盆的插入方法与冰箱的插入方法相同，需要注意的是，在插入图块时，可从"插入"对话框中看到要插入的图块的方向。在插入洗涤盆时，应在"插入"对话框的"角度"编辑框中输入"90"；在插入燃气灶的时候，应在"角度"编辑框中输入"180"。

至此，厨房布置就完成了，其最终效果如图 4-97 所示。

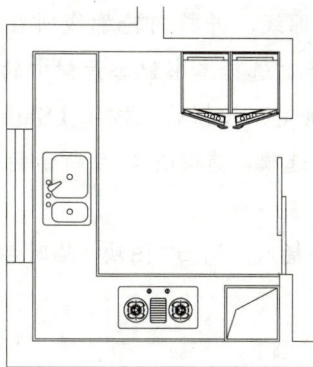

图 4-97　厨房布置效果

7．布置卫生间

卫生间内设有洗脸池、坐便器、花洒和玻璃隔断，具体布置方法如下。

步骤 1▶　输入"REC"并回车，捕捉并单击图 4-98 中的点 *A*，输入"@-600，800"并回车；然后利用"偏移"命令将上一步绘制的矩形向内偏移 20 mm，绘制出洗手台的两条轮廓线，并将内轮廓线所在图层更改为"家具内线"。

步骤 2▶　输入"I"并回车，选择本书配套素材中的"素材"＞"ch04"＞"图块"＞"洗脸池.dwg"图块，在"角度"编辑框中输入"270"并回车，然后捕捉洗手台内轮廓线的中点并向左移动光标，如图 4-98 所示，最后在合适位置单击即可。

步骤 3▶　输入"PL"并回车，捕捉图 4-99 所示的端点 *B* 并向下移动光标，待出现竖直极轴追踪线时输入"900"并回车；向左移动光标，待出现水平极轴追踪线时输入"500"并回车；输入"A"并回车，切换成圆弧模式，接着输入"@-400，400"并回车，绘制出圆弧部分；输入"L"并回车，切回直线模式，向上移动光标，待竖直极轴追踪线与内侧墙线相交时单击，最后输入"C"并回车，闭合多段线，绘制出玻璃隔断的外轮廓线，如图 4-99 所示。

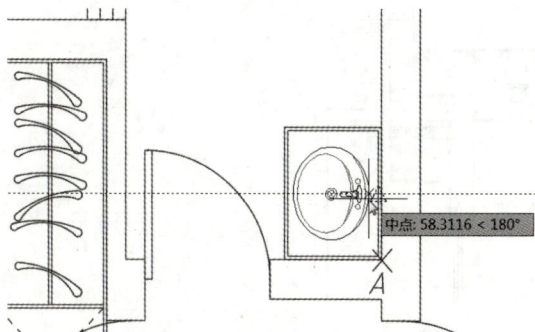

中点: 58.3116 < 180°

图 4-98　绘制洗手台和台上盆

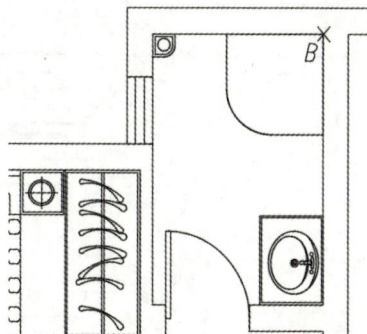

图 4-99　绘制玻璃隔断外轮廓线

步骤 4▶ 输入"O"并回车，将偏移距离设为"20"，将上一步绘制的多段线向内偏移，绘制出玻璃隔断的内轮廓线，并将内轮廓线所在图层更改为"家具内线"。

步骤 5▶ 输入"I"并回车，选择本书配套素材中的"素材">"ch04">"图块">"坐便器.dwg"图块，单击"确定"按钮后先按住【Shift】键并在绘图区单击鼠标右键，在弹出的快捷菜单中选择"自"选项，捕捉图 4-99 所示的点 B 并单击，接着输入"@-20，-1260"并回车，即可插入坐便器。

步骤 6▶ 采用同样的方法插入"花洒"图块，临时参考点为端点 B，坐标为"@-20，-430"，结果如图 4-100 所示。

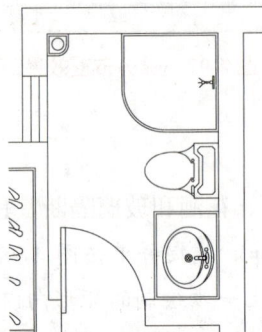

图 4-100　卫生间布置效果

> 合理利用右键快捷菜单中的"自"功能，将会大大提高绘图效率，希望读者能够细心体会该功能的方便之处。

8. 布置阳台

该住宅的阳台主要有洗衣机和拖把池。与前面插入图块的方法相同，利用"插入"命令分别将"素材与实例">"ch04">"图块"中的"洗衣机.dwg"图块及"拖把池.dwg"图块插入合适位置即可，如图 4-101 所示。

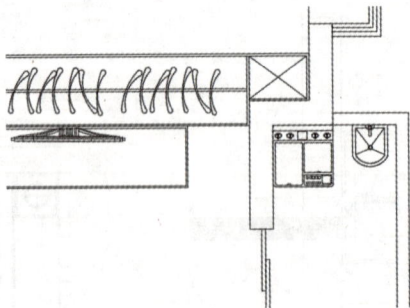

图 4-101　阳台布置效果

9．布置过道

本案例中，在餐厅的过道部分设有一个皮质软包，其绘制方法如下。

步骤 1▶　输入"PL"并回车，捕捉图 4-102 所示的端点 *A* 并向下移动光标，待出现竖直极轴追踪线时输入"90"并回车；输入"A"并回车，切换成圆弧模式，接着输入"@-50，-50"并回车，绘制出圆弧部分；输入"L"并回车，切回直线模式，向左移动光标，待出现水平极轴追踪线时输入"280"并回车。

步骤 2▶　输入"H"并回车，在弹出的"图案填充创建"选项卡的"图案"面板中选择"CROSS"图案；在上一步绘制的多段线内部空白处任意位置单击，并在"特性"面板中输入填充比例"8"，最后按【Esc】键结束命令，效果如图 4-103 所示。

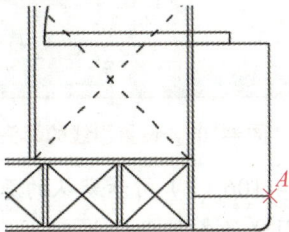

图 4-102　绘制多段线　　　　图 4-103　填充图案

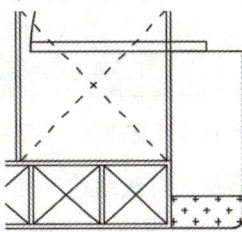

4.4.3　标注家具名称及尺寸

布置好室内的家具家电后，还需要对图中没有表达清楚的对象进行补充说明。例如，说明家具家电的名称、规格尺寸或型号等。

由于各居室的名称在墙体改造图中已经标注了，因而单击"默认"选项卡"图层"面板中的"打开所有图层"按钮，打开所有图层，然后利用"移动"命令将各居室的所有名称移至合适位置即可。

室内家具的名称和规格尺寸等信息一般用多重引线标注。多重引线中引线端部箭头的形式、文字的大小、引线的样式等取决于多重引线样式。因此，在标注带引线的文字时，应先设置多重引线样式，具体操作方法如下。

步骤 1▶　输入"LA"并回车，新建一个"家具注释"图层，其线型和颜色均与"尺寸标注"图层相同，并将该图层设为当前图层。单击"默认"选项卡"图层"面板中的"关"按钮，然后在任意一个尺寸标注上单击，以关闭该图层。

步骤 2▶　单击"注释"选项卡"引线"面板右下角的 ▣ 按钮，打开"多重引线样式管理器"对话框，如图 4-104 所示。

步骤 3▶　单击对话框中的"修改"按钮，或单击"新建"按钮，然后在打开的"创建新标注样式"对话框中输入新样式名称并单击"继续"按钮，均可在打开的对话框中设置引线样式。此处采用前者所述方法单击"修改"按钮，然后在打开的对话框中选择"引线格式"选项卡，接着将箭头符号设为"小点"，大小设为"5"，如图 4-105 所示。

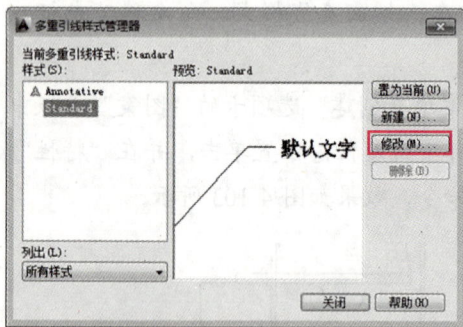

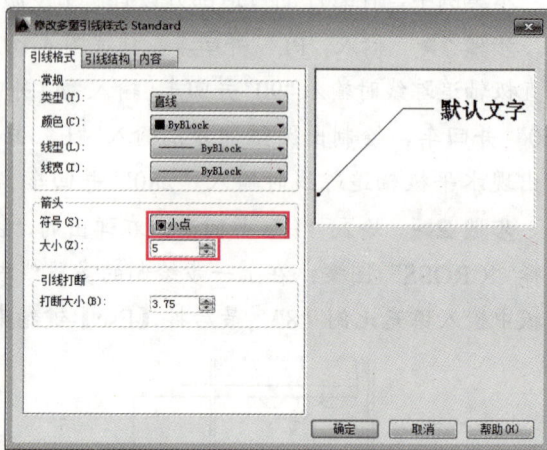

图 4-104 "多重引线样式管理器"对话框   图 4-105 设置引线的箭头

步骤 4▶ 选择"引线结构"选项卡，采用图 4-106（a）所示默认的基线尺寸，然后在"指定比例"编辑框中输入"50"，从而将组成引线的各部分放大 50 倍；选择"内容"选项卡，采用默认的"多行文字"类型，然后将文字样式设为"汉字"，将文字高度设为"5"，如图 4-106（b）所示。

步骤 5▶ 依次单击"确定"和"关闭"按钮，完成多重引线样式的设置。

步骤 6▶ 在"注释"选项卡的"引线"面板中单击"多重引线"按钮 ⟋⚬，然后根据命令行提示，在主卧上方的双人床图形上单击，以指定引出线的箭头位置，接着水平向右移动光标并在合适位置单击，最后在出现的编辑框中输入"豪华双人床 1800×2100（业主自购）"。

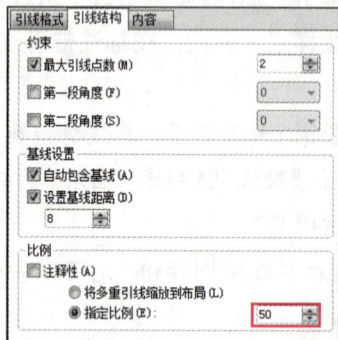

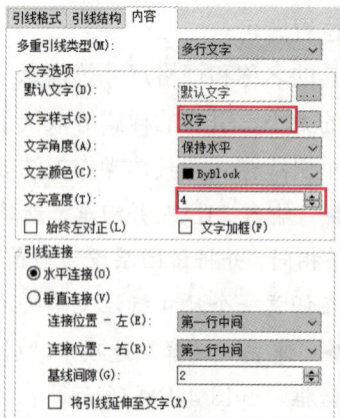

（a）   （b）

图 4-106 设置引线结构和文字内容

步骤 7▶　输入完成后，在绘图区其他位置单击，即可完成多重引线的标注，效果如图 4-107 所示。

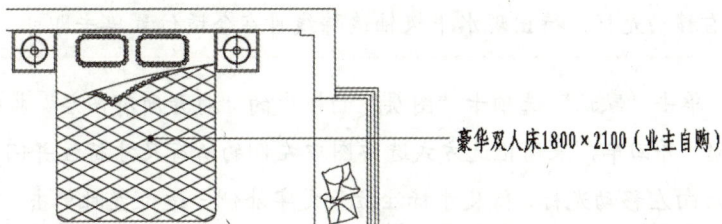

图 4-107　双人床标注效果

提示

　　在 AutoCAD 中，尺寸标注中的大多数特殊符号都可以借助各种输入法所提供的软键盘来输入，如单击图 4-108 所示软键盘中的【R】键，即可输入"×"。

图 4-108　利用软键盘输入特殊符号

步骤 8▶　利用"复制"命令将上步所标注的引出线及文字复制到其他要标注的对象上，然后双击文字内容，在出现的编辑框中删除原有文字后输入所需内容。对于方向不同的引线，可使用"多重引线"命令标注，其最终标注效果如图 4-109 所示。

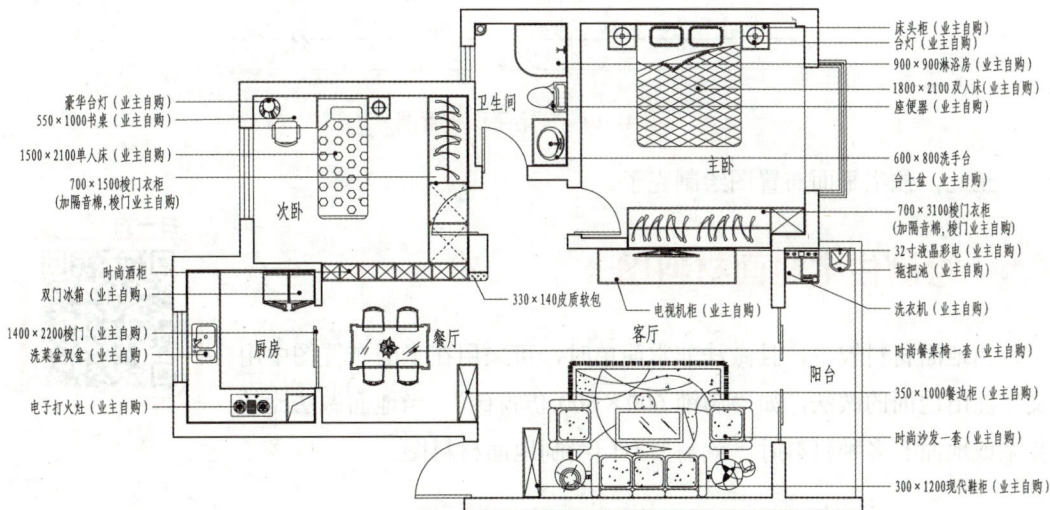

图 4-109　文字标注效果

提示

在 AutoCAD 中，若要标注图 4-109 中"电视机柜"处的引出线，可在指定箭头的位置后先向右下方移动光标，以指定基线的方向，接着向右移动光标，待出现水平极轴追踪线时在合适位置单击即可。

步骤9▶ 单击"默认"选项卡"图层"面板中的"打开所有图层"按钮，打开所有图层。输入"M"并回车，采用框选方式选中图中左侧的所有尺寸标注并回车，在绘图区任意位置单击后向左移动光标，待尺寸标注位于文字外侧合适位置时单击。采用同样的方法将向右的尺寸标注向其右侧移动，结果如图 4-110 所示。

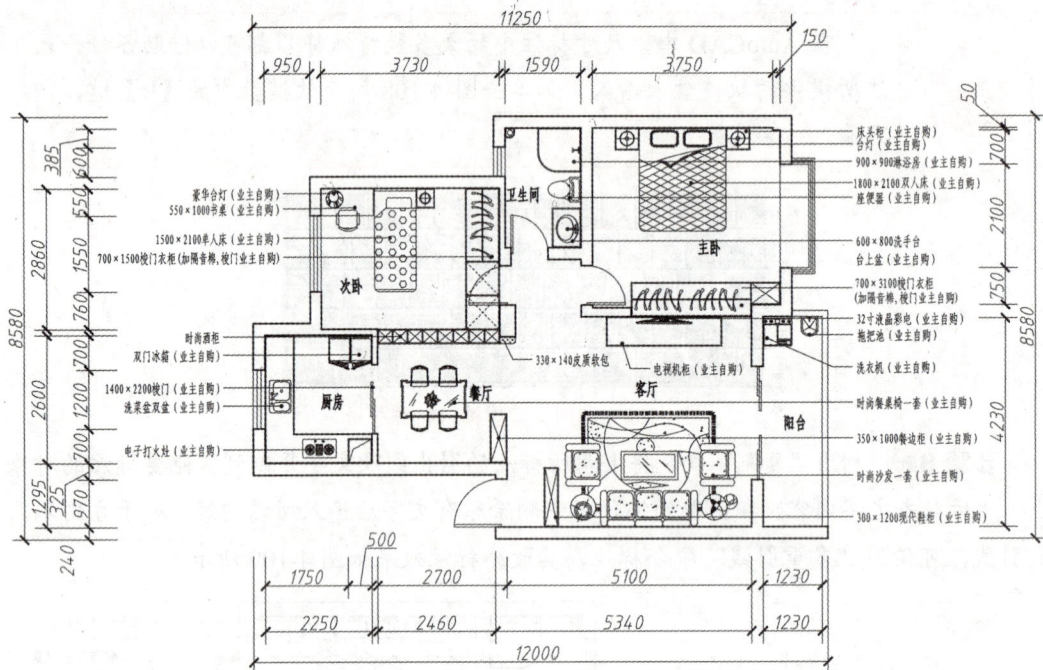

图 4-110　住宅平面布置图

至此，住宅平面布置图绘制完了。

4.5　绘制住宅地面材料图

当地面材料较少，且做法非常简单时，可采用在平面布置图中用文字注出地面的做法，如"满铺 600×600 仿古砖"。当地面做法比较复杂或地面有多种材料时，就需要专门绘制地面材料图。

扫一扫

视频讲解

4.5.1　地面材料图的主要内容

地面材料图的绘制方法与一般平面布置图的绘制方法完全相同，不同之处仅在于地面材料图中不需要绘出家具与陈设，而只需要表示地面的做法。

由此可归纳出地面材料图的主要内容，具体如下。

① 各种墙体、柱子、窗子、门洞、楼梯、电梯、自动扶梯等，并且需要标注各居室的室内尺寸和室内总尺寸。

② 需要画出地面材料的图案，并注明材料名称、规格和颜色。需要注意的是，材料的图案既可以参照第 3 章 3.2 节表 3-4 中的材料图例绘制，也可以在"图案填充创建"选项卡的"图案"面板中任选一种图案。不过无论选用哪种图案，都必须注明材料的名称。

③ 需要画出地面上的固定家具、设备与造景，如花槽、花台、水池、假山、卫生器具和固定的柜台等。

④ 当地面某处的图案比较复杂时，可在地面材料图中注出详图索引符号，并在另外一张图纸上绘制出此处的详图。

> **提示**　在有些室内设计中，固定家具的下面不使用地面铺装，因此这些部分在地面材料图中需要保留。但是，在有些室内设计中，为了增强地面的防潮和防腐功能，在固定家具所在位置也使用了铺装。

4.5.2　地面材料图的绘制方法及标注

本案例中，将客厅、餐厅、卧室和过道的地面铺成 150 mm 宽复合木地板，厨房、卫生间和阳台的地面铺成 300 mm×300 mm 防滑地砖。

要将这些材料表现在图纸上，其具体操作方法如下。

1. 绘制图案

步骤 1▶　打开"××家装方案（现代风格）.dwg"文件，首先关闭"家具注释""家具内线"和"家具外线"图层，然后将平面布置图向其右侧复制一份，最后利用"移动"命令将左、右两侧的尺寸标注移至图形附近，效果如图 4-111 所示。

步骤 2▶　双击图名，在打开的对话框中将图名设为"地面材料图"，采用默认的比例 1：50，最后单击"确定"按钮。

步骤 3▶　输入"LA"并回车，然后创建"地面材料"图层。该图层的线型为"Continuous"，线宽为"默认"，颜色为"青"，最后将该图层设为当前图层。输入"L"并回车，然后在各门洞口处用直线画出不同材料的分界线（共 4 条），如图 4-112 所示。

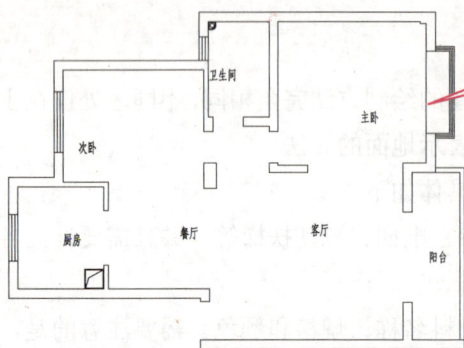

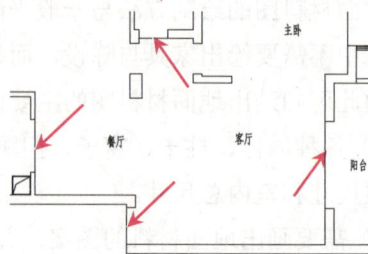

关闭"尺寸标注"图层效果

图 4-111　删除不需要内容后的效果　　　　图 4-112　分隔线位置

步骤4▶ 输入"H"并回车，在打开的"图案填充创建"选项卡的"图案"面板中选择"DOLMIT"图案，然后在要填充的客厅内单击，系统将自动搜索填充范围并显示填充效果，在"特性"面板中将填充比例设为"25"并回车，最后按【Esc】键结束命令，效果如图 4-113（a）所示。

步骤5▶ 采用同样的方法，对厨房、卫生间和阳台部分进行图案填充，其填充图案为"ANGLE"，填充比例为"50"，填充效果如图 4-113（b）所示。

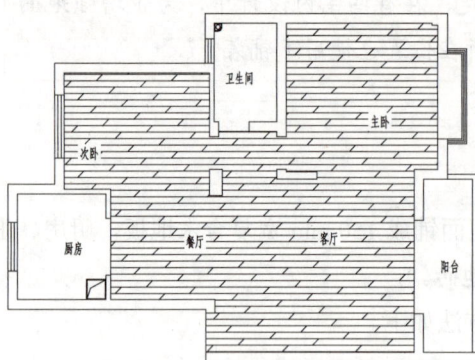

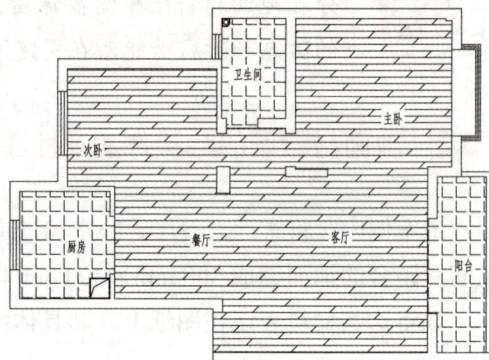

（a）　　　　　　　　　　　　　　（b）

图 4-113　各居室地面材料图案效果

> **知识库** 为了使所填充图案的网格大小与地面砖的实际尺寸大小相近，可先将网格图案按 1∶1 填充，然后单击"默认"选项卡"实用工具"面板中的"距离测量"按钮 ，测量一个网格的长度尺寸，然后再按照一块地面砖的实际尺寸除以一个网格的长度尺寸，即可得到填充比例。

2. 注写地面材料的名称

由图 4-113（b）可知，所填充的图案不穿过文字。因此，为了使图幅美观，可在注写地面材料名称后，对已填充的图案进行编辑修改，使其避开地面材料的名称填充，其具体操作方法如下。

步骤 1▶ 输入"CO"并回车，然后将"客厅"文字复制到其下方合适位置；双击复制所得到的文字，接着输入地面材料"150 宽复合木地板"，最后在编辑框外的任意位置单击并按【Esc】键。选中文字后，利用夹点调整文字的位置，效果如图 4-114 所示。

步骤 2▶ 单击选中客厅内的填充图案，然后在打开的"图案填充编辑器"选项卡的"边界"面板中单击"选择"按钮，选择步骤 1 所注写的"150 宽复合木地板"文字并回车，最后按【Esc】键结束命令，效果如图 4-115 所示。

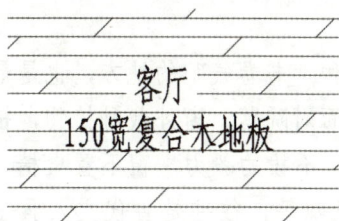

图 4-114 注写客厅地面材料名称　　　　图 4-115 编辑图案填充范围

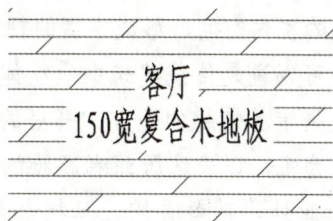

采用同样的方法，注写其他各居室的地面材料，并利用"图案填充编辑器"功能编辑填充范围，从而得到图 4-116 所示效果。

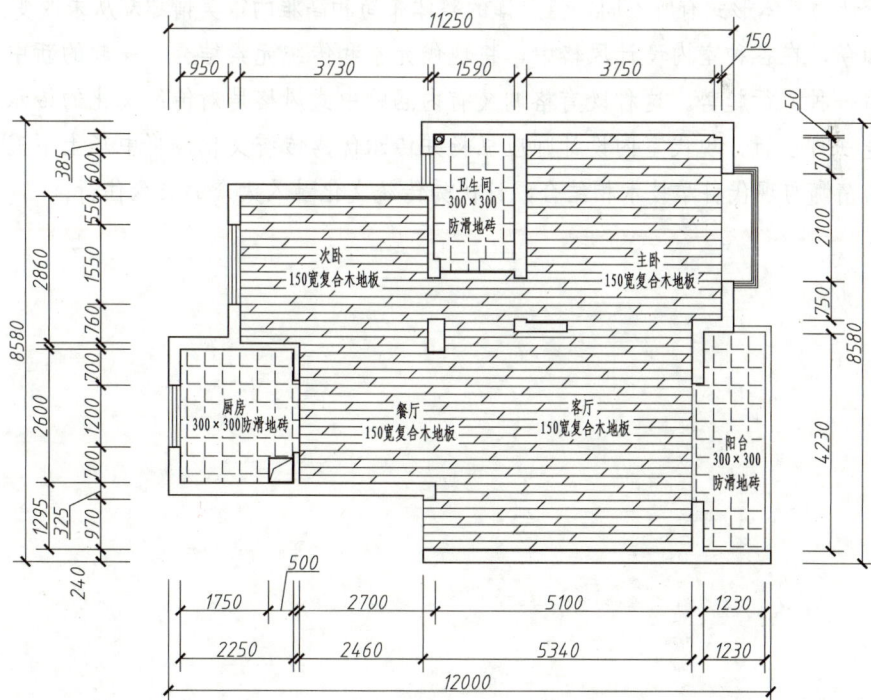

图 4-116 地面材料图的最终效果

拓展园地——古代传统室内设计之美

中国文人历来都把住所作为提高自我修养的理想场所。中国传统建筑的室内设计往往非常重视对精神内涵的传达，强调对居住者德行的体现。

在中国传统建筑中，室内空间的装饰一般以简洁、雅致为美，以彰显居住者的品格修养。为了使室内布局更有特色，人们往往使用屏风、书架、隔扇等创造出丰富于变化的室内空间，形成丰富的视觉效果。

书房可以说是传统建筑中最能体现"雅"和"书卷气"的地方，也是最能凸显文人士大夫审美情趣的地方。书房的窗户往往面对院落，窗外栽种植物，植物一般以梅、竹为主，以表达居住者高雅的情趣和坚韧不拔的毅力。窗下置桌椅，便于开卷阅读。此外，茶盏香炉、琴棋书画、笔墨纸砚等，往往是古代文人雅士书房的"标配"，形成了具有中国文化特色的室内设计风格。

古人追求超越客观物像的神韵和意境，因而在布置室内空间时，往往在各种细节上下足了功夫，使得室内空间在总体上呈现出典雅、古朴的美学特征。虽然各个时代室内设计的具体形式有所不同，但严谨的整体布局和高雅的审美情趣却从未改变。

如今，在各种室内设计风格中，将现代元素和传统元素结合在一起的新中式风格成为一种流行趋势。这种既有格调又有内涵的中式风格是对传统文化的传承，同时也是一种创新。现代室内设计师应弘扬并传承优秀传统文化，将中华上下五千年文化的精髓与现代科学技术相结合，让优秀传统文化融入大众的衣食住行。

5 第5章 绘制家装施工图（下）

章前导读

　　家装施工图的内容比较多，为了便于读者学习，本章将在第4章的基础上进一步讲解原梁结构图、顶棚平面图、开关布置图、插座布置图、水路布置图、住宅室内立面图和住宅室内构造详图的主要内容及绘制方法，从而完整地介绍住宅室内装潢设计的全过程。

技能目标

- ✦ 能够绘制原梁结构图。
- ✦ 能够绘制顶棚平面图。
- ✦ 能够绘制开关布置图、插座布置图和水路布置图。
- ✦ 能够绘制住宅室内立面图。
- ✦ 能够绘制住宅室内构造详图。

素质目标

- ✦ 明白"观大局者可运筹帷幄、细节决定成败"的道理，培养认真严谨、一丝不苟的工作态度。
- ✦ 通过了解北京冬奥村居住区的设计，体会我国开放包容的大国风范和对各国运动员生命健康高度负责的态度，厚植家国情怀，坚定"四个自信"。

5.1 绘制原梁结构图

扫一扫

视频讲解

　　当顶棚平面图比较复杂时，为了方便对照核查顶棚平面图的设计效果，往往需要单独绘制一张原梁结构图。原梁结构图是在原始框架结构图的基础上绘制的，主要表达梁的位置。图5-1所示为某二室一厅现代风格住宅的原梁结构图。

存储路径：素材与实例\ch05\××家装修方案（现代风格）.dwg

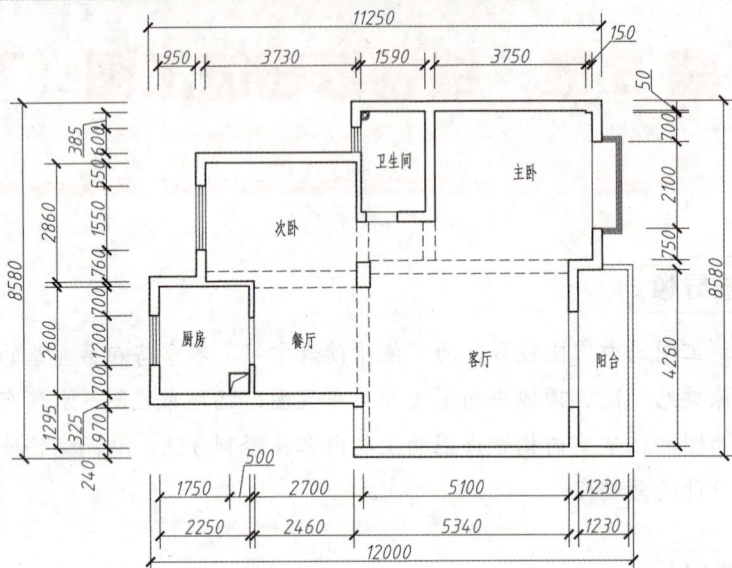

图 5-1　某住宅的原梁结构图

下面通过绘制图 5-1 所示的原梁结构图，学习原梁结构图的具体绘制方法。

步骤 1▶ 打开第 4 章绘制的"××家装修方案（现代风格）.dwg"文件，选中绘图区中的原始框架结构图后输入"CO"并回车，然后将该图形复制在其右侧合适位置。双击图名，在打开的对话框中将图名设为"原梁结构图"，采用默认的比例 1∶50，最后单击"确定"按钮。

步骤 2▶ 删除原梁结构图中图形内部的尺寸标注、入户门和阳台门图形。将"其他"图层设为当前图层，然后输入"L"并回车，在各门洞口处用直线绘制出门洞投射线，如图 5-2 所示。

步骤 3▶ 输入"LA"并回车，在打开的选项板中创建"梁线"图层，并将其线型设为"DASHED"，颜色设为"红"，最后将该图层设为当前图层。

步骤 4▶ 选择"格式">"线型"菜单，或输入"LT"（即"line type"的快捷命令）并回车，然后在打开的对话框中单击"显示细节"按钮，选中"DASHED"选项并输入当前对象缩放比例"500"，最后单击"确定"按钮，如图 5-3 所示。

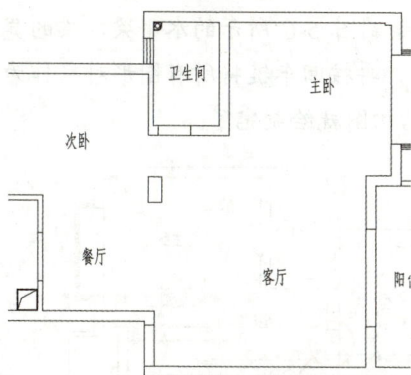

图 5-2　绘制门洞投射线

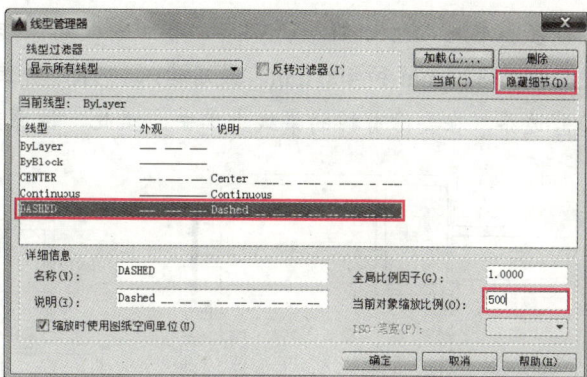

图 5-3　设置指定线型的缩放比例

步骤 5▶ 　输入"L"并回车，捕捉图 5-4 所示的端点 *A* 并单击，再竖直向下移动光标，捕捉端点 *B* 并单击，按回车键结束命令。采用同样的方法，过点 *C* 绘制梁的轮廓线，效果如图 5-4 所示。

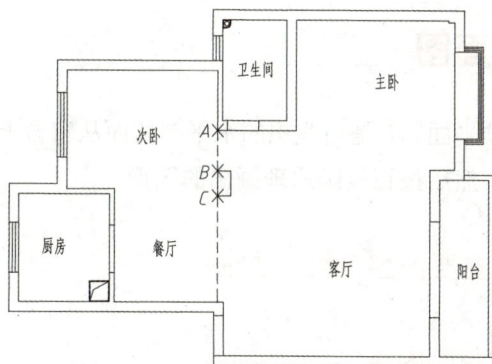

图 5-4　绘制梁 ①

步骤 6▶ 　输入"O"并回车，再输入偏移距离"300"并回车，在图 5-4 所示直线 *AB* 上单击，然后在其右侧单击，即可将该直线复制一份；在另一条梁线（虚线）上单击后在其右侧单击，最后按回车键结束命令，结果如图 5-5 所示。

步骤 7▶ 　输入"EX"并回车，再按回车键将所有图形对象作为延伸边界，然后在图 5-5 所示直线 1 的下端点处单击，延伸该直线。

> 　　除了利用"延伸"命令将图 5-5 所示的直线 1 进行延伸外，执行"修剪"命令，然后按回车键将所有图形对象作为修剪边界，在按住【Shift】键的同时在直线 1 的下方单击，也可以将该直线延伸。

步骤 8▶ 输入 "L" 并回车，参照前面的操作，绘制图 5-6 所示的水平梁，梁的宽度分别为 320 mm 和 400 mm，最后输入 "TR" 并回车，再按回车键将所有图形对象作为修剪边界，在要修剪掉的梁线上单击。至此，该原梁结构图就绘制完了。

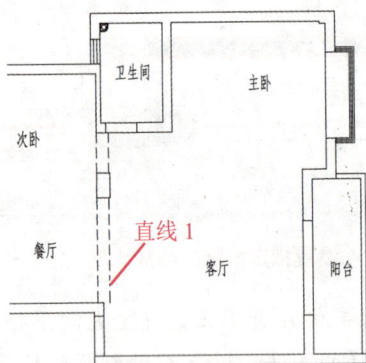

图 5-5　绘制梁 ②

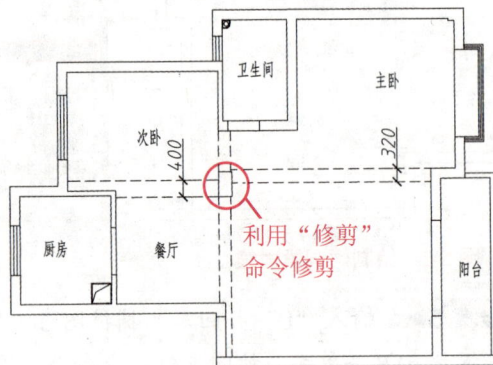

图 5-6　绘制梁 ③

5.2　绘制顶棚平面图

顶棚平面图又称吊顶平面图，是用假想的水平剖切面从窗台上方将房屋剖开，移出下面部分后向顶棚方向看，然后按正投影原理画出的图形。

5.2.1　顶棚平面图的主要内容及绘制方法

1. 顶棚平面图的主要内容

顶棚平面图主要用于表达室内顶棚造型、灯具及相关电器的位置，其主要内容有：

① 被水平剖切面剖切到的墙体、壁柱、窗子及门洞。

② 顶棚的造型及造型的尺寸。

③ 顶棚上的灯具、通风口、自动喷淋、扬声器、浮雕、线脚等装饰，并需要注写它们的名称、规格及相关定位尺寸。

④ 顶棚及相关装饰的材料和颜色。

⑤ 顶棚底面及分层吊顶底面的标高。

> **提示**　当室内要进行吊顶的部位比较多时，为了使顶棚平面图更加清晰，且方便看图，可将顶棚平面图中要表达的内容分解并绘制成多幅不同用途的图纸，如分别绘制顶棚布置图、顶棚尺寸图和灯具尺寸定位图。

2．顶棚平面图的主要绘制方法

（1）墙和柱

顶棚平面图一般在原梁结构图或平面布置图的基础上绘制，其中墙体和柱子的绘制方法与原始框架图和平面布置图中的绘制方法相同。

（2）门与窗

根据水平剖切平面的位置不同［见图 5-7（a）］，顶棚平面图有图 5-7（b）～（d）所示的 3 种绘制方法。由于图 5-7（d）所示的情况很难清楚地表达空间与相关环境的关系，因此在工程实践中常采用图 5-7（b）和图 5-7（c）所示的绘制方法，尤其是图 5-7（b）所示的绘制方法。

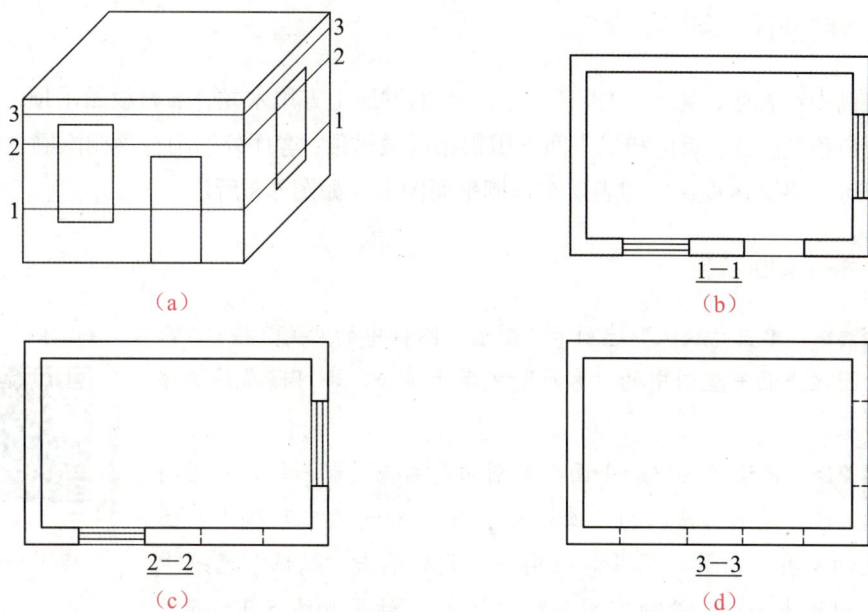

图 5-7　水平剖切平面位置顶棚平面图中门和窗的绘制方法

（3）顶棚造型

顶棚上的浮雕、线脚等，应按正投影原理绘制在顶棚平面图上。但有些浮雕或线脚可能比较复杂，很难在顶棚平面图中表达清楚，因此，可用示意方式表示。例如，周边的石膏线角，可用简化的一两条细线表示；浮雕石膏花可只绘制出大概轮廓，然后再另绘制详图表示。

顶棚平面图中的灯具也要采用简化绘制方法。例如，筒灯可用一个小圆圈表示，吸顶灯可只绘制外部轮廓，但其尺寸和形状应与灯具的真实大小和形状大致相同。通风口、烟感器和自动喷淋等，可根据工种配合或施工的实际情况绘制在顶棚图上，也可省略。

5.2.2 绘制顶棚尺寸图

如前所述，当顶棚的造型比较复杂或灯具比较多时，为了使图面比较清晰，可将顶棚平面图拆分成顶棚布置图、顶棚尺寸图和灯具尺寸定位图。其中，顶棚布置图主要表达吊顶的形状和灯具的位置，顶棚尺寸图主要表达顶棚造型的尺寸、吊顶的高度及材料，灯具尺寸定位图主要表达顶棚中各灯具的位置。

由于顶棚平面图中的内容较多，因此在绘制时难免反复修改。为了避免修改其中一幅图纸时其他两幅图纸也要随之修改，可先绘制顶棚尺寸图，确定顶棚的形状、位置及尺寸不会再改变后，再在该图的基础上进行修改，从而得到另外两幅图。图 5-8 所示为本案例中的顶棚尺寸图。

1. 顶棚设计分析

本案例中在客厅、餐厅、主卧及通往主卧的过道上方用木龙骨石膏板做吊顶，石膏板表面涂刷白色乳胶漆；厨房和卫生间采用铝扣板做吊顶；客厅外的阳台顶棚涂刷白色防潮乳胶漆即可。将上述设计思想表现在顶棚平面图上，如图 5-8 所示。

2. 绘制顶棚造型

步骤 1▶ 单击"默认"选项卡"图层"图板中的"关"按钮，然后在绘图区平面布置图中的"客厅"文字上单击，即可隐藏该文字所在的图层。

步骤 2▶ 将绘图区中的平面布置图向其右侧复制一份，然后将复制得到的图形的名称修改为"顶棚尺寸图"，接着选中顶棚平面图中不可见的家具、洁具、门及其他构件，最后单击"默认"选项卡"图层"图板中的"打开所有图层"按钮，结果如图 5-9 所示。

扫一扫

视频讲解

步骤 3▶ 选中原梁结构图中各门洞口处的分界线和梁的轮廓线，然后以原梁结构图中任一墙的角点（如最左下方墙角）为基点，将其复制到顶棚尺寸图的合适位置，如图 5-10 所示。

步骤 4▶ 输入"EX"并回车，再按回车键将所有图形对象作为延伸边界，在图 5-10 中直线 1 所示两条直线的两端分别单击，即可延长这两条分界线。

步骤 5▶ 输入"TR"并回车，再按回车键将所有图形对象作为修剪边界，修剪图 5-10 中直线 2 所示位置处的两条梁线。

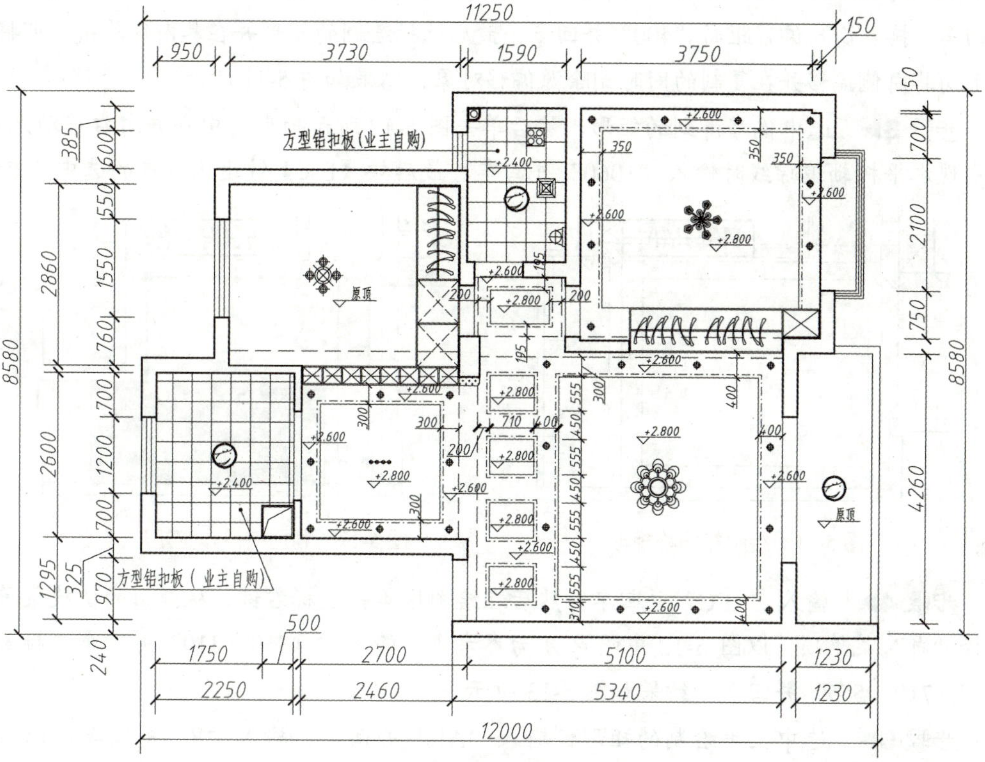

图 5-8　顶棚尺寸图

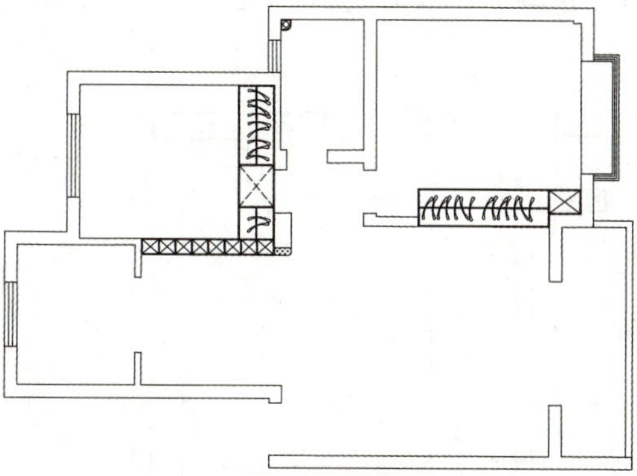

图 5-9　确定顶棚平面图中的家具

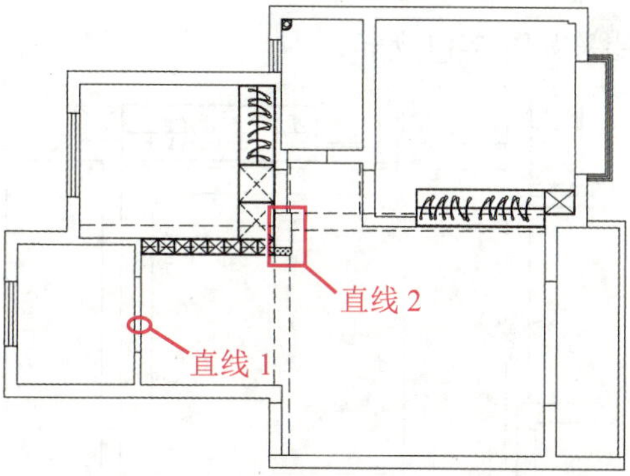

图 5-10　复制梁和门洞分界线

（1）绘制客厅顶棚造型及灯具

步骤 1▶　输入"LA"并回车，然后创建一个"顶棚"图层，其线型为"Continuous"，线宽为"默认"，颜色为灰色，最后将该图层设为当前图层。

步骤 2▶　输入"REC"并回车，依次捕捉图 5-11 所示墙体的端

扫一扫

视频讲解

点和衣柜的端点并单击，然后输入"O"并回车，根据命令行输入"E"并回车，输入"Y"并回车，接着输入偏移距离"400"并回车，最后选择绘制的矩形并在其内侧单击，可将该矩形向其内侧偏移并在复制的同时删除源偏移对象，结果如图 5-11 所示。

步骤3▶ 选中偏移得到的矩形，然后单击图 5-12 所示矩形的中点并向右移动光标，待出现水平极轴追踪线时输入"1060"并回车，最后按【Esc】键退出对象的选中状态。

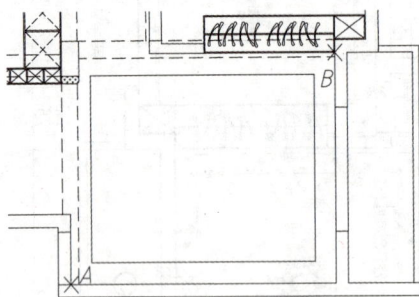

图 5-11 绘制并偏移矩形　　图 5-12 利用夹点调整矩形的尺寸

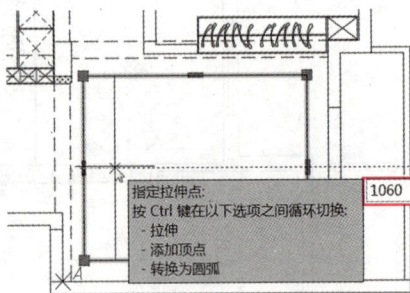

步骤4▶ 输入"REC"并回车，然后在绘图区单击鼠标右键，从弹出的快捷菜单中选择"自"菜单项，以图 5-12 中端点 A 为参考点，输入"@350，310"并回车，接着输入"@710，555"并回车，结果如图 5-13 所示。

步骤5▶ 选中上步绘制的矩形，输入"AR"并回车，输入"R"并回车，以选择矩形阵列模式，然后在"阵列创建"选项卡中将"列数"设为"1"，"行数"设为"4"，在行数正下方的"介于"编辑框中输入"1005"并回车，最后单击"关闭阵列"按钮，结果如图 5-14 所示。

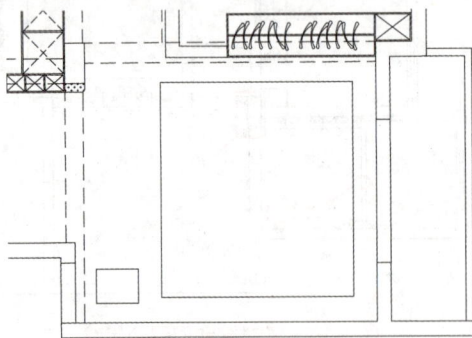

图 5-13 绘制矩形　　图 5-14 阵列矩形

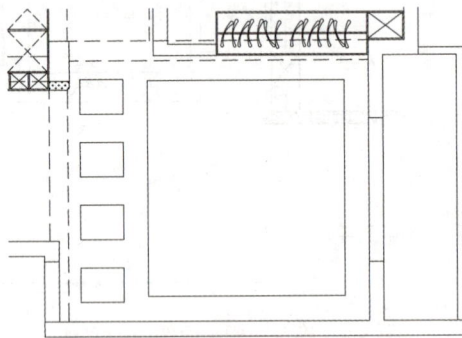

步骤6▶ 选中上步阵列的矩形，输入"EXPL"并回车，将其分解。输入"O"并回车，然后输入"E"并回车，再输入"N"并回车，以选择偏移复制对象时不删除源对象，输入偏移距离"50"并回车，最后依次单击前面创建的矩形并在其外侧单击，结果如图 5-15 所示。

步骤 7▶　选中上步偏移得到的 5 个矩形，然后在"默认"选项卡"图层"面板的"图层"下拉列表中单击，在弹出的下拉列表中选择"轴线"选项。输入"LA"并回车，在打开的选项板中将"轴线"图层的名称改为"灯带"，将线型设为"DASHDOT"。

步骤 8▶　选中 5 个矩形灯带并右击，从弹出的快捷菜单中选择"特性"选项，在打开的"特性"选项板的"线型比例"编辑框中输入"0.5"并回车，结果如图 5-16 所示。

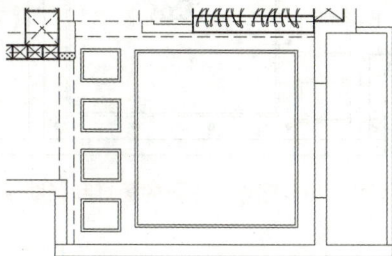

图 5-15　偏移矩形　　　　　图 5-16　绘制灯带

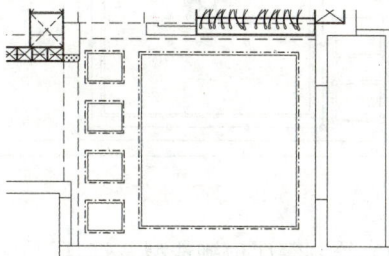

步骤 9▶　输入"LA"并回车，然后创建一个"灯具"图层，其线型为"Continuous"，线宽为"默认"，颜色为暗红色，最后将该图层设为当前图层。

步骤 10▶　输入"L"并回车，然后绘制图 5-17 所示的对角线。输入"I"并回车，在打开的对话框中单击"浏览"按钮，然后选择本书配套素材中的"素材与实例" > "ch05" > "图块" > "工艺吊灯 03.dwg"图块，单击"确定"按钮后捕捉图 5-17 所示对角线的中点并单击，最后删除该对角线。

步骤 11▶　输入"O"并回车，将图 5-18 所示矩形 1 向其外侧偏移 200 mm。输入"I"并回车，在打开的对话框中单击"浏览"按钮，然后选择"筒灯.dwg"图块，单击"确定"按钮后捕捉偏移得到的矩形的右上角点，如图 5-18 所示。

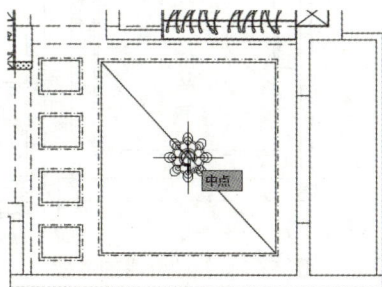

图 5-17　布置吊顶　　　　　图 5-18　布置筒灯

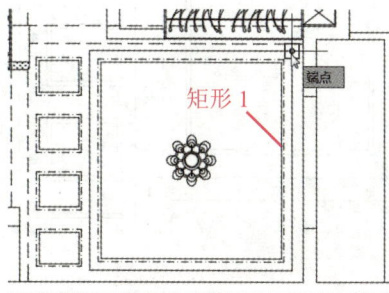

步骤 12▶　选中上步插入的筒灯后输入"AR"并回车，按回车键采用默认选中的矩形阵列模式，然后在"阵列创建"选项卡中将"列数"设为"4"，在列数正下方的"总计"编辑框中输入"-3640"；将"行数"设为"4"，在行数正下方的"总计"编辑框中输入"-3860"并回车，最后依次单击"关联"和"关闭阵列"按钮，结果如图 5-19 所示。

步骤 13▶ 删除不需要的筒灯和辅助线，结果如图 5-20 所示。

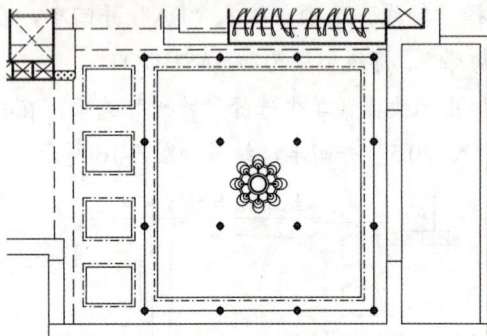

图 5-19　阵列筒灯

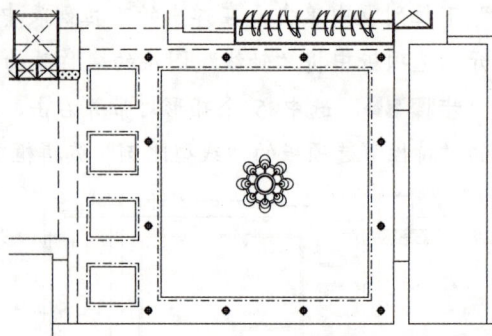

图 5-20　删除不需要的筒灯和辅助线

（2）绘制餐厅顶棚造型及灯具

餐厅顶棚造型及灯具的绘制方法与客厅顶棚的绘制方法相同，仅吊顶的尺寸及灯具的位置不同，具体操作方法如下。

步骤 1▶ 将"顶棚"图层设为当前图层。输入"REC"并回车，依次捕捉图 5-21 所示的端点 A，B 并单击，以绘制矩形，再将该矩形向其内侧偏移 300 mm，再次单击偏移得到的矩形，将光标放在该矩形的外侧输入"50"并回车，结果如图 5-21 所示。

步骤 2▶ 单击"默认"选项卡"特性"面板中的"特性匹配"按钮，然后在客厅中任意一条灯带线上单击，以指定匹配源对象，再单击图 5-21 中最外侧的矩形，结果如图 5-22 所示。

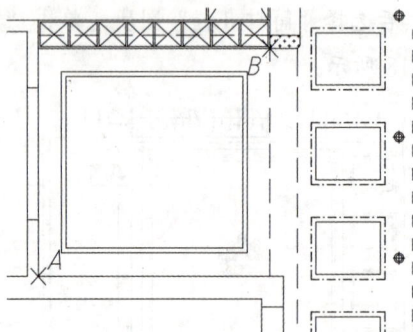

矩形 1

图 5-21　绘制顶棚造型

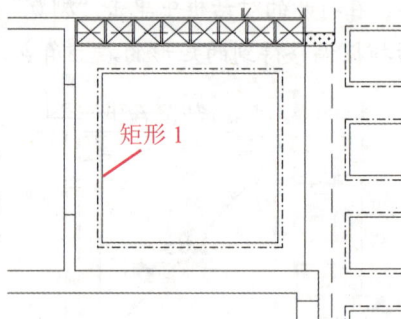

图 5-22　修改灯带的线型

> 使用"特性匹配"命令可以将所选对象的颜色、图层、线型、线型比例、线宽、透明度，以及在"特性"选项板中修改的属性复制给目标对象。执行该命令后，可依次选取匹配的源对象和要修改属性的图形对象。

步骤 3▶ 输入 "O" 并回车，将图 5-22 所示的矩形 1 向其外侧偏移 150 mm。选中客厅处的任意一个筒灯，输入 "CO" 并回车，捕捉筒灯的圆心并单击，再捕捉并单击偏移得到的矩形的右上角点，得到复制的筒灯。

步骤 4▶ 选中上步复制得到的筒灯，输入 "AR" 并回车，再按回车键，然后将 "列数" 设为 "3"，在列数正下方的 "总计" 编辑框中输入 "-2250"；将 "行数" 设为 "3"，在行数正下方的 "总计" 编辑框中输入 "-2120" 并回车，最后单击 "关闭阵列" 按钮，结果如图 5-23 所示。

步骤 5▶ 删除餐厅顶棚的辅助矩形和顶棚中心处的筒灯。将 "灯具" 图层设为当前图层，然后利用 "直线" 命令绘制图 5-22 所示矩形 1 的对角线，再输入 "I" 并回车，将 "餐厅吊灯.dwg" 图块插入餐厅吊顶的正中间，如图 5-24 所示。

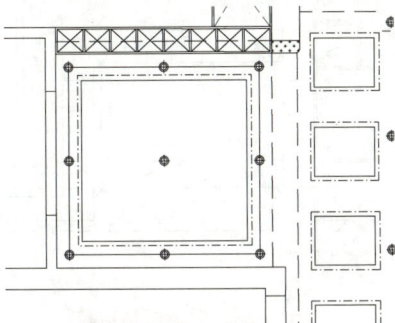

图 5-23　阵列筒灯

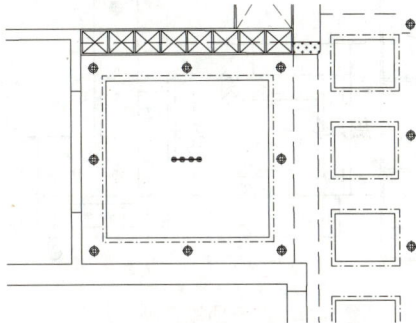

图 5-24　布置吊灯

（3）绘制主卧顶棚造型及灯具

主卧顶棚的绘制方法与餐厅、客厅顶棚的绘制方法完全相同。即先利用 "矩形" 命令以图 5-25 所示的端点 A，B 为角点绘制一个矩形，然后将该矩形向其内侧偏移 350 mm，再利用夹点参照图 5-25 将矩形的另一边拖至衣柜外框线处。

利用 "偏移" 命令将图 5-25 所示的矩形向其外侧偏移 50 mm，再将偏移得到的矩形置于 "灯带" 图层中，并修剪掉多余的图线，最后参照图 5-26 所示尺寸布置筒灯和吊灯。

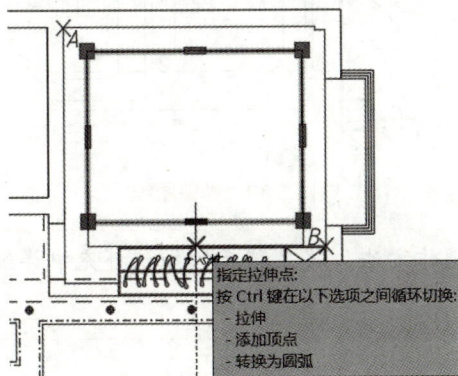

图 5-25　调整矩形的尺寸

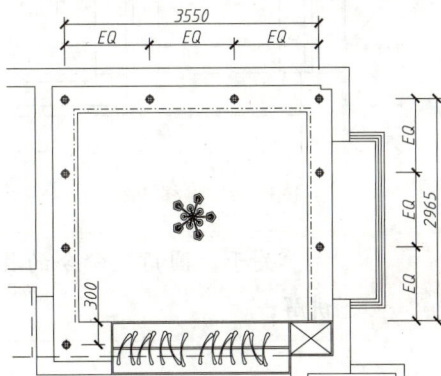

图 5-26　灯具尺寸

（4）绘制过道顶棚造型及灯具

主卧和次卧门口交接处正好位于卫生间的门外，最好布置照明设置。由于该部位正好和客厅与餐厅交接处位于同一竖直线上，因此可在此处设置吊顶，照明灯具采用灯带，如图 5-27 所示。

图 5-27 所示过道顶棚造型及灯带的具体画法如下。

步骤 1▶ 输入"O"并回车，将偏移值设为"200"，然后依次单击图 5-28 所示的直线 AB 和 CD，并分别在其右侧和左侧单击；单击直线 AE 并将光标移至该直线的下方（不单击），输入"195"并回车；单击直线 BC 并将光标移至该直线的上方（不单击），输入"195"并回车，结果如图 5-29 所示。

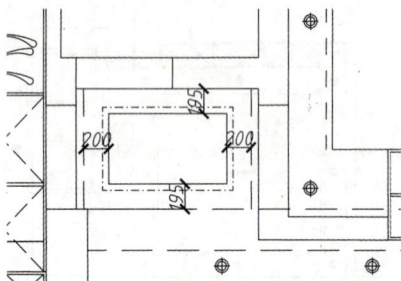

图 5-27 过道顶棚造型及灯具

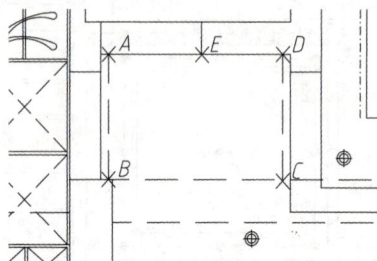

图 5-28 指定偏移对象

步骤 2▶ 单击"默认"选项卡"修改"面板中的"圆角"按钮，或输入"F"并回车，然后根据命令行提示将圆角半径设为"0"，并采用默认的修剪模式，输入"M"并回车，依次在上步偏移得到的两条直线上单击，最后将其置于"顶棚"图层上，结果如图 5-30 所示。

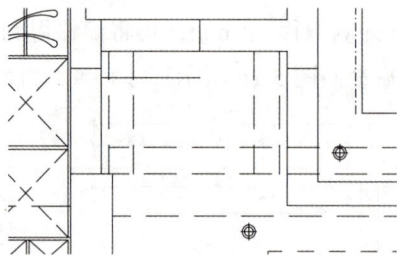

图 5-29 偏移图线

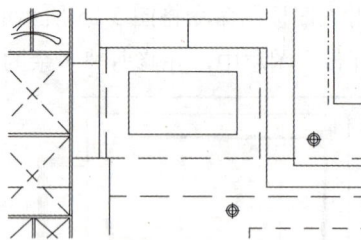

图 5-30 修剪图线

提示 关于"圆角"命令的具体操作方法，将在稍后的知识补充中详细讲解。

步骤 3▶　展开"默认"选项卡的"修改"面板，单击其中的"合并"按钮，或输入"J"并回车，采用窗交法选取上步修剪得到的 4 条直线并回车，即可将其合成一个首尾相连的矩形，最后将该矩形向其外侧偏移 50 mm，并利用"特性匹配"命令将主卧灯带的属性赋予偏移得到的矩形，结果如图 5-27 所示。

（5）绘制厨房和卫生间吊顶

铝扣板以铝合金板材为基底，表面使用不同涂层可得到多种铝扣板产品，如图 5-31 所示。一般情况下，厨房和卫生间吊顶均采用集成铝扣板。

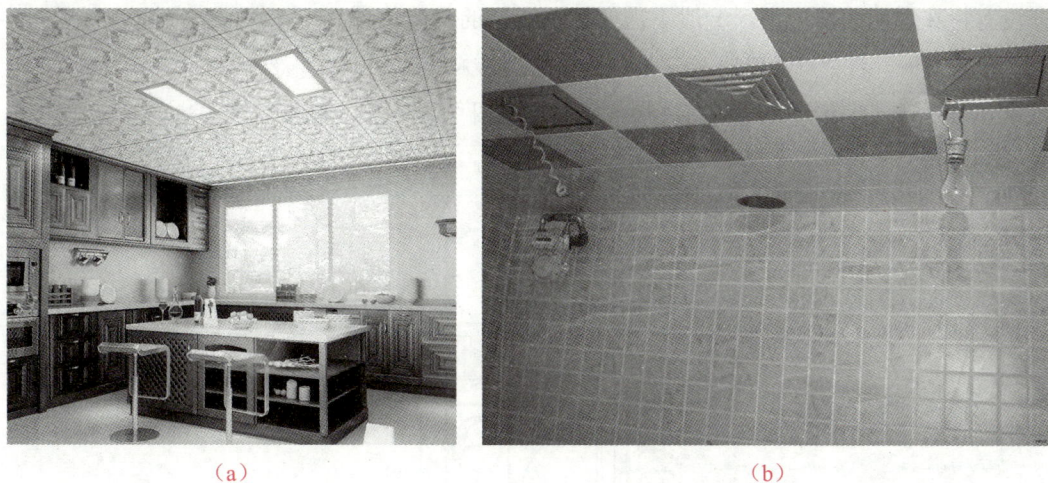

（a）　　　　　　　　　　　　　　　　（b）

图 5-31　厨房和卫生间的铝扣板吊顶

本案例中的厨房和卫生间采用图 5-31（b）所示的方形扣板。厨房和卫生间一般采用吸顶灯，卫生间除了吸顶灯外，还应有浴霸和排风扇等设备，图 5-32 所示为本案例中的厨房和卫生间吊顶效果，具体的绘制方法如下。

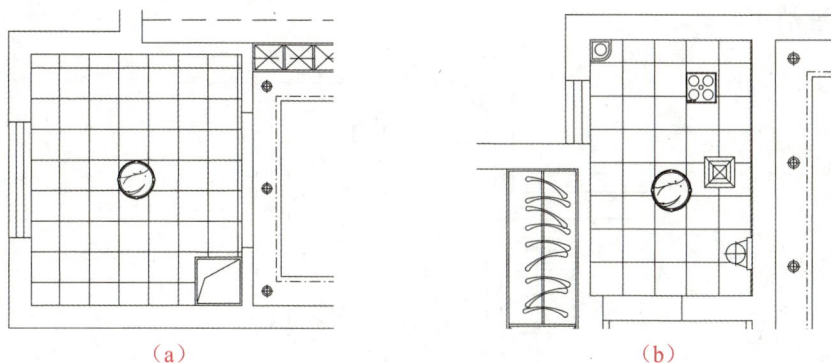

（a）　　　　　　　　　　　　　　　　（b）

图 5-32　厨房和卫生间吊顶效果

步骤1▶ 将"灯具"图层设为当前图层。输入"I"并回车，然后将本书配套素材中的"素材与实例">"ch05">"图块">"吸顶灯.dwg"图块插入厨房的正中间部位。

步骤2▶ 将"顶棚"图层设为当前图层。输入"H"并回车，然后在厨房室内的任一空白处单击，再在出现的"图案填充创建"选项卡"图案"面板中选择"ANSI37"图案，以示铝扣板图案，接着将填充比例设为"100"，填充角度值设为"45"，效果如图 5-32（a）所示。

卫生间的浴霸、排风扇和镜前防雾灯一般分别位于淋浴房、马桶和洗手池的正上方，在没有特殊说明的情况下，一般不需要标注它们的具体位置。

步骤3▶ 将"灯具"图层设为当前图层。输入"I"并回车，然后将"浴霸.dwg""排风扇.dwg"和"防雾灯.dwg"图块插入平面布置图中淋浴房、马桶和洗手池的正上方，如图 5-33 所示。

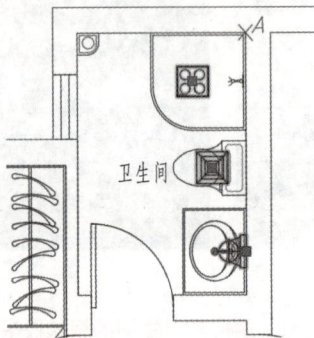

图 5-33 确定浴霸、排风扇和防雾灯的位置

步骤4▶ 选中上步插入的浴霸、排风扇和防雾灯图形，输入"CO"并回车，然后捕捉图 5-33 所示的端点 A 并单击，再捕捉并单击顶棚尺寸图中卫生间室内最右上角点，结果如图 5-34 所示。

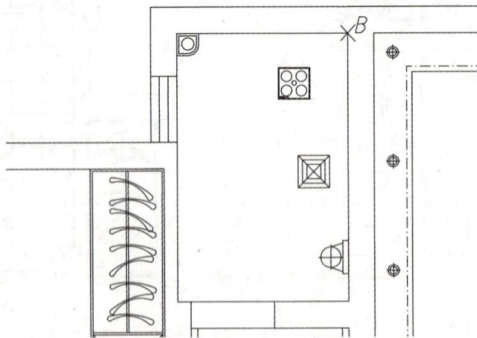

图 5-34 复制浴霸、排风扇和防雾灯

步骤 5▶　选中厨房中的吸顶灯图形，输入"CO"并回车，将其插入卫生间的正中间部位。选中插入的吸顶灯，输入"M"并回车，在绘图区的任意位置单击后输入"@0，−215"并回车。

步骤 6▶　将"顶棚"图层设为当前图层。输入"H"并回车，然后在卫生间的任意位置单击，并采用默认的填充图案、比例和角度，结果如图 5-32（b）所示。

（6）布置次卧和阳台的灯具

本案例中的次卧面积较小，可只安装吊灯而不做吊顶设计，即将本书配套素材中的"素材与实例"＞"ch05"＞"图块"＞"工艺顶灯 01.dwg"图块插入次卧正中间即可，如图 5-35 所示。阳台一般不进行吊顶设计，只设置照明灯具，即将卫生间或厨房的吸顶灯复制到阳台的正中间位置。至此，该住宅的顶棚造型就绘制完了。

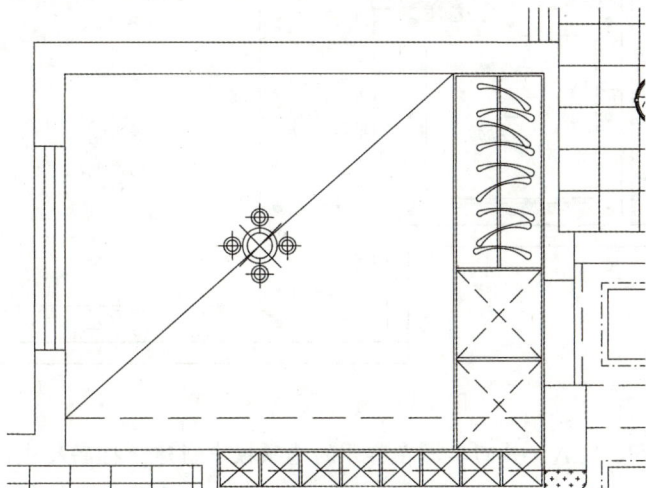

图 5-35　次卧吊灯位置

3．标注顶棚的尺寸

顶棚的尺寸分为吊顶造型的长宽尺寸、吊顶高度尺寸及吊顶材料。其中，吊顶高度尺寸可使用"标高符号"图块来标注。

标高符号的绘制方法及尺寸如图 5-36 所示，其水平线上方的数字高度为 5 mm。为方便读者绘图，本书将该标高符号设置成带属性的块，并储存在本书配套素材中的"素材与实例"＞"常用图块"文件夹中，使用时只需将其插入所需位置并修改其属性文字。

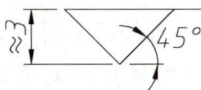

图 5-36　标高符号

图 5-37 所示为插入标高符号后的最终效果，其标高符号的具体标注方法如下。

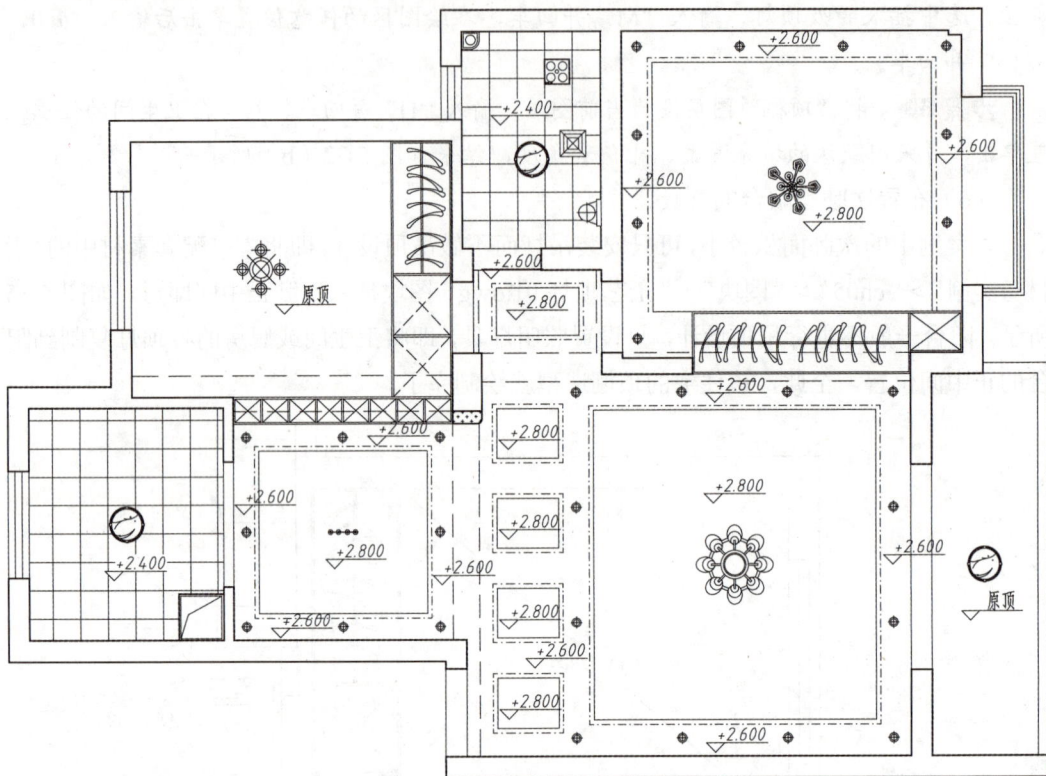

图 5-37　标注标高符号效果

步骤 1▶　输入"LA"并回车，在打开的选项板中新建"标高尺寸"图层，其线型为"Continuous"，颜色设为"绿"，最后将该图层设为当前图层。

> **提示**
> 在绘制棚顶尺寸图时，应分别新建"标高尺寸"和"吊顶尺寸"图层。这样，在绘制顶棚布置图时，通过关闭这两个图层，就可以达到不显示标高尺寸和吊顶尺寸的效果，而不必逐一删除标高尺寸和吊顶尺寸。

步骤 2▶　输入"I"并回车，然后在打开的对话框中选择"素材与实例">"常用图块">"标高符号.dwg"文件，接着在"插入"对话框的"X"编辑框中输入"35"并选中"统一比例"复选框，采用默认的旋转角度，最后单击"确定"按钮并在客厅的矩形线框内的合适位置单击，在打开的"编辑属性"对话框中输入"+2.800"并单击"确定"按钮。

步骤 3▶　输入"CO"并回车，将上步所插入的标高符号复制到图 5-37 中的其余各居室内，然后双击标高符号图块，并在打开的"增强属性编辑器"对话框中修改标高值。

步骤 4▶　选中厨房顶棚处的图案填充，然后在出现的选项卡的"边界"面板中单击"选择"按钮▥，接着单击厨房中的标高符号并回车，从而使图案绕开该标高符号填充，最后按【Esc】键。采用同样的方法使卫生间的图案绕开卫生间的标高符号填充。

　　步骤 5▶　双击阳台顶棚处的标高符号，然后在打开的图 5-38 所示的对话框中选择"文字选项"选项卡，将文字样式设置为"汉字"，其余采用默认设置，最后单击"确定"按钮。采用同样的方法，修改次卧顶棚处标高符号中的文字样式。

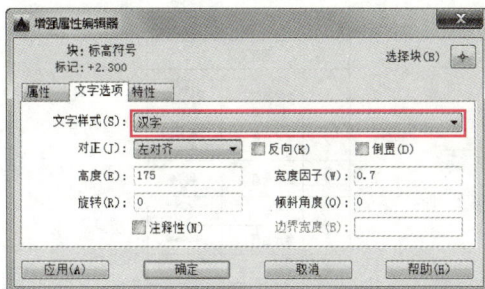

图 5-38　修改标高符号中的文字样式

　　步骤 6▶　输入"LA"并回车，在打开的选项板中新建"吊顶尺寸"图层，其线型为"Continuous"，颜色设为"白"，最后将该图层设为当前图层。

　　步骤 7▶　在"注释"选项卡"标注"面板的"标注样式"列表框中单击，在弹出的下拉列表中选择"30"选项，然后利用"线性"和"连续"命令标注客厅、餐厅、过道和主卧吊顶造型的尺寸，结果如图 5-8 所示。

　　家装中，客厅、餐厅和卧室的吊顶一般都采用石膏板和木龙骨制作，因此不需要标注材料的名称，而厨房和卫生间的材料有多种，必须用文字注明其材料名称。厨房和卫生间的材料一般用"多重引线"命令标注，具体的操作方法如下。

　　步骤 8▶　将"尺寸标注"图层设为当前图层。采用默认的"Standard"多重引线样式，然后单击"引线"面板中的"多重引线"按钮，在卫生间的任一空白处单击，指定引线的起始位置；向左移动光标，待出现水平极轴追踪线时在合适位置单击，接着输入"方型铝扣板（业主自购）"并在绘图区的任一空白处单击即可。

　　步骤 9▶　将上步标注的多重引线复制到厨房的合适位置，然后通过拖动图 5-39 所示的夹点调整文字的位置。

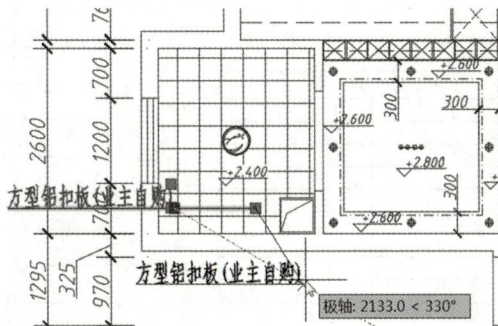

图 5-39　调整多重引线文字的位置

4. 绘制灯具图例表

由于顶棚平面图中的灯具、排风扇、浴霸等是采用简化画法表示的，因此在布置好各居室的灯具后，还需要绘制一个灯具图例表，用于说明图中各灯具的名称，如图 5-40 所示。

图 5-40　灯具图例表

由于灯具图例表的尺寸没有统一规定，因此，可按下面的方法快速绘制图 5-40 所示的灯具图例表。

步骤 1▶ 将"灯具"图层设为当前图层。采用默认的表格样式，输入"TABLE"并回车，然后在打开的"插入表格"对话框中将"列数"设为"3"，"数据行数"设为"8"，其余采用默认设置；单击"确定"按钮后在绘图区合适位置单击，以放置该表格，最后按两次【Esc】键退出内容编辑状态，效果如图 5-41 所示。

步骤 2▶ 选中上步绘制的表格，然后输入"SC"并回车，在该表格的任意位置单击后输入缩放值"20"并回车，即可将该表格放大 20 倍。选中表格，单击其右下角处的夹点◤并向左下角处移动光标，此时，该表格中的所有表格单元的高度均被拉长，最后在合适位置单击，效果如图 5-42 所示。

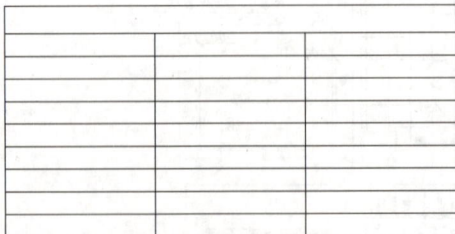

图 5-41　绘制表格

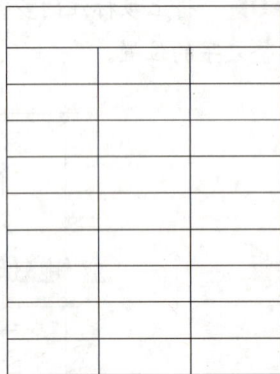

图 5-42　利用夹点调整表格效果

步骤 3▶ 利用"复制"命令依次将图中不同类型的灯具、排气扇和浴霸复制到表格外的任意空白处，然后利用窗交法将它们选中，输入"SC"并回车，在任一缩放对象上单击，指定缩放基点，接着输入"0.5"并回车。

步骤 4▶ 利用"移动"命令将上步复制并缩放的灯具、排气扇和浴霸复制到表格单元中。如果某一表格单元太小而不够容纳一个图例，可先在该表格单元中单击，然后单击其下方的夹点■并向下移动光标，最后在合适位置单击，即可调整该表格单元的高度。

步骤 5▶ 选中绘图区中的表格，输入"EXPL"并回车，将该表格分解。

步骤 6▶ 在"注释"选项卡"文字"面板中的"文字样式"列表框中单击，在弹出的下拉列表中选择"汉字"样式；输入"TEXT"并回车，将文字高度设为"120"，然后在艺术灯图例右侧的表格单元中注写"工艺吊灯"文字。

步骤 7▶ 利用"复制"命令将上步所注写的文字复制到其他单元格内，然后双击该文字，进入编辑状态后输入所需名称即可。选中表格中的所有文字，利用"移动"命令将其水平向左移至第一列表格单元中。依次双击第一列表格单元中的文字并输入相应的序号，最后利用"拉伸"命令调整各列表格单元的宽度。

步骤 8▶ 选中第一列表格单元中的所有数字并右击，从弹出的下拉列表中选择"特性"选项，接着在图 5-43 所示的"特性"选项板中将文字的样式设为"数字及字母"，结果如图 5-40 所示。至此，顶棚尺寸图就绘制完了。

图 5-43　"特性"选项板

5.2.3　绘制顶棚布置图

绘制完顶棚尺寸图后需要认真检查，确认没问题后再在此基础上绘制顶棚布置图，具体操作方法如下。

步骤 1▶ 顶棚布置图主要表达吊顶的形状和灯具的位置，为此，单击"默认"选项卡"图层"面板中的"关"按钮🗗，然后在任一标高符号和吊顶的尺寸标注上单击，隐藏该符号和吊顶尺寸所在图层上的所有对象。

步骤 2▶ 采用窗交法选中绘图区中的顶棚尺寸图，然后将其沿水平方向向其左侧复制一份，并将图形名称修改为"顶棚布置图"，最后单击"默认"选项卡"图层"面板中的"打开所有图层"按钮🗗。

步骤 3▶ 选中卫生间填充的图案，在出现的"图案填充编辑器"选项卡的"边界"面板中单击"删除"按钮🗙，然后依次单击标高符号的轮廓线，如图 5-44 所示，最后单击"关闭图案填充编辑器"按钮即可。采用同样的方法调整厨房顶棚的填充图案，效果如图 5-45 所示。至此，顶棚布置图就绘制完了。

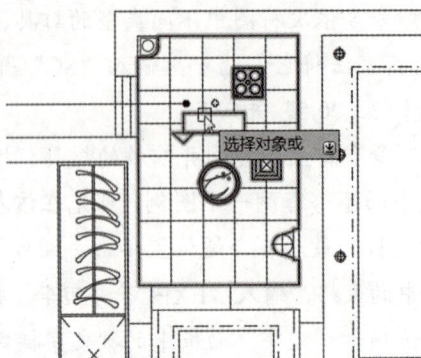

图 5-44　删除填充轮廓

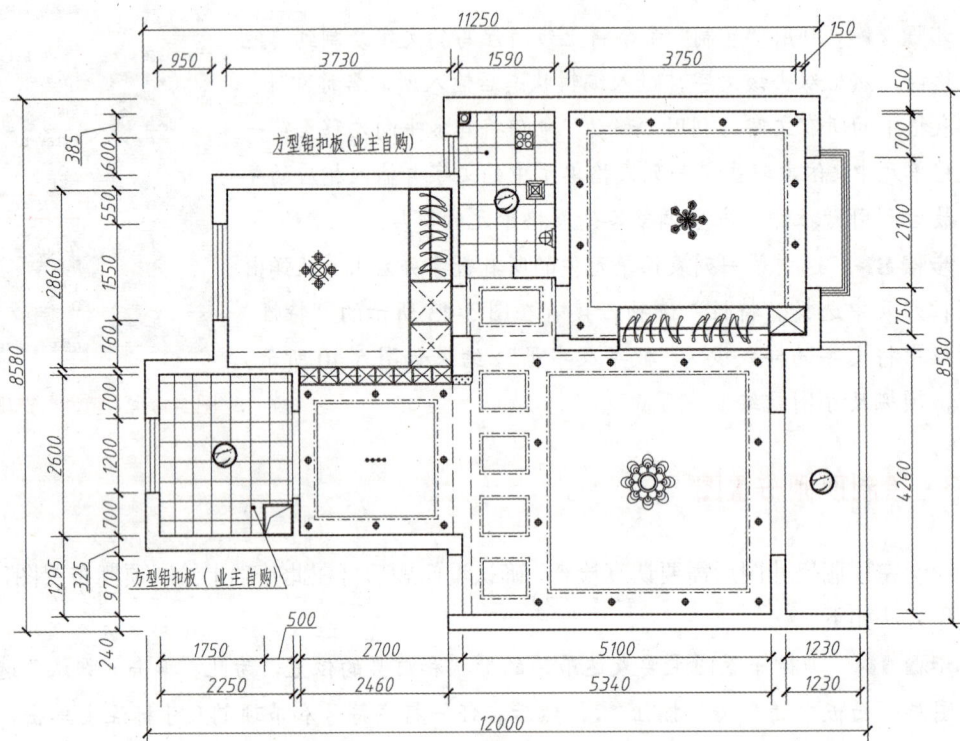

图 5-45　顶棚布置图

5.2.4　绘制灯具尺寸定位图

灯具尺寸定位图主要表达顶棚中所有灯具的定位尺寸。图 5-46 所示为本案例中顶棚灯具尺寸定位图。

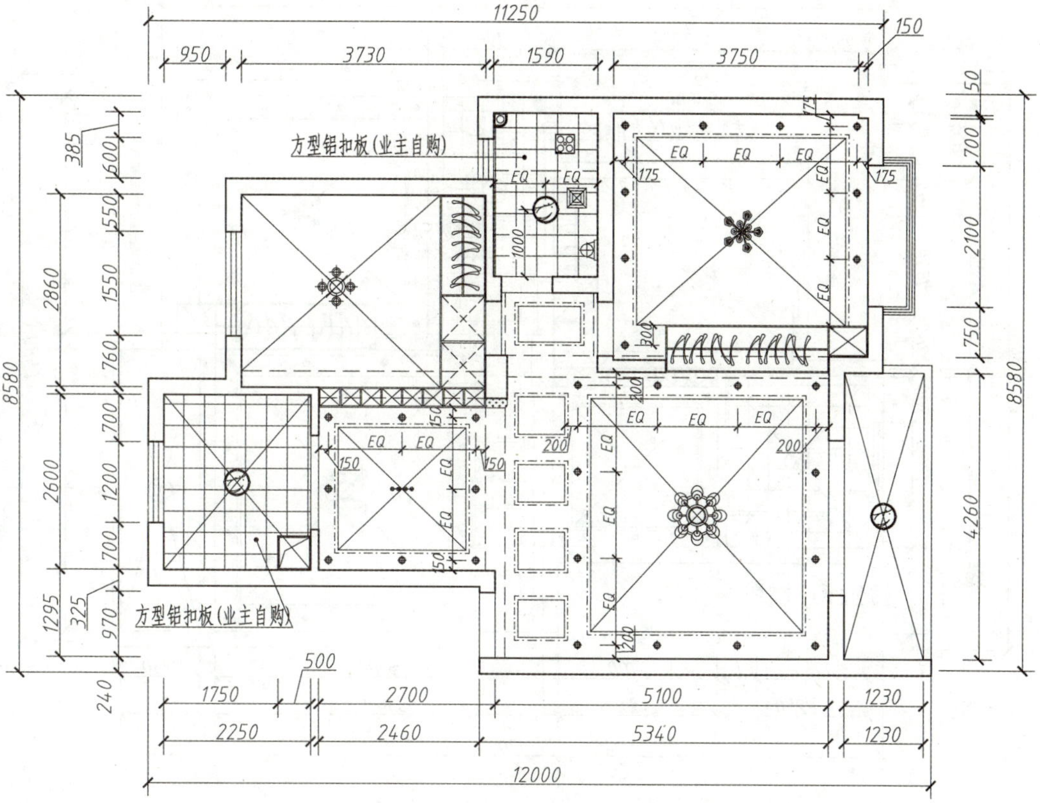

图 5-46　顶棚灯具尺寸定位图

要标注图 5-46 所示的灯具尺寸，可按照先标注各居室的主要照明灯具，再标注辅助照明灯具的顺序标注，具体的绘制方法如下。

步骤 1▶　除卫生间外，其余居室吊灯或吸顶灯均位于该居室的中间位置，因此，可用对角线来表示灯具的具体位置。即将上节绘制的顶棚布置图复制一份，然后将"尺寸标注"图层设为当前图层，接着利用"直线"命令绘制各居室的对角线，如图 5-47 所示。

步骤 2▶　采用当前默认的尺寸标注样式"30"，利用"线性"和"连续"命令标注卫生间灯具的定位尺寸，结果如图 5-48 所示。

步骤 3▶　双击上步标注的尺寸数字"795"，可进入尺寸数字编辑状态。选中文本框中的尺寸数字并按【Delete】键将其删除，然后输入"EQ"并在绘图区的其他空白区域单击，即可修改尺寸数字。采用同样的方法修改另外一个尺寸数字，结果如图 5-49 所示。

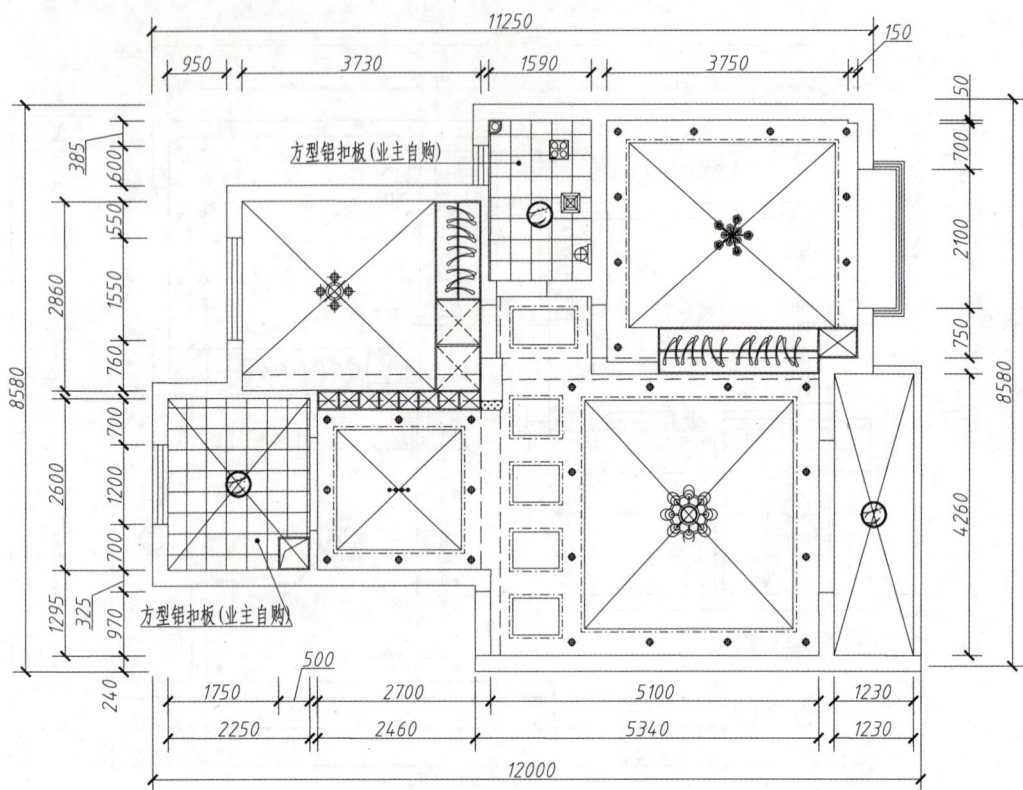

图 5-47　各居室主要照明灯具定位

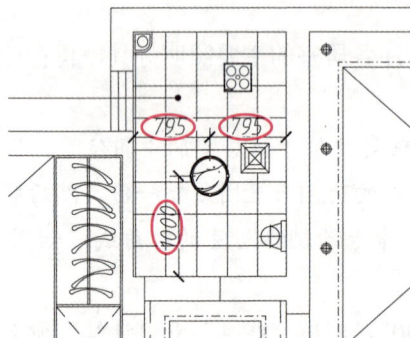

图 5-48　标注卫生间灯具定位尺寸

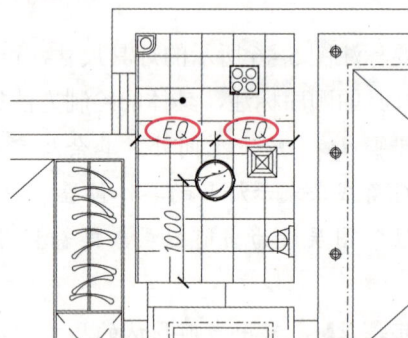

图 5-49　修改卫生间灯具的定位尺寸

　　步骤 4▶　尺寸数字不能被任何图线通过。为此，在标注完卫生间的灯具定位尺寸后，需先在填充的图案上单击，然后在"边界"面板中单击"选择"按钮，接着在卫生间内的尺寸标注上单击，最后按回车键，即可使图案绕开尺寸数字填充，结果如图 5-49 所示。

"EQ" 表示 "均分"。若要表达灯具距前后或左右两侧墙体的距离相等，或各灯具间的距离相等，则可用 "EQ" 表示。如图 5-49 所示，"EQ" 表示在卫生间的宽度方向上，吸顶灯与卫生间两侧墙体的距离相等。

除了双击要标注 "EQ" 的尺寸外，还可在标注完该线形尺寸后，输入 "ED" 并回车，然后选择要修改尺寸数字的标注并进入尺寸编辑状态，按【Delete】键删除编辑框中的原尺寸数字，最后输入 "EQ" 即可。修改完一个尺寸内容后在绘图区任意位置单击，再直接在下一个要修改的尺寸上单击，即可修改下一个尺寸的内容。

步骤 5▶ 参照标注卫生间吸顶灯的方法标注客厅、餐厅和主卧筒灯的定位尺寸，效果如图 5-46 所示。至此，灯具尺寸定位图就绘制完了。

在标注灯具尺寸时，经常需要调整尺寸数字的放置位置。除了单击尺寸数字上的夹点并调整其位置外，选中要调整位置的尺寸标注并右击，从弹出的快捷菜单中选择 "特性" 选项，然后在打开的图 5-50 所示 "特性" 选项板中的 "文字移动" 列表框中指定移动文字时是否为文字添加引线。

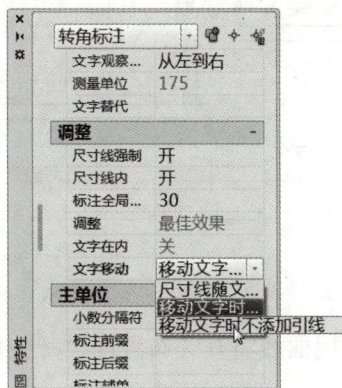

图 5-50 "特性" 选项板

5.3 绘制开关布置图

家装中，开关布置得是否合理将直接决定生活的便利与否。相信很多人都有在寒冷的夜晚下床关灯的难忘经历，这就是开关布置不合理的一个典型案例。

扫一扫

视频讲解

　　本案例中，在入户处左侧墙体上设置了 3 个开关，分别用于控制客厅吊灯，客厅吊灯、筒灯、灯带和走廊灯带，以及餐厅吊灯、筒灯和灯带。为了使用方便，可在主卧和次卧相接处设置一个双控开关，以控制客厅的吊灯。

　　此外，主卧和次卧的吊灯开关可分别设置在主卧和次卧入口的内或外侧，并且在各床头处设置一个用于控制吊灯的开关。主卧的筒灯与吊灯可用两个开关分别控制。厨房和卫生间的开关可设置在厨房和卫生间的入口处。图 5-51 所示为本案例的开关布置图。

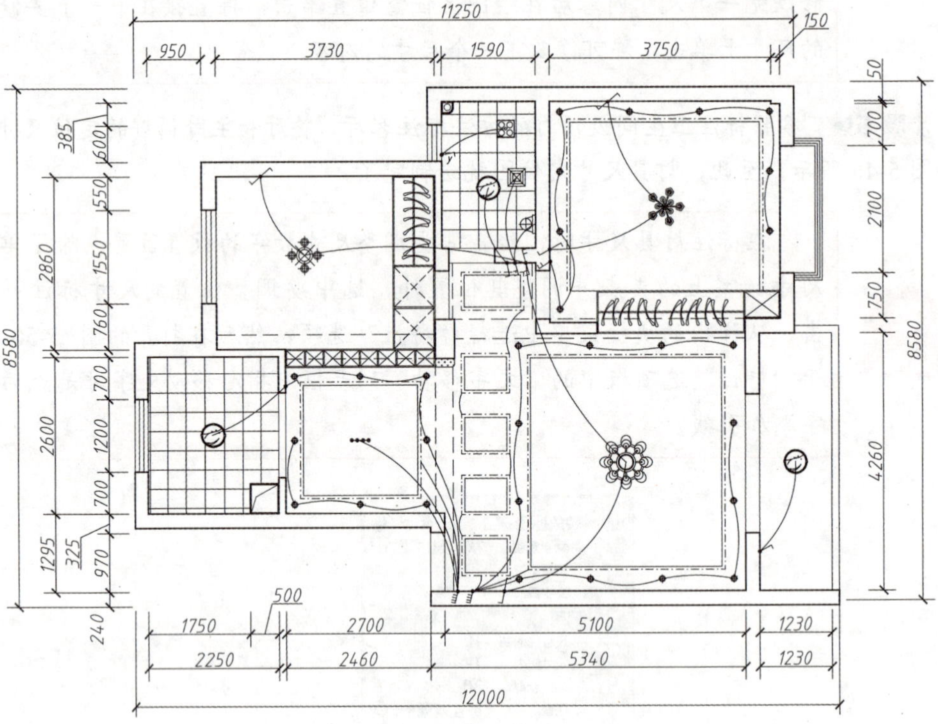

图 5-51　开关布置图

　　为了方便施工时看图，可用曲线将开关布置图中开关控制的灯具和开关连接起来。要绘制图 5-51 所示的开关布置图，可按以下步骤操作。

　　步骤 1▶ 将顶棚布置图向绘图区的合适位置复制一份，删除厨房和卫生间顶棚的材料名称，然后将"灯具"图层设为当前图层。

　　步骤 2▶ 输入"A"并回车，捕捉图 5-52 所示的端点 A 并水平向右移动光标，在合适位置单击以指定圆弧的起点；移动光标在合适位置（如点 B）单击，指定圆弧的第二点；移动光标，捕捉灯具的圆心并单击，以指定圆弧的端点，如图 5-52 所示。

　　步骤 3▶ 采用同样的方法，使用"圆弧"命令绘制图 5-53 所示连线。

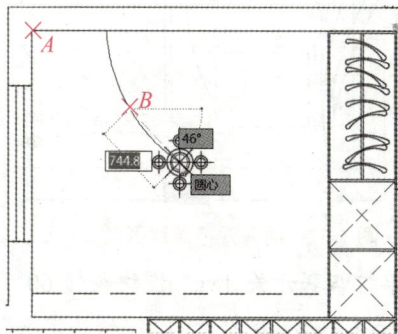

图 5-52　绘制连接线

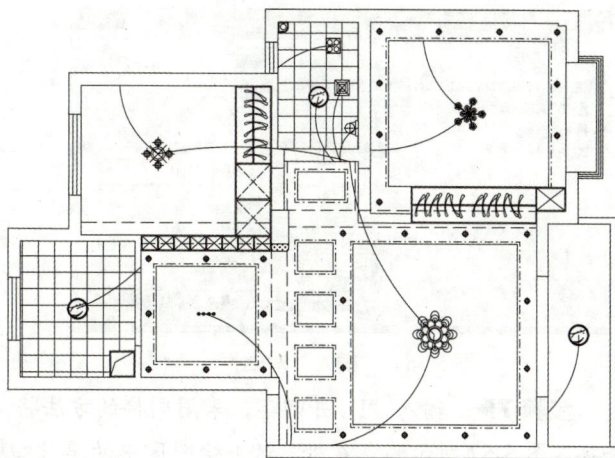

图 5-53　主要照明灯具及电器连接线

步骤 4▶　输入 "SPL" 并回车，捕捉图 5-54 所示筒灯的圆心点 A 并单击，指定样条线的起点；移动光标后在合适位置（如点 B）单击，指定样条线上的第二点；再捕捉并单击第二个筒灯的圆心，指定样条线上的第三点。采用同样的方法，指定图 5-54 所示第三个筒灯的圆心并单击，最后按回车键结束样条线的绘制。

步骤 5▶　按回车键重复执行 "样条曲线拟合" 命令，采用同样的方法绘制图 5-55 所示其他灯带和筒灯的连线。

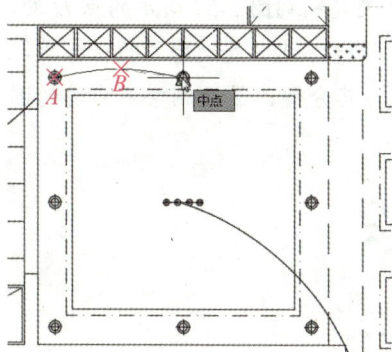

图 5-54　指定样条线上的点

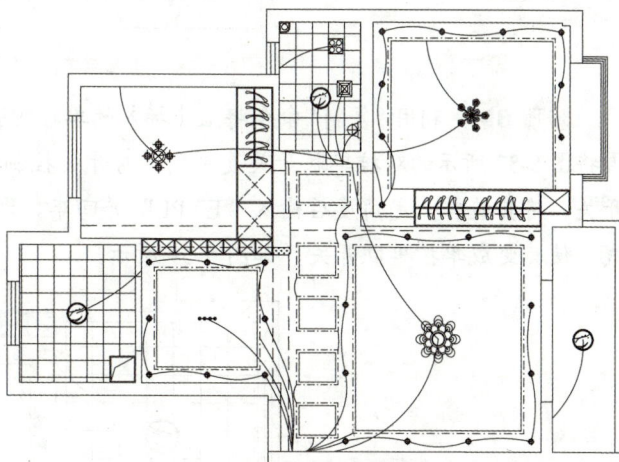

图 5-55　筒灯和灯带连接线

步骤 6▶　输入 "I" 并回车，在打开的对话框中单击 "浏览" 按钮，然后选择本书配套素材中的 "素材与实例" > "ch05" > "图块" > "开关插座" > "双控单联开关.dwg" 图块，并将旋转角度值设为 "90"，如图 5-56 所示。单击 "确定" 按钮，捕捉图 5-57 所示的端点并单击，可插入双控单联开关。

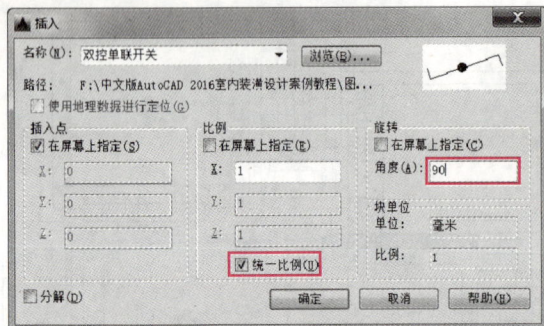

图 5-56　"插入"对话框

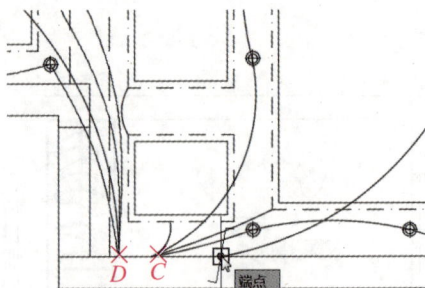

图 5-57　插入双控单联开关

步骤7▶　输入 "I" 并回车,采用同样的方法将 "单控四联开关.dwg" 图块旋转 60°,并插入图 5-57 所示的点 C 处。双击绘图区中的单控四联开关图形,在打开的 "编辑块定义"对话框中单击 "确定" 按钮,进入块编辑器界面。删除圆点右侧的所有图线并单击 "关闭块编辑器" 按钮,结果如图 5-58 所示。

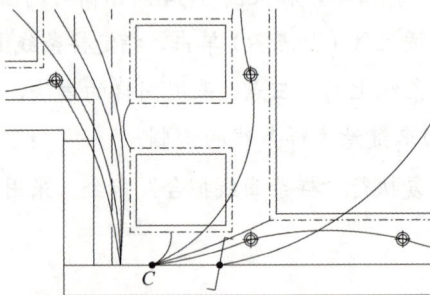

图 5-58　插入单控四联开关

步骤8▶　利用 "复制" 命令将上步插入的单控四联开关复制到图 5-57 所示的点 D 处,再将图 5-57 所示的双控单联开关复制到厨房开关控制的灯线处。选中复制得到的双控单联开关,将其旋转一定角度后输入 "EXPL" 并回车,即可将其分解,最后删除不需要的图线,使其变成单控单联开关,如图 5-59 所示。

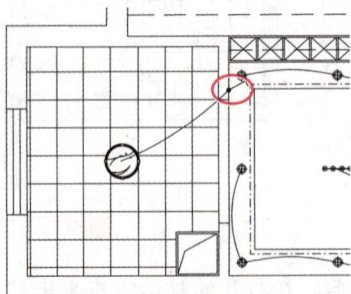

图 5-59　插入单控单联开关

步骤9▶　采用同样的方法,布置图 5-51 所示其他开关。其中,卫生间浴霸开关的 "y"可用 "单行文字" 命令注写,字高为 120 mm,文字样式为 "数字和字母"。

步骤 10▶ 参照 5.2.2 节灯具图例表的绘制方法，利用"表格"和"修剪"命令绘制图 5-60 所示的开关图例表。至此，开关布置图就绘制完了。

1	双控单联开关	
2	双控双联开关	
3	单控单联浴霸专用开关	
4	单控单联开关	
5	单控双联开关	
6	单控四联开关	

图 5-60　开关图例表

5.4　绘制插座布置图

扫一扫

视频讲解

家装中，如果插座布置不合理，经常会出现人钻到桌子下方插插座、挪沙发插插座、接拖线板等状况，给生活带来很多不便。图 5-61 所示为本案例的插座布置图。

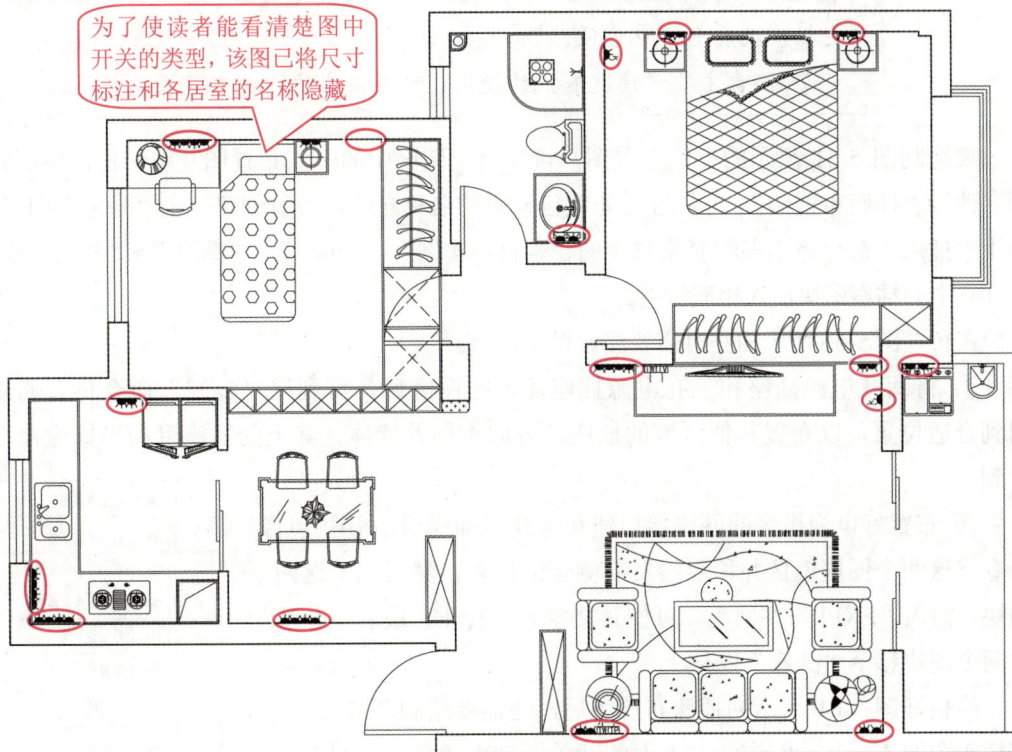

为了使读者能看清楚图中开关的类型，该图已将尺寸标注和各居室的名称隐藏

图 5-61　插座布置图

布置插座时应注意以下几点。

① 客厅中，沙发两侧与电视机两侧，需布置五孔插座，以便手机、落地灯、饮水机等的使用，其数量根据电器的使用情况确定。

② 餐厅中，餐桌下面或紧临餐桌的某面墙体上要安装插座，以便餐桌上使用必要的电器（如吃火锅）。

③ 厨房是家电使用的"集中营"，操作台上首先要安装油烟机的五孔插座，其次要安装供电饭煲、豆浆机、热水壶等常用电器使用的插座，操作台下面最好安装多个五孔插座，以便净水器、小厨宝和消毒柜等家电的使用。

④ 卧室中，一般应设置能在床上使用必要电子产品（如笔记本电脑、手机等）的插座，也可以在床头处安装 USB 插座，避免插座不够用。

⑤ 书房中主要是电脑的使用。尽量提前测量好书桌的尺寸，将五孔插座布置在书桌的桌面上，避免爬到桌子下方拔、插插座。

⑥ 卫生间尽量使用防水插座，避免洗澡时水溅到插座上。吹风机使用之处，推荐安装拉不脱插座。这样，在吹头发过程中怎么拉扯插座都不会松，既安全，也方便。

⑦ 阳台主要考虑洗衣机的使用，可在洗衣池附近安装五孔插座。

知识库

要绘制图 5-61 所示的插座布置图，可先将绘图区中的平面布置图复制一份，然后将图名改为"插座布置图"，再将过道处软包材质的名称删除，接着创建一个"插座"图层，利用"插入"命令将本书配套素材中的"素材与实例">"ch05">"图块">"开关插座"文件夹中的插座图块插入相应位置。

在布置图 5-61 所示插座时需要注意以下几点。

① 将两孔电源插座和三孔电源插座插入绘图区后，可利用"复制"命令将它们复制到合适位置，以布置其他区域的插座。方向不同的墙体，其上的插座可利用镜像命令得到。

② 布置好电视机旁的网络接口线和电视线插座后，利用"镜像"命令将这两个图块镜像并移至沙发左侧合适位置，然后选中这两个图块，输入"EXPL"并回车，可使其文字方向转正，最后将分解的这两个图块移至"插座"图层上。

绘制好图 5-61 所示的插座布置图后，还需要绘制图 5-62 所示的插座图例表，其绘制方法与前面的开关图例表和灯具图例表的绘制方法相同。至此，插座布置图就绘制完了。

1		三孔电源插座
2		两孔电源插座
3		两孔防水电源插座
4		三孔防水电源插座
5		网络接口线
6		电视线
7		电话线
8		空调插座

图 5-62 插座图例表

5.5　绘制水路布置图

　　理论上，家装中的水路布置主要分为给水管路布置和排水管路布置。但在实际装修时，一般无须对排水管路进行改造。开发商在建楼房时已经布置好了排水管路，并且在地面上留出了排水管接口，如图 5-63 所示。

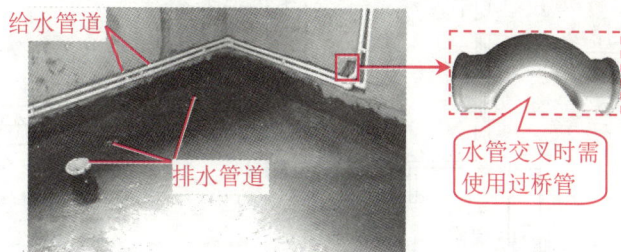

图 5-63　卫生间管道布置示意图

　　本案例中，厨房的洗菜盆、卫生间的洗手池和洗澡间均需要使用热水，因此，厨房和卫生间除了要布置冷水管外，还需要布置热水管。阳台上有洗衣机和拖把池，需布置冷水给水管，图 5-64 所示为本案例中的水路布置图。

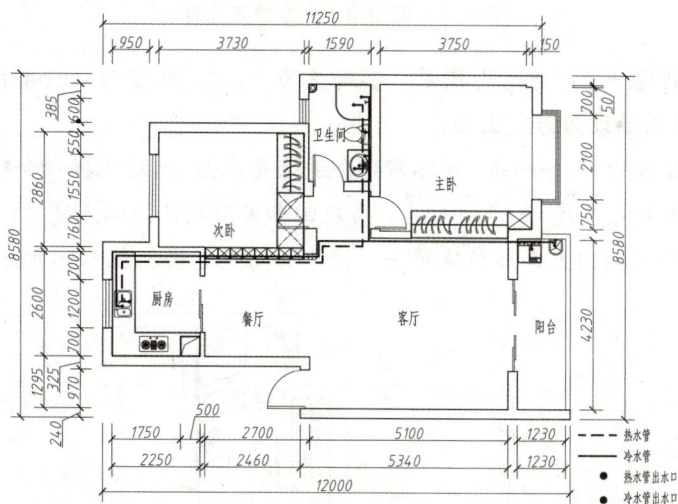

图 5-64　水路布置图

> 　　后期装修时，在没有特殊要求的情况下，尽量不要随意修改排水管的布置。例如，本案例中，如果开发商没有在阳台上预留排水管口，那么将洗衣机和拖把池布置在阳台上后，还需在地面上布置一道横向的排水管穿过客厅。这时，地面必须加高才能使排水管不露出地面，而横向的排水管很容易堵塞，并且一旦水管发生漏水，这样的隐蔽工程不利于后期维修。

由于本案例中的排水管无须移位，因此可不绘制排水管路。要绘制图 5-64 所示的水路布置图，可按以下步骤进行操作。

步骤1▶ 将平面布置图复制一份，然后将图名修改为"水路布置图"，删除其中不需要用水的家具、家电及材料名称，如图 5-65 所示。

为了方便看图，本图已将所有尺寸标注隐藏

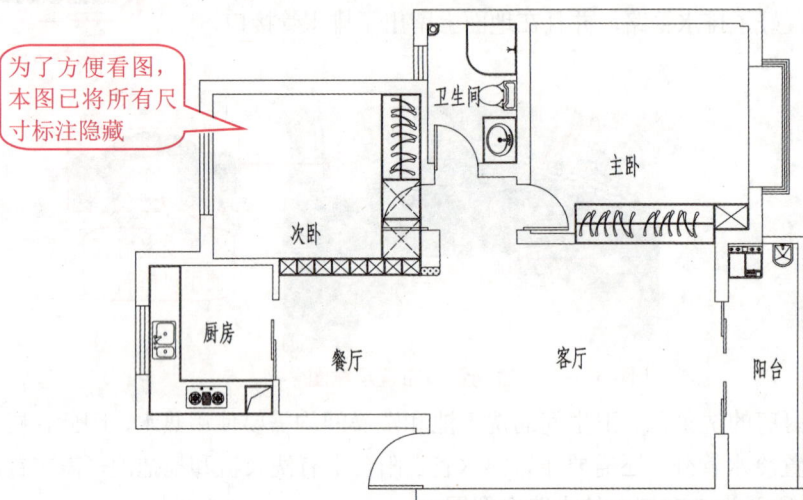

图 5-65　保留用水的家电及洁具

步骤2▶ 新建一个"水管"图层，其颜色为"蓝"，线型为"Continuous"，线宽为"默认"，并将该图层设为当前图层。

步骤3▶ 输入"PL"并回车，在浴霸的合适位置单击，然后根据命令行提示输入"W"并回车，接着输入起点宽度"15"并回车，再次回车采用默认的端点宽度；向右移动光标，待出现水平极轴追踪线时在合适位置单击，依次移动光标绘制图 5-66 所示的冷水管。

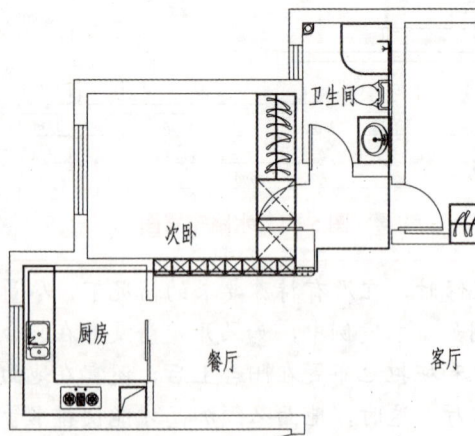

图 5-66　绘制冷水管

步骤4▶ 按回车键重复执行"多段线"命令，依次在马桶和洗手池处绘制一条水平直线段，使其与主水管相连，然后使用"圆"命令绘制一个半径为 20 mm 的圆，并利用"图案填充"命令为该圆填充"SOLID"图案，最后将该圆及填充图案复制到冷水管支管的另一端，结果如图 5-67 所示。

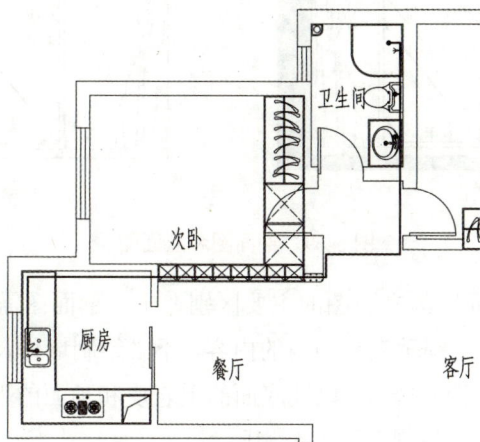

图 5-67 绘制冷水管支管及出水口

知识库
水路布置图只需要表达主水管的主要走向及支管的大致位置。在实际装修时，施工人员会根据平面布置图中各用水电器的摆放位置确定各支管的具体位置。

步骤5▶ 参照前面的方法绘制通往洗衣机和拖把池的冷水管道，再绘制热水管道，最后选中所有的热水管及出水口，在"默认"选项卡"特性"面板的"对象颜色"列表框中选择"红"，使所选热水管变成红色，以便区分两个水管。

步骤6▶ 在图形的右下方合适位置绘制图 5-68 所示的水管图例及文字。其中，文字可用"多行文字"命令注写，字高为"250"，文字样式为"汉字"，输入完一行文字后回车，即可输入另一行文字。至此，水路布置图就绘制完了。

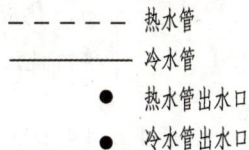

－ － － － － 热水管
───── 冷水管
● 热水管出水口
● 冷水管出水口

图 5-68 水管图例

5.6 绘制住宅室内立面图

室内设计中，设计者可使用图 5-69 所示的两种方式表达垂直界面的状况，一种是剖面图，另一种是立面图。

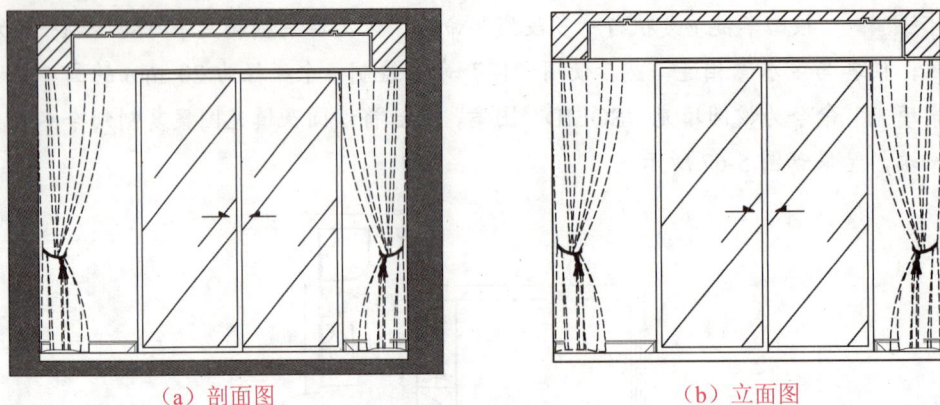

(a) 剖面图	(b) 立面图

图 5-69　剖面图和立面图

由图 5-69 可知，剖面图与立面图的主要区别在于：剖面图需要绘制被剖到的墙体及顶部楼板，而立面图只需绘制垂直界面内的内容，不必绘制墙体及楼板，也就是说立面图只需要绘制与垂直界面平行的墙面，以及底面的上表皮和顶面的下表皮，由它们围成的垂直界面内的内容和绘制方法与剖面图完全相同。

实际绘图时，多数情况下可不绘制图 5-69（a）中的楼板层，但可以在图 5-69（b）所示的基础上绘制出必要的墙体剖面，我们将这种图样统称为立面图。此外，由于吊顶的材料、工艺和技术非常成熟，所以一般情况下，对于没有特殊要求的吊顶，在绘制剖面图或立面图时吊顶部分的具体构造可省略不画。

> 剖面图和立面图的数量与剖切位置依房屋和室内设计的具体情况而定。总的来说，剖面图和立面图要能充分表达垂直界面内的结构、构造、家具、设备和陈设，即充分表达设计意图。理论上，有一个垂直界面，就应相应地绘制一个立面图，但在设计实践中，若有些界面非常简单，就没有必要单独绘制其立面图。

由第 4 章 4.4 节的平面布置图可以看出，该案例中需要表达的墙体立面图主要有电视机背景墙、沙发背景墙和主卧床头背景墙。

5.6.1　绘制电视机背景墙

电视机背景墙的常见做法有木质饰面板、人造石饰面、玻璃与金属材质饰面、墙纸、墙布、油漆或艺术喷涂，以及灵活搭配的软装饰品，如图 5-70 所示。

扫一扫

视频讲解

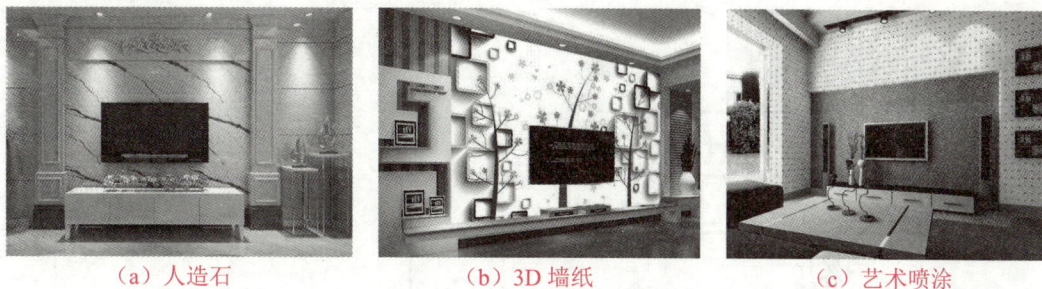

(a) 人造石　　　　　　(b) 3D 墙纸　　　　　　(c) 艺术喷涂

图 5-70　电视机背景墙的常见效果

本案例中，电视机背景墙采用玻璃和墙纸制作，并在玻璃和墙纸交界处设置灯带，墙纸处压不锈钢条，如图 5-71 所示。

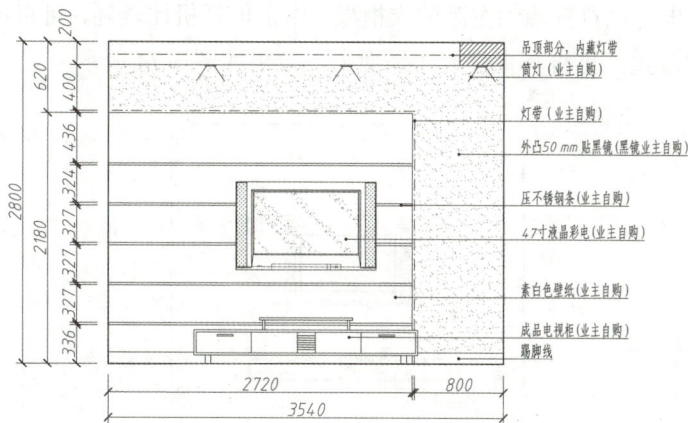

图 5-71　电视机背景墙

1. 绘制轮廓线

输入"DLI"并回车，在平面布置图中依次捕捉并单击图 5-72 所示的端点 *A* 和 *B*，由尺寸数字可知该背景墙的宽度为 3540 mm，按【Esc】键结束命令。该楼房室内净高为 2800 mm，可按以下步骤绘制图 5-71 所示的电视机背景墙。

步骤 1▶　将"墙体"图层设为当前图层。利用"矩形"命令绘制一个长度为 3540 mm，宽度为 2800 mm 的矩形，然后选中该矩形，输入"EXPL"并回车，可将该矩形分解。

步骤 2▶　利用"偏移"命令将最上面一条水平直线向其下方偏移 200 mm，以得到顶棚的最低轮廓线，再将偏移得到的水平线向其上方偏移任意距离，最后利用"默认"选项卡"特性"面板中的"特性匹配"按钮分别将这两条直线置于"顶棚"和"灯带"图层上，效果如图 5-73 所示。

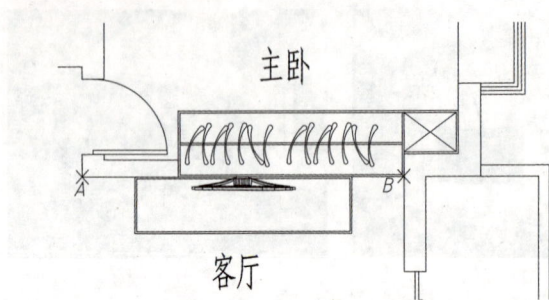

图 5-72　指定尺寸界线的位置

图 5-73　绘制立面轮廓线及灯带

2. 布置电视机及电视柜

本案例中，电视机背景墙为主卧的衣柜板。由于电视机比较轻，可直接固定在衣柜板上，而电视柜比较重，可将其直接放在地面上，效果如图 5-74 所示。

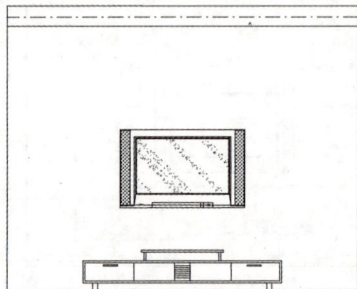

图 5-74　布置电视机及电视柜效果

由于电视柜和电视机均位于背景墙的中间部位，因此可先将"家具"图层设为当前图层，然后利用"插入"命令将本书配套素材中的"素材与实例">"ch05">"图块">"电视柜.dwg"图块插入立面图中，插入点如图 5-75 所示。

采用同样的方法，将"电视机（立面）.dwg"图块插入立面图中。插入时捕捉图 5-76 所示的中点并向上移动光标，待出现竖直极轴追踪线时输入"1200"并回车。

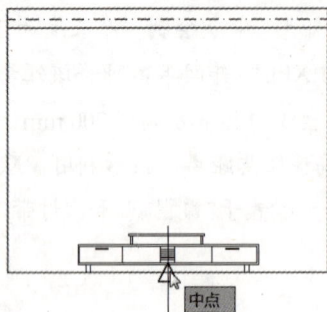

图 5-75　插入电视柜

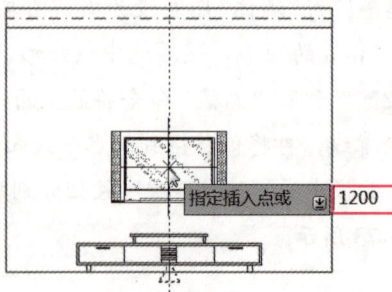

图 5-76　插入电视机

3．设计背景墙

电视机四周贴素白色壁纸，其外侧用"﹁"型 50 mm 厚黑镜装饰，吊顶上方打筒灯，具体绘制方法如下。

步骤 1▶　利用"偏移"命令将立面图最左侧轮廓线向右偏移复制一份，偏移距离为"2720"，再将最下方轮廓线向上偏移复制，偏移距离为"2180"，最后输入"F"并回车，采用默认的修剪模式，然后在偏移得到的两条直线上单击即可。

步骤 2▶　利用"偏移"命令将上步偏移得到的两条直线分别向其外侧偏移复制，偏移距离为"20"，再输入"F"并回车，依次在偏移得到的两条直线上单击，使其相交，最后使用"特性匹配"命令使这两条直线位于"灯带"图层，效果如图 5-77 所示。

步骤 3▶　利用"偏移"或"复制"命令参照图 5-78 所示尺寸绘制踢脚线和不锈钢条，再利用"修剪"命令以图 5-78 所示的黑镜轮廓线为修剪边界，修剪掉多余的不锈钢条轮廓线及被电视柜挡住的灯线和黑镜轮廓线，最后创建一个"装饰线"图层，并将上步绘制的踢脚线和不锈钢条图线置于该图层上。

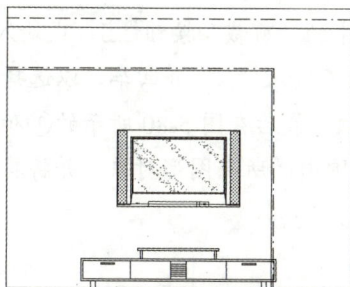

图 5-77　绘制黑镜轮廓线及灯带

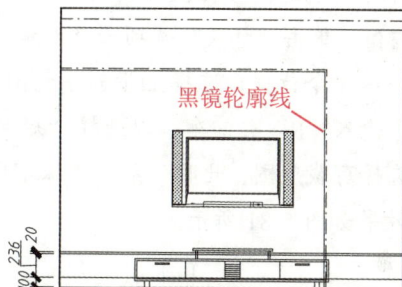

图 5-78　绘制踢脚线和不锈钢条

知识库

　　踢脚线除了可以掩盖地面材料与墙面结合处的伸缩缝外，还能防止在清洁卫生时将墙面弄脏。踢脚线可现购，其高度因材质不同而不同，常见的有 80～100 mm。一般情况下，室内的四面墙根处都需要安装踢脚线，但在绘图时，被家具或陈设遮挡的部分，其踢脚线可省略不画。

步骤 4▶　选中上步绘制的两条不锈钢条轮廓线，然后输入"AR"并回车，根据命令行提示选择矩形模式，然后将阵列列数设为"1"，行数设为"5"，行距设为"347"，最后使用"修剪"命令将电视机及电视柜的外轮廓线作为修剪边界，修剪掉多余的图线，结果如图 5-79 所示。

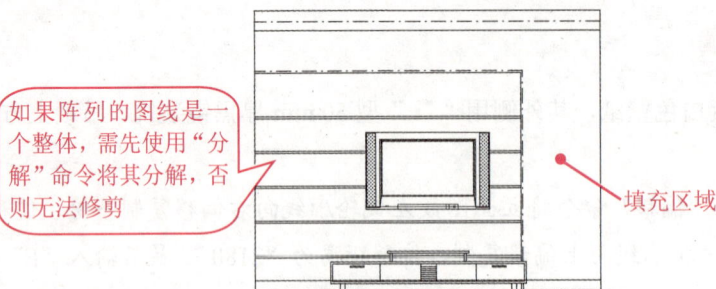

如果阵列的图线是一个整体,需先使用"分解"命令将其分解,否则无法修剪

填充区域

图 5-79 阵列不锈钢条

步骤 5▶ 将"装饰线"图层设为当前图层。输入"H"并回车,然后在图 5-79 中要填充的区域内单击,再将填充图案设为"AR-SAND",填充比例设为"2",进行填充。

立面图中筒灯的位置应与顶棚平面图中筒灯的位置一致,为此,还需要进行如下操作。

步骤 6▶ 关闭"尺寸标注"图层,然后将顶棚布置图复制一份。采用窗交法选取复制得到的顶棚布置图,然后输入"B"并回车,在打开的"块定义"对话框中将块名称设为"顶棚布置图",并将客厅吊顶附近的任意一点作为插入基点,最后选中"转换为块"单选钮,即可将所选图形转换为图块。

步骤 7▶ 单击"插入"选项卡"参照"面板中的"剪裁"按钮,或输入"CLIP"并回车,根据命令行提示选择上步创建的图块,接着输入"N"并回车,以选择"新建边界"选项;输入"R"并回车,以选择"矩形"选项;最后在图 5-80 所示的①和②处依次单击,以选择剪裁范围。此时,系统将保留所选范围内的所有图形对象,并将其他图形对象隐藏,效果如图 5-81 所示。

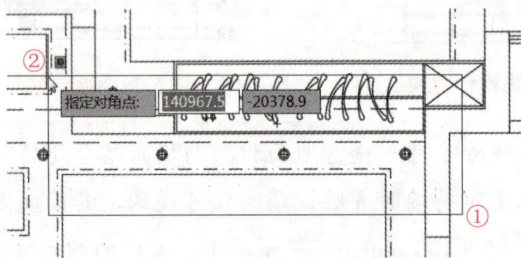

图 5-80 选择裁剪范围

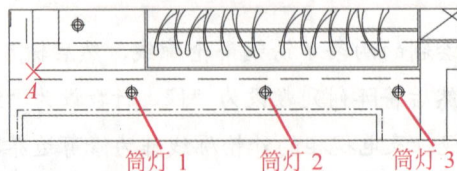

筒灯 1   筒灯 2   筒灯 3

图 5-81 图形裁剪效果

使用"剪裁"命令裁剪图块时，除了输入相关字母选择所需选项外，还可以打开状态栏中的"动态输入"开关 ，然后在光标附近出现的命令提示框中利用鼠标或【↑】【↓】方向键选择所需选项。

如果所选取的裁剪区域不合适，可先选中裁剪后的图形，然后单击夹点■并移动光标，以扩大或缩小裁剪范围。

有些书籍中，在介绍立面图的绘制时，将需要参照的平面图中的部分图线置于立面图上方或下方，而没有将整个平面图设置为图块，这种绘图方法是不可取的。

这是因为在绘制立面图时，如果发现平面图中有设计不合理的地方或绘制错误的地方，不仅要修改当前用于参照的平面图，还需要修改参照图形的源图形，这无疑增加了绘图工作量。

步骤 8▶　选中裁剪得到的图形，然后输入"M"并回车，捕捉图 5-81 所示的端点 A 并单击，然后捕捉立面图中墙体的左下角并向下移动光标，待出现竖直极轴追踪线时在合适位置单击。

步骤 9▶　输入"RAY"并回车，捕捉图 5-81 所示筒灯 1 的圆并单击，然后向上移动光标，待出现竖直极轴追踪线时在合适位置单击，最后按回车键结束命令。采用同样的方法，分别过筒灯 2 和筒灯 3 的圆心绘制竖直辅助射线，效果如图 5-82 所示。

步骤 10▶　将"灯具"图层设为当前图层。利用"插入"命令将本书配套素材中的"素材与实例">"ch05">"图块">"筒灯（立面）.dwg"图块插入立面图中，插入点为射线与吊顶最低轮廓线的交点，最后使用"复制"命令将插入的筒灯进行复制，结果如图 5-83 所示。

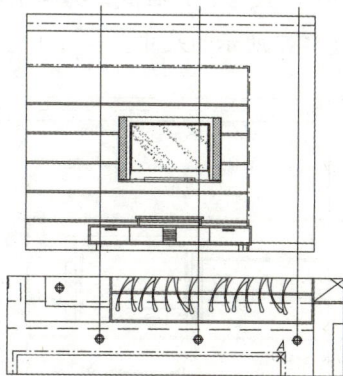

图 5-82　绘制辅助射线

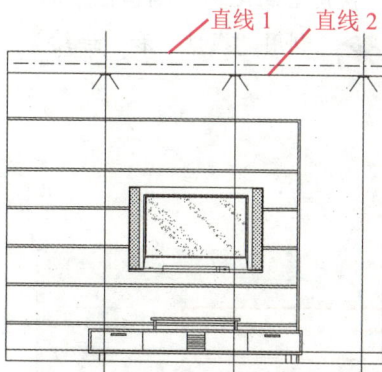

图 5-83　布置筒灯

步骤 11▶　删除筒灯处的 3 条辅助射线，然后将顶棚图层设为当前图层，过图 5-82 所示的点 A 绘制一条上向的竖直射线，再使用"修剪"命令以图 5-83 所示的直线 1 和直线 2 为修剪边界，修剪射线和灯带，最后将修剪得到的直线移至"顶棚"图层上，结果如图 5-84 所示。

步骤 12▶ 将"顶棚"图层设为当前图层，然后为图 5-84 所示的区域填充"ANSI31"图案，填充比例为"15"，结果如图 5-85 所示。

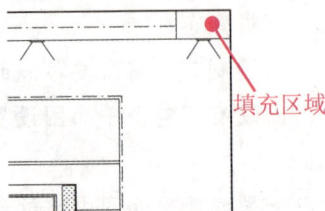

填充区域

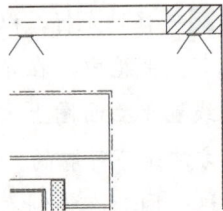

图 5-84　修剪射线　　　　　图 5-85　填充吊顶图案

4. 标注立面图的尺寸

标注立面图中的尺寸时，需要注意以下几点。

① 对于一些可直接购买的家具，可不标注其尺寸；对于一些需要定做的家具，可根据绘图比例的大小，标注其总长、总高，其他细部尺寸可在家具构造中详细标注。

② 对于立面图中的所有家具及陈设，需用引线引出并注明其名称、来源、尺寸，甚至颜色。

③ 被剖切到的吊顶部分，需用文字在图上注明吊顶的材料。

本案例中的电视机背景墙的尺寸标注方法如下。

步骤 1▶ 打开"尺寸标注"图层，并将其设为当前图层。输入"D"并回车，在打开的对话框中单击"新建"按钮，然后将"30"样式作为基础样式创建名称为"20"的尺寸标注样式，如图 5-86 所示。单击"继续"按钮后在打开的对话框中选择"调整"选项卡，并将"使用全局比例"编辑框中的参数设为"20"，最后将该样式设为当前样式。

步骤 2▶ 利用"线性"和"连续"命令标注图 5-87 所示的尺寸。

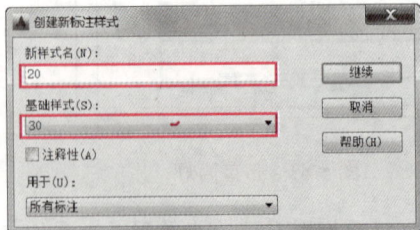

图 5-86　"创建新标注样式"对话框　　　图 5-87　标注尺寸效果

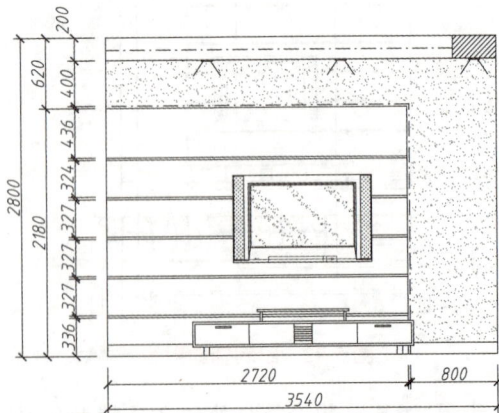

步骤 3▶ 单击"注释"选项卡"引线"面板右下角的三角符号，然后在打开的"多重引线样式管理器"对话框中单击"新建"按钮，将"30"样式作为基础样式创建名称为"20"的多重引线样式，如图 5-88 所示。单击"继续"按钮后在打开的对话框中选择"引线结构"选项卡，并将"指定比例"

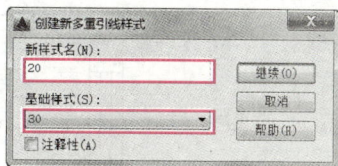

图 5-88 "创建新多重引线样式"对话框

编辑框中的参数设为 20，最后将该样式设为当前样式。

步骤 4▶ 利用"多重引线"命令标注图 5-71 所示的引线文字。至此，电视机背景墙就绘制完了。

知识库

　　使用"多重引线"命令标注图 5-71 所示的多重引线时，可先标注其中一个多重引线，然后使用"复制"命令将其复制到合适位置，再双击多重引线并修改文字的内容。

　　为了方便审核人员进行图纸审核，一般情况下应将所绘制的立面图，以及用于参照的裁剪后的顶棚平面图和平面布置图保持绘图时的对应关系（即"长对正"）不变，然后将它们一起保存，以便及时发现问题并修改图形。

5.6.2 绘制沙发背景墙

　　除了电视机背景墙外，沙发背景墙也是装修时打造的重点之一。沙发背景墙最常见的装饰方法有刷色漆、贴壁纸、制作简单的造型等，再用生活照或艺术照进行点缀，如图 5-89 所示。

图 5-89 沙发背景墙的常见效果

　　本案例中，由于电视机背景墙的装饰比较简单，因而沙发背景墙的装饰也应简单、大方，以免喧宾夺主，所以沙发背景墙仅使用装饰画点缀，如图 5-90 所示。

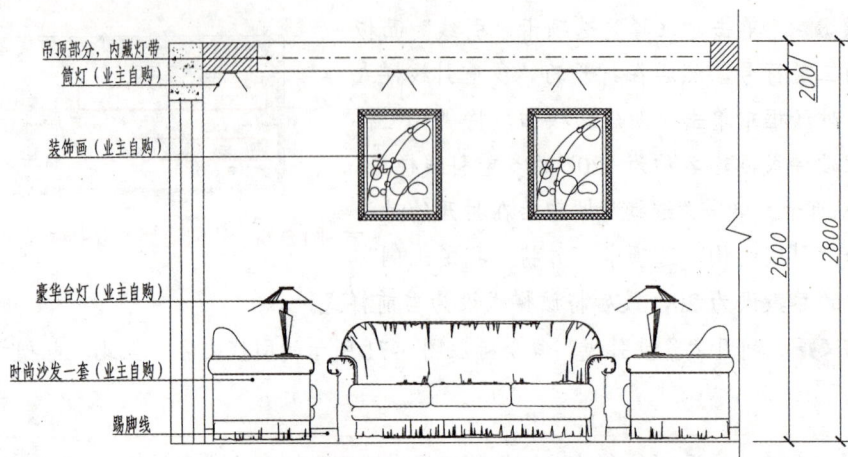

图 5-90　沙发背景墙

　　沙发背景墙与电视机背景墙位于同一个空间，其吊顶的做法及高度均相同。因此，沙发背景墙立面图可在电视机背景墙立面图的基础上绘制，具体操作方法如下。

　　步骤 1▶　关闭"尺寸标注"图层，然后将电视机背景墙及其下方剪裁的顶棚布置图同时向其右侧复制一份，然后删除电视机背景墙中的所有装饰，结果如图 5-91 所示。

　　步骤 2▶　选中图 5-91 所示图形下方的顶棚布置图，然后单击图上的"反向 X 剪裁边界"夹点 ⬆，以显示裁剪范围外的所有图形；选中该顶棚布置图，输入"CLIP"并回车，再输入"D"并回车，以删除旧边界。

　　步骤 3▶　选中顶棚布置图并按回车键重复执行"剪裁"命令，然后依次选择"新建边界"选项和"矩形"选项，采用窗交法选取图 5-92 所示要保留的区域，最后将该顶棚布置图旋转 180°，并使用"移动"命令使图 5-92 所示的墙线与图 5-91 所示的墙线对齐。

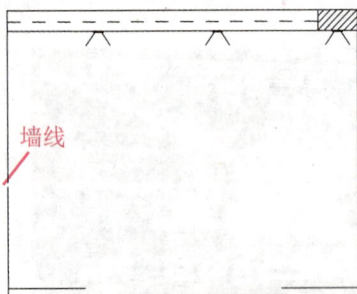

图 5-91　墙体轮廓线

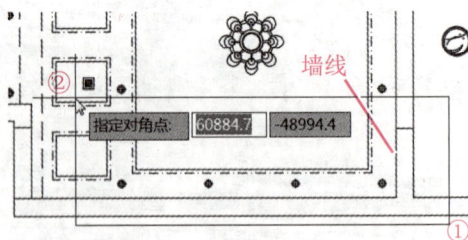

图 5-92　指定剪裁边界

> **提示**　除了按照上述方法重新指定剪裁边界外，也可以先选中图 5-91 所示图形下方的顶棚布置图，然后单击图上的"反向 X 剪裁边界"夹点 ⬆，再将该图块旋转 180°，并通过拖动夹点 ■ 调整所需剪裁的边界。

步骤 4▶　选中图 5-91 所示的墙线，输入"CO"并回车，然后依次捕捉并单击图 5-93 所示的端点 A 和端点 B，再按【Esc】键结束命令。输入"RAY"并回车，以图 5-93 所示的点 C 和点 D 为起点绘制竖直射线。

步骤 5▶　单击"默认"选项卡"修改"面板中的"拉伸"按钮，然后采用窗交法框选图 5-93 所示的区域，并按住【Shift】键在过点 D 的射线上单击，以取消该射线；按回车键后捕捉并单击图 5-93 所示的点 E，接着向右移动光标，待出现图 5-94 所示的交点提示时单击。

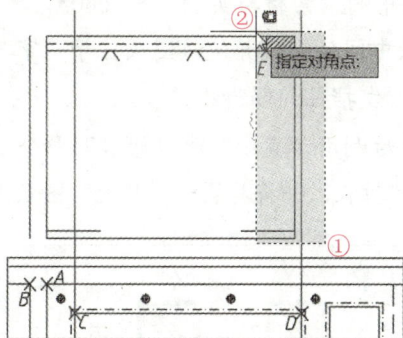

图 5-93　指定拉伸区域

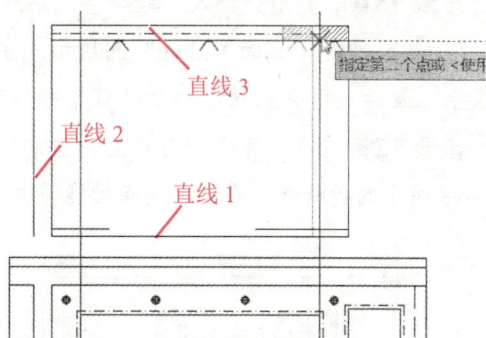

图 5-94　指定拉伸方向及距离

步骤 6▶　删除过点 D 的射线，输入"F"并回车，采用默认的修剪模式，输入"M"并回车，然后依次单击图 5-94 所示的直线 1 和直线 2，再单击直线 2 和直线 3，接着利用"修剪"命令修剪过点 C 的射线和灯带图线，最后利用"偏移"命令将图 5-94 所示的直线 1 向其上方偏移 2400 mm，再对通过偏移得到的直线进行修剪，结果如图 5-95 所示。

步骤 7▶　展开"默认"选项卡的"修改"面板，然后单击其中的"打断于点"按钮；单击图 5-95 所示的墙线 1，以指定打断对象，再捕捉该墙线与偏移得到的墙线的交点 A 并单击，以指定打断位置。采用同样的方法打断墙线 2，并将打断后的墙线 1 和墙线 2 置于"门窗"图层上。

步骤 8▶　选中图 5-95 所示的墙线 1，输入"CO"并回车，然后在绘图区的任意位置单击，接着向左移动光标，待出现水平极轴追踪线时分别输入"80"和"160"并回车，最后利用"图案填充"命令为门上方的墙体填充"AR-CONC"图案，结果如图 5-96 所示。

图 5-95　绘制墙体和吊顶

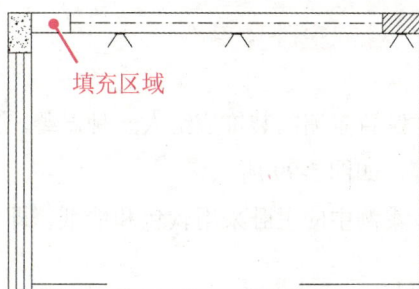

图 5-96　绘制门及墙体图案

步骤 9▶ 选中该剖面图右上角处的吊顶填充图案，然后在出现的"边界"面板中单击"拾取点"按钮，再单击图 5-96 所示的填充区域。

步骤 10▶ 输入"RAY"并回车，分别过顶棚布置图中各筒灯中心绘制竖直向上的射线，然后参照图 5-97 所示布置剖面图中的筒灯，再利用"插入"命令将本书配套素材中的"素材与实例"＞"ch05"＞"图块"＞"装饰画.dwg"图块插入图 5-97 所示位置，最后删除辅助射线。

步骤 11▶ 利用"插入"命令将本书配套素材中的"素材与实例"＞"ch05"＞"图块"＞"组合沙发（立面）.dwg"图块插入主卧的正中间位置，并使该图块位于"家具"图层上，最后利用夹点功能和"修剪"命令修剪被沙发挡住的踢脚线。

步骤 12▶ 将"其他"图层设为当前图层，然后利用"直线"和"修剪"命令绘制图 5-98 所示的折断线，再利用夹点功能将该直线两端拉长，并将其置于"其他"图层上。

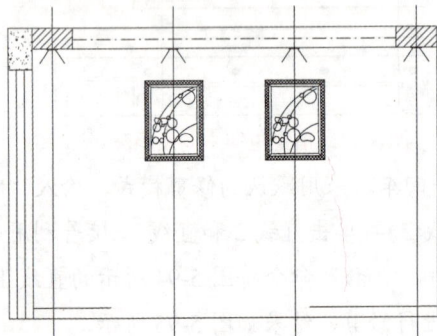

图 5-97　布置筒灯及装饰画　　　　　　　图 5-98　绘制折断线

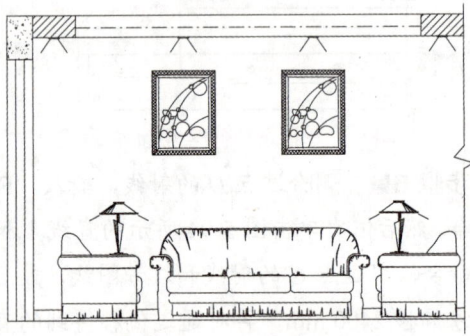

步骤 13▶ 打开"尺寸标注"图层，并将该图层设为当前图层，将"20"尺寸标注样式设为当前样式，然后标注图 5-90 中的尺寸。

步骤 14▶ 将 5.6.1 节绘制的电视机背景墙中的多重引线复制一份到沙发背景墙的合适位置，然后双击并修改多重引线的文字，参照图 5-90 标注各部分名称。至此，该沙发背景墙就绘制完了。

5.6.3　绘制主卧背景墙

主卧背景墙的装饰应给人一种温馨、舒适的感觉，常见的装饰方法有刷色漆、贴壁纸、软包等，如图 5-99 所示。

本案例中的主卧采用软包和墙纸，即中间部位用软包，墙体四周用墙纸，如图 5-100 所示。

图 5-99　主卧背景墙的常见效果

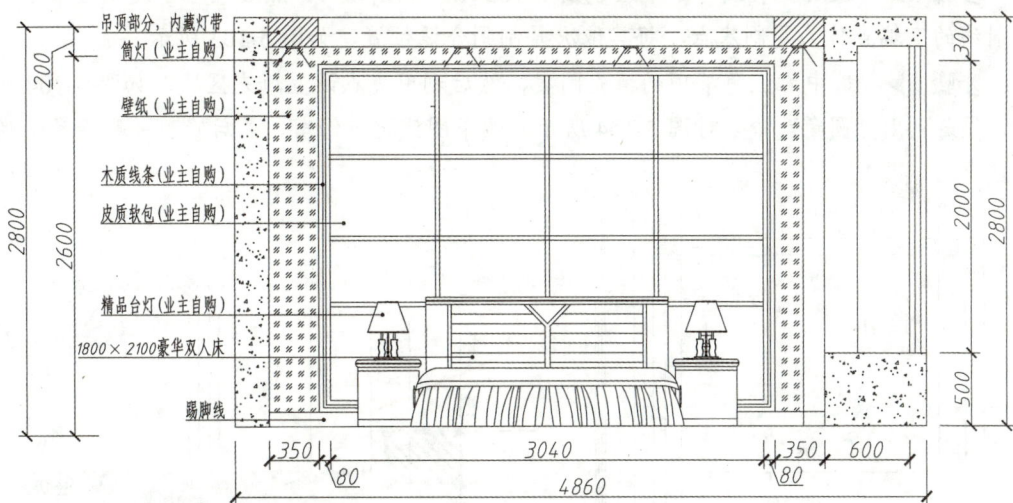

图 5-100　主卧背景墙

　　由于主卧背景墙吊顶的高度尺寸与客厅吊顶的高度尺寸完全相同，因此，该背景墙可在沙发背景墙的基础上绘制，具体操作方法如下。

　　步骤 1▶　关闭"尺寸标注"图层，然后将沙发背景墙及其下方剪裁的顶棚布置图同时向其右侧复制一份，然后将不需要的图线删掉，结果如图 5-101 所示。

　　步骤 2▶　选中图 5-101 所示图形下方的顶棚布置图，然后单击图上的"反向 X 剪裁边界"夹点 ⬆，以显示裁剪范围外的所有图形；选中该图块，输入"RO"并回车，以该图块中的任意一点作为旋转中心，将其旋转 180°。

　　步骤 3▶　选中顶棚布置图图块，然后拖动夹点 ■ 调整所需剪裁边界，再单击"反向X 剪裁边界"夹点 ⬆，效果如图 5-102 所示，最后利用"移动"命令使图 5-102 所示的端点 *A* 与图 5-101 所示墙线的下端点在一条竖直线上。

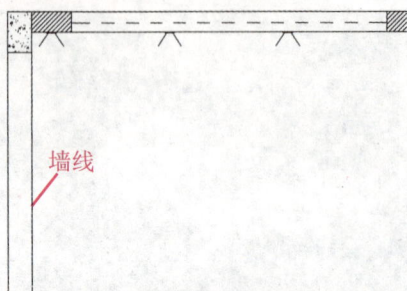

图 5-101　墙体轮廓线

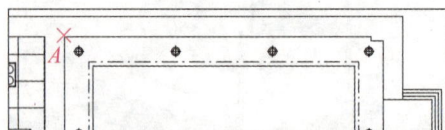

图 5-102　指定剪裁边界

步骤 4▶　使用"射线"命令绘制图 5-103 所示的射线 1，然后利用"复制"命令将该射线的下端点作为复制基点，将其依次复制到合适位置，如图 5-103 所示。

步骤 5▶　选中右上角吊顶的填充图案，然后利用夹点设置填充区域，如图 5-104 所示，接着利用"圆角"命令对图 5-104 所示的两条图线进行修剪，最后修剪并删除多余的图线。

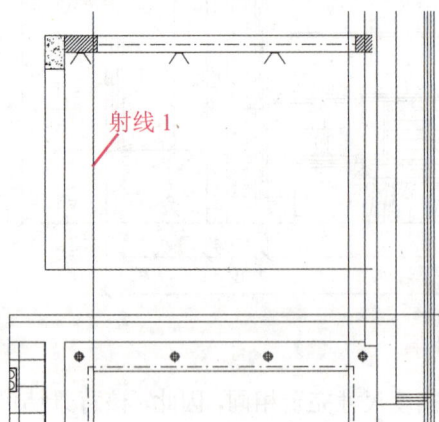

图 5-103　绘制射线

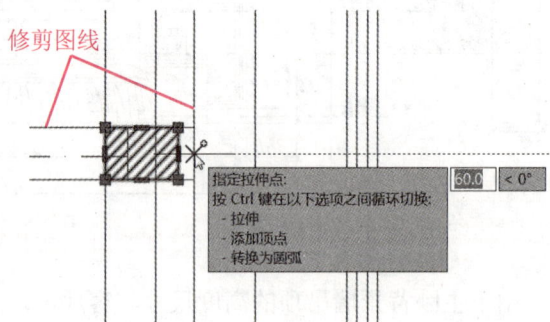

图 5-104　调整填充区域

步骤 6▶　采用同样的方法对左侧吊顶的填充图案进行调整，结果如图 5-105 所示。

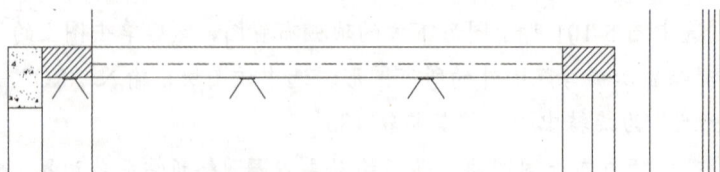

图 5-105　调整吊顶及其填充图案

步骤 7▶　利用"延伸"和"偏移"命令参照图 5-106（a）所示尺寸绘制图形，然后利用"修剪"命令修剪掉多余的图线，结果如图 5-106（b）所示，最后将 4 线窗线置于"门窗"图层。

(a)　　　　　　　　　　　　　　　　　　(b)

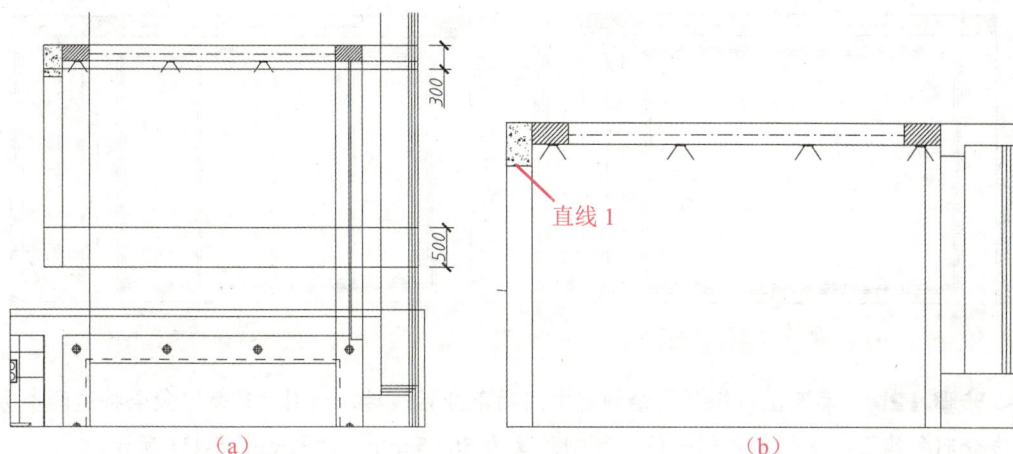

图 5-106　绘制并修剪图形

步骤 8▶　将图 5-106（b）所示的直线 1 删除，然后选中此处的填充图案，利用夹点调整填充边界，如图 5-107 所示，再单击"边界"面板中的"拾取点"按钮，在图 5-107 所示的区域内单击，结果如图 5-108 所示。

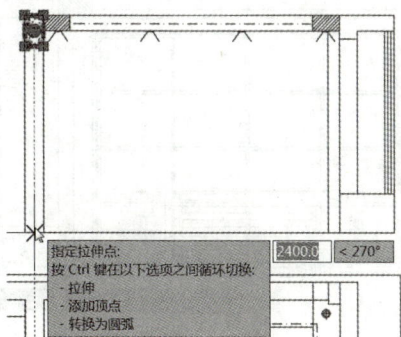

图 5-107　调整图案填充边界　　　　图 5-108　调整填充区域

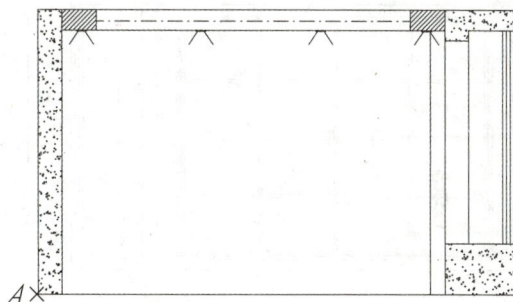

步骤 9▶　将"其他"图层设为当前图层。输入"REC"并回车，按住【Ctrl】键在绘图区任意位置右击，从弹出的快捷菜单中选择"自"选项，捕捉图 5-108 所示的端点 A 并单击，输入"@590，100"并回车，指定矩形的左下角点，再输入"@3200，2380"并回车。

步骤 10▶　使用"偏移"命令将上步绘制的矩形向其内侧偏移复制一份，偏移距离为"30"，再依次将偏移得到的矩形向其内侧分别偏移 20 mm 和 30 mm，结果如图 5-109 所示。

步骤 11▶　使用"直线"命令绘制最内侧矩形的中心竖直线，然后将该直线分别向其两侧偏移 15 mm，并删除中间的直线。选中这两条竖直线，输入"CO"并回车，在绘图区任意位置单击，然后输入"@767.5，0"并回车，再输入"@-767.5，0"并回车，结果如图 5-110 所示。

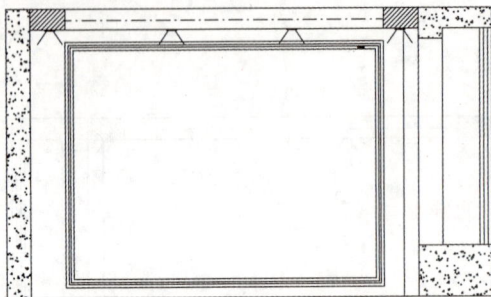

图 5-109　绘制木质装饰框的图线

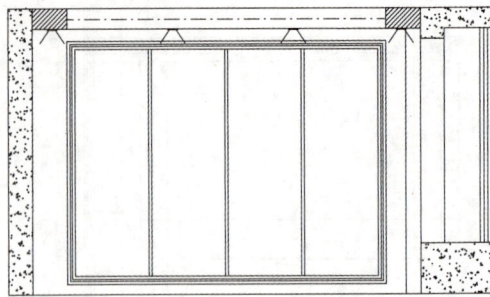

图 5-110　绘制软包分界线 ①

步骤 12▶ 参照上步操作，绘制好中间两条分界线后，利用"复制"命令将这两条分界线分别向其上、下侧各复制一份，复制距离为 562.5 mm，结果如图 5-111 所示。

步骤 13▶ 将最下方的图线向上偏移复制一份，偏移距离为 100 mm，再将本书配套素材中的"素材与实例" > "ch05" > "图块" > "床立面（1800×2100）.dwg"图块插入主卧的正中间位置，如图 5-112 所示，最后利用"修剪"命令修剪掉多余的踢脚线和装饰框的图线，并将相关图线设置在相应的图层上。

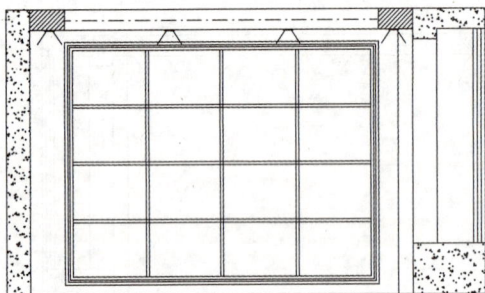

图 5-111　绘制软包分界线 ②

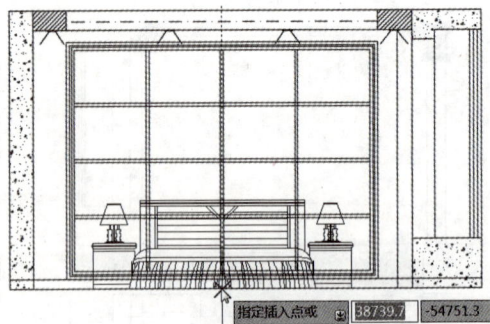

图 5-112　插入"床立面"图块

步骤 14▶ 按上节介绍的方法，参照图 5-100 所示标注为该主卧背景墙标注尺寸和多重引线。至此，该主卧背景墙就绘制完了。

知识补充 1——"圆角"命令

通过前面的学习可知，除了使用"修剪"命令可以修剪掉不需要的图线外，使用"圆角"或"倒角"命令也可以修剪图形对象，而且有些时候使用"圆角"命令比使用"修剪"命令更加方便。

使用"默认"选项卡"修改"面板中的"圆角"命令，可将两条相交直线进行修剪，也可以使两条不相交的直线相交，并对交点处进行修剪，还可以在两个对象间绘制指定半径的圆弧，且使该圆弧与指定的两个对象相切。此外，根据命令行提示，还可以在绘制圆角或倒角时选择是否修剪源对象。

例如，要使图 5-113（a）所示的两条直线相交，可输入"F"并回车，然后在任意一条直线上单击，按住【Shift】键的同时在另外一条直线上单击，即可使这两条直线相交，效果如图 5-113（b）所示。

要在图 5-113（a）所示的两条直线间绘制一个半径为 100 mm 的圆弧，并使直线在切点处断开，可在执行"圆角"命令后，根据命令行提示输入"R"并回车，然后输入圆角半径 100 后回车；输入"T"并回车，再次输入"T"，选择"修剪"选项，最后依次在要绘制圆弧的两条直线上单击即可，效果如图 5-113（c）所示。图 5-113（d）所示为选择"不修剪"选项后的效果图。

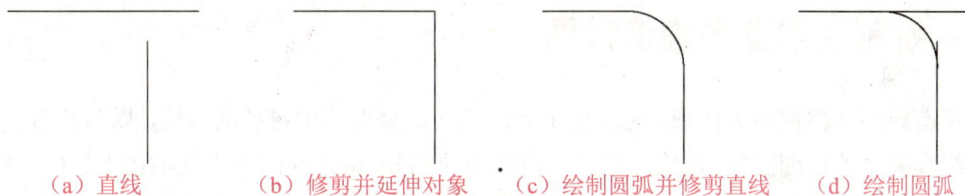

（a）直线　　　　（b）修剪并延伸对象　　（c）绘制圆弧并修剪直线　　（d）绘制圆弧

图 5-113　"圆角"命令的功能

知识补充 2——参照对象和剪裁对象

绘制立面图时，经常需要参照平面布置图或顶棚平面图来快速、准确地绘制立面图中的墙体、吊顶或指定家具的位置。实际绘图时，需要将这些用于参照的平面图设置成图块，然后使用"剪裁"命令将参照区域以外的所有对象隐藏。

使用"剪裁"命令只能将指定的图块、外部参照和图像等对象进行修剪，不能修剪单个图形对象。要修剪某个图块，可在执行"剪裁"命令后选择要修剪的对象，然后再选择"新建边界"选项，在命令行提示"选择多段线(S)/多边形(P)/矩形(R)/反向剪裁(I)"时，选择所需选项并依次指定剪裁边界线即可。

对于已经剪裁的图块再次执行"剪裁"命令，在命令行提示"开(ON)/关(OFF)/剪裁深度(C)/删除(D)/生成多段线(P)/新建边界(N)"时，若选择"关"选项，则可关闭裁剪边界，并显示裁剪前的整个图形，如图 5-114 所示；若选择"删除"选项，则可删除裁剪边界，并显示裁剪前的整个图形。

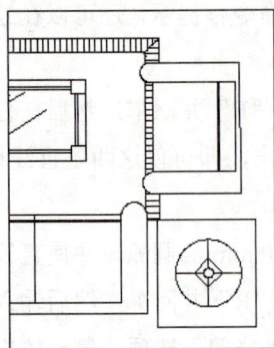
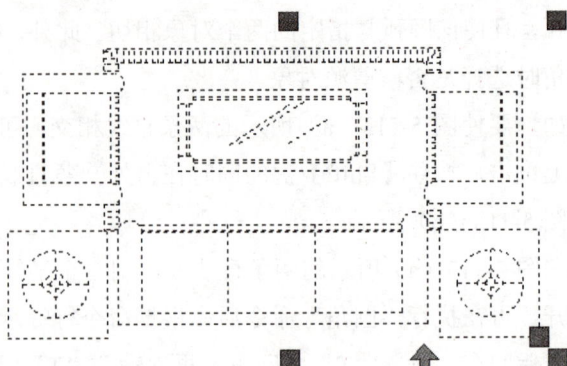

（a）剪裁效果　　　　　　　　　（b）删除剪裁边界

图 5-114　编辑剪裁后的图形

5.7　绘制住宅室内构造详图

构造详图又称构造大样图，它是用来表达室内装修做法中材料的规格，以及各材料间搭接组合关系的详细图案，是施工图中不可缺少的部分。构造详图的难处不在于如何绘制，而在于如何设计构造做法，这就需要设计者深入了解建筑材料的特性、制作工艺、实际施工方法等。

> 提示
>
> 　　一套完整的施工图中，一般需要在施工说明中说明客厅、卧室、厨房、卫生间等地面在具体施工时应注意的事项，或用图例的方式注明不同区域地面的做法，而不必绘制地面和墙面的构造详图。
> 　　考虑到读者当前对室内装修设计知识的掌握情况，本节主要以地面构造详图和墙面构造详图的绘制方法为例，简单讲解构造详图的绘制方法。

5.7.1　绘制地面构造详图

地面材料不同，其做法也不同。常见的地面构造形式有粉刷类地面、铺贴类地面、木板地面及地毯地面。粉刷类有水泥地面、水磨石地面和涂料地面等；铺贴类地面的种类繁多，常见的有天然石材地面、人工石材地面、各种面砖及塑料地面等。

本案例所涉及的地面主要是铺贴地面和木板地面，下面将依次讲解如何使用 AutoCAD 2016 绘制其构造详图。

1．铺贴地面

本案例涉及的铺贴材料为防滑地砖，其基本构造层次由下至上依

扫一扫

视频讲解

次为结构层、找平层、胶粘层和面层。但由于厨房和卫生间长期与水接触，所以应在找平层和胶粘层之间增加一个防水层，避免地面出现渗漏现象，其构造如图 5-115 所示。

存储路径：　素材与实例\ch05\构造详图.dwg

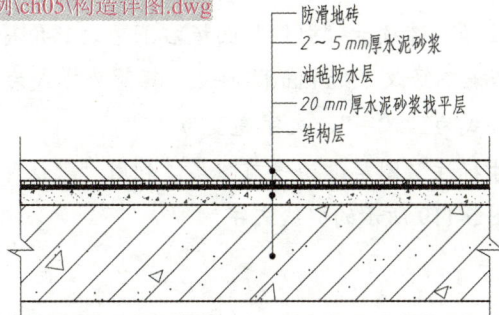

图 5-115　厨房和卫生间地面构造详图

由图 5-115 可知，厨房和卫生间处结构层为 120 mm 厚的钢筋混凝土楼板，找平层为 20 mm 厚的 1∶3 水泥砂浆或细石混凝土，防水层为油毡防水层，胶粘层为 2～5 mm 厚的水泥砂浆，面层为防滑地砖。

构造详图既可以绘制在与之相关的立面图形的空白位置，也可以单独新建一个详图文件。本案例中，我们以第 3 章创建的"A3 样板.dwt"为模板，创建一个"构造详图.dwg"文件，然后按如下方法绘制图 5-115 所示的地面构造详图。

步骤 1▶　将"墙体"图层设为当前图层，利用"直线"命令在绘图区的合适位置绘制一条长为 600 mm 的水平直线，然后利用"偏移"命令将该直线向其上方偏移 120 mm，最后依次将上一步偏移得到的直线向其上方偏移 20，5，5，25 mm，效果如图 5-116 所示。

步骤 2▶　新建"细实线"图层，利用"多段线"和"复制"命令绘制出图 5-117 所示的断开界线，然后利用"图案填充"命令为各层材料填充图例，其由下向上填充参数如下：

结构层：图案为"ANSI31"，比例为"10"，角度值为"0"；

图案为"AR-CONC"，比例为"0.5"，角度值为"0"。

找平层：图案为"AR-CONC"，比例为"0.2"，角度值为"0"。

防水层：图案为"SOLID"。

沥青膏粘接层：图案为"CLAY"，比例为"5"，角度值为"90"。

防滑地砖：图案为"ANSI31"，比例为"5"，角度值为"90"。

最终效果如图 5-118 所示。

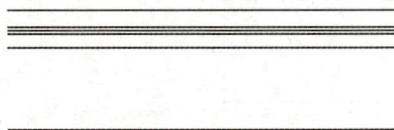

图 5-116　绘制各层轮廓线

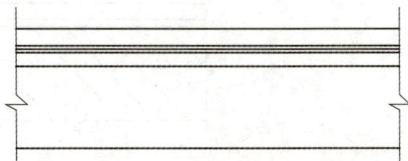

图 5-117　绘制两侧断开界线

提示 值得注意的是，断开界线一定要与这 5 条水平线组成封闭区域，否则将无法对其进行图案填充。

步骤 3▶ 单击"注释"选项卡"引线"面板右下角的三角符号，然后在打开的"多重引线样式管理器"对话框中修改"Standard"样式，其箭头样式为"小点"，大小为"3.5"；全局比例为"5"；文字样式为"汉字"，文字高度为"5"。

步骤 4▶ 将"尺寸标注"图层设为当前图层，利用"默认"选项卡"注释"面板中的"引线"命令，标注图 5-119 所示的引线文字。

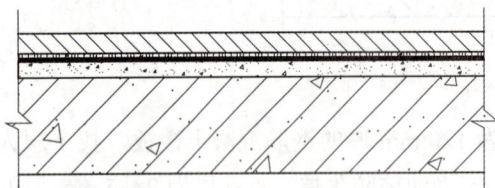

图 5-118 绘制各层图案

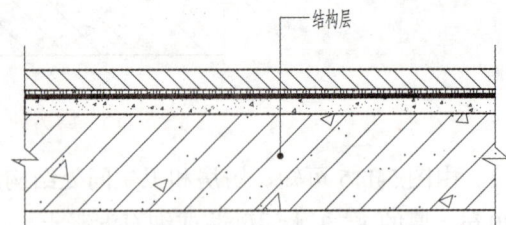

图 5-119 标注材料名称

步骤 5▶ 选中上步所标注的引线文字，利用"分解"命令将该标注分解，接着利用"复制"命令将文字、引线复制到合适位置，最后修改文字内容并注写图名即可，结果如图 5-115 所示。

2. 木板地面

木板地面由基层、隔潮层和面层组成，地面材料一般有实木、强化复合地板及软木等。本案例中的客厅、餐厅及两个卧室地面均采用强化复合地板。其中，基层为 20～30 mm 厚干硬性水泥砂浆找平层，上方布置木龙骨基础，并设置塑料薄膜防潮层，最后铺强化复合地板，结果如图 5-120 所示。

存储路径：素材与实例\ch05\构造详图.dwg

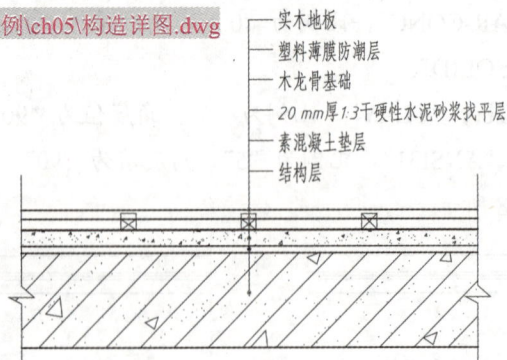

图 5-120 客厅、餐厅及卧室地面构造详图

5.7.2　绘制墙面构造详图

室内墙面的做法多种多样，最常见的有抹灰墙面、涂料墙面和铺贴墙面。此处以厨房和卫生间墙面的做法为例，来讲解墙面构造图的绘制方法。

本案例中，厨房和卫生间的墙面贴尺寸为 300 mm×300 mm 的瓷砖，该瓷砖表面光滑，易擦洗，吸水率低，属于铺贴式墙面，具体做法为：先用 1：3 水泥砂浆打底并找平，然后用 1：2.5 水泥砂浆掺 107 胶将面砖表面刮满，贴于墙上后轻轻敲平。墙面构造详图如图 5-121 所示。读者可参照绘制客厅地面构造详图的方法来绘制厨房和卫生间墙面构造详图。

存储路径：素材与实例\ch05\构造详图.dwg

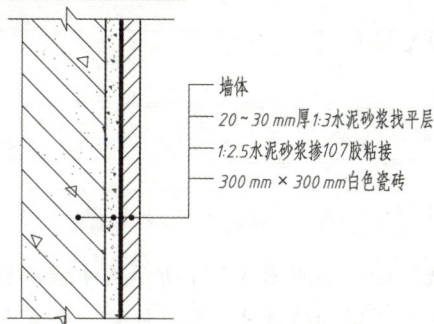

图 5-121　厨房和卫生间墙面构造详图

5.7.3　绘制餐厅酒柜构造详图

本案例中的酒柜，以及主卧和次卧的衣柜都需要现场制作，因此需要绘制它们的构造详图。图 5-122 所示为本案例中餐厅酒柜的构造详图。

扫一扫

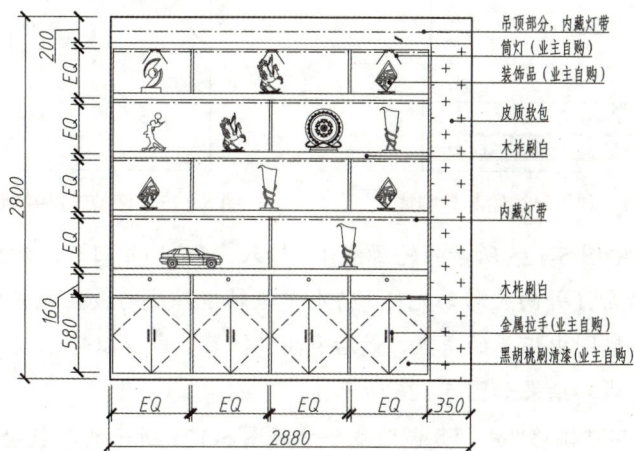

视频讲解

图 5-122　餐厅酒柜构造详图

家具详图主要表达家具的主要构造、尺寸及制法。本案例中，由于酒柜上方与吊顶平齐，右侧与皮质软包紧密结合。为了方便制作酒柜构造详图，可在该详图中绘制出吊顶及皮质软包。值得注意的是，在绘制立面图或家具构造详图时，为了使整个图形更加充实、丰满，必要时还可以绘制室内或家具内可见的摆放的衣物或用品。

图 5-122 所示餐厅酒柜构造详图的具体绘制方法如下。

步骤 1▶ 关闭"尺寸标注"图层，然后将"墙体"图层设为当前图层，并将平面布置图复制一份，再将复制得到的图形转换为图块，该图块的名称为"平面布置图"，插入基点为餐厅吊顶附近的任意一点，最后利用"剪裁"命令将其他不需要的区域隐藏，结果如图 5-123 所示。

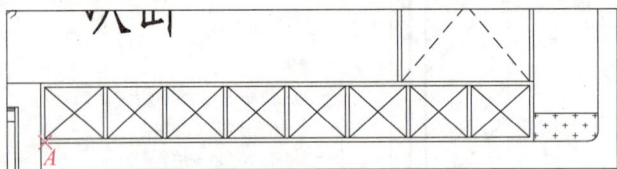

图 5-123 剪裁后的平面布置图

步骤 2▶ 利用"射线"命令参照图 5-124 所示尺寸绘制射线，然后使用"圆角"和"修剪"命令修剪出酒柜构造详图的轮廓线，再将任意一个立面图中吊顶处的灯带以合适的基点复制到该详图的合适位置，最后利用"图案填充"命令为软包处填充"CROSS"图案，填充比例为"20"，并将该图案置于"其他"图层上，结果如图 5-125 所示。

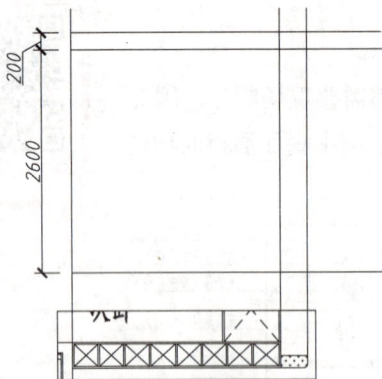

图 5-124 利用射线绘制轮廓线

图 5-125 修剪轮廓并填充软包图案

步骤 3▶ 选中图 5-125 所示的轮廓线 1，输入"CO"并回车，然后捕捉图 5-123 所示平面布置图中端点 A 并向左移动光标，待水平极轴追踪线与最左侧柜体相交时单击，接着依次单击平面布置图中柜子的角点，最后利用"修剪"命令以轮廓线 2 为修剪边界，修剪复制得到的竖直线，结果如图 5-126 所示。

步骤 4▶ 利用"偏移"或"复制"命令参照图 5-127 所示的参数绘制横向隔板轮廓，然后将所有隔板的轮廓线置于"家具"图层上。

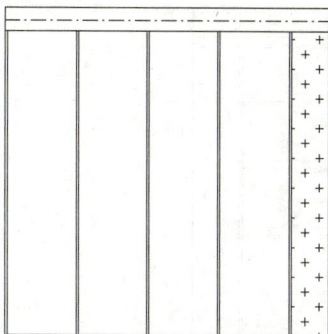

图 5-126　绘制竖向隔板轮廓

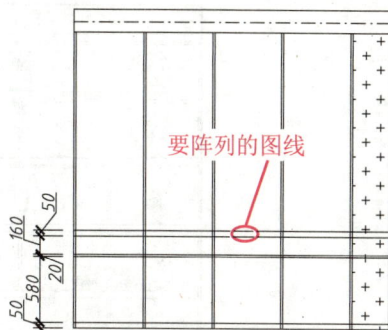

要阵列的图线

图 5-127　绘制横向隔板轮廓

步骤 5▶ 将图 5-127 所示的两条图线进行矩形阵列，列数为 "1"，行数为 "4"，行距为 "440"，最后利用 "圆角" 和 "修剪" 命令对其进行修剪，结果如图 5-128 所示。

步骤 6▶ 删除不需要的竖向隔板轮廓线，再将 "家具" 图层设为当前图层，利用 "直线" 和 "镜像" 命令绘制图 5-129 所示柜门的开启方向线，再分别利用 "矩形" 和 "圆" 命令绘制一个矩形和圆，以示金属拉手，最后利用 "复制" 命令进行复制，结果如图 5-129 所示。

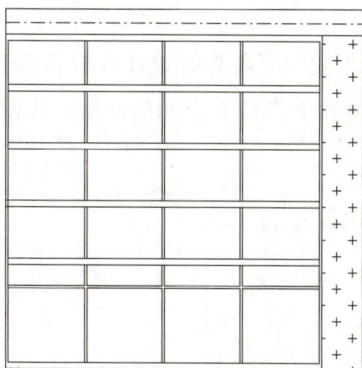

图 5-128　修剪图形

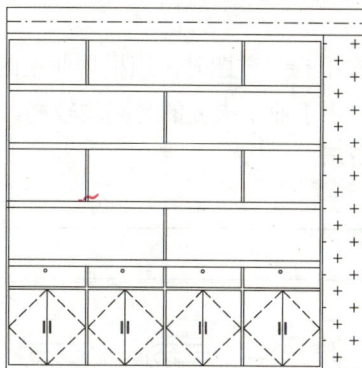

图 5-129　绘制方向线及拉手

知识库

> 柜门的开启方向一般用虚线表示，且从装门铰边一侧柜门轮廓线的中点开始，分别画两条相交于没有门铰边一侧柜门的两个端点处，抽屉和拉门不画虚线。

步骤 7▶ 利用 "插入" 命令将本书配套素材中的 "素材与实例" > "ch05" > "图块" > "详图" 文件夹中的装饰品插入酒柜的合适位置，然后将插入的装饰品移至 "其他" 图层上。

步骤 8▶ 选中 4 条横向隔板最下方的图线，输入 "CO" 并回车，在绘图区任意位置单击，向下移动光标，待出现竖直向下的极轴追踪线时输入 "20" 并回车，再利用 "特性匹配" 命令使复制得到的图线与吊顶处灯带的图线属性相同，最后布置 3 个筒灯，结果如图 5-130 所示。

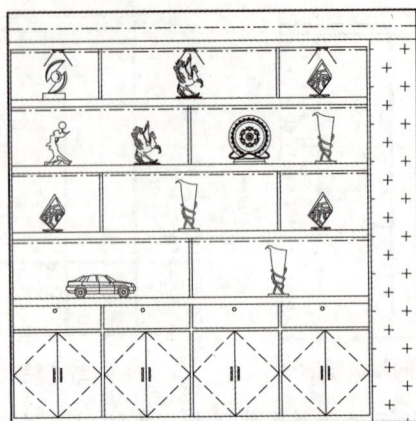

图 5-130　布置装饰品、灯带和筒灯

步骤 9▶ 参照前面的方法及图 5-122 所示标注尺寸及多重引线。至此，该餐厅酒柜构造详图就绘制完了。

5.7.4　绘制主卧衣柜构造详图

绘制衣柜构造详图时，应根据业主的身高、职业和穿着喜好设计衣柜各部分的尺寸。本案例中，由于业主夫妻的身高均较高，因此需增高上衣挂衣空间的高度，其构造详图如图 5-131 所示。

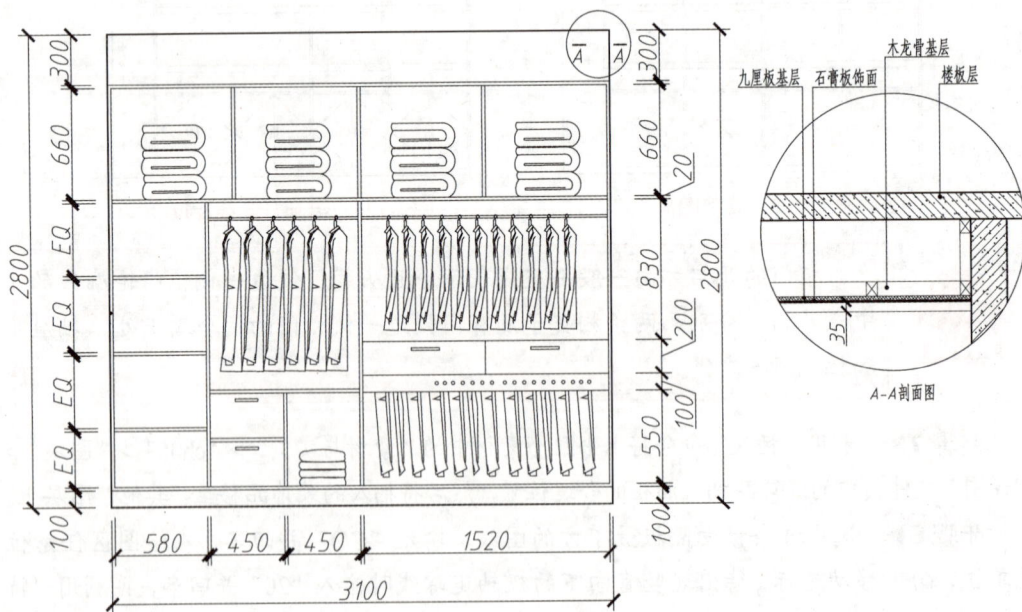

图 5-131　主卧衣柜构造详图

　　主卧衣柜构造详图的绘制方法与餐厅酒柜构造详图的绘制方法基本相同，具体操作步骤如下。

　　步骤 1▶　将绘制餐厅酒柜构造详图时使用的"平面布置图"图块复制一份，然后利用"反向 X 剪裁边界"夹点➡和■剪裁出主卧衣柜，再将该图块旋转 180°，最后利用"射线"命令过平面布置图中衣柜竖板的轮廓线绘制射线，再绘制图 5-132 所示的 4 条水平射线。

　　步骤 2▶　参照图 5-133 所示尺寸绘制衣柜水平隔板的轮廓线，再对其进行修剪，结果如图 5-134 所示。

　　步骤 3▶　参照图 5-135 所示尺寸绘制竖向分隔板、挂衣杆及拉手，结果如图 5-135 所示。

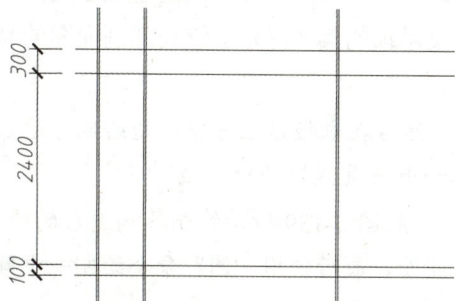

図 5-132　绘制衣柜轮廓线

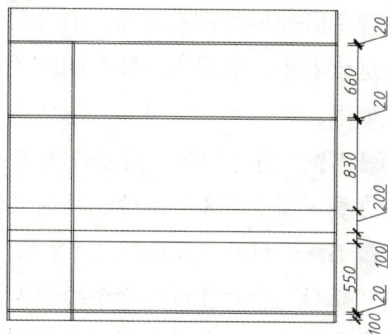

図 5-133　衣柜水平隔板的尺寸

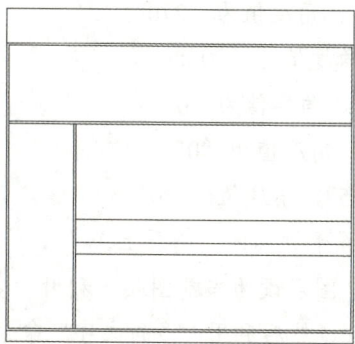

图 5-134　修剪图形

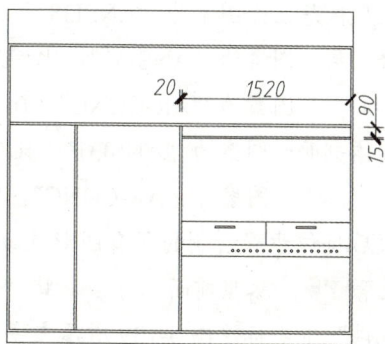

图 5-135　绘制竖向板、挂衣杆及拉手

　　步骤 4▶　参照图 5-136 所示尺寸绘制其余各部位的分隔板、挂衣杆及拉手，分隔板的厚度为 20 mm，然后再将本书配套素材中的"素材与实例">"ch05">"图块">"详图"文件夹中的衣物及床上用品插入相应的柜子分格中，结果如图 5-137 所示。

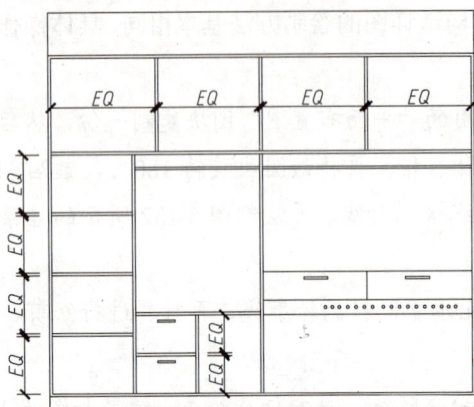

图 5-136　绘制衣柜分隔板、挂衣杆及拉手

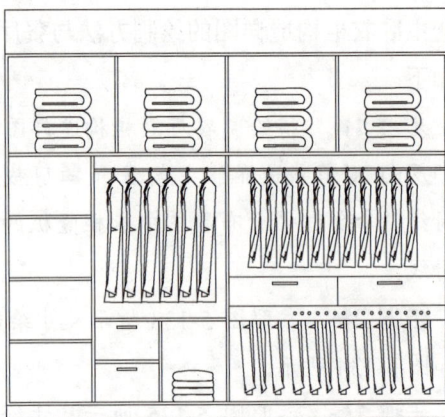

图 5-137　布置衣物及床上用品

由于主卧衣柜处没有灯带，但有吊顶，因此，可在衣柜构造详图的基础上利用局部剖面图表达该衣柜、吊顶和墙体之间的关系，以及吊顶的具体做法。该局部剖面图的具体绘制方法如下。

步骤 5▶　将"墙体"图层设为当前图层，然后在衣柜右上方空白处绘制合适长度的直线，再参照图 5-138 所示绘制楼板层、墙体和吊顶最低处的轮廓线。

步骤 6▶　利用"偏移"或"复制"命令，参照图 5-139 所示绘制各构造层的轮廓线，再利用"矩形"和"直线"命令绘制木龙骨的断面，最后使用"圆"命令绘制一个圆，将多余的直线修剪后为各层材料填充图例，由下向上填充参数如下：

石膏板饰面层：图案为"SOLID"。

九厘板基层：图案为"ANSI38"，比例为"5"，角度值为"270"。

楼板层：图案为"ANSI31"，比例为"15"，角度值为"90"；

　　　　图案为"AR-CONC"，比例为"0.5"，角度值为"0"。

墙体剖面：图案为"ANSI31"，比例为"15"，角度值为"0"；

　　　　图案为"AR-CONC"，比例为"0.5"，角度值为"0"。

最后将该步骤绘制的所有图形及填充的图案置于"其他"图层上。

步骤 7▶　参照前面的方法，将"尺寸标注"图层设为当前图层，利用"多重引线"和"线性"命令标注图 5-139 所示文字及尺寸标注，然后利用"多行文字"命令注写该视图的名称，结果如图 5-140 所示。

步骤 8▶　利用"圆"命令在衣柜构造图右上角绘制一个圆，以示局部剖面区域，然后利用"直线"和"单行文字"命令在衣柜构造图右上角绘制剖面符号及字母，并将剖面符号置于"墙体"图层上，结果如图 5-131 所示。

步骤 9▶　参照图 5-131 所示标注该主卧衣柜各部位的相关尺寸。至此，主卧衣柜构造详图就绘制完了。

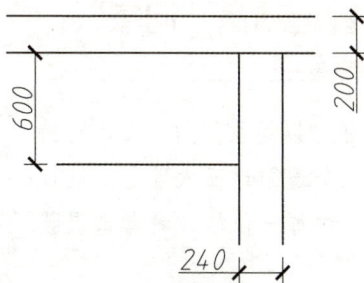

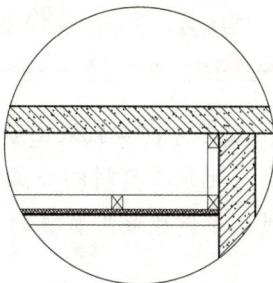

图 5-138 绘制轮廓线　　　图 5-139 绘制各构造层的填充图案　　　图 5-140 局部剖面图

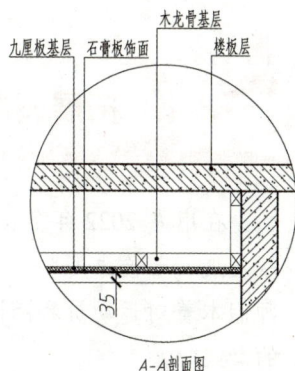

5.7.5 绘制次卧衣柜构造详图

与主卧相比，次卧没有吊顶，因此衣柜的最上方应与顶棚楼板的最下方平面平齐。图 5-141 所示为次卧衣柜构造详图，其绘制方法与主卧衣柜构造详图完全相同，读者可参照绘制主卧衣柜构造详图的方法绘制次卧衣柜构造详图。值得注意的是，图 5-141 中的"VOID"表示此处为空。

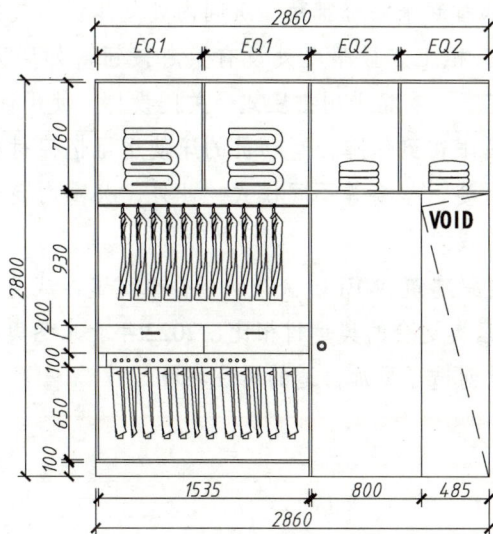

图 5-141 次卧衣柜构造详图

至此，该家装施工图就绘制完成了。

拓展园地——北京冬奥村欢迎各国运动员 "回家"

在申办 2022 年冬奥会时，北京申冬奥代表团就提出了 "以运动员为中心、可持续发展、节俭办赛" 三大理念。北京冬奥村的公寓设计完全遵循这三大理念，设计师们本着对运动员和随队官员生命健康高度负责的态度，为每一位居住者营造温暖的 "家"。

北京冬奥村运动员的居所分东、西两区，由 20 栋公寓楼组成，并且采用北京四合院的院落形式，将 20 栋公寓楼围成 6～7 个合院。其中有两个较大的院落，其他均是由两三栋楼组成的小院落。这种四合院结构和开放的空间，形成楼楼有园、户户有景的布局，从而增强了居住者的归属感。

这些院落不乏中国文化元素，体现了奥运文化和优秀传统文化的结合。在这些院落中，两个大院落的设计灵感来自清朝乾隆年间的中国传统冰上体育活动图卷——《冰嬉图》，并通过植物景观营造出中国古典园林的意境。

居住区公寓的房间干净整洁，有白色墙壁、暖色窗帘，浅色复合木地板与深色家具搭配，使公寓内部看起来温馨雅致。房间内处处体现人文关怀，所有按钮和插座都是低位设计，床头柜上方显眼之处设有紧急按钮，如遇突发情况，可一键呼叫，呼叫信息直达中控室。衣柜采用推压式开关门设计，使用便捷。

为了使运动员的睡眠得到保障，运动员的床使用记忆棉材料，每张床配有一个遥控器，可将床调到睡姿、坐姿等不同模式。此外，公寓内还专门设计了方便运动员烘干衣物和鞋子的区域。

北京冬奥村按照健康建筑 WELL 金级认证标准建造，成为当前住宅建筑领域的新标杆。与 2008 年北京奥运会的奥运村相比，2022 年北京冬奥村更加突出 "以人为本" 的理念，为运动员创造了更加舒适的居住环境。

6 第6章　绘制办公空间室内平面图

章前导读

　　一个优秀的办公室室内装修设计方案，既要满足使用者的正常使用要求，还要能恰到好处地突出公司或企业的文化，同时办公室的装修风格也要能彰显使用者的工作性质。办公室装修的好坏直接影响整个公司或企业的形象，随着科技水平的提高，对于办公室装修的要求也不再只是单纯的一个独立空间供人使用，更多的是要体现简约、时尚、舒适、实用的特点，让人身在其中有积极向上的生活态度和工作追求。

　　本章以某公司的办公空间为例，逐步带领读者学习办公空间平面布置图、地面材料图、顶棚图和立面图等相关图形的设计要求及绘图技巧。

技能目标

◆　能够绘制办公空间建筑平面图。

◆　能够划分并布置办公空间。

◆　能够绘制办公空间平面布置图。

◆　能够绘制办公空间地面材料图。

素质目标

◆　在进行室内设计的过程中，坚持具体问题具体分析的原则，根据不同的需求选择不同的材料。

◆　通过了解上海合作组织青岛峰会主会场室内设计中的中国元素，领略中华文化的魅力，学会深入挖掘中华文化中蕴含的思想观念、民族精神、人文道德，并将其灵活地融入设计，不断铸就中华文化新辉煌，让中华文化展现永久魅力和时代风采。

6.1 绘制办公空间建筑平面图

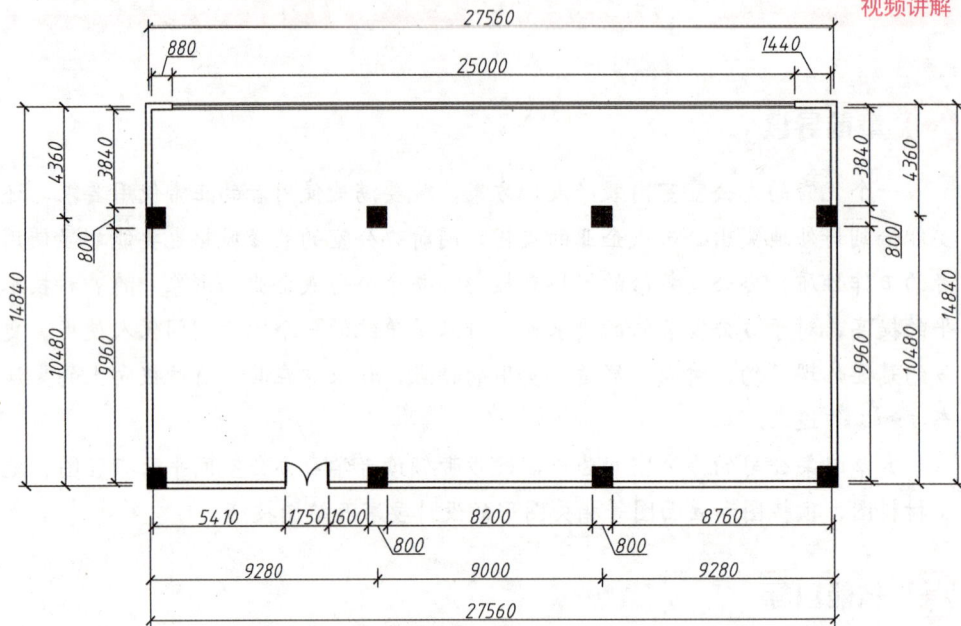

图 6-1 所示为某新建办公楼的某一办公空间建筑平面图。

存储路径：素材与实例\ch06\建筑平面图.dwg

图 6-1　某新建办公楼的某一办公空间建筑平面图

绘图思路

从图 6-1 可以看出，该建筑为钢筋混凝土框架结构，共有 8 个尺寸为 800 mm×800 mm 的柱子。该建筑平面图是规则矩形，绘制方法也比较简单，即启动 AutoCAD 后，以第 3 章所创建的 "A3 样板.dwt" 文件为模板，按照 "轴线→墙体→窗子→柱子→门" 的顺序绘制该建筑平面图，最后标注相关尺寸。

绘图步骤

1. 绘制轴线

步骤 1▶ 将 "轴线" 图层设为当前图层，然后绘制一条长 28300 mm 的水平直线，接着使用 "偏移" 命令将该直线向上偏移 14840 mm，最后再绘制两条竖直轴线，这两条竖直轴线的间距为 27560 mm。

> 绘制轴线的过程中，当滚动鼠标滚轮不能完整地显示绘图区中的所有图形时，可快速按两次鼠标滚轮；若所绘制的轴线不够长，可使用"拉伸"命令将其拉长。

步骤 2▶ 由于当前绘图区中所绘制的轴线看起来像一条连续的直线，故选择"格式" > "线型"菜单，或输入"LT"并回车，然后在打开的"线型管理器"对话框的"全局比例因子"编辑框中输入"100"，最后单击"确定"按钮，效果如图6-2所示。

2. 绘制墙体和窗子

该建筑平面图中的墙体和窗子可使用"多线"命令绘制，其墙体厚度为240 mm。在绘制前，需先创建墙体和窗子的多线样式，具体操作方法如下。

步骤 1▶ 输入"MLST"并回车，然后在打开的"多线样式"对话框中新建"墙体-240"多线样式，其参数设置如图6-3所示。

图 6-2 绘制轴线

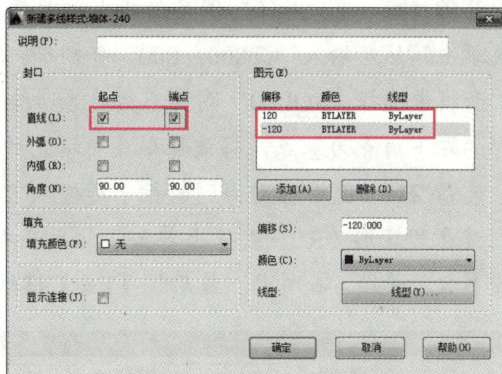

图 6-3 "墙体-240"多线样式的参数设置

步骤 2▶ 设置完成后单击"确定"按钮，返回至"多线样式"对话框。单击"新建"按钮，然后以"墙体-240"为基础样式新建"窗子"多线样式，其参数设置如图6-4所示，最后将"墙体-240"设为当前样式。

步骤 3▶ 将"墙体"图层设为当前图层。输入"ML"并回车，根据命令行提示将比例设为"1"，将对正方式设置为"无"，然后捕捉（不单击）图6-2所示的交点 A 并向右移动光标，待出现水平极轴追踪线时输入"1000"并回车，接着依次单击交点 A，B，C 和 D 并向左移动光标，待出现水平极轴追踪线时输入"1560"，按两次回车键结束命令，效果如图6-5所示。

步骤 4▶ 将"门窗"图层设为当前图层，然后输入"MLST"并回车，在打开的对话框中将"窗子"多线样式设为当前样式，接着输入"ML"并回车，采用默认的比例和对正方式，依次单击图 6-5 所示墙线起点和终点处的中点，以绘制窗子。

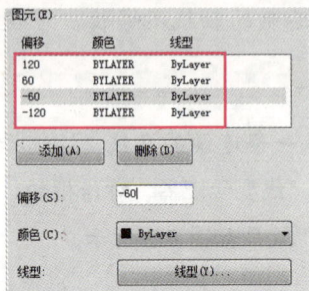

图 6-4　"窗子"样式的参数设置

图 6-5　绘制墙线

3. 绘制柱子

先利用"矩形"和"图案填充"命令绘制柱子，再利用"矩形阵列"命令将其进行阵列即可，具体操作方法如下。

步骤 1▶ 将"柱子"图层设为当前图层。输入"REC"并回车，在绘图区任意空白位置单击，然后输入"@800，800"并回车；输入"H"并回车，在打开的选项卡的"图案"面板中选择"SOLID"图案，然后为所绘制的矩形填充图案；输入"M"并回车，以矩形的左下角点为基点，将该矩形及所填充的图案移动至墙体的左下角处。

步骤 2▶ 选中移动得到的柱子后输入"AR"并回车，在出现的动态提示框中用鼠标左键在"矩形（R）"选项上单击，然后在打开的选项卡中设置列数、行数、列距和行距等参数，如图 6-6 所示，最后按【Esc】键结束命令，效果如图 6-7 所示。

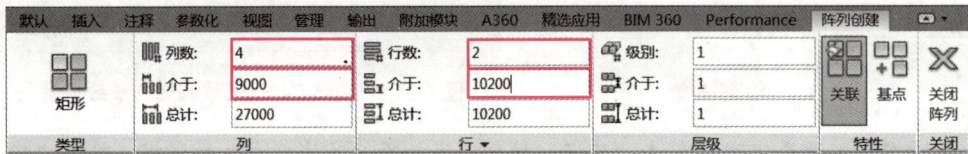

图 6-6　设置阵列的相关参数

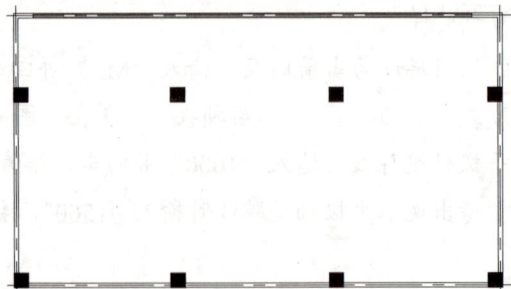

图 6-7　柱子阵列效果

4. 绘制门洞及门

该建筑平面图中的双扇平开门可由单扇平开门镜像得到,具体操作方法如下。

步骤 1▶　输入"L"并回车,捕捉(不单击)左下角处柱子的右下角点并向右移动光标,待出现水平极轴追踪线时输入"4850"并回车,接着向上移动光标,绘制任意长度的竖直直线;输入"O"并回车,将绘制的竖直直线向右偏移 1750 mm,最后利用"修剪"命令修剪出门洞。

步骤 2▶　输入"I"并回车,然后利用打开的"插入"对话框将第 2 章中创建的"门"动态块或本书配套素材中的"素材与实例">"常用图块">"门平面图.dwg"图块,按 1∶1 插图 6-8 所示门洞处;选中所插入的门图形,然后单击夹点▶,在出现的编辑框中输入"875"并回车,即可修改该门的尺寸。

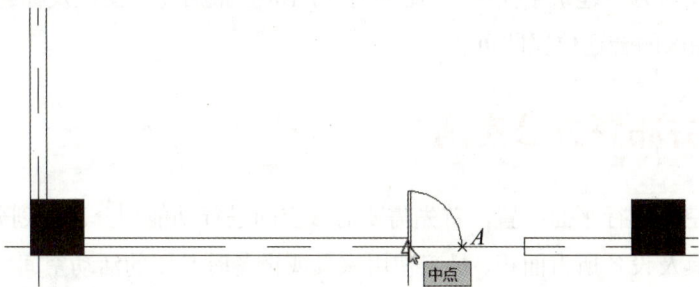

图 6-8　插入单扇平开门

步骤 3▶　选中上步所插入的门图形,然后输入"MI"并回车,捕捉并单击图 6-8 所示端点 A,接着向其上方移动光标,待出现竖直极轴追踪线时单击,最后按回车键,即可完成镜像复制操作。

至此,该建筑平面图就绘制完了。

5. 标注尺寸

由于"A3 样板.dwt"文件中的尺寸标注的尺寸起止符号和尺寸数字的大小都是按 A3 图纸的基本要求设置的,因此,要标注该建筑平面图的尺寸,需要先设置尺寸标注的全局比例因子,然后再进行标注。具体步骤如下。

步骤 1▶　输入"D"并回车,然后在打开的对话框中单击"修改"按钮;在打开的"修改标注样式: ISO-25"对话框中选择"调整"选项卡,接着在"使用全局比例"编辑框中输入"100",即使用"ISO-25"样式标注的尺寸时,尺寸起止符号大小和尺寸数字的高度均扩大 100 倍。

步骤 2▶ 将"尺寸标注"图层设为当前图层，然后参照图 6-1 所示的尺寸，利用"线性"和"连续"命令标注该建筑平面图的尺寸，最后利用所标注的尺寸上的夹点功能调整尺寸界线的长度。

> **提示** 本案例中的轴线仅仅是为了方便绘制墙体和标注尺寸。在标注尺寸的过程中，可随时打开或关闭"轴线"图层。如果所绘制的图形尺寸较大或图形比较复杂，标注好图形的尺寸后，为了使图面更加清晰，通常将所绘制的轴线隐藏，如图 6-1 所示。

至此，该办公空间的建筑平面图就绘制完了。利用"插入"命令将本书配套素材中的"素材与实例" > "常用图块" > "图名及比例.dwg"图块放大 100 倍插入建筑平面图下方合适位置，其图名为"建筑平面图"，比例为 1：100，最后将"图框及标题栏"图块放大 120 倍插入绘图区的合适位置即可。

6.2 划分并布置办公空间

要对办公空间进行平面布置，首先需要对该空间进行功能划分。在划分功能区域时，应充分考虑家具及设备所占面积、员工使用家具或设备时必要的活动空间，以及各办公区域所处的位置。

本案例的建筑平面图如图 6-1 所示，业主为一家中型文化公司，该公司内部设有行政部、财务部、销售部和产品设计部。业主要求整体装修风格简洁、明快，能突出公司的文化品位。

6.2.1 划分办公区域

结合业主的行业和一般办公室装修的特点，除行政部、财务部、销售部和产品设计部需要各自单独设置一个办公区域外，一般还需要设有设计总监室、副总经理室、总经理室，以及男、女卫生间等。此外，由于一个产品的设计往往需要多个部门人员的共同参与，因此为方便员工间的交流与协作，员工办公区宜设成完全敞开区。

图 6-9 所示为该文化公司各办公区域的布局示意图。读者还可以根据自己的设计思路，采用更为合理的办公区域布局方案。

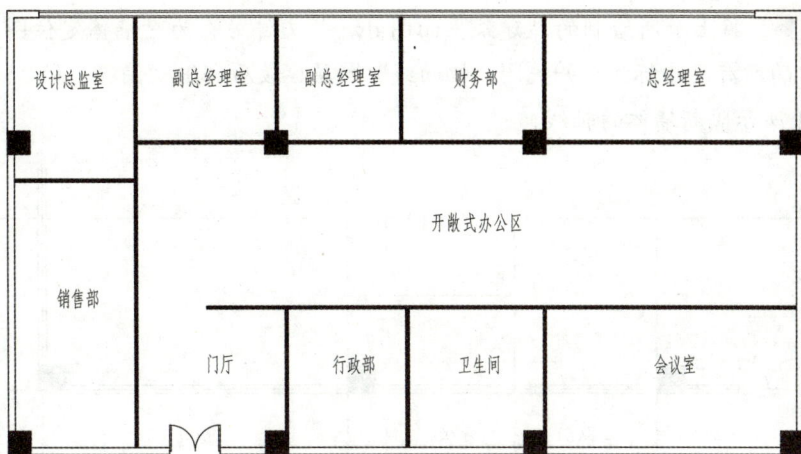

图 6-9　各办公区域的布局示意图

6.2.2　墙体定位

扫一扫

办公室中，用于分隔室内空间的隔断通常有双玻百叶、屏风、磨砂玻璃、石膏板、细木工板等。其中，双玻百叶隔断可以调节光线，能够较美地体现办公环境；磨砂玻璃隔断的外框为铝制品，面材均为不燃或难燃材料，具有防火功能，且具有隔音性能；石膏板隔断具有导热系数小、吸声性强、吸湿性好，可调节室内的湿度和温度等优点。

视频讲解

结合各种隔断材料的特点，本案例中，所有新增墙体及其所用材料如图 6-10 所示。下面就来绘制图 6-10 所示的新建隔断墙体。

存储路径：素材与实例\ch06\墙体定位图.dwg

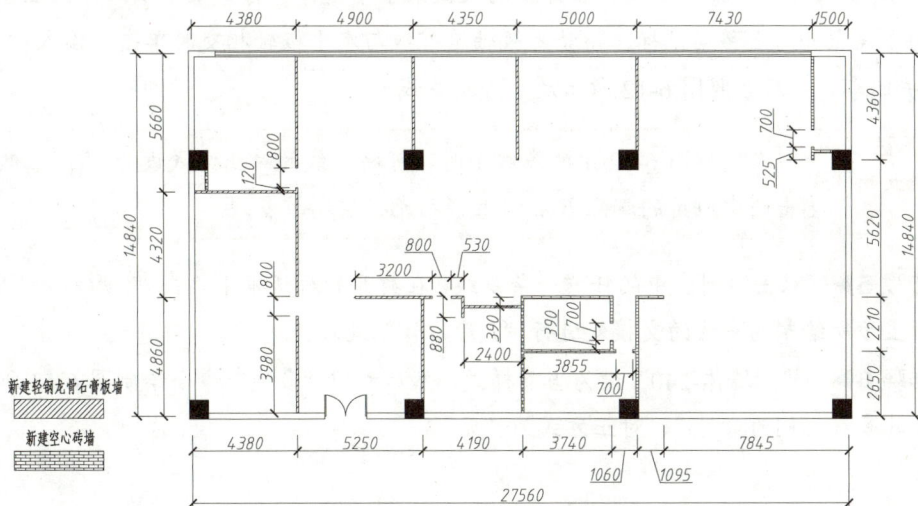

图 6-10　新建隔断墙体

步骤 1▶ 将上节所绘制的"建筑平面图.dwg"文件另存为"墙体定位图.dwg",然后删除图中的所有尺寸标注,并关闭"幅面线"图层,最后利用"偏移"和"修剪"命令绘制图 6-11 所示隔断墙体的轴线。

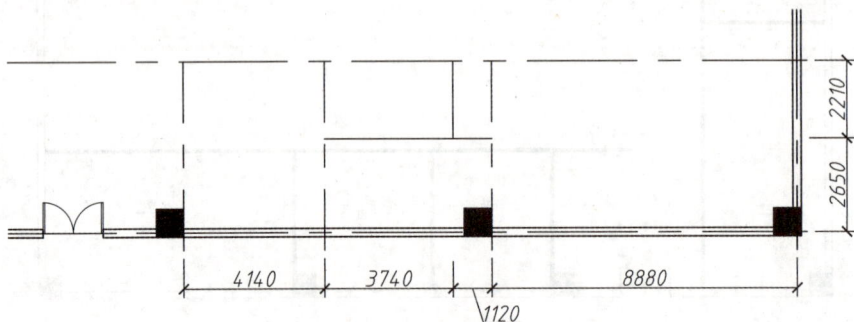

图 6-11　隔断墙体的轴线

步骤 2▶ 输入"MLST"并回车,在打开的对话框中基于"墙体-240"样式新建"隔墙-100"样式,然后在打开的"新建多线样式:隔墙-100"对话框的"图元"设置区中,将两条竖线的偏移值分别设为"50"和"−50",其他采用默认设置,最后将"隔墙-100"样式设为当前样式。

步骤 3▶ 输入"ML"并回车,根据命令行提示将比例设为"1",将对正方式设为"无",然后捕捉图 6-12 所示的交点 A 并向下移动光标,待出现竖直极轴追踪线时输入"390"并回车,接着绘制长度为 2400 mm 的水平多线。

步骤 4▶ 按回车键重复执行"多线"命令,根据命令行提示将对正方式设为"下";按住【Ctrl】键并单击鼠标右键,在弹出的快捷菜单中选择"自"菜单项;捕捉上步所绘多线的左端点并向上移动光标,待竖直极轴追踪线与水平极轴相交时单击,输入"@0,830"并回车,然后参照图 6-12 所示尺寸绘制多线。

> **提示**　在绘制图 6-12 中的多线 1 时,可将多线的对正方式设为"下",然后单击图中所示的端点 B 后向上移动光标绘制该多线。

步骤 5▶ 双击绘图区中的任意一条多线,在打开的对话框中单击"T 形打开"图标,然后对上步所绘制的多线的交接处进行"T 形打开"处理。

步骤 6▶ 将"墙体-240"设为当前样式,然后利用"多线"命令绘制图 6-13 所示的墙体,其多线比例为"0.5",对正方式为"无"。

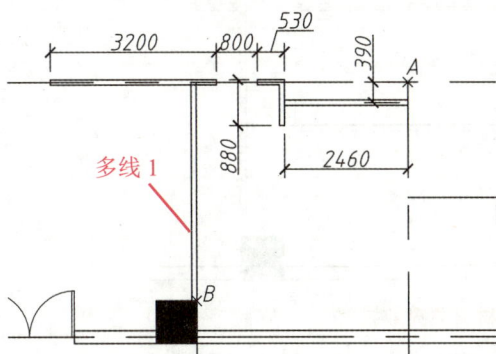

图 6-12　绘制墙体 ①　　　　　　　　　　　图 6-13　绘制墙体 ②

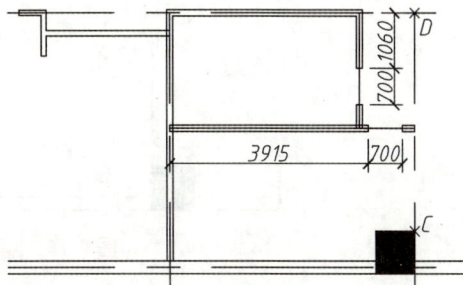

步骤 7▶　按回车键重复执行"多线"命令，采用默认的多线比例 0.5，然后将对正方式设为"下"，捕捉图 6-13 所示的端点 *C* 并单击；按住【Ctrl】键并单击鼠标右键，在弹出的快捷菜单中选择"自"菜单项，单击端点 *D* 后输入"@0，−60"并回车，接着水平向右移动光标，输入"1035"并回车，最后对多线的交接处进行"T 形打开"处理，效果如图 6-14 所示。

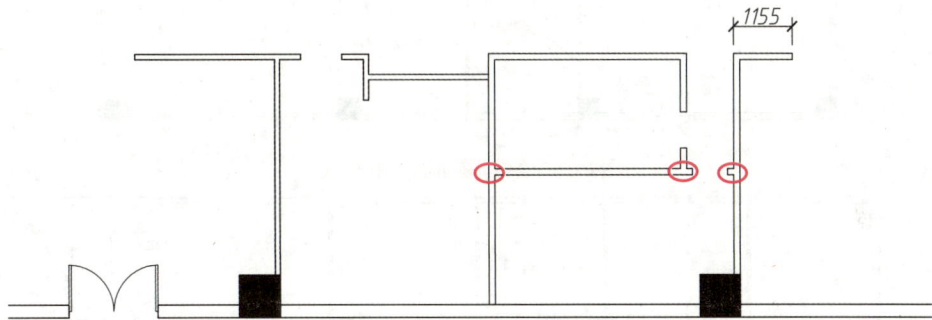

图 6-14　绘制多线并处理接口

步骤 8▶　关闭"轴线"图层，然后新建"材料"图层，并将该图层设为当前图层，接着利用"图案填充"命令为所绘制的隔断墙体进行图案填充，以便区分各墙体的材料。各墙体所填充的材料图案及相关参数如下：

石膏板墙：填充图案为"ANSI31"，比例为"50"，角度值为"0"。

空心砖墙：填充图案为"AR-BRSTD"，比例为"2"，角度值为"0"。

其填充效果如图 6-15 所示。

步骤 9▶　打开"轴线"图层，利用"偏移"和"修剪"命令绘制图 6-16 所示的轴线，然后将"隔墙-100"样式设为当前样式，并利用"多线"命令绘制其余石膏板墙，接着将"墙体-240"样式设为当前样式，绘制右上角处总经理办公室和左侧设计总监室内的空心砖墙，最后为各墙体填充材料图案，效果如图 6-17 所示。

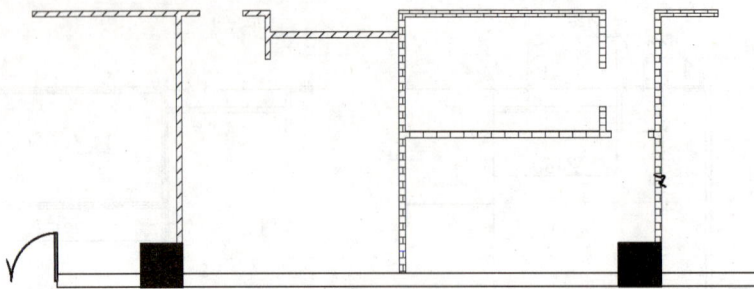

图 6-15　隔断墙体材料填充效果

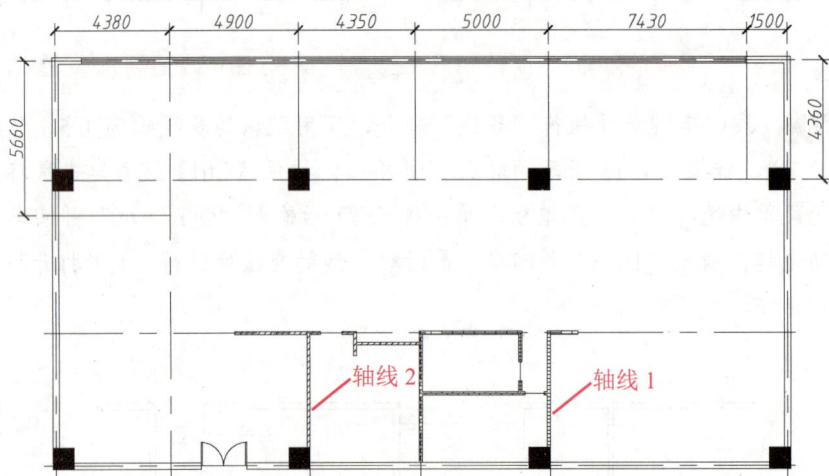

图 6-16　绘制隔断墙体的轴线

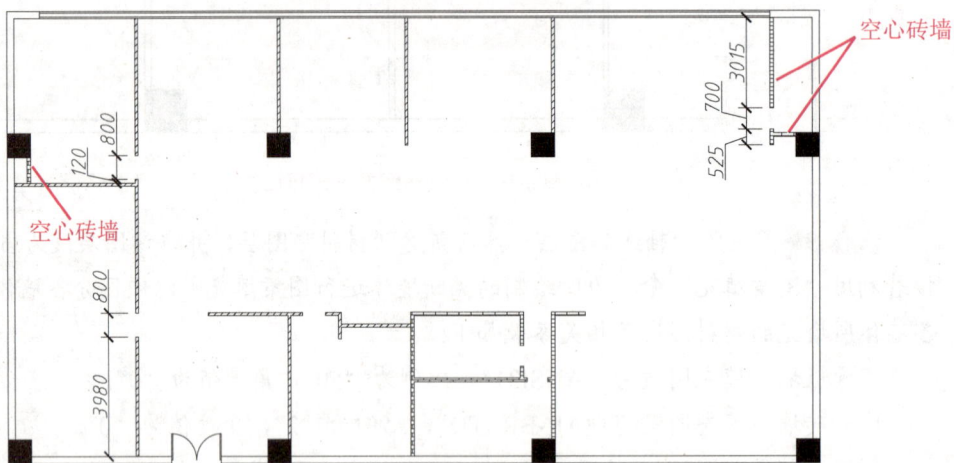

图 6-17　绘制隔断墙体

在绘制墙体定位图时，除了要为不同类型的墙体填充相关材料图案，以示区分外，还需要在图形的左侧或右侧空白位置处绘制不同墙体的材料图例，并用文字注明各种图案所代表的材料。

图 6-18 所示为该墙体定位图中所用到的两种墙体图例，其绘制方法如下。

步骤 **10▶** 将"墙体"图层设为当前图层。利用"矩形"命令在图形的左侧或右侧空白位置绘制一个尺寸合适的矩形，然后利用"图案填充"命令为该矩形填充"ANSI31"图案。

步骤 **11▶** 将"汉字"文字样式设为当前样式，然后输入"TEXT"并回车，将文字高度设为"500"并输入文字"新建轻钢龙骨石膏板墙"，最后将所注写的文字和填充的图案置于相应图层。

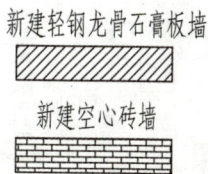

图 6-18　墙体材料图例

步骤 **12▶** 利用"复制"命令将前面所绘制的墙体图例和图例名称复制到其下方合适位置，然后选中复制得到的墙体图案，并在出现的选项卡的"图案"面板中选择"AR-BRSTD"图案，最后双击复制得到的文字并修改其内容。

至此，该办公空间的墙体定位图就绘制完成了。将"尺寸"图层设为当前图层，然后利用"线性"和"连续"命令标注新建墙体的尺寸，效果如图 6-10 所示。

> **提示**
>
> 在标注尺寸前，需要先利用"移动"命令将图 6-16 所示的轴线 1 向其左侧移动 60 mm，将轴线 2 向其左侧移动 50 mm，从而使这两条轴线位于新建墙体的中心处。

6.3　绘制办公空间平面布置图

在对办公空间进行布置时，要考虑到室内色彩、光线、灯光、办公用品及相关设备的摆放位置，在满足经济实用、美观大方的要求的同时，还要考虑以下三方面的因素。

（1）符合企业或公司的实际状况

在布置会客厅、会议室和接待室等公共交际场合时，要兼顾企业或公司自身的生产经营，以及人力、物力和财力的实际状况，不能一味追求高档、豪华、气派。

（2）符合使用要求

例如，总经理的办公室一般在使用面积、室内装修、配套设备等方面与一般职员的办公室不同。此外，总经理办公室一般都设有独立的卫生间。

（3）符合行业特点

例如，五星级宾馆和机械产品设计公司，由于它们所属行业不同，其室内墙面、家具、吊顶、地面和声光效果等方面都有显著的不同。如果把机械产品设计公司的办公区域布置得像宾馆的餐厅一样，这无疑是滑稽的。

图 6-19 所示为某中型文化公司的办公区域平面布置图。

存储路径：素材与实例\ch06\平面布置图.dwg

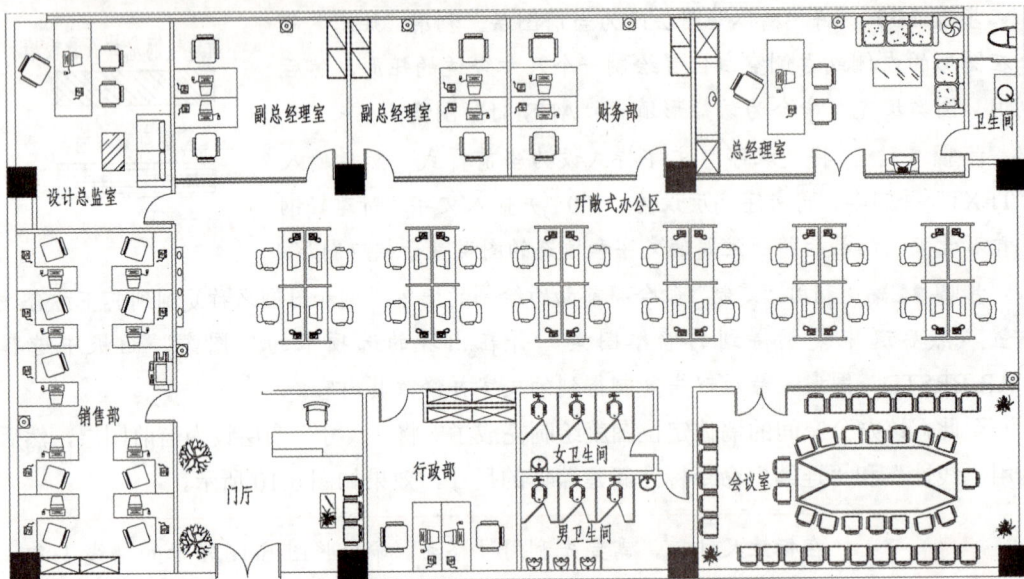

图 6-19　某中型文化公司的办公区域平面布置图

下面讲解绘制图 6-19 所示办公区域平面布置图的具体方法。在对各办公空间进行布置前，需要先画出各办公室的门洞及门。此外，对于一些需要使用玻璃作为隔断的区域，还需要画出玻璃隔断。

6.3.1　绘制玻璃墙体及门

将上节所绘制的"墙体定位图.dwg"文件另存为"平面布置图.dwg"，然后关闭"幅面线"图层，并删除图中的所有尺寸标注、新建墙体时所填充的图案，以及墙体图例，接着按下列步骤进行操作。

扫一扫

视频讲解

> 要删除图中的所有尺寸标注和墙面的填充图案，可先将"尺寸标注"和"材料"图层关闭或锁定，然后利用"移动"命令将绘图区中的其他所有图形对象移动到其他位置，最后打开"尺寸标注"和"材料"图层。此时可以看到，要删除的尺寸标注和填充图案与其他图形对象分离，选中这些对象，然后按【Delete】键即可。

小技巧

步骤 1▶ 将"门窗"图层设为当前图层。将"窗子"多线样式设为当前样式，然后利用"多线"命令绘制图 6-20 所示的两条玻璃墙线，其多线比例为"0.5"，对正方式为"无"，最后利用夹点功能调整隔墙与玻璃墙线的接口处（共两处）。

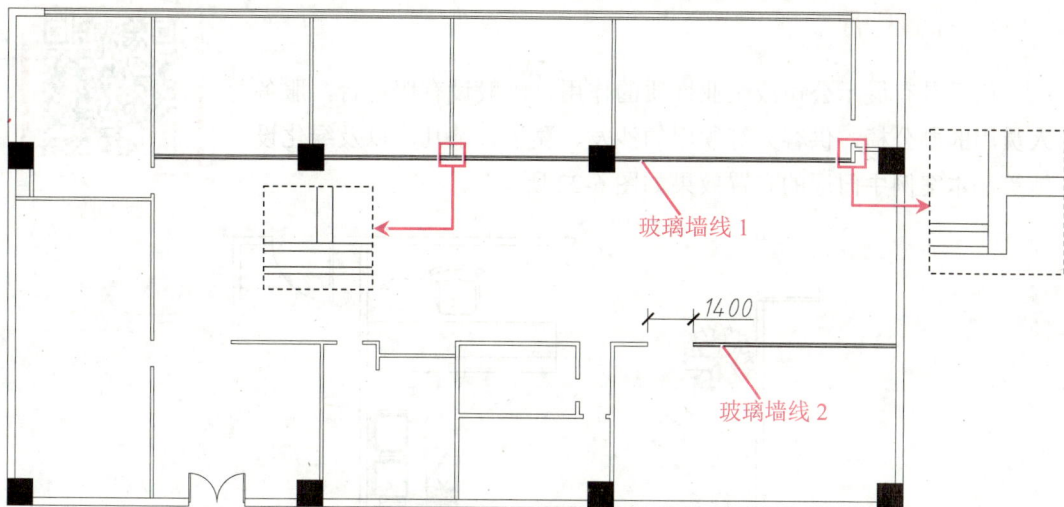

图 6-20　绘制玻璃墙线效果

　　为了使读者能看清楚所绘制图线的最终效果，图 6-20 所示为关闭"轴图线"图层后的显示效果。绘制玻璃墙线时，读者需打开"轴线"图层，并将水平轴线作为玻璃墙体的轴线。

步骤 2▶　利用"复制""镜像"和"修剪"命令，参照图 6-21 中的参数绘制 4 处门洞，最后将大门入口的门图形复制到各门洞处，并根据需要调整门的尺寸，各门的位置及方向如图 6-21 所示。

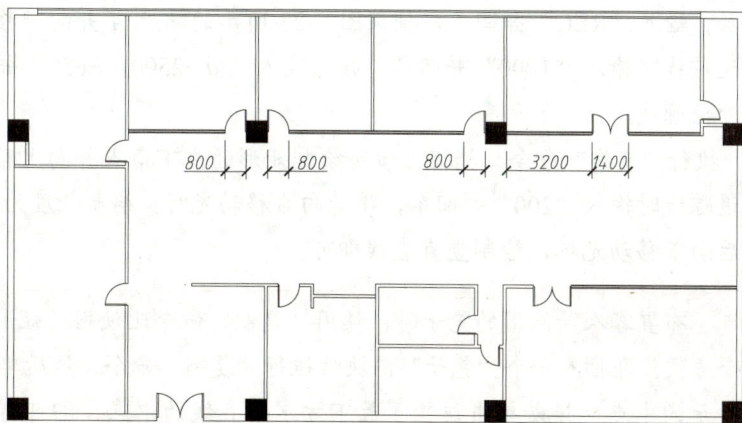

图 6-21　布置门效果

6.3.2　布置办公空间各区域

　　在对办公空间各组成区域进行布置时，应按一定顺序布置，不能随意布置。本案例中，按照"门厅→办公室→会客室→会议室→卫生间"的顺序布置该办公空间。

1. 布置门厅

门厅具有展示公司或企业性质的作用，一般设有服务台，服务人员用的办公椅，供客人等候用的沙发、凳子、茶几，以及绿化设施等。本案例中门厅的布置效果如图 6-22 所示。

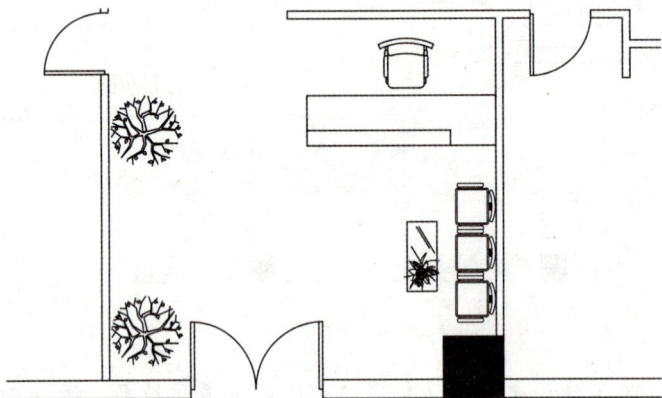

图 6-22　门厅布置效果

布置门厅时，服务人员用的办公椅，供客人等候用的凳子、茶几及绿化设施都可直接调用本书配套素材中的"素材与实例"＞"ch06"＞"图块"文件夹中的相关图块。由于服务台的平面图比较简单，因此可直接绘制，其具体绘制方法如下。

步骤 1▶　输入"LA"并回车，然后将"材料"图层的名称改为"家具"，并将该图层设为当前图层。输入"REC"并回车，捕捉图 6-23 所示的端点 A 并向下移动光标，待出现竖直极轴追踪线时输入"1000"并回车，接着输入"@−2500，−650"并回车，即可绘制服务台的外轮廓线。

步骤 2▶　执行"直线"命令，捕捉上步所绘制矩形的左下角点并向上移动光标，待出现竖直极轴追踪线时输入"200"并回车，接着向右移动光标，绘制长度为 1400 mm 的水平直线，最后向下移动光标，绘制竖直直线即可。

> **提示**
>
> 布置客人等候用的凳子时，使用"复制"命令比使用"矩形阵列"命令方便。即插入一个"凳子"图块后执行"复制"命令，然后单击图 6-24 所示的中点，接着单击该凳子最下方水平直线的中点，即可得到第 2 个凳子，再次单击复制得到的第 2 个凳子的最下方水平直线的中点，即可得到第 3 个凳子。

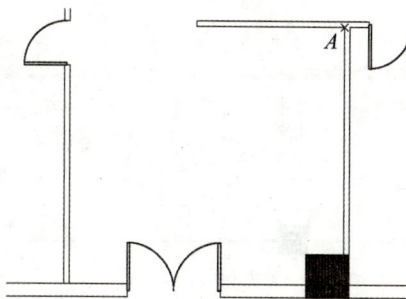

图 6-23　指定对象追踪点

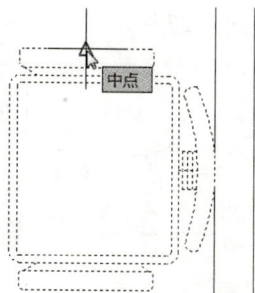

图 6-24　指定复制的基点

2．布置销售部

本案例中，销售部办公室内设有办公桌、打印机、资料柜（或产品展示柜）、饮水机等，其布置效果如图 6-25 所示。

其中，办公桌、打印机和饮水机都可从本书配套素材中的"素材与实例"＞"ch06"＞"图块"文件夹中找到相应的图块。在插入"办公桌 01"图块后，还需要使用"复制""旋转"和"镜像"等命令布置其余办公桌。资料柜需使用"直线"命令绘制，其板厚为 20 mm，尺寸如图 6-26 所示。

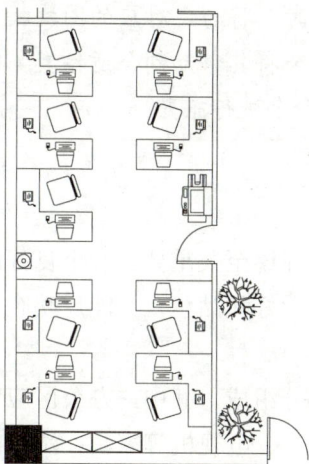

图 6-25　销售部布置效果

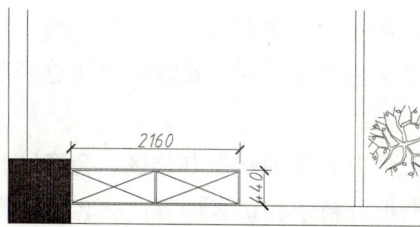

图 6-26　销售部资料柜尺寸

3．布置设计总监室、副总经理室、财务部和行政部

设计总监室、副总经理室、财务部和行政部室内的办公桌、沙发、茶几和饮水机等，都可以直接调用本书配套素材中的"素材与实例"＞"ch06"＞"图块"文件夹中的相关图块。此外，副总经理室和财务部室内的尺寸为 540 mm×1560 mm 的资料柜，以及行政部室内外两个尺寸均为 390 mm×2400 mm 资料柜，均可使用"直线"命令绘制，其最终布

置效果如图 6-27 所示。

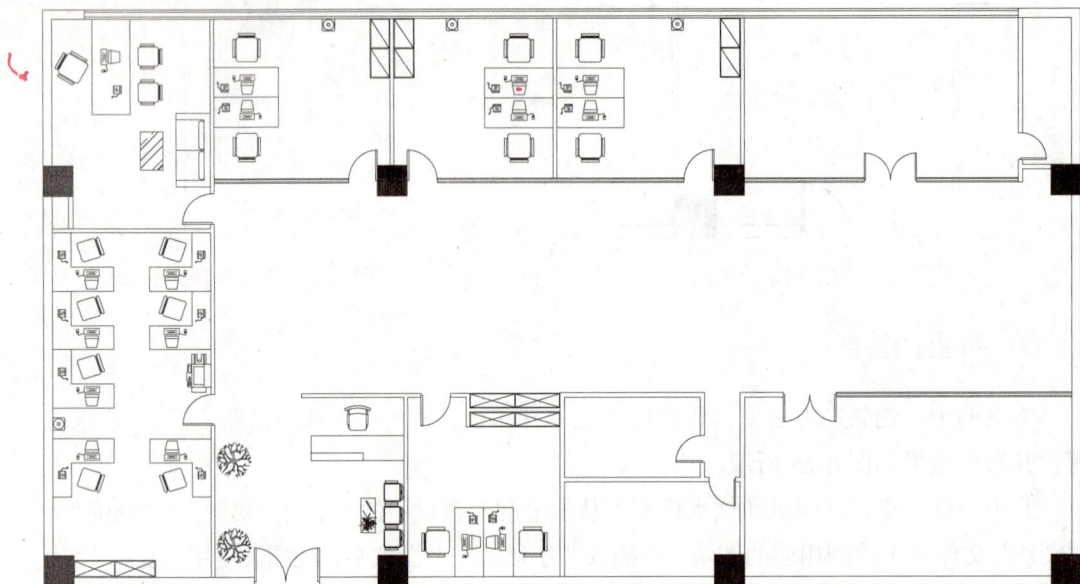

图 6-27　设计总监室、副总经理室、财务部和行政部布置效果

> **提示**　布置办公桌、饮水机或其他家具家电时，将与之对应的图块插入绘图区后，还可以根据需要利用"移动"命令将其移动到合适位置。对于相同的办公桌和饮水机，可使用"复制"命令进行布置。

4．布置总经理办公室

总经理是一个企业的领导核心，所以总经理的办公环境至关重要。一个良好的总经理办公室室内装修方案，要既能反映总经理的一些个人爱好和品位，又能反映企业的文化特征。

总经理办公室通常由办公区、会客区和洗手间三部分组成。其中，办公区应设有办公桌、书柜、椅子和访客椅等；会客区应设有沙发、茶几、电视机等家具；洗手间可根据空间大小，设有必要的卫生洁具即可。图 6-28 所示为该文化公司总经理办公室的平面布置效果。

该办公室中的书柜、办公桌、饮水机、沙发、茶几、电视机，以及卫生间内的马桶、双扇推拉门和洗手台等，均可调用本书配套素材中的"素材与实例">"ch06">"图块"文件夹中的相关图块。其中，卫生间内的双扇推拉门距内墙的尺寸如图 6-29 所示。

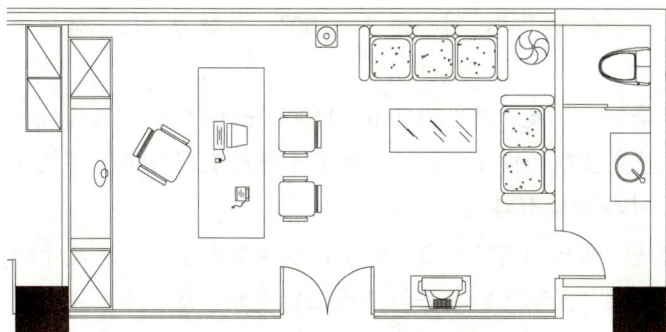

图 6-28　总经理办公室平面布置效果　　图 6-29　双扇推拉门的定位尺寸

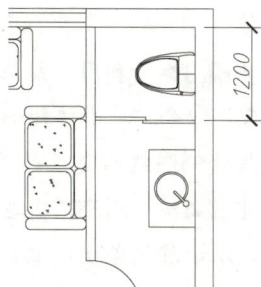

> 提示
>
> 　　由于该图形的尺寸较大，因此在布置卫生间内的马桶和洗手台时，其墙面砖和砂浆的厚度可省略不画。
>
> 　　在布置沙发时，可先将"沙发 02"图块插入合适位置，然后再利用"旋转"命令将该图块复制并旋转-90°，接着再利用"分解"命令将旋转得到的沙发图形分解，最后删除其中一个座位，效果如图 6-28 所示。

5. 布置开敞式办公区

　　本案例的开敞式办公区中设有办公必需的桌凳、饮水机，此外，左侧墙体上还设有陈列架，其平面布置效果如图 6-30 所示。

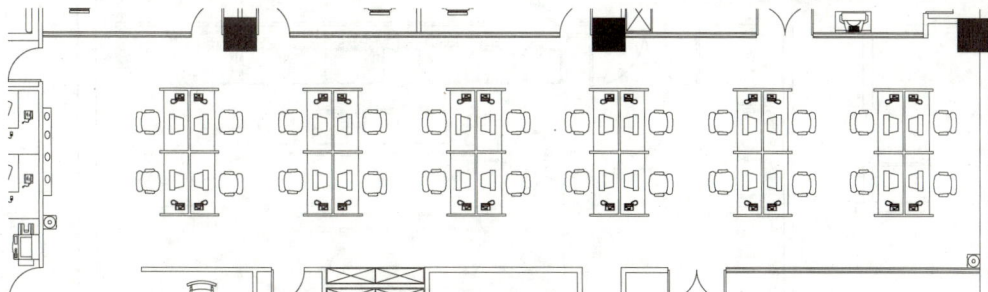

图 6-30　开敞式办公区平面布置效果

　　该开敞式办公区内的办公桌和矩形陈列架距两侧玻璃隔墙的尺寸相等，其具体布置方法如下。

　　步骤 1▶　执行"直线"命令，以总经理办公室玻璃隔墙的最外侧图线上的任意一点为起点，绘制一条竖直直线，使其与会议室的玻璃隔墙的最外侧图线相交，然后再以该竖直直线的中点为起点，绘制一条水平辅助射线。

　　步骤 2▶　将本书配套素材中的"素材与实例">"ch06">"图块">"办公桌 04"图块插入绘图区，使该图块的中心位置位于上步所绘制的水平辅助参考线上，最后利用"矩形阵列"命令将该图块进行阵列，其列数为"6"，列距为"−3500"，行数为"1"，行距为默认值。

步骤3▶ 利用"矩形"命令绘制一个尺寸为 200 mm×2100 mm 的矩形，然后执行"移动"命令，单击该矩形最左侧竖直直线的中点，然后捕捉水平辅助直线与销售部隔断墙体最外侧图线的交点并单击，即可将该矩形移动。

步骤4▶ 删除不需要的辅助线，然后利用"椭圆"命令在该矩形内绘制合适尺寸的椭圆，以示陈列架上的物品，最后利用"复制"命令将该椭圆进行复制，最后布置左、右两侧墙体处的饮水机，效果如图 6-30 所示。

> **提示**
>
> 要绘制椭圆（ellipse），可在"默认"选项卡的"绘图"面板中单击"椭圆"按钮 ⊙ ·，或输入"EL"并回车，然后在合适位置单击，以指定椭圆的中心，接着向右移动光标并在合适位置单击，以指定椭圆某一轴线的长度，最后竖直向下移动光标并在合适位置单击，即可指定椭圆另一轴线的长度。

6. 布置会议室

本案例中的会议室布置效果如图 6-31 所示。读者可参照前面的方法，在本书配套素材中的"素材与实例" > "ch06" > "图块"文件夹中找到对应的图块，将其插入合适位置。

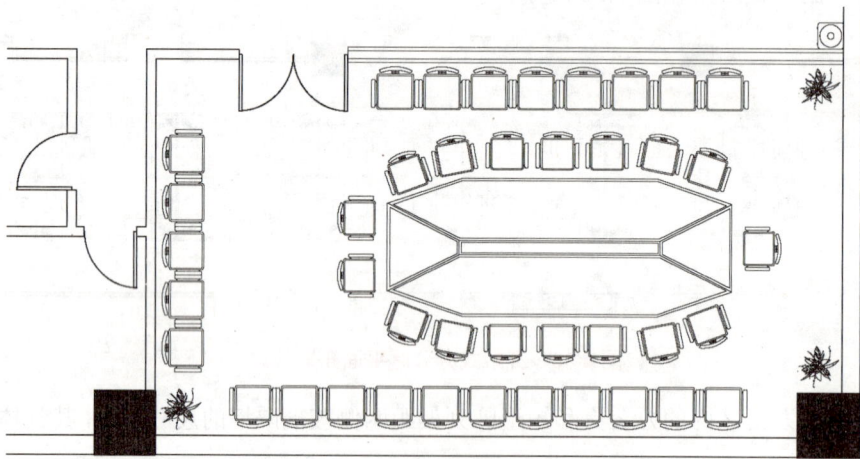

图 6-31　会议室布置效果

对于成排布置的凳子，可在布置其中的一个凳子后，利用"复制"或"矩形阵列"命令复制出多个。阵列时，将其列距或行距设为"600"。

7．布置卫生间

该卫生间的布置效果如图 6-32 所示。其中，便池、洗手池和小便斗均可直接调用本书配套素材中的"素材与实例"＞"ch06"＞"图块"文件夹中的对应图块，而卫生间内的各隔间，则需要使用"多线"命令绘制。

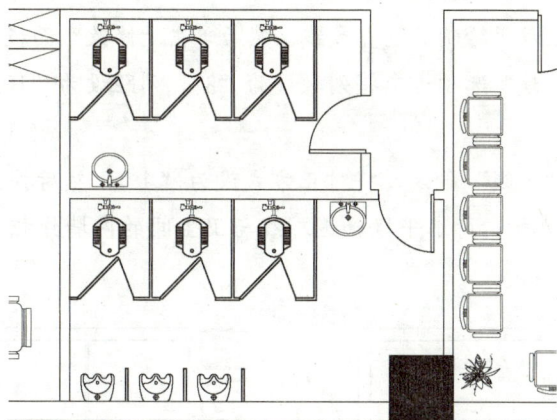

图 6-32　卫生间布置效果

提示

如果在空心砖隔墙上安装壁挂式小便斗，则隔墙内很难设置进水管和排水管。因此，本案例中将男卫生间设置在里面，并将小便斗安装在图 6-32 所示的实体墙上。

（1）女卫生间

利用"多线""直线"和"修剪"等命令绘制图 6-33 所示的隔间，然后再将本书配套素材中的"素材与实例"＞"ch06"＞"图块"＞"便池.dwg"图块插入各隔间的中间位置，最后布置卫生间的门及洗手池，其洗手池的位置尺寸如图 6-34 所示。

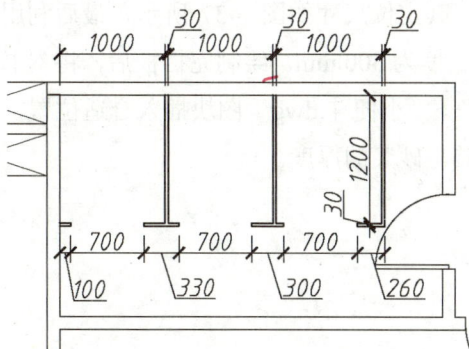

图 6-33　隔间的尺寸

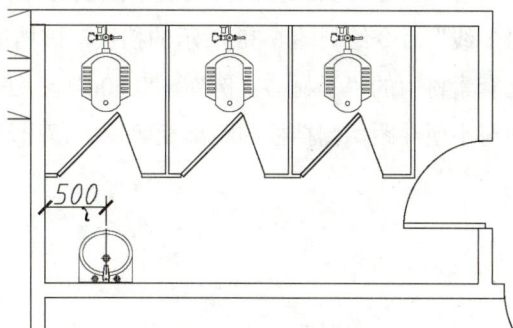

图 6-34　洗手池的尺寸

图 6-33 所示隔间的具体绘制方法如下。

步骤 1▶ 输入"MLST"并回车,将"墙体-240"多线样式设为当前样式;输入"ML"并回车,根据命令行提示将比例设为"0.125(即 30/240)",将对正方式设为"下";捕捉图 6-35 所示的端点 *A* 并向右移动光标,待出现水平极轴追踪线时输入"1000"并回车,然后绘制长度为 1200 mm 的竖直多线。

步骤 2▶ 选中上步所绘制的竖直多线,然后单击"修改"面板中的"矩形阵列"按钮,在打开的"阵列创建"选项卡中将列数设为"3",列距设为"1030",行数设为"1",行距为默认值。

步骤 3▶ 执行"多线"命令,将对正方式设为"上",然后捕捉上步所绘制多线的左端点 *B* 并向左移动光标,待水平极轴追踪线与卫生间的内墙线相交时单击,接着绘制图 6-36 所示的水平多线。

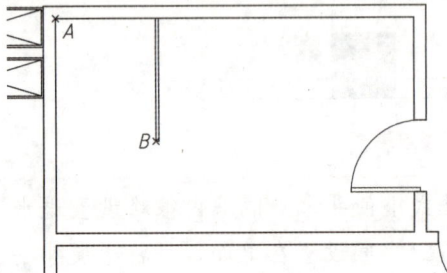

图 6-35　绘制多线 ①

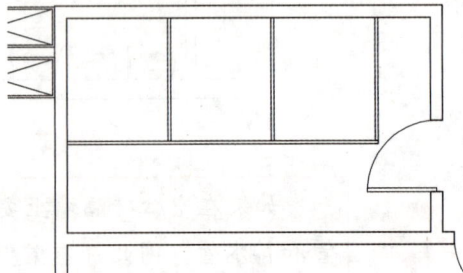

图 6-36　绘制多线 ②

步骤 4▶ 利用"直线""偏移"和"修剪"命令绘制图 6-33 所示的门洞,最后对图 6-36 所示多线的交接处进行"T 形合并"处理。

（2）男卫生间

利用"复制"命令将女卫生间内的隔间及便池复制到男卫生间中,再利用"镜像"和"移动"命令将女卫生间内的洗手池镜像并移动,其定位尺寸如图 6-37 所示,最后利用"多线"命令绘制图 6-38 所示的挡板,该挡板的长度为 500 mm。绘制完挡板后,将本书配套素材中的"素材与实例">"ch06">"图块">"小便斗.dwg"图块插入合适位置,使得小便斗距两侧挡板的距离相等,并留出墙面砖与砂浆的厚度。

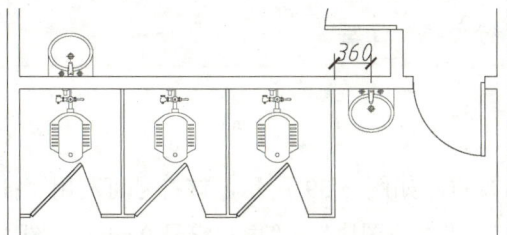

图 6-37　布置洗手池和便池

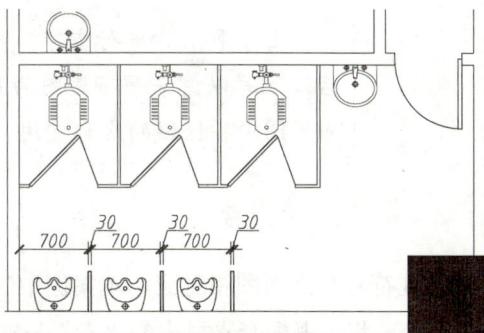

图 6-38　绘制挡板并布置小便斗

6.3.3　标注办公空间平面布置图

至此，该办公空间的平面布置图就绘制完了。接下来，就可以为该平面布置图标注相关文字、符号及尺寸。

1．注写文字

注写文字前，需要先将"文字"图层设为当前图层，然后输入"ST"并回车，在打开的对话框中将"汉字"样式的字高设为"400"，并将该样式设为当前样式，最后利用"多行文字"命令注写图 6-39 中各区域的名称。

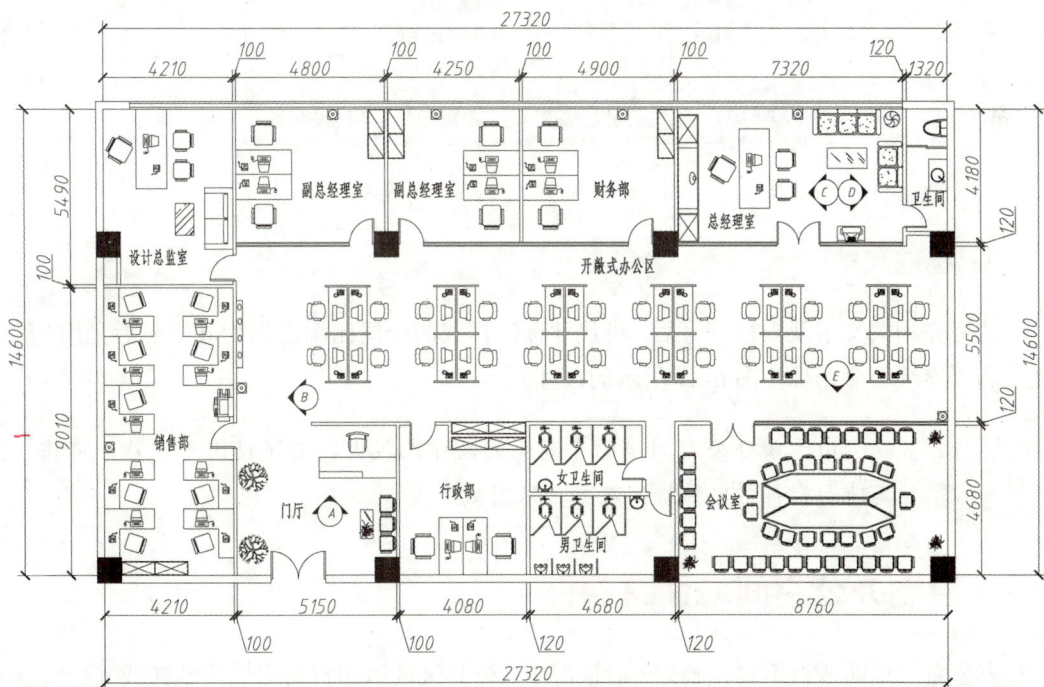

图 6-39　标注各区域的名称及尺寸

> 由于利用"单行文字"命令注写的文字不能换行，因此，为了方便后续注写以该平面布置图为基础绘制的地面材料图的材料名称，该平面布置图中各区域的名称宜用"多行文字"注写。

2. 标注内视符号

内视符号与立面图相对应。本案例中的内视符号如图 6-39 所示，该符号可利用"插入"命令，将本书配套素材中的"素材与实例">"常用图块">"内视符号 02.dwg"图块放大 100 倍插入绘图区的合适位置。

对于方向不同的内视符号，可根据需要在"插入"对话框的"旋转"编辑框中输入旋转角度，或利用"复制"和"旋转"命令将绘图区中已有的内视符号复制并旋转。对于旋转后的图块，可通过双击该图块，然后在打开的图 6-40 所示的"增强属性编辑器"对话框中将旋转角度值设为 0，调整内视符号中字母的方向。

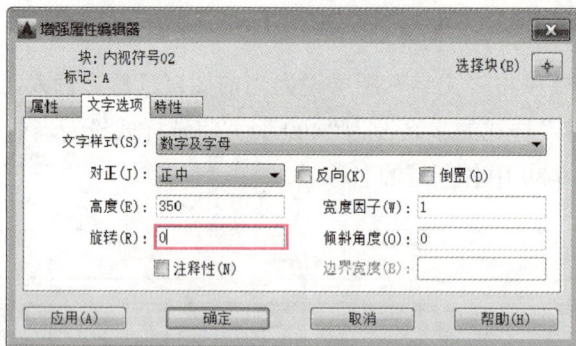

图 6-40　修改文字的旋转角度

3. 标注尺寸

注写完相关文字及内视符号后，将尺寸标注样式的全局比例设为"80"，然后利用"线性"和"连续"命令标注图 6-39 所示的尺寸。

> 由于该办公空间平面布置图的尺寸比较大，为了使图形清楚，可将其地面材料图单独绘制在另一张图纸上。

6.4　绘制办公空间地面材料图

办公室的地面选材不宜花哨。一般情况下，公共区域地面材料多选用地砖或其他容易打理的材料，而领导办公室的地面多选用相对安静、柔和、舒适的木地板和地毯。

本案例中的地面材料有 4 种，即设计总监室、副总经理室、财务部、行政部选用实木复合地板，销售部、门厅及开敞式办公区选用 600 mm×600 mm 抛光砖，总经理室和会议室选用地毯，卫生间选用 300 mm×300 mm 防滑地砖，如图 6-39 所示。

要绘制图 6-41 所示的地面材料图，可将 6.3.3 节绘制的"平面布置图.dwg"另存为"地面材料图.dwg"，然后再按如下步骤进行操作。

存储路径：素材与实例\ch06\地面材料图.dwg

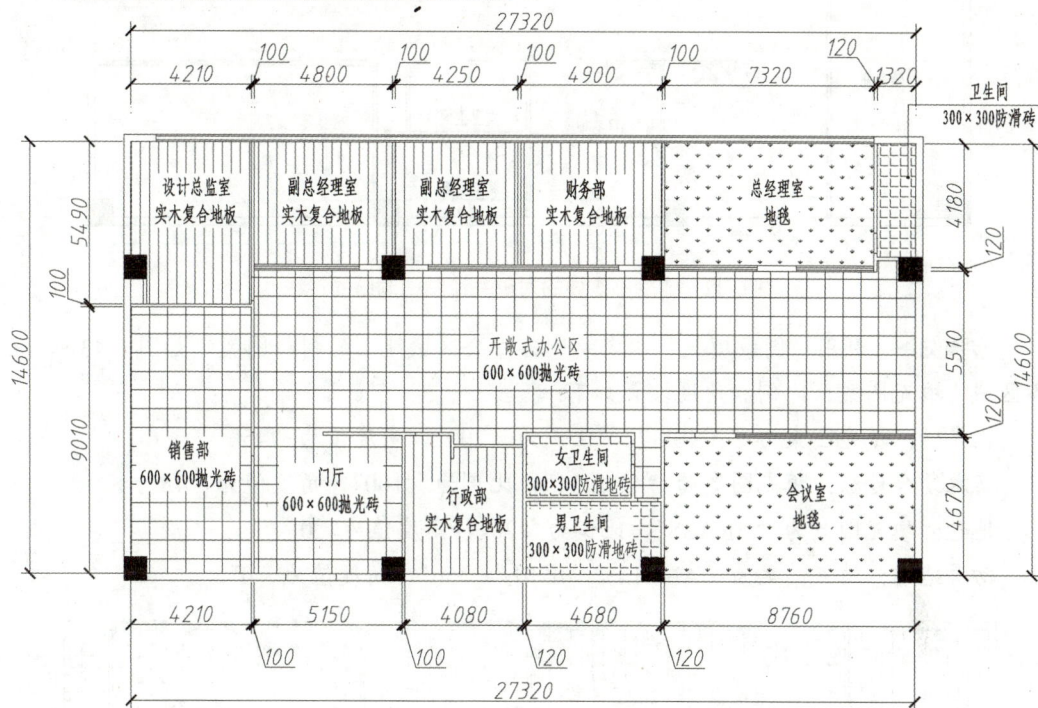

图 6-41　办公空间地面材料图

步骤 1▶　关闭"尺寸标注"和"家具"图层，利用"移动"命令将绘图区中的所有图形对象移动到合适位置，然后打开这两个图层，则尺寸标注和家具与原图形分离。采用窗交法选中所有尺寸标注和家具并按【Delete】键删除。最后删除不需要的门图形，并利用"直线"命令绘制门洞口的连线，效果如图 6-42 所示。

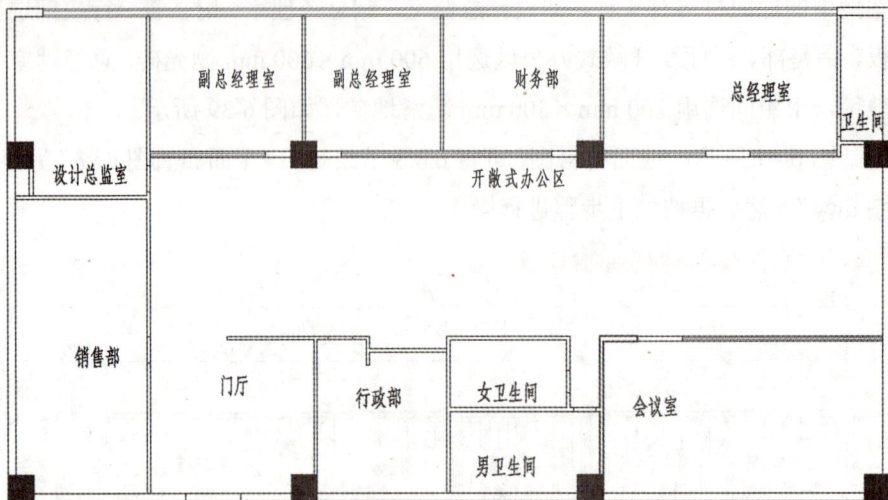

图 6-42 删除不需要的对象并绘制门洞口的连线

步骤 2▶ 利用"图案填充"命令绘制各办公区域地面的材料图案,如图 6-43 所示。各区域的填充图案、比例和角度设置如下:

抛光砖:填充图案为"ANSI37",比例为"200",角度值为"45"。

实木复合地板:填充图案为"ANSI31",比例为"100",角度值为"45"。

地毯:填充图案为"GRASS",比例为"20",角度值为"0"。

防滑地砖:填充图案为"ANGLE",比例为"50",角度值为"0"。

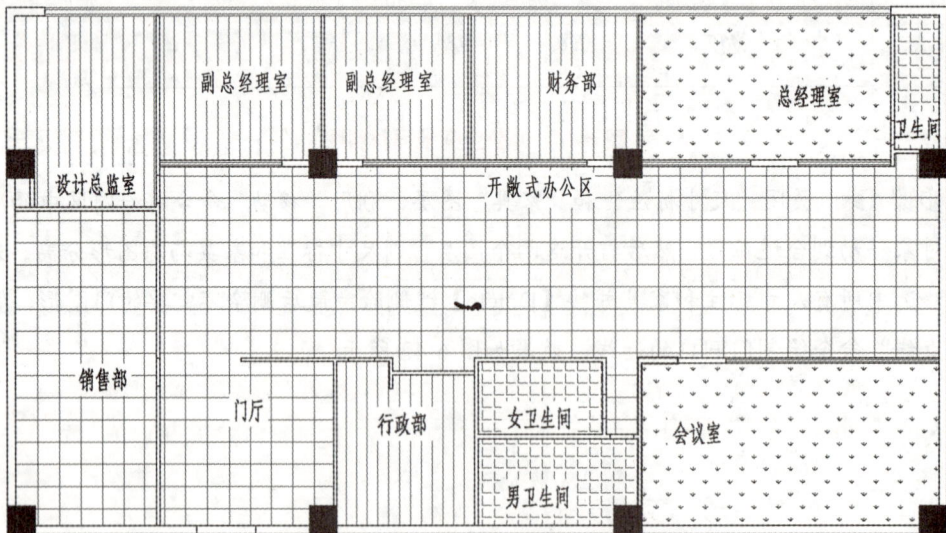

图 6-43 各区域的材料图案效果

步骤3▶ 双击文字"销售部",进入编辑界面后将光标移至"部"的右面,然后单击"文字编辑器"选项卡"段落"面板中的"居中"按钮▤,即可将该行文字居中显示,接着按回车键换行,最后输入地面材料名称"600×600 抛光砖"。输入完成后在绘图区其他位置单击,退出文字的编辑状态。

> **提示**
>
> 在注写各区域的地面材料时,可通过拖动图 6-44 所示标尺右侧的◇标记调整编辑框的宽度,从而使所输入的文字"600×600 抛光砖"处于同一行。

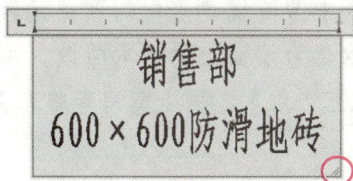

销售部
600×600防滑地砖

拖动该标记可调整编辑框的宽度

图 6-44 调整编辑框的宽度

步骤4▶ 采用同样的方法,依次注写其他区域的地面材料,然后利用"移动"命令或文字上的夹点■,将文字移动到所处区域的中心位置,最后标注尺寸,效果如图 6-39 所示。

> **提示**
>
> 在注写总经理办公室内的卫生间地面材料时,可利用多重引线引出所注位置。单击"注释"选项卡"引线"面板右下角的▨按钮,打开"多重引线样式管理器"对话框,然后修改"Standard"样式,即在"引线格式"选项卡中将引线箭头设为"小点",大小设为"3.5";在"引线结构"选项卡中将比例设为"100";在"内容"选项卡中,将多重引线类型设为"无",最后利用"多重引线"命令绘制图 6-39 所示的引线,并将卫生间的名称及材料文字复制到引线的合适位置即可。

至此,该办公空间的平面布置图和地面材料图就绘制完了。

拓展园地——上海合作组织青岛峰会主会场的室内设计

2018 年 6 月 9—10 日,备受瞩目的上海合作组织成员国元首理事会第十八次会议在青岛国际会议中心举行。此次会议期间,兼具海洋文化特色和中国传统文化特色的建筑给与会嘉宾留下了深刻的印象。

步入迎宾大厅，映入眼帘的是长 25 m、宽 8.4 m 的巨幅泰山主题国画，寓意"国泰民安"。迎宾大厅两侧的"一带一路"主题石雕，传达着广交朋友、共赢发展的理念。顶部的暖色藻井发光天花，运用 9 为基数分隔，81 块藻井，饰以图案，寓意"九九归一"，体现中国古典文化。

青岛国际会议中心的主会议厅——泰山厅的顶部灯具造型以"玉"为主体，名为"久合叠玉"，象征集合智慧、合力共赢、环环相扣、生生不息。灯具的描金装饰均由具备 10 年以上手工描金经验的工匠一笔描成。

黄河厅顶部同样采用了中国传统建筑中的藻井元素，边缘还饰有饕餮纹。会议厅两侧，万里奔腾的河水化为墙面上的艺术雕纹，寓意波澜壮阔、滚滚前行。黄河厅外饰以巨幅山水画《东方红》，画上黄河奔腾东去，一轮红日高悬，画面大气磅礴。

此外，青岛国际会议中心在规划设计过程中，还充分考虑了后续利用问题，建筑全部采用环保材料，确保会后的循环使用，充分展现了节俭务实、风清气正的办会精神。

第 7 章
绘制办公空间顶棚平面图和立面图

章前导读

　　无论是家装还是公装，吊顶都是一项必不可少的巨大工程。虽然家装与公装的吊顶在造型设计、吊顶材料、灯光及墙面材料等方面有所不同，但其平面图的绘制方法基本相同。此外，由于立面图是对平面图的一个补充说明，因此立面图的表达要有重点。

　　紧接第 6 章讲解的某中型文化公司办公空间室内平面图的绘制，本章主要讲解该办公空间的顶棚平面图和立面图的设计要求及绘制方法。在具体学习绘制顶棚平面图前，读者有必要先了解一下办公建筑中常用的顶棚材料。

技能目标

✦ 能够绘制办公空间顶棚平面图。

✦ 能够绘制办公空间灯具定位图。

✦ 能够绘制办公室室内立面图。

素质目标

✦ 深入贯彻创新、协调、绿色、开放、共享的新发展理念，使用绿色环保材料，为推动行业绿色发展水平贡献力量。

✦ 通过了解我国建材行业近年来的发展成就，感受我国日益提高的综合国力和国际竞争力，增强民族自豪感和自信心，坚定为实现中华民族伟大复兴的中国梦而努力奋斗的决心。

7.1　办公建筑常用顶棚材料

办公室装修中，吊顶的设计应以简单为主，不宜过于华丽。与家装不同，办公空间的吊顶应考虑防火性、保温性和吸声性等因素，常用的顶棚材料有石膏板、矿棉板、铝（钢）网格吊顶、木质装饰板、烤漆铝扣板等。

上述几种常用顶棚材料的主要特点如下。

➢ **石膏板和矿棉板**：石膏板与矿棉板的装饰效果基本相同，但是矿棉板的耐损性、保温性和吸音性等都比石膏板好，当然，价格也比石膏板高。另外，矿棉板比石膏板轻。

➢ **铝（钢）网格吊顶**：这种材质的吊顶一般用在过道，但也有被用于开敞式办公室和员工活动区域的。这种吊顶通常是用铝合金制作的，表面多为喷涂或烤漆，颜色和品种比较多，且网格的大小可根据需要定做。

➢ **木质装饰板**：首先应在顶棚的基层设置木龙骨，然后将这些木质装饰板附着于木龙骨上。木质装饰板品种繁多，常见的有胡桃木三合板、樱桃木三合板、柚木三合板等，因为这些装饰板木纹各异，又能体现很自然的风格，所以非常受欢迎。但是如果在办公室装修中大量使用本质装饰板的话，难免会在消防报批中多费周折。

➢ **烤漆铝扣板**：烤漆铝扣板是一种新式的顶棚材料，以耐用著称，但是隔音性能不太好，而且价格较高。

此外，还有一种暴露式顶棚。所谓暴露式顶棚，实际上就是没有顶棚。这是比较现代化的一种装修风格，其处理方式也比较简单，即先把顶棚的顶及墙边靠上十几厘米的地方刷上一层素色（单色，一般为深色调），然后把通过其中的所有电线、空调管道（消防水管除外）也刷上同样的颜色。

> 家装中最常用到的木龙骨，在办公空间装修中却很少使用，这是因为木龙骨含水率太大，易变形，不防火。办公室、商场或其他人员较多的公共场合，一般选用表面经过热镀锌处理，不易变形，也不易生锈的轻钢龙骨。

7.2　绘制办公空间顶棚平面图

本案例中，产品设计总监室、副总经理室、财务部、销售部和行政部采用轻钢龙骨矿棉板吊顶；公共卫生间和总经理室内的卫生间采用铝扣板吊顶；其他区域均采用轻钢龙骨石膏板吊顶，其顶棚平面图如图 7-1 所示。

存储路径：素材与实例\ch07\顶棚平面图.dwg

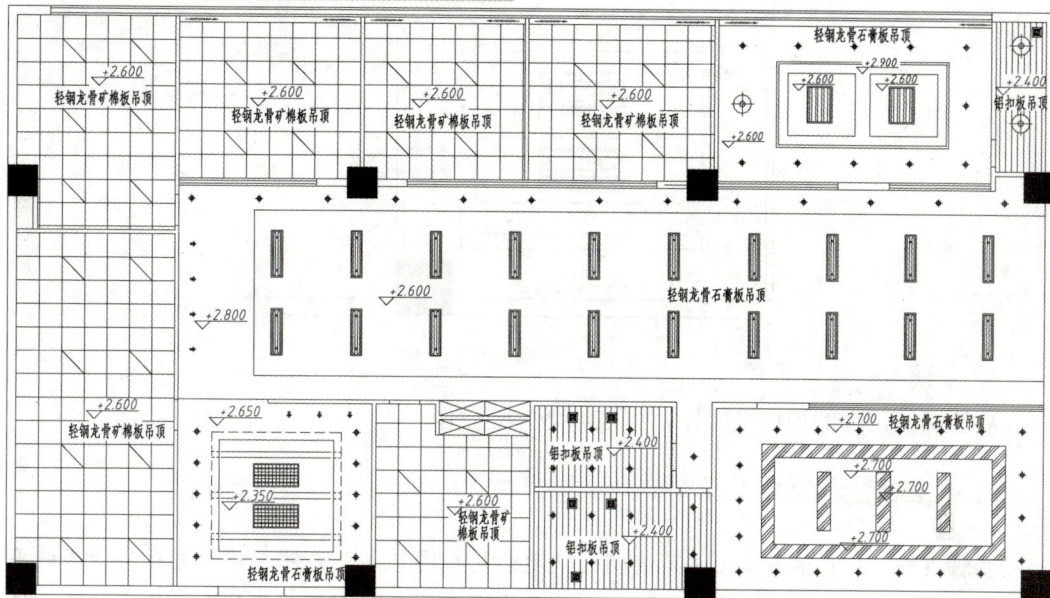

图 7-1　办公空间顶棚平面图

> 由于该案例中顶棚的面积较大，且吊顶材质相同的办公室，其绘制方法基本相同。因此，为节约篇幅，下面仅介绍门厅、开敞式办公区、副总经理室、总经理室、会议室、公共卫生间的顶棚平面图的绘制方法，其余区域的顶棚平面图，读者可参考图 7-1 绘制。

提示

7.2.1　绘制门厅顶棚平面图

本案例中的门厅空间不是特别大，吊顶的造型应简洁大方。为此，该门厅主要采用轻钢龙骨石膏板吊顶，且矩形吊顶造型内设有 3 块褚红色木板，配合 2 个尺寸为 600 mm×1200 mm 的格栅灯，从而使整个门厅具有温馨、柔和的感觉。此外，在该吊顶的左右两侧设有两排筒灯，靠近形象墙的一侧还设有 3 个有向射灯，如图 7-2 所示。

扫一扫

视频讲解

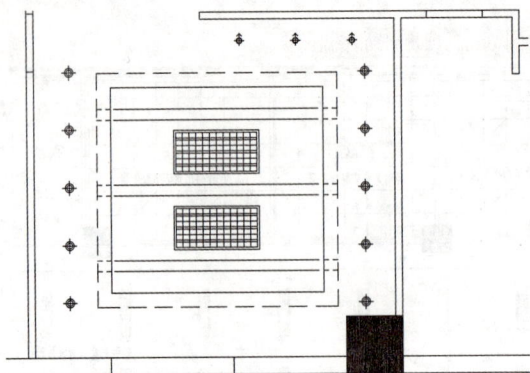

图 7-2　门厅顶棚布置效果

要绘制该门厅的顶棚平面图，可按如下方法操作。

1．绘制吊顶造型

步骤 1▶　打开第 6 章 6.4 节绘制的"地面材料图.dwg"文件，将其另存为"顶棚平面图.dwg"，然后利用"移动"命令和图层的关闭功能，删除图中不需要的尺寸标注、地面材料图案和各区域的名称。

步骤 2▶　打开第 6.3 节绘制的"平面布置图.dwg"文件，选中行政部内外两侧的柜子图形，然后按【Ctrl+C】键将其复制到剪贴板中，接着在"顶棚平面图.dwg"文件的绘图区单击，按【Ctrl+V】键将其复制到绘图区，最后利用"移动"命令将其移动至合适位置，效果如图 7-3 所示。

> 在 AutoCAD 中，使用"修改"面板中的"复制"命令只能将当前绘图区中的对象复制到该绘图区中的其他位置，而不能将当前绘图区中的图形对象复制到另外一个文件的绘图区中。要在不同文件间进行图形对象的复制，只能使用【Ctrl+C】和【Ctrl+V】这两组快捷键。

步骤 3▶　将"地面材料"图层的名称改为"吊顶"，并将其置于当前图层，然后执行"矩形"命令，以图 7-4 所示的端点 A 为参照点，输入"@1110，900"并回车，接着输入"@3020，2850"并回车，最后利用"偏移"命令将该矩形向其外侧偏移 200 mm。

步骤 4▶　单击"默认"选项卡"特性"面板中的"线型"列表框，然后在弹出的下拉列表中选择"其他……"选项，接着在打开的"线型管理器"对话框中单击"加载"按钮，加载"DASHED"线型，最后选中上步偏移得到的矩形，然后在"特性"面板中的"线型"列表框中单击，在弹出的下拉列表中选择"DASHED"线型。

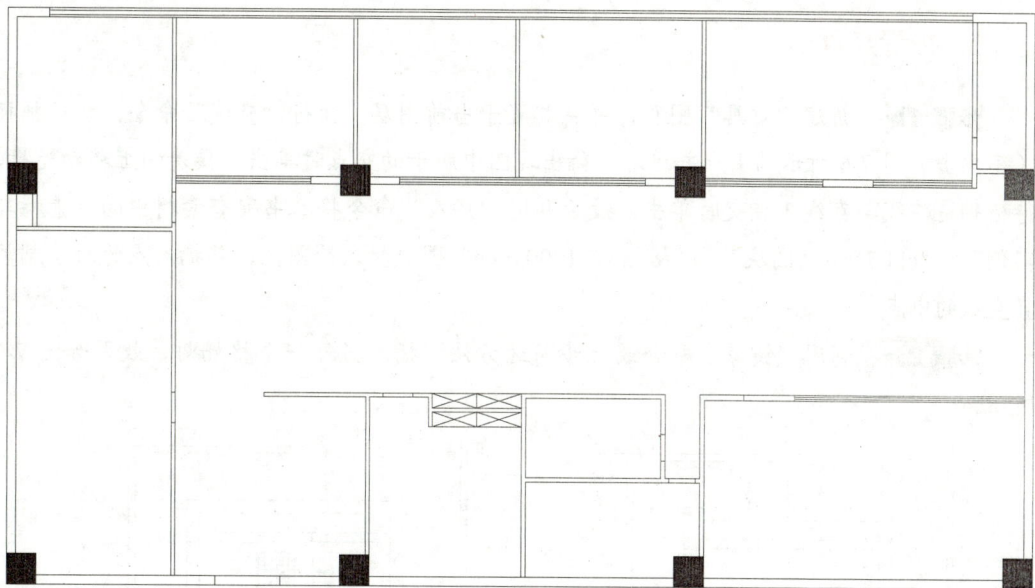

图 7-3　整理图形效果

步骤 5▶ 选中偏移得到的矩形，然后单击"特性"面板右下角的 ⬛按钮，在打开的 "特性"选项板的"线型比例"编辑框中输入"0.2"并回车，最后按【Esc】键，效果如 图 7-4 所示。

步骤 6▶ 利用"直线"和"复制"命令绘制图 7-5 所示的直线，表示 3 块条形褚红 色木板的轮廓。

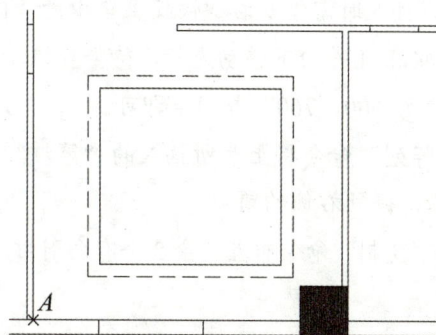

图 7-4　绘制吊顶造型

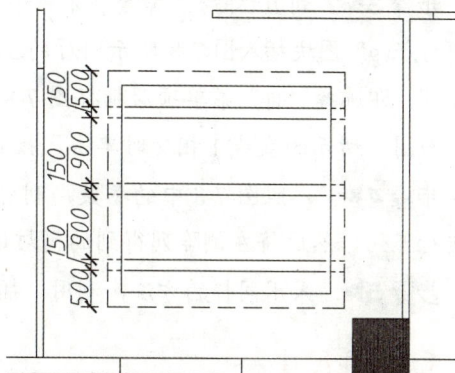

图 7-5　绘制条形木板的轮廓

《房屋建筑制图统一标准》（GB/T 50001—2017）平面图中的不可见 图线用虚线表示，如图 7-4 中偏移得到的矩形。

此外，在绘制图 7-5 所示条形木板的轮廓线时，由于被遮挡部分虚线 较短，因此还需要在"特性"选项板中修改其线型比例，使其显示为虚 线，如图 7-5 中虚线的线型比例为"0.1"。

2．布置灯具

步骤 1▶ 新建"灯具"图层，并将其置于当前图层。执行"直线"命令，然后捕捉（不单击）图 7-6 所示的中点并追踪，待出现图中所示的交点时单击，接着向上移动光标，待极轴追踪线与直线 1 相交时单击。最后利用"插入"命令将本书配套素材中的"素材与实例" > "ch07" > "图块" > "格栅灯 1200.dwg"图块插入绘图区，其插入点为所绘制竖直直线的中点。

步骤 2▶ 利用"镜像"命令或上步所述方法，插入另外一个格栅灯，效果如图 7-7 所示。

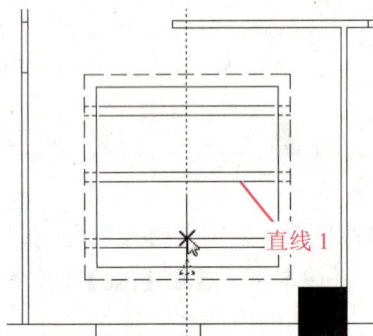

图 7-6　绘制辅助参考线　　　　图 7-7　格栅灯布置效果

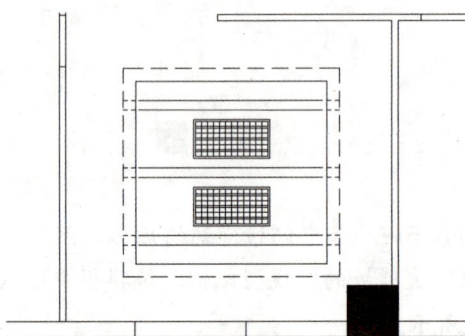

步骤 3▶ 利用"插入"命令将本书配套素材中的"素材与实例" > "ch07" > "图块" > "筒灯.dwg"图块插入图 7-8 所示门厅的左下角处，插入时需借助右键快捷菜单中的"自"菜单项，即选择"自"菜单项后捕捉图 7-8 所示的端点 A 并向下移动光标，待竖直极轴追踪线与图中所示的直线 1 相交时单击，接着输入"@-600，760"并回车即可。

步骤 4▶ 参照图 7-8 中的参数，利用"矩形阵列"命令将上步所插入的"筒灯"图块进行阵列，然后将左侧阵列得到的筒灯进行镜像，得到右侧的筒灯。

步骤 5▶ 采用同样的方法，利用"插入"和"复制"命令布置其余 3 个有向射灯。

3．标注尺寸

至此，该办公空间的门厅顶棚平面图就绘制完了。接下来还需要为该门厅的顶棚平面图标注相关尺寸及标高符号，该门厅顶棚平面图中的相关标注如图 7-9 所示。

在标注图 7-9 所示的尺寸时，由于空间有限，因此可以适当地调整尺寸的全局比例，如将尺寸标注样式的全局比例设为"30"。此外，图 7-9 中的标高符号可直接调用"素材与实例" > "常用图块" > "标高符号.dwg"图块，插入绘图区时需将其放大 40 倍。

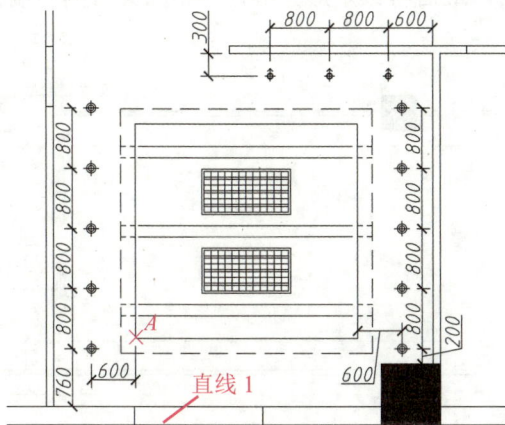

图 7-8　灯具布置效果

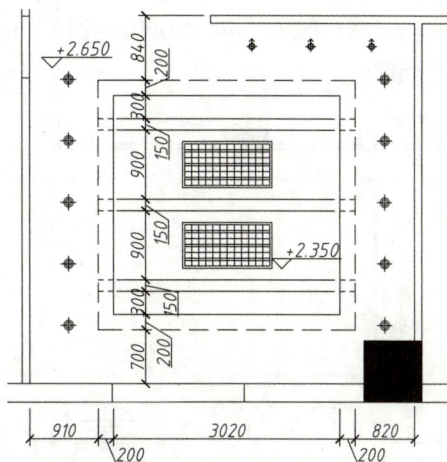

图 7-9　门厅顶棚标注效果

> **提示**
>
> 　　由于该办公空间的顶棚平面图中的灯具较多,为了使图幅清晰简洁,可只在该顶棚平面图中标注吊顶造型的尺寸和标高符号,如图 7-9 所示,然后将灯具的定位尺寸统一标注在另外一幅灯具定位图中。

7.2.2　绘制开敞式办公区顶棚平面图

　　开敞式办公区采用轻钢龙骨石膏板吊顶,其主要灯具为 300 mm×1200 mm 的格栅灯,且在靠近总经理室的一侧设有筒灯,在左侧设有 4 个有向射灯,如图 7-10 所示。

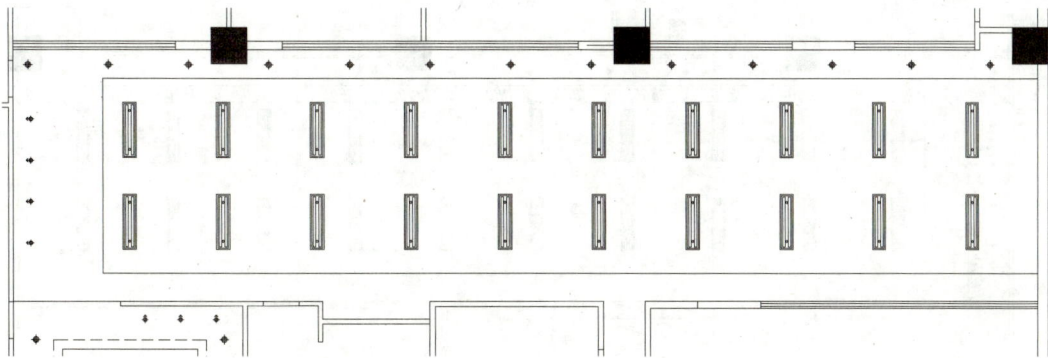

图 7-10　开敞式办公区吊顶布置效果

1．绘制吊顶造型

　　本案例中,门厅与开敞式办公区的吊顶高度不同,因此需要利用"直线"命令画出这两个吊顶的分界线。执行"矩形"命令,以图 7-11 所示端点 A 为参照点,输入"@0,610"

并回车，然后输入"@–21000，4240"并回车，最后将该矩形分解，并删除其右侧与墙体重合的图线。

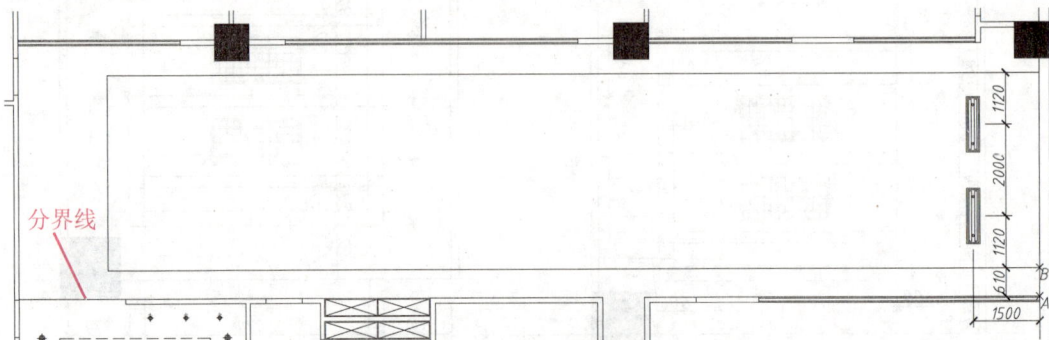

图 7-11　绘制吊顶造型

2．布置灯具

步骤 1▶ 利用"插入"命令将本书配套素材中的"素材与实例"＞"ch07"＞"图块"＞"格栅灯 300.dwg"图块插入图 7-11 所示位置。插入时，应以图中所示的端点 *B* 为参照点，然后输入"@–1500，1120"并回车，接着利用"复制"命令将该图块复制，其复制的基点和第 2 点间的距离为 2000 mm。

步骤 2▶ 利用"阵列"命令将上步所插入的两个格栅灯进行阵列，其阵列时的参数为列数"10"，列距"–2100"，行数"1"，行距为默认值。

步骤 3▶ 采用同样的方法，参照图 7-12 所示的尺寸布置筒灯及有向射灯。

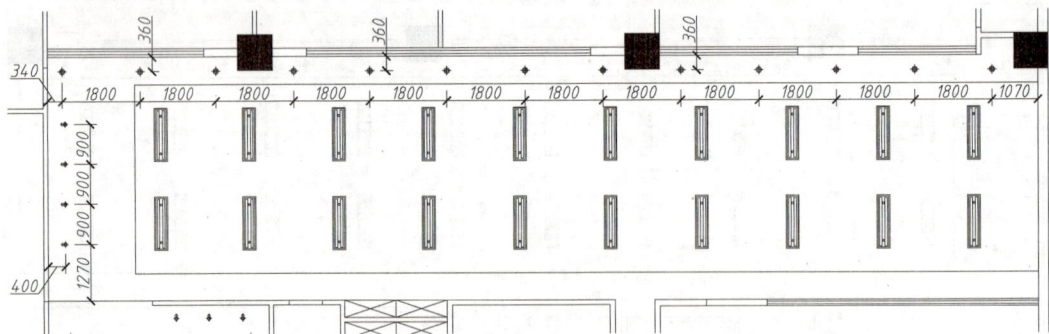

图 7-12　筒灯及有向射灯布置效果

至此，该开敞式办公区的顶棚平面图就绘制完了。接下来标注该顶棚的造型尺寸，并将门厅处的"标高符号"图块复制到合适位置，然后修改其标高值，效果如图 7-13 所示。

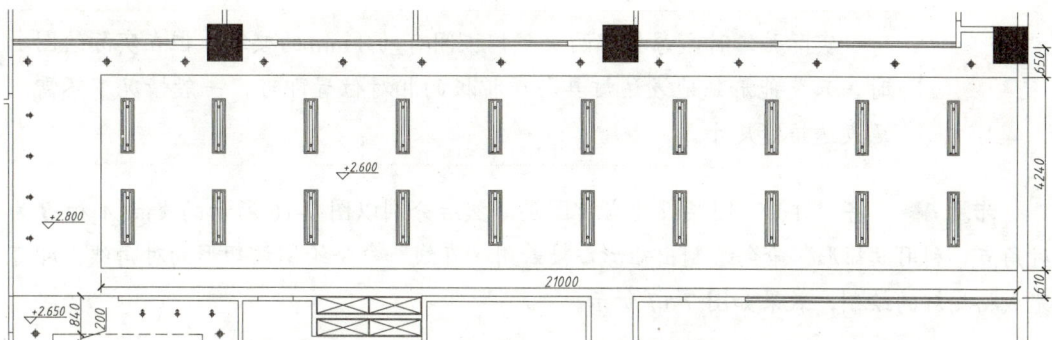

图 7-13　开敞式办公区顶棚标注效果

7.2.3　绘制副总经理办公室顶棚平面图

副总经理办公室中，在靠近窗子的一侧应设有窗帘，吊顶采用尺寸为 600 mm×600 mm 的轻钢龙骨矿棉板和 4 个尺寸为 600 mm×600 mm 的格栅灯。该灯具与矿棉板的尺寸相同，为了美观及施工方便，该灯具可占用一块矿棉板的位置。为了准确定位灯具，该矿棉板吊顶图案应按 1∶1 绘制，具体绘制方法如下。

步骤 1▶　利用 "直线" 命令绘制出图 7-14 所示的水平直线，然后利用 "插入" 和 "镜像" 命令，将本书配套素材中的 "素材与实例" ＞ "常用图块" ＞ "窗帘平面.dwg" 图块插入图 7-14 所示合适位置。

步骤 2▶　利用 "直线" 命令绘制图 7-15 所示的两条直线，然后选中直线 1 并单击 "默认" 选项卡 "修改" 面板中的 "矩形阵列" 按钮，接着在出现的 "阵列创建" 选项卡中将列数设为 "7"，列距设为 "600"，行数设为 "1"，行距采用默认值，并选中 "特性" 面板中的 "关联" 按钮，最后按【Esc】键结束命令即可。

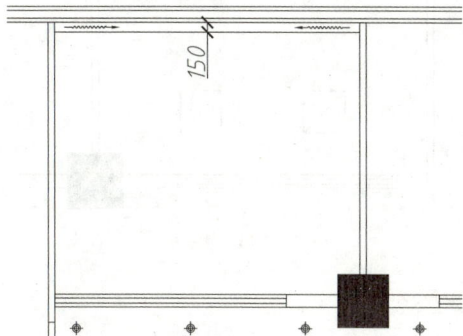

图 7-14　绘制窗帘及吊顶轮廓

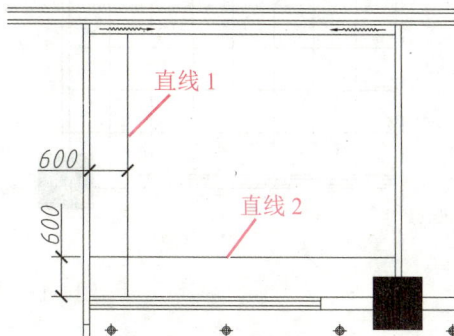

图 7-15　绘制矿棉板图案 ①

步骤 3▶　采用同样的方法将图 7-15 所示的直线 2 进行阵列，其列数为 "1"，列距为默认值，行数为 "6"，行距为 "600"，效果如图 7-16 所示。

> **知识库**
> 　　　　实际施工时，每相邻两块矿棉板间有约 8 mm 的接缝。但在实际绘图时，只要能清楚地表达灯具与矿棉板的相对位置即可，一般情况下不需要表达接缝尺寸。

步骤 4▶　将"灯具"图层设为当前图层，然后分别以图 7-16 所示的交点 A 和 B 为对角点，利用"矩形"命令绘制出矩形，接着用"直线"命令绘制该矩形的对角线，即可完成格栅灯的绘制，效果如图 7-17 所示。

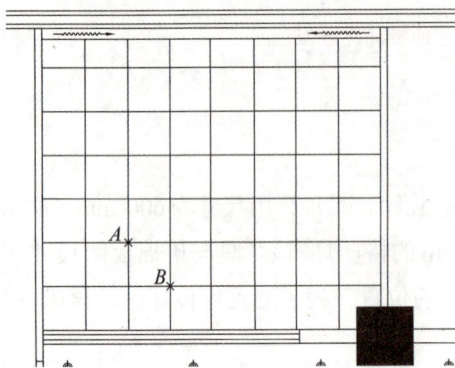

图 7-16　绘制矿棉板图案 ②　　　　　　　　　图 7-17　绘制格栅灯

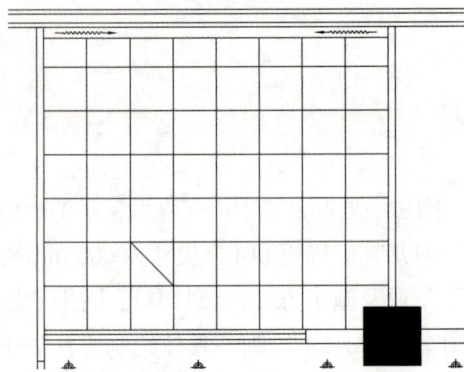

步骤 5▶　利用"复制"或"矩形阵列"命令将上步所绘制的格栅灯（即矩形和其对角线）进行复制，效果如图 7-18 所示。

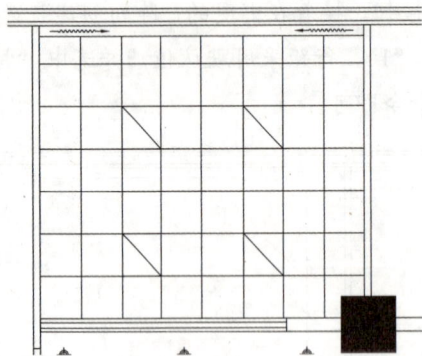

（a）隐藏矿棉板前　　　　　　　　　　　（b）隐藏矿棉板后

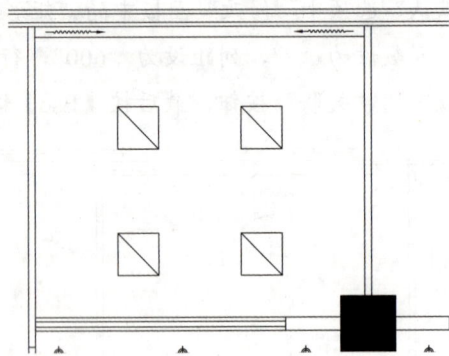

图 7-18　格栅灯布置效果

　　至此，该副总经理办公室的顶棚平面图就绘制完了。

　　将该室内的窗帘、矿棉板和灯具等图案复制到另外一个副总经理办公室、财务部、行政部、销售部和设计总监室，然后再利用"移动""修剪"和"删除"等命令调整相关对象的位置和尺寸，最后为其标注标高符号，效果如图 7-19 所示。

插入标高符号后，需使用"修剪"命令将通过标高符号的图线擦除。在修剪前，必须先将使用"矩形阵列"命令阵列得到的图线分解为单个图线，否则将无法修剪。

此外，为了使图形清晰，图 7-19 中隐藏了前面所标注的尺寸。

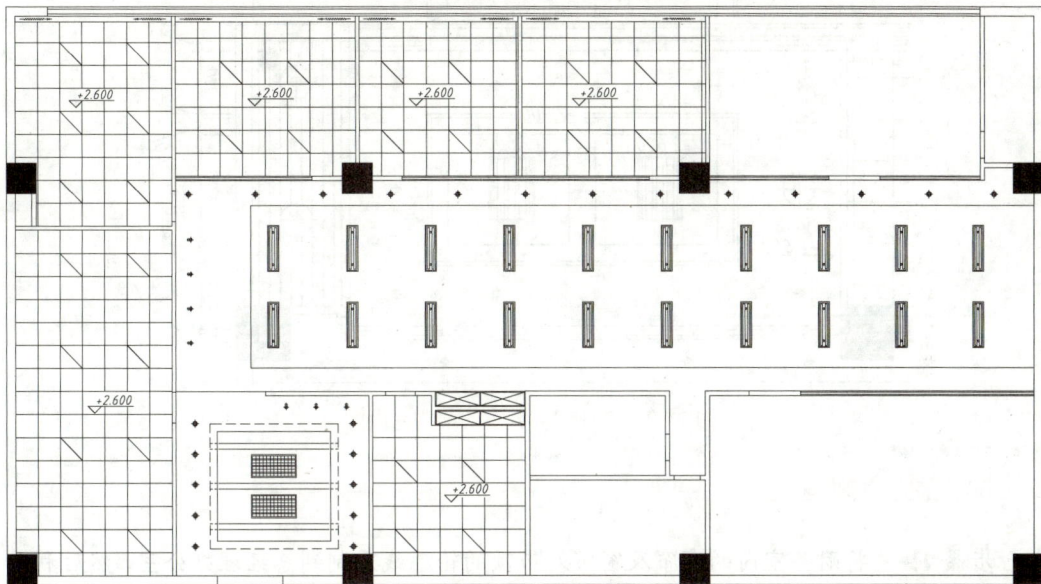

图 7-19　某办公区域建筑平面图

当使用"矩形阵列"命令复制得到的对象为一个整体时，若要修剪其中某些对象，有两种方法：① 先使用"分解"命令将阵列得到的对象分解为单个对象，然后再进行修剪。② 选中要修改的对象，然后在出现的"阵列"选项卡中修改各行、列的相关参数；若要修改阵列源对象的尺寸或形状，可单击"阵列"选项卡中的"编辑来源"按钮，然后在出现的"阵列编辑状态"对话框中单击"确定"按钮，接着利用相关命令修改阵列源对象，修改完成后，单击"默认"选项卡"编辑阵列"面板中的"保存更改"按钮即可。

7.2.4　绘制总经理办公室顶棚平面图

总经理办公室的顶棚造型和灯具选择，应与其室内家具、总经理的个人性格，以及公司或企业的文化相协调，不能一味地追求豪华、气派。

图 7-20 所示为该文化公司总经理办公室的顶棚平面图。该吊顶采用轻钢龙骨石膏板，

其中设有 2 个尺寸为 630 mm×900 mm 的 LED 长方形吸顶灯,且办公桌上方设有 1 个吸顶灯,其余 3 个方向上各设有一排筒灯。此外,卫生间采用铝扣板吊顶,内设有 2 个吸顶灯和 1 个排气扇。

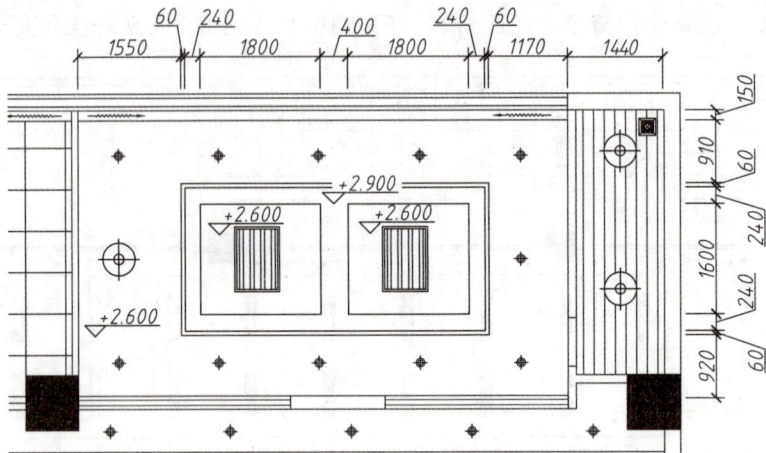

图 7-20　总经理办公室的顶棚平面图

1. 绘制顶棚造型

步骤 1▶ 将财务室内的窗帘及窗帘处吊顶的轮廓线复制到总经理办公室,然后利用"拉伸"命令将其拉伸到合适位置。输入"REC"并回车,以图 7-21 所示的端点 A 为参照点,输入"@1550,−910"并回车,然后绘制尺寸为 4600 mm×2200 mm 的矩形,最后利用"偏移"命令将该矩形向其内侧偏移 60 mm。

步骤 2▶ 以图 7-21 所示的端点 B 为参照点,输入"@240,−240"并回车,然后绘制尺寸为 1800 mm×1600 mm 的矩形,最后利用"镜像"命令将该矩形进行镜像,其镜像线为偏移所得矩形的竖直中心线,效果如图 7-22 所示。

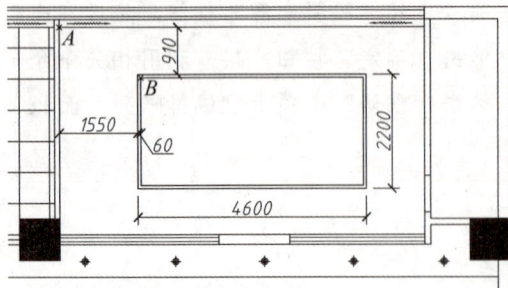

图 7-21　绘制顶棚造型 ①　　　　图 7-22　绘制顶棚造型 ②

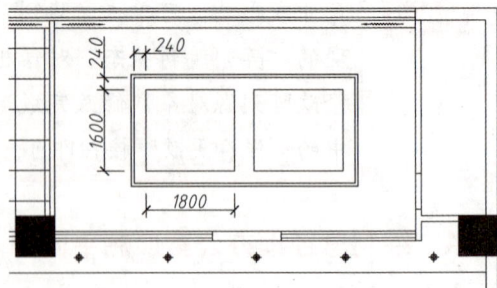

2. 布置灯具

总经理办公室涉及的灯具有 2 个 LED 矩形吸顶灯、1 个圆形吸顶灯和数个筒灯,读者可参照图 7-23 中的尺寸，直接调用本书配套素材中的"素材与实例">"ch07">"图块"文件夹中的相关图块。在布置筒灯时，可先在右上角处插入 1 个筒灯，然后再利用"阵列"或"复制"命令将筒灯进行复制。需要注意的是，2 个 LED 矩形吸顶灯分别位于 2 个小矩形的正中心。

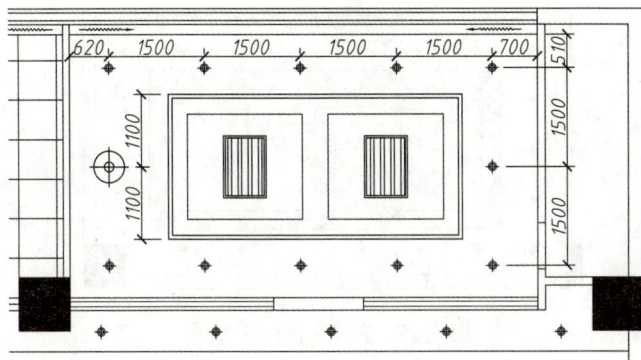

图 7-23　布置办公区域的灯具

3. 布置总经理办公室内的卫生间

先参照图 7-24 所示的尺寸布置其中的吸顶灯和排气扇，然后利用"图案填充"命令对该区域进行图案填充，以示铝扣板材料，填充的图案为"ANSI31"，比例为"50"，角度值为"45"。最后参照图 7-20 所示为该顶棚平面图标注相关尺寸和符号。

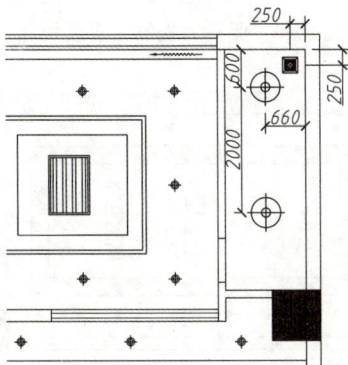

图 7-24　布置总经理办公室内卫生间的灯具

7.2.5　绘制会议室顶棚平面图

该会议室采用轻钢龙骨石膏板吊顶，然后在中间处挖 3 个条形槽，再挖一个周圈条形槽，其内均设灯管，最后用透明亚克力板将这些槽口补平。此外，吊顶的四周设有筒灯作装饰，如图 7-25 所示。

要绘制图 7-25 所示的顶棚图, 可先采用 "矩形" "偏移" 和 "复制" 命令绘制图 7-26 所示的亚克力板轮廓, 然后利用 "图案填充" 命令填充图案, 其图案为 "GOST_GROUND", 比例为 "30", 角度值为 "0", 接着按图 7-27 所示尺寸布置四周的筒灯, 最后标注图 7-25 所示的标高符号。

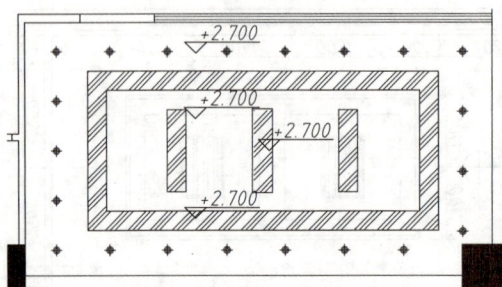

图 7-25　会议室顶棚平面图

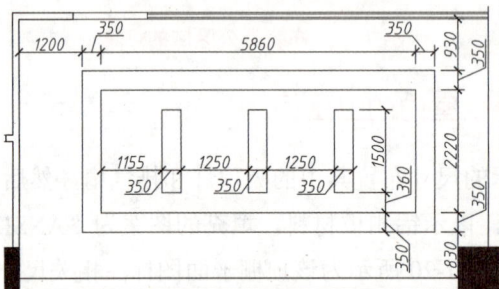

图 7-26　亚克力板的轮廓及尺寸

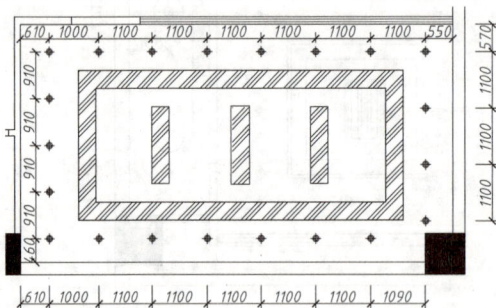

图 7-27　筒灯的位置尺寸

7.2.6　绘制公共卫生间顶棚平面图

该公共卫生间采用铝扣板吊顶, 除灯具外, 还应设有排气扇, 其顶棚平面图如图 7-28 所示。

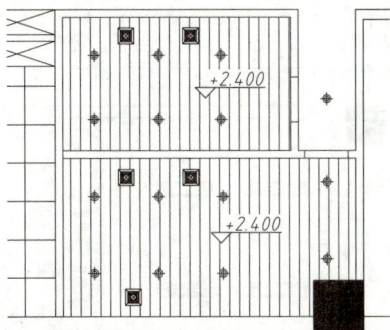

图 7-28　公共卫生间顶棚平面图

要绘制该顶棚平面图，可先分别参照图 7-29 和图 7-30 所示尺寸布置筒灯和排气扇，然后利用"图案填充"命令填充吊顶材料图案，最后标注标高符号。

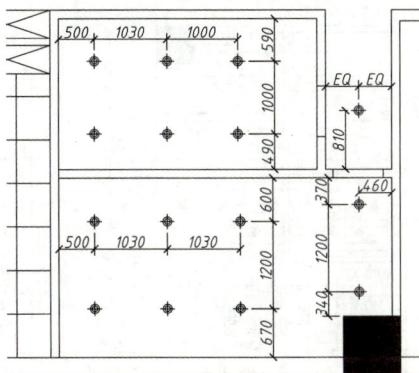

图 7-29　筒灯的布置尺寸

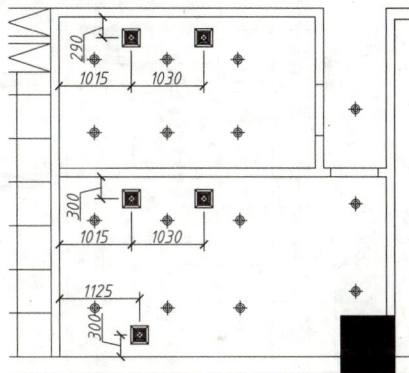

图 7-30　排气扇的布置尺寸

> **知识库**
>
> 　　要快速为公共卫生间填充与总经理办公室内卫生间相同的图案，可先在总经理办公室内卫生间的图案上单击，然后在弹出的"图案填充编辑器"选项卡中单击"图案"面板中的"ANSI31"图案，接着按【Esc】键退出对象的选中状态；此时，输入"H"并回车，然后在要填充图案的区域内单击即可。

7.2.7　标注办公空间顶棚平面图

　　该办公空间顶棚平面图中，除了前面在绘制每个区域的顶棚造型时所标注的尺寸和标高符号外，还需要标注每个区域的室内总尺寸，并注写每个区域的吊顶材料，如图 7-31 所示。此外，还需要绘制灯具图例表，用于说明各种图例所代表的灯具名称。

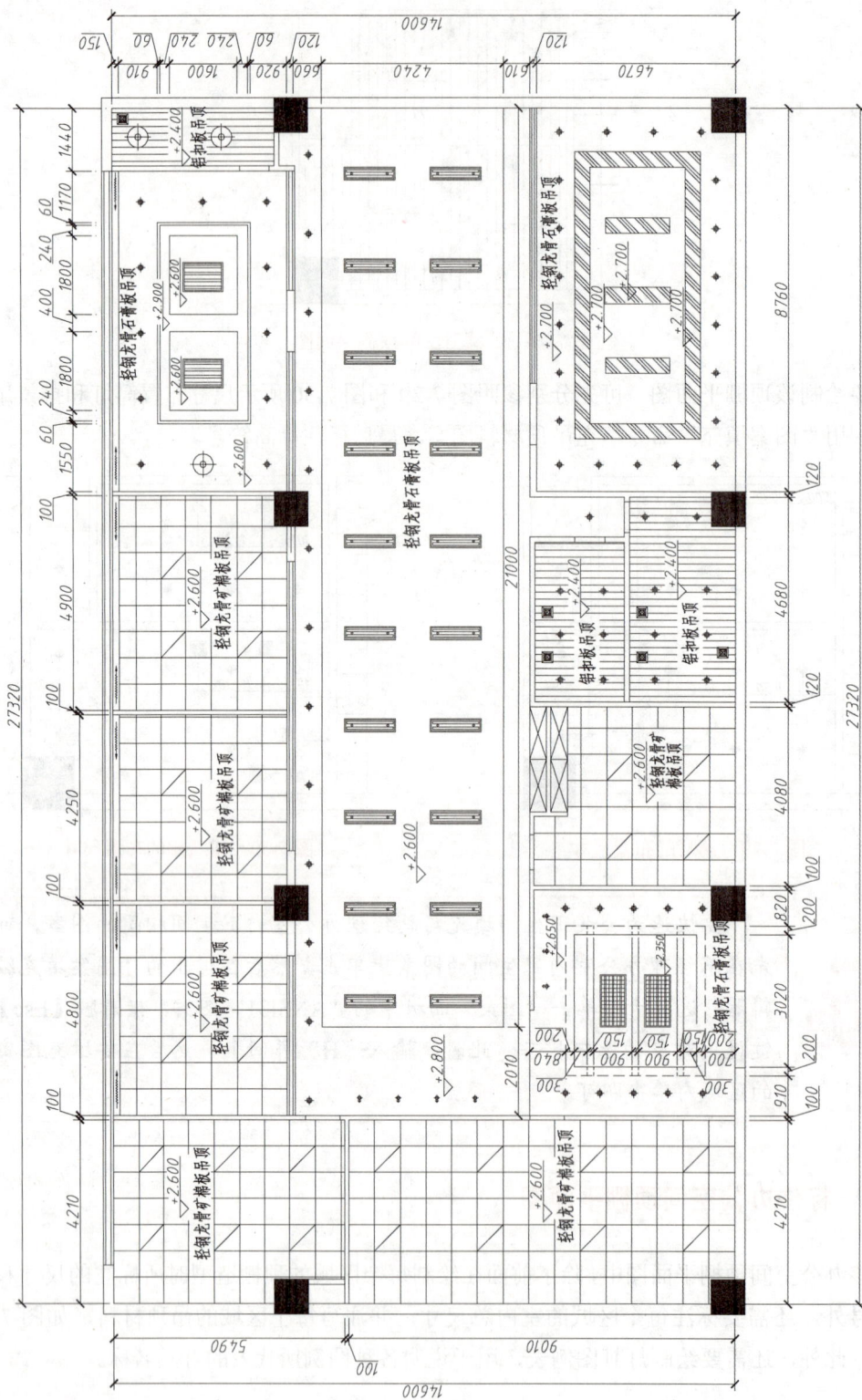

图 7-31 办公空间顶棚平面图效果

在注写图 7-31 中各空间顶棚材料前，可先将"汉字"文字样式的字高设为"250"，然后使用"单行文字"命令注写。

图 7-32 所示为该办公空间顶棚平面图的灯具图例表。读者可先将图中的各种灯具图块复制到绘图区的合适位置，然后利用"直线"或"表格"命令绘制该表格，最后利用"单行文字"命令注出各种灯具的名称。

图例说明	
✦	有向射灯
✦	筒灯
▣	排气扇
◻	600 mm×600 mm格栅灯
⊙	吸顶灯
▭	300 mm×1200 mm格栅灯
▤	LED长方形吸顶灯（型号X5168）
▦	600 mm×1200 mm格栅灯

图 7-32　办公空间顶棚平面图的灯具图例表

至此，该办公空间顶棚平面图就绘制完了。

7.3　绘制办公空间灯具定位图

一般情况下，灯具定位图主要表达顶棚平面图中所有灯具、排气扇、浴霸等的定位尺寸，以及每个区域的标高，无须表达吊顶的造型尺寸、每个区域的室内尺寸及总尺寸。此外，灯具图例表也是灯具定位图中必不可少的内容之一。

图 7-33 所示为该办公空间的灯具定位图，该定位图中的灯具图例表与顶棚平面图中的图例表完全相同，故此处省略了该图例表。

7.4　绘制办公室室内立面图

从性质上讲，办公环境属于一种理性空间，应显出其严谨、沉稳的特点。对于办公室的装修，在装饰上不宜堆砌过多材料，画龙点睛的设计方法常能达到营造良好办公气氛的效果。办公室的墙面装饰材料常用乳胶漆、液体壁纸、艺术砖、装饰板材、玻璃等，也可利用不同材质的拼接，以达到不同的装饰效果。

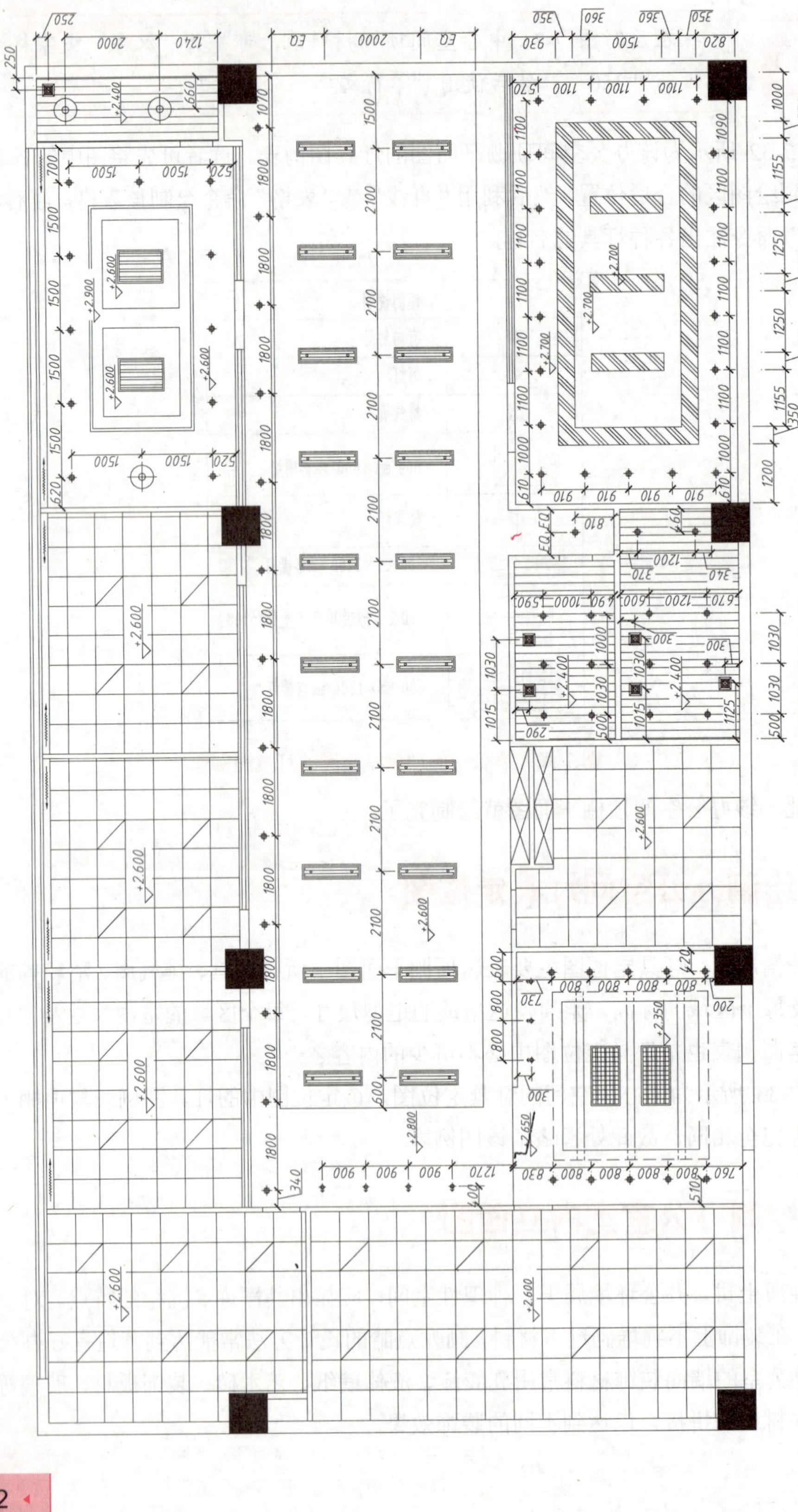

图 7-33 办公空间的灯具定位图

本案例中,墙面的装饰材料主要有乳胶漆、玻璃、瓷砖等。受本书篇幅所限,仅绘制出该办公空间中具有代表性的几个区域的立面图,其他如卫生间、会议室、副总经理办公室等区域的立面图,读者可参照第 5 章中住宅室内立面的方法绘制。

7.4.1　绘制门厅 A 立面图

门厅可以称为公司的第一张脸,客户和生意伙伴对公司的第一印象就是从门厅开始的。一个优秀的门厅装修方案,要能体现一个企业的形象、企业文化、商业礼仪等。此外,门厅装修中,尤为重要的是企业的形象墙。

形象墙,又称 logo 墙或标志墙,一般由背板和立体字组成。其中,背板一般用大芯板做龙骨,表面贴铝塑板、防水板、大理石等;立体字一般采用亚克力板或 PVC 板进行切割,然后再进行抛光、喷漆等处理。

图 7-34 所示为该文化公司门厅的 A 立面图,该立面图主要表达的是形象墙。

存储路径：素材与实例\ch07\门厅 A 立面图.dwg

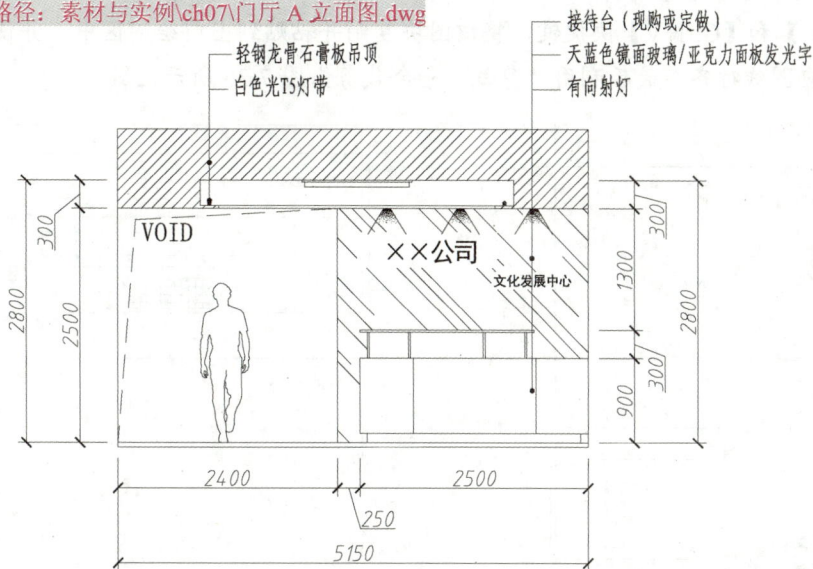

图 7-34　门厅 A 立面图

要绘制图 7-34 所示的立面图,可按以下方法进行操作。

1. 绘制立面图

步骤 1▶　打开第 6 章 6.3.2 节绘制的"平面布置图.dwg"文件,然后将其另存为"门厅 A 立面图.dwg"。关闭"尺寸标注"和"幅面线"图层,然后采用窗交法选中绘图区中的所有图形对象，最后输入"B"并回车，利用打开的"块定义"对话框将所选对象转换为块，其基点为绘图区中的任意一点。

步骤 2▶ 选中上步所转换的图块，然后输入"CL"并回车，根据命令行提示依次选择"新建边界"和"矩形"选项，接着在绘图区拾取两点，以选择要裁剪的区域，效果如图 7-35 所示。

步骤 3▶ 利用"直线"和"偏移"命令绘制图 7-35 所示立面图的轮廓，其最上面的水平线表示楼板的上表面，该直线与其下方高度为 2500 mm 的直线的距离适合即可。

> **提示** 由顶棚平面图可知，该门厅的吊顶高度为 2500 mm。因此在绘制图 7-35 所示门厅立面图的轮廓时，一定要保持吊顶的高度尺寸与顶棚平面图中的标高尺寸一致。立面图中，吊顶以上、楼板以下的部分，其高度在实际施工中没有太大的意义。因此在绘图时，这部分高度尺寸合适即可。

步骤 4▶ 采用同样的方法，将前面绘制的办公空间顶棚平面图转换为图块，然后利用【Ctrl+C】和【Ctrl+V】快捷键，将该图块复制并粘贴到当前绘图区中，并使其与立面图中的对应图线对齐，最后利用"剪裁"命令裁剪出图 7-36 所示区域。

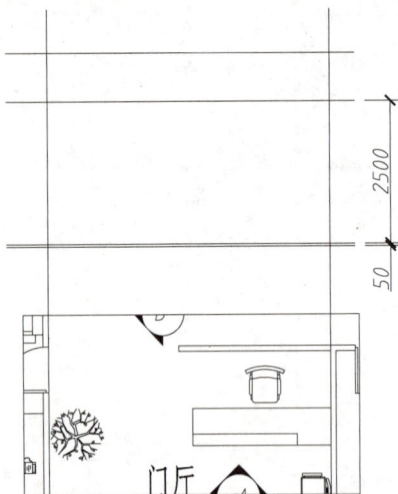

图 7-35 绘制立面图的轮廓

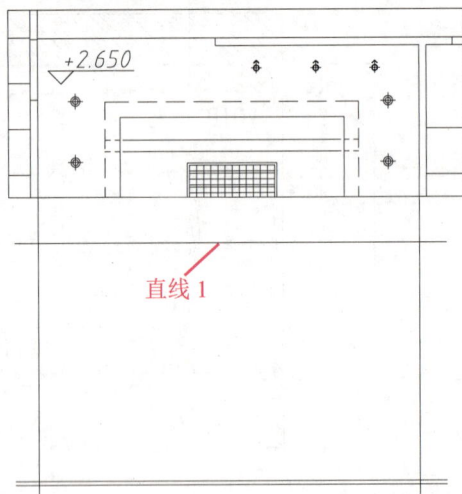

图 7-36 裁剪并移动顶棚平面图

步骤 5▶ 利用"修剪"命令修剪出立面图的外轮廓，然后将图 7-36 所示的直线 1 向上偏移 300 mm，接着利用"射线"命令自顶棚平面图中引出吊顶造型的轮廓线，最后利用"修剪"命令修剪出图 7-37 所示的图形。

步骤 6▶ 将图 7-37 所示的直线 1 向上偏移 30 mm，然后利用"修剪"和"删除"

命令修剪出图 7-38 所示吊顶造型的轮廓线，最后对其进行图案填充，填充图案为"ANSI31"，填充比例为"25"，角度值为"0"。

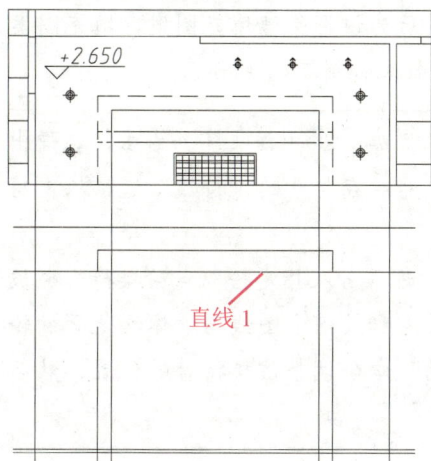

图 7-37　绘制吊顶造型轮廓线 ①

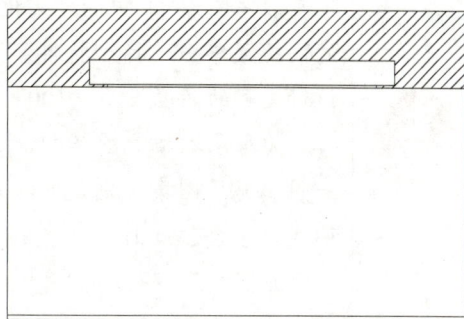

图 7-38　绘制吊顶造型轮廓线 ②

步骤 7▶　自平面布置图中形象墙左侧端点向上引出一条竖直射线，然后对其进行修剪以得到图 7-39 所示的直线 *AB*，再利用"射线"命令自顶棚平面图中每个有向射灯的中心引出一条竖直射线，如图 7-39 所示。

步骤 8▶　将本书配套素材中的"素材与实例">"ch07">"图块">"有向射灯立面.dwg"图块插入图 7-39 所示的交点 *C* 处，然后利用"复制"命令将其依次复制到交点 *D* 和交点 *E* 处，最后删除不需要的辅助射线。

步骤 9▶　将本书配套素材中的"接待台.dwg"图块插入绘图区的任意位置，然后利用"移动"命令进行移动，效果如图 7-40 所示。

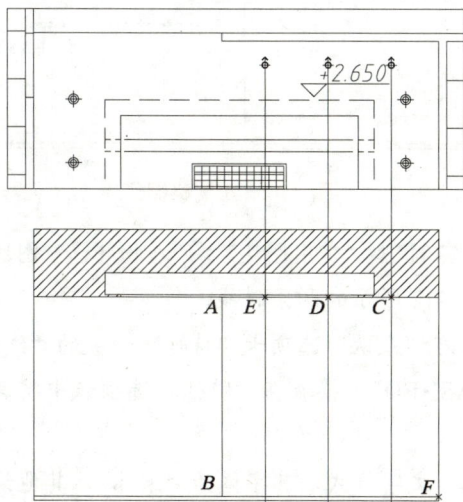

图 7-39　绘制形象墙的轮廓及射灯辅助线

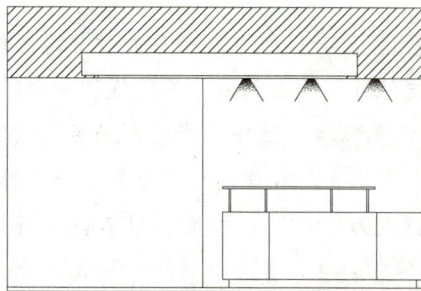

图 7-40　布置射灯和接待台

步骤 10▶ 新建一个"黑体"文字样式，并将其字体设为"黑体"，高度设为"200"，宽度因子为"1"，倾斜角度值为"0"，然后将该样式设为当前样式，并利用"单行文字"命令在形象墙的合适位置注写公司或企业名称，最后为该形象墙填充图案，填充图案为"AR-RROOF"，比例为"25"，角度值为"135"，效果如图 7-41 所示。

> **提示**
>
> 注写图 7-41 中的"文化发展中心"后，选中该文字并右击，在弹出的快捷菜单中选择"特性"菜单项，然后在打开的"特性"选项板中将该行文字的高度设为"100"。
>
> 为形象墙填充图 7-41 所示的图案时，若在指定拾取点后接待台也被一同填充了图案，则说明接待台的最右和最下方图线与墙体和地面的轮廓线未重合。此时，可先利用"移动"命令调整该接待台的位置，然后再填充图案。

步骤 11▶ 自顶棚平面图中格栅灯的中心处绘制一条竖直辅助射线，然后将本书配套素材中的"素材与实例">"ch07">"图块">"格栅灯立面.dwg"图块插入图 7-42 所示位置。

步骤 12▶ 采用同样的方法布置吊顶处的两个灯带，插入"灯带立面.dwg"图块时，可捕捉图 7-42 中的端点 A 并向左移动光标，待出现水平极轴追踪时输入"100"并回车。

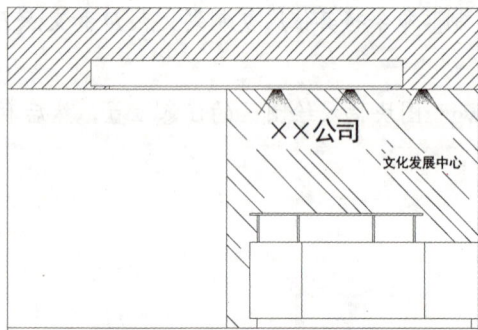

图 7-41　布置形象墙

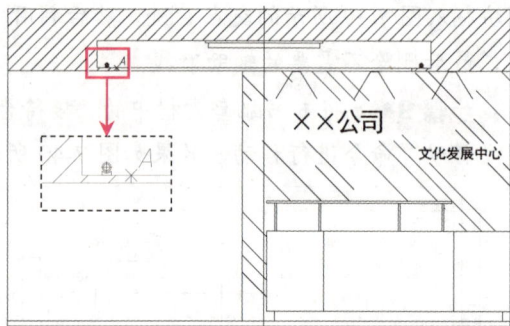

图 7-42　布置格栅灯

步骤 13▶ 将本书配套素材中的"素材与实例">"常用图块">"人物.dwg"图块插入合适位置，然后利用"多段线"命令绘制图 7-42 所示的两条斜线。

步骤 14▶ 选中上步绘制的多段线，然后在"默认"选项卡"特性"面板的"线型"列表框中单击，在弹出的下拉列表中选择"DASHED"，接着在"特性"选项板中将其线型比例设为"0.2"，效果如图 7-43 所示。

步骤 15▶ 基于"黑体"样式新建"宋体"文字样式，其字体为"宋体"，其他设置与"黑体"样式相同；将"宋体"样式设为当前样式，然后利用"单行文字"命令注写

图 7-43 中的文字 "VOID",其字高为 "200"。

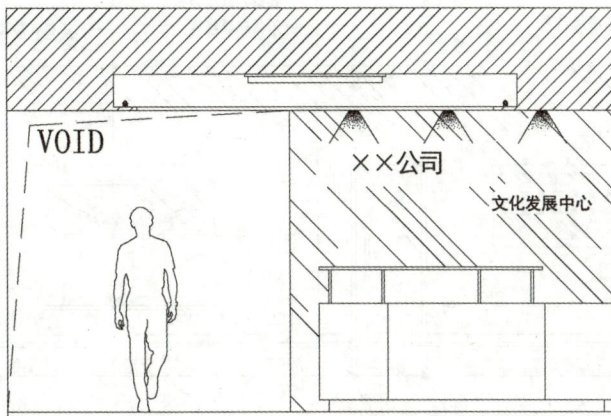

图 7-43　插入人物并注写文字

> **知识库**　　为了看图时不产生歧义,常在图 7-43 所示的出入口处绘制人物,并注写文字 "VOID",以表示此处为空。

至此,该立面图就绘制完了,接下来为该图形注写相关文字并标注尺寸。

2. 标注立面图

由图 7-34 可知,该立面图中的形象墙和灯具等的名称、材料及型号,可使用 "多重引线" 命令注写,各部分的尺寸可使用 "线性" 和 "连续" 命令标注。

需要注意的是,在注写引线文字前,需要先设置多重引线样式。在设置多重引线样式时,在 "内容" 选项卡的 "文字样式" 列表框中选择 "汉字" 选项后,"文字高度" 编辑框为灰色。此时,可单击 "文字样式" 列表框后的 按钮,然后在打开的 "文字样式" 对话框中将 "汉字" 样式的高度设为 "0",在返回 "修改多重引线样式:Standard" 对话框后,在 "内容" 选项卡中将文字高度设为 "7"。

此外,由于该图形较小,因此在标注尺寸前,需先调整尺寸标注样式的全局比例(如将其设为 "30"),其标注效果如图 7-34 所示。

7.4.2　绘制门厅和开敞式办公区 B 立面图

B 立面图的左侧为门厅处沙发的正对面,右侧为开敞式办公区处的墙面。左侧墙面是顾客等候休息时能看到的主要墙面,可结合形象墙宣传公司或企业的文化。为了使办公环境舒适、温馨又不失严谨,B 立面图的右侧墙面上可设置一些图画和一些放置花草的搁物架。B 立面图效果如图 7-44 所示。

存储路径：素材与实例\ch07\门厅和开敞式办公区 B 立面图.dwg

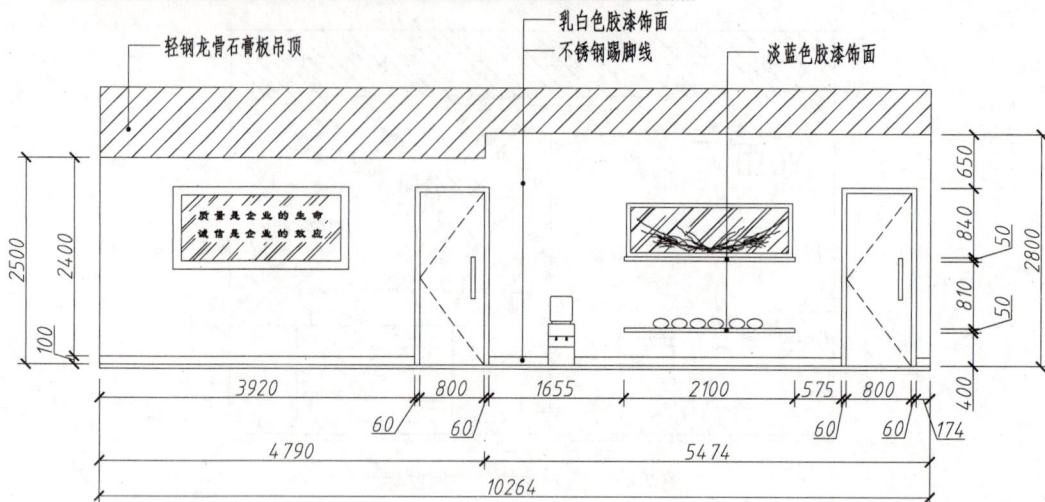

图 7-44　B 立面图效果

要绘制图 7-44 所示的 B 立面图，可按如下步骤进行。

步骤 1▶　将 7.4.1 节所绘制的"门厅 A 立面图.dwg"文件另存为"门厅和开敞式办公区 B 立面图.dwg"。选中剪裁所得到的平面布置图，然后单击出现的反向夹点↑，接着利用"旋转"命令将该图形旋转−90°，最后利用夹点■调整剪裁范围，并单击反向夹点↑调整要显示的对象，效果如图 7-45 所示。

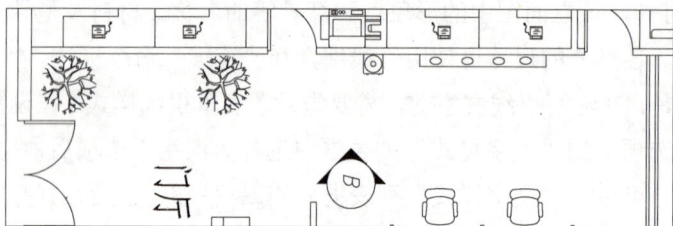

图 7-45　利用夹点调整剪裁范围

步骤 2▶　删除用于参照的顶棚平面图和 A 立面图中不需要的图线及相关标注，然后过平面布置图的内墙引出图 7-46 所示的两条射线，接着输入"EX"并回车，将这两条射线作为延伸边界，然后将立面图中的 4 条水平直线进行延伸，最后修剪掉射线上多余的部分。

步骤 3▶　过平面布置图中门洞处引出辅助射线，然后插入本书配套素材中的"素材">"常用图块">"门-800.dwg"图块，效果如图 7-47 所示。

步骤 4▶　参照同样的方法，将"图画 01"和"饮水机立面"图块插入图 7-48 所示位置，然后利用"射线"命令引出搁物架的左右两条轮廓线，接着利用"直线"和"偏移"命令绘制搁物架的轮廓，最后利用"修剪"命令修剪出图 7-49 所示的搁物架，并删除不需要的辅助射线。

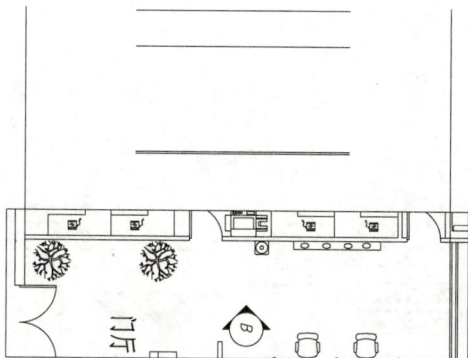

图 7-46　绘制辅助射线

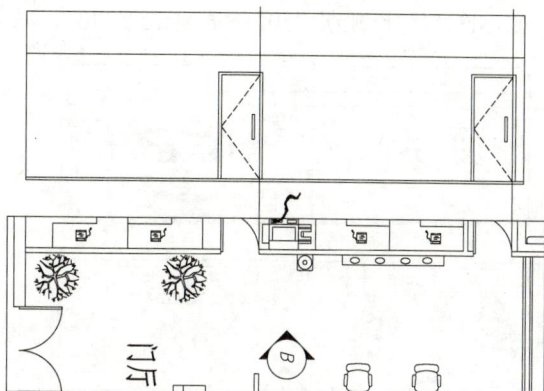

图 7-47　利用辅助射线插入门立面图

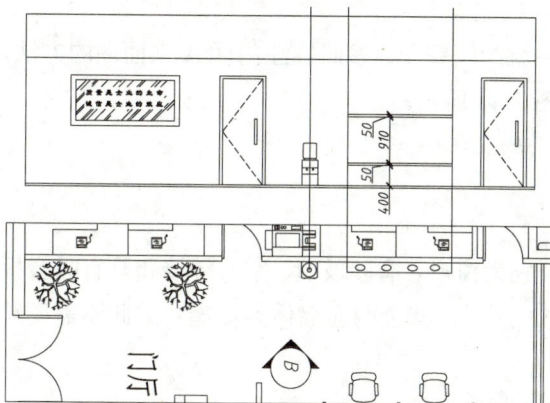

图 7-48　布置墙面

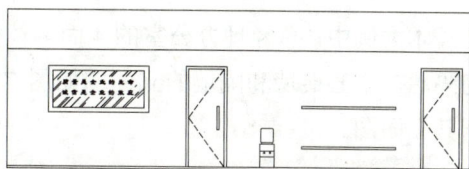

图 7-49　修剪搁物架

步骤 5▶　将本书配套素材中的"素材与实例">"ch07">"图块">"图画 02.dwg"图块插入搁物架上方的合适位置，然后利用"椭圆"和"复制"命令绘制合适大小的椭圆，表示最下方搁物架上的物体，最后利用"偏移"和"修剪"命令绘制踢脚线的轮廓，效果如图 7-50 所示。

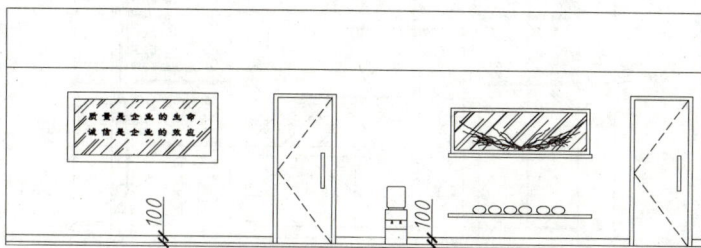

图 7-50　布置搁物架上的陈设并绘制踢脚线

步骤 6▶　过平面布置图中形象墙的外轮廓引出一条竖直射线，然后利用"偏移"和"修剪"命令绘制图 7-51 所示的顶棚轮廓线，最后对其修剪并填充图案，填充图案为

"ANSI31"，比例为"50"，角度值为"0"，效果如图 7-52 所示。

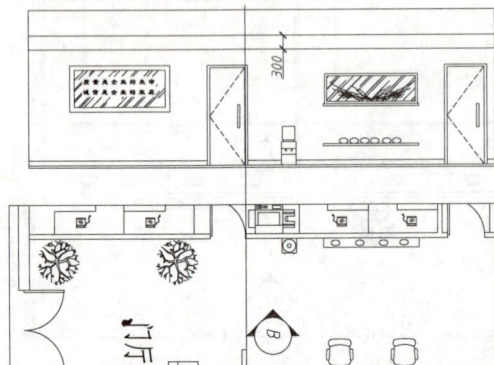

图 7-51　绘制顶棚 ①　　　　　　　　图 7-52　绘制顶棚 ②

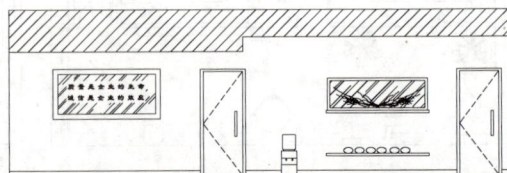

　　至此，该门厅和开敞式办公区 B 立面图就绘制完了。参照标注门厅 A 立面图的方法，为该立面图标注相关文字及尺寸，效果如图 7-44 所示。

7.4.3　绘制总经理办公室立面图

　　本案例中，总经理办公室的 4 面墙体分别为窗户、磨砂玻璃、空心砖墙和具有吸音板的隔墙。空心砖墙和隔墙的立面图如图 7-53 所示，其余两面墙体为玻璃，因此不需要绘制其立面图。

存储路径：素材与实例\ch07\总经理办公室立面图.dwg

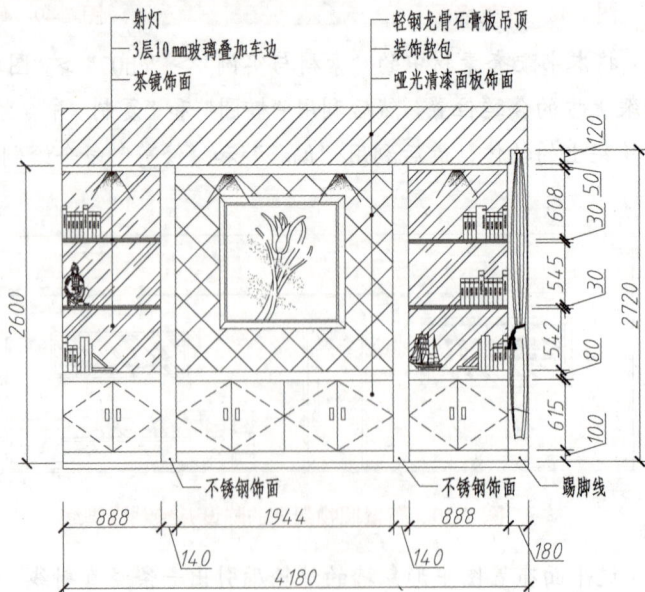

（a）C 立面图

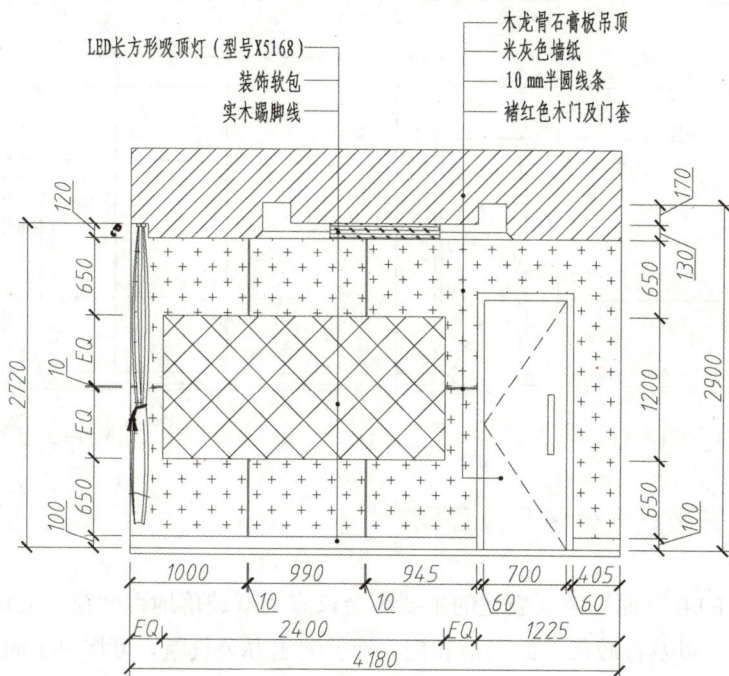

（b）D 立面图

图 7-53　总经理办公室立面图效果

　　要绘制图 7-53 所示的立面图，可参照绘制 B 立面图的方法，先利用"剪裁"命令裁剪出平面布置图和顶棚平面图中所需位置，然后再结合"长对正"的投影关系绘制出立面图的轮廓，最后再绘制各细节。

　　由于 C 立面图和 D 立面图的绘制方法与前面所讲的 A 立面图的绘制方法基本相同，因此此处不再赘述，在具体绘制过程中，读者可结合如下提示进行操作。

　　提示：

　　① C 立面图中的书柜和窗帘，可直接调用本书配套素材中的"素材与实例"＞"ch07"＞"图块"文件夹中的"书柜立面 01"和"窗帘立面"图块。

　　② 由于 C 立面图的顶棚比较简单，因此，只需要从顶棚平面图中查看安装窗帘盒的宽度尺寸，而不必将顶棚平面图作为绘制立面图时的参照图形置于立面图的上方。

　　③ D 立面图中，装饰软包和 10 mm 半圆线条可参照图 7-54 和图 7-55 所示的尺寸绘制。

　　④ 绘制好 D 立面图中的装饰软包和 10 mm 半圆线条后，插入窗帘的立面图，接着利用"图案填充"命令为装饰软包和墙纸填充图案。

　　⑤ D 立面图中吊顶部分的长方形吸顶灯，可结合顶棚平面图中该灯具的位置，利用"长对正"的投影关系绘制出其左右轮廓线后，再利用"图案填充"命令为其填充"CORK"图案，其比例为"10"，角度值为"0"。

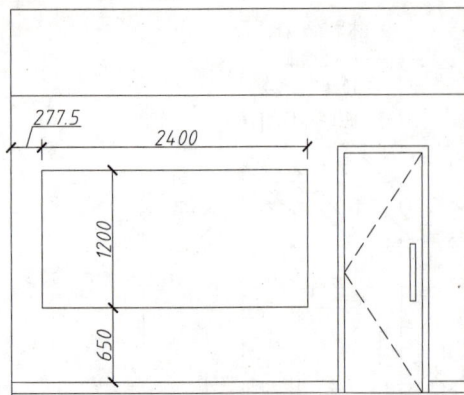

图 7-54　绘制装饰软包的轮廓

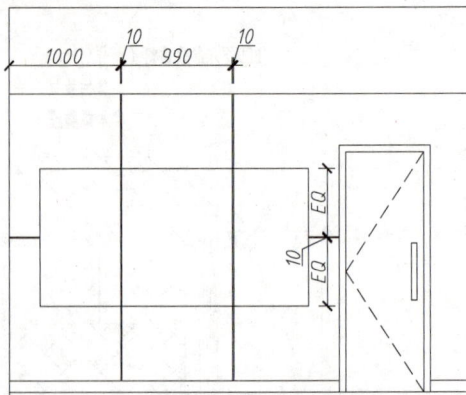

图 7-55　绘制半圆线条

7.4.4　绘制开敞式办公区 E 立面图

本案例中的 E 立面图需要表达的主要有会议室的双玻落地百叶窗、会议室的玻璃门、卫生间的外墙，以及行政部外的书柜和门。为了突出办公气氛，可将卫生间的外墙用肌理漆进行装饰，以便作为企业的 logo 墙，其立面图如图 7-56 所示。

存储路径：素材与实例\ch07\E 立面图.dwg

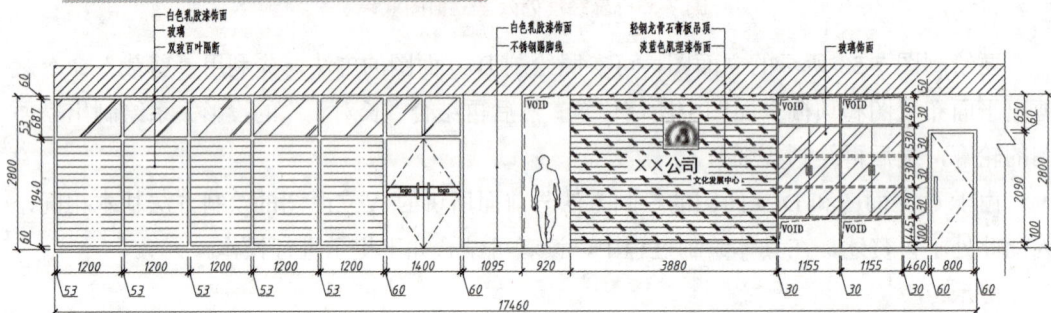

图 7-56　开敞式办公区 E 立面图效果

下面讲解绘制该立面图的具体操作方法。

步骤 1▶　利用"裁剪"命令将平面布置图裁剪成图 7-57 所示参照部分，然后利用"直线""射线"和"偏移"等命令，参照图中所示尺寸绘制水平线，最后过平面图中会议室和行政部的门洞处作辅助射线，并将本书配套素材中的"素材与实例">"ch07">"图块"文件夹中的"门-1400"和"门-800"图块插入合适位置。

提示　由于该立面图中右侧的墙面上没有其他装饰，因此可只画出其中一部分，其折断线可用"直线"或"多段线"命令绘制。

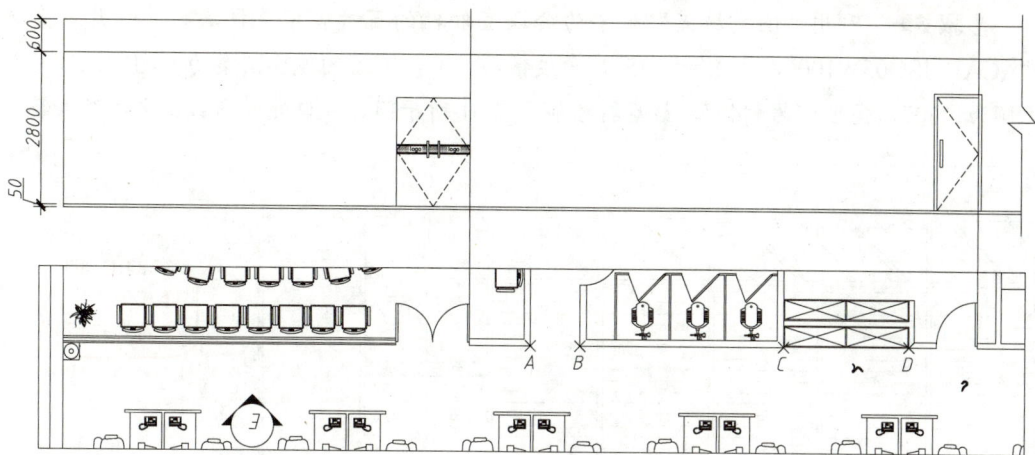

图 7-57　绘制立面图的轮廓并插入门

步骤2▶　自图 7-57 中的端点 A，B，C，D 绘制竖直射线，并利用"修剪"命令对其进行修剪，然后利用"直线""偏移"和"修剪"等命令绘制图 7-58 所示的图线。

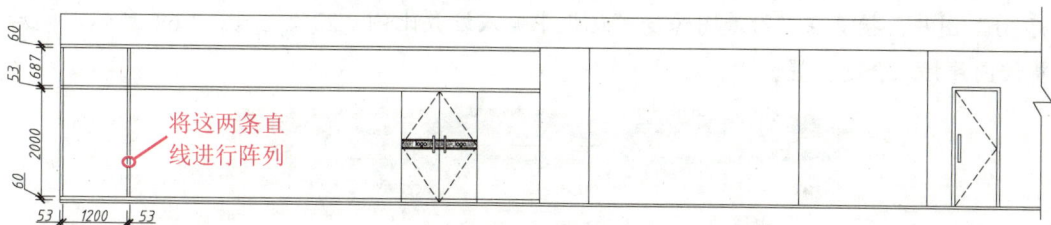

将这两条直线进行阵列

图 7-58　绘制墙体轮廓及百叶窗窗框轮廓

步骤3▶　利用"矩形阵列"命令将图 7-58 所示的两条直线进行阵列。阵列时的列数为"5"，列距为"1253"，行数为"1"，行距为默认值，并单击"阵列创建"面板中"特征"选项卡的"关联"按钮，使其处于不选中状态，最后利用"修剪"命令对相交处进行修剪，效果如图 7-59 所示。

步骤4▶　利用"直线"和"修剪"命令绘制图 7-60 所示右侧的门框及上方的窗框。

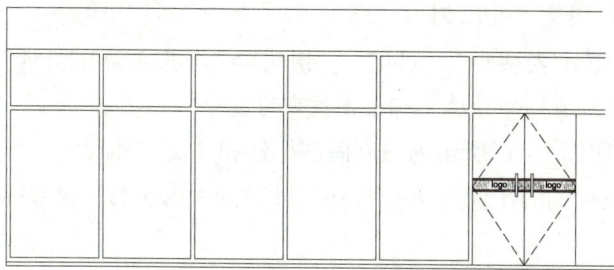

图 7-59　绘制百叶窗窗框

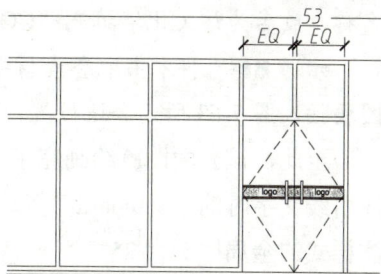

图 7-60　绘制门框及上方的窗框

步骤 5▶ 利用"图案填充"命令为会议室外侧的百叶窗填充图案，其叶片图案为"ACAD_ISO05W100"，比例为"25"，角度值为"0"，窗子的玻璃图案为"AR-RROOF"，比例为"30"，角度值为"45"，最后再绘制图 7-61 所示门厅入口处的虚线、文字及人物。

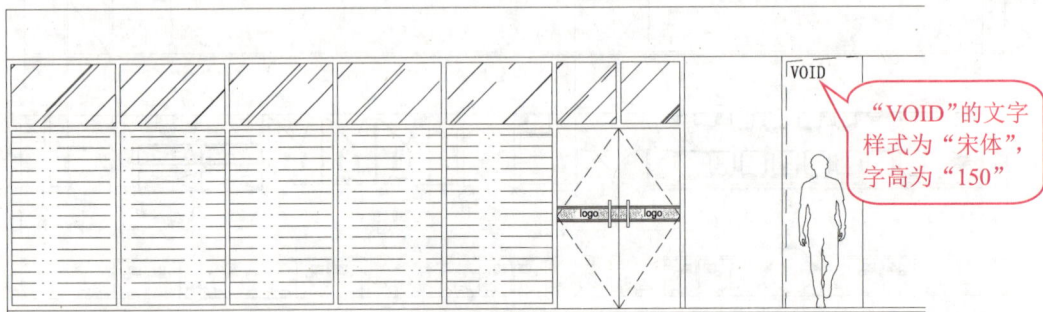

图 7-61　填充图案并绘制门厅入口

步骤 6▶ 单击"插入"选项卡"参照"面板中的"附着"按钮，然后在打开的"选择参照文件"对话框中选择本书配套素材中的"素材与实例">"ch07">"图块">"商标.tif"图片，接着在"附着图像"对话框中输入缩放比例"20"，如图 7-62 所示，最后将该图片插入合适位置。

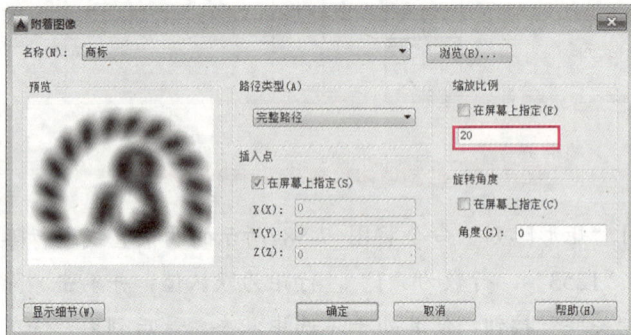

图 7-62　"附着图像"对话框

步骤 7▶ 将"黑体"文字样式设为当前样式，然后利用"单行文字"命令注写公司名称，最后为该文化墙填充"CORK"图案，其比例为"35"，效果如图 7-63 所示。

步骤 8▶ 将本书配套素材中的"素材与实例">"ch07">"图块">"书柜立面 02.dwg"图块插入图 7-63 所示合适位置，最后为顶棚部分填充相关图案即可。

至此，该立面图就绘制完了。参照图 7-56 所示为该立面图标注相关文字和尺寸。标注引线文字时的"Standard"多重引线样式的比例为 20，标注尺寸时的"ISO-25"尺寸标注样式的全局比例为 25。

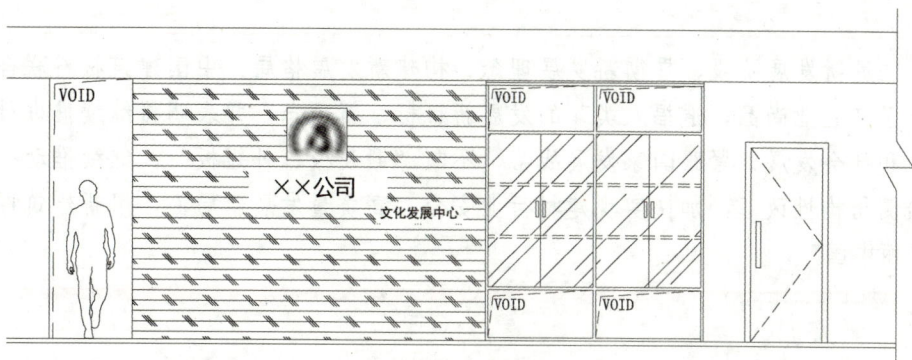

图 7-63　文化墙和书柜效果

拓展园地——新建筑支撑起"美丽中国"

改革开放以来,建材行业在时代的进步中实现了一个又一个跨越。水泥、平板玻璃、建筑卫生陶瓷等先行发展产业已经完成了工业化、规模化发展进程,混凝土和水泥制品、建筑用石、新型墙体材料、非金属矿等行业规模化发展进程正在加快。2020 年,扣除价格因素后的建材行业总产值是 1985 年的 37 倍。

党的十八大以来,建材行业深入贯彻新发展理念,加快推进供给侧结构性改革,推动行业高质量发展。在新发展理念的驱动下,技术、标准、政策等形成合力,"绿色发展"在全行业形成共识,行业绿色发展水平得到全面提高。企业、科研院所的科技研发投入比重持续提高,科学技术研究和开发成果丰硕。

我国建材企业自主研发的 0.12 mm 超薄电子触控玻璃,满足了国家电子信息显示领域对超薄玻璃的重大需求;8.5 代 TFT-LCD 玻璃基板使中国成为继美国和日本之后全球第三个掌握该技术的国家;高性能碳纤维产品的规模化生产打破了国外垄断;锂电池隔膜、特种陶瓷、高端石英玻璃、光学晶体、高性能复合材料等科技含量高、性能优越的建材产品科技研发取得了丰硕成果,并且广泛应用于国防、航空航天、空间探测、新能源等领域。

紧随国家"一带一路"倡议,建材行业国际贸易结构持续优化。一批优秀的水泥、玻璃、陶瓷企业已经走出国门,在欧美、东南亚、中亚、中东、非洲等地布局建厂,走上了国际化发展之路。

　　立足新发展阶段、贯彻新发展理念、构建新发展格局，中国建筑材料联合会提出了"宜业尚品，造福人类"的发展新目标、新理念，并表明将继续推进科技进步和社会发展，紧跟国家发展战略，不断"锻长板、补短板"，继续推动行业供给侧结构性改革，加快实现建材行业安全、高质量发展新局面，用新建筑撑起"美丽中国"。

8 第8章
绘制宾馆大堂室内装潢施工图

章前导读

　　宾馆大堂是指宾馆主入口处的大厅，它是一个功能性场所，是给客人留下第一印象的地方。因此，大堂的设计应很好地展示该宾馆的文化、档次和客户群体，同时也要处理好宾客流线、服务流线、物品流线及信息流线等问题。

　　本章主要讲解宾馆大堂室内平面图、顶棚平面图、室内立面图及其他相关结构详图的绘制。

技能目标

- ◆ 能够绘制宾馆大堂室内平面图。
- ◆ 能够绘制宾馆大堂室内地面材料图。
- ◆ 能够绘制宾馆大堂室内顶棚平面图。
- ◆ 能够绘制宾馆大堂室内立面图。

素质目标

- ◆ 培育人文情怀，坚持以人为本的设计理念，充分考虑人的感受，在设计中融入人文关怀与人文精神，满足人们在精神上的追求。
- ◆ 贯彻可持续发展理念，将生态观注入设计，关注和思考人与空间、城市、自然的关系，促进人与自然和谐发展。

8.1　绘制大堂室内平面图

　　大堂是指主入口处的大厅，它一般包括门厅和与之相连的总服务台、休息厅、餐饮、楼梯、电梯厅、小商店，以及其他相关辅助设施等。图8-1所示为某宾馆装修前的建筑平面图。

存储路径：素材与实例\ch08\宾馆一层建筑平面图.dwg

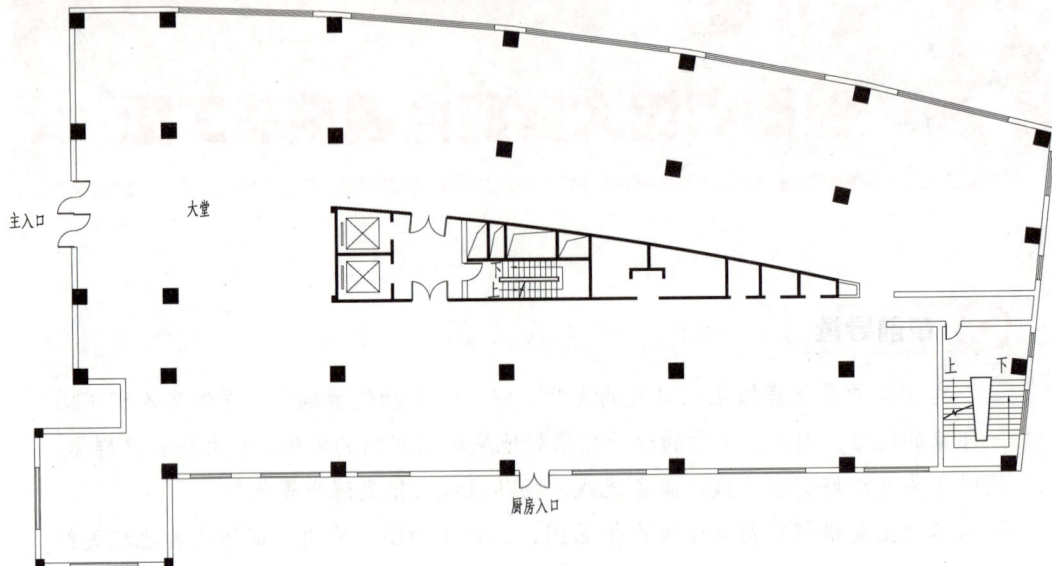

图 8-1　某宾馆装修前的建筑平面图

从图 8-1 中可以看出，该建筑为钢筋混凝土框架结构，其中被涂黑的墙体为钢筋混凝土剪力墙。

> 剪力墙又称抗风墙或抗震墙，在建筑中主要承受风荷载或地震作用引起的水平荷载。装修过程中，剪力墙上一般不能开门洞、开窗洞或拆除剪力墙。当必须开孔时，一般只能开小孔，且开孔时应注意不要接触到内部钢筋。

本案例中的宾馆为商务宾馆，客户要求一楼设有大堂、茶室、服务台、库房、男更衣室、女更衣室、休息室、食品加工室，以及厨师值班室、公共卫生间、商店等。图 8-2 所示为该建筑各功能区域的布局方案之一，读者也可以根据自己的设计思路划分各区域。

本章中，仅对宾馆大堂的室内进行装修，至于其他部位的装修，读者可参照前面所学知识进行装修设计。

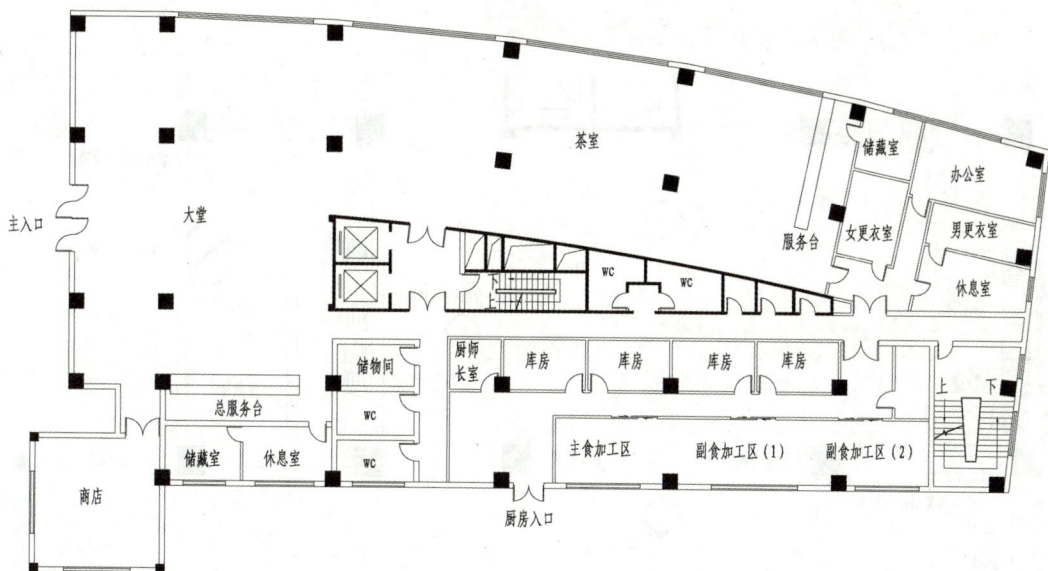

图 8-2　宾馆一层各功能区域布局图

8.1.1　大堂室内平面布局

本案例中，可将休息区设置在总服务台的对面，与茶室并排。茶室与休息区之间设竹栏杆和一个带有屋檐的木门，从而在空间上划分这两个区域。此外，大门左侧设屏风，右侧设有 IC 电话厅，其平面布置效果如图 8-3 所示。

在布置宾馆中的休息区、总服务区及其他区域时，应注意以下几方面问题。

（1）休息区

休息区内一般设有沙发、茶几、杂志架，以及绿化设施等，使得客人可以在此空间内短暂休息、等候或聊天。在选择家具时，一般需要从尺寸大小、材料质感、风格品味、购买价位等方面综合考虑确定。本案例中的家具基本上都是采用直接购买的方式。

（2）总服务台

总服务台的主要设施是服务台，另外可以根据具体情况设置必要的辅助用房。本案例中设置了休息室和储藏室。服务台的面积应根据客流量的大小和总服务台的业务种类多少来确定，对于具体的尺寸，读者可参阅有关室内设计手册。

本案例服务台的尺寸为 6000 mm×940 mm，靠里一端留出宽 1200 mm 的工作人员进出通道。休息室内可布置一张单人床及一个小型衣柜。

存储路径：素材与实例\ch08\大堂平面布置图.dwg

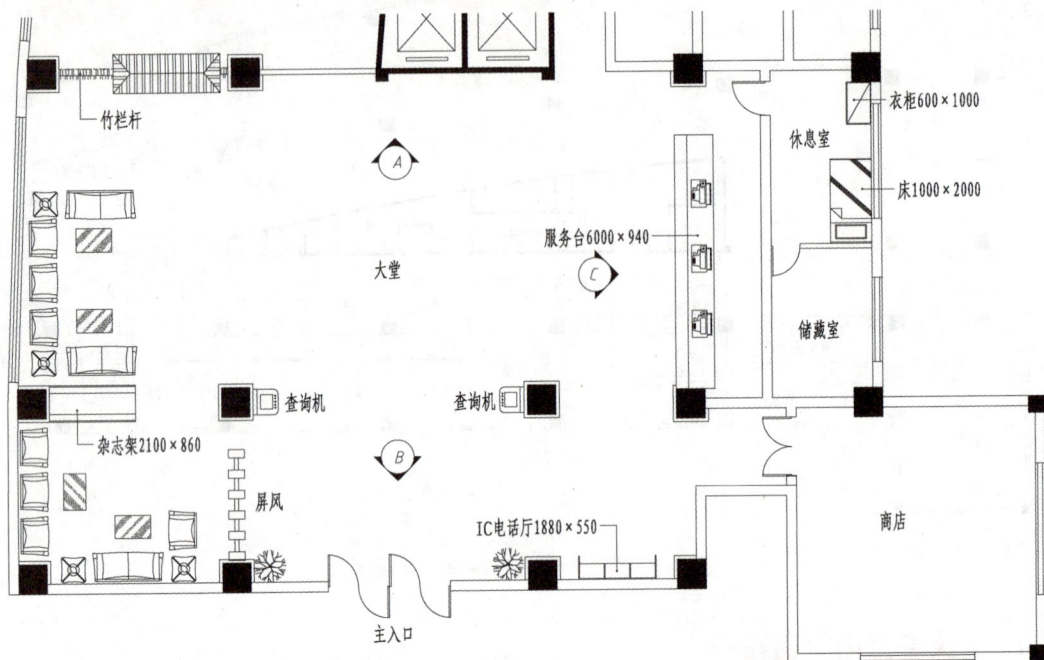

图 8-3　大堂室内平面布置效果

（3）其他布局

为了方便客人，大堂中还应布置电脑查询台、IC 电话厅等设施。布置这些设施时，应综合考虑人流情况和设施的功能特征，不能随意布置。

如图 8-3 所示，电脑查询台布置在大厅的两个柱子边，便于使用，也不会影响人流通过；IC 电话厅布置在大厅靠近商店的一角，既避免了人流对通话的干扰，也避免通话声音对其他相对需要安静的区域造成干扰。

8.1.2　大堂室内墙体定位图

划分好大堂内的各功能区域，并布置好相关家具及设施后，接下来需要先绘制墙体定位图，然后再在该墙体定位图的基础上绘制平面布置图。对比图 8-1 和图 8-3 可知，该宾馆大堂内没有需要拆除的墙体，但需要在总服务台处新建墙体，新建墙体如图 8-4 所示。

扫一扫

视频讲解

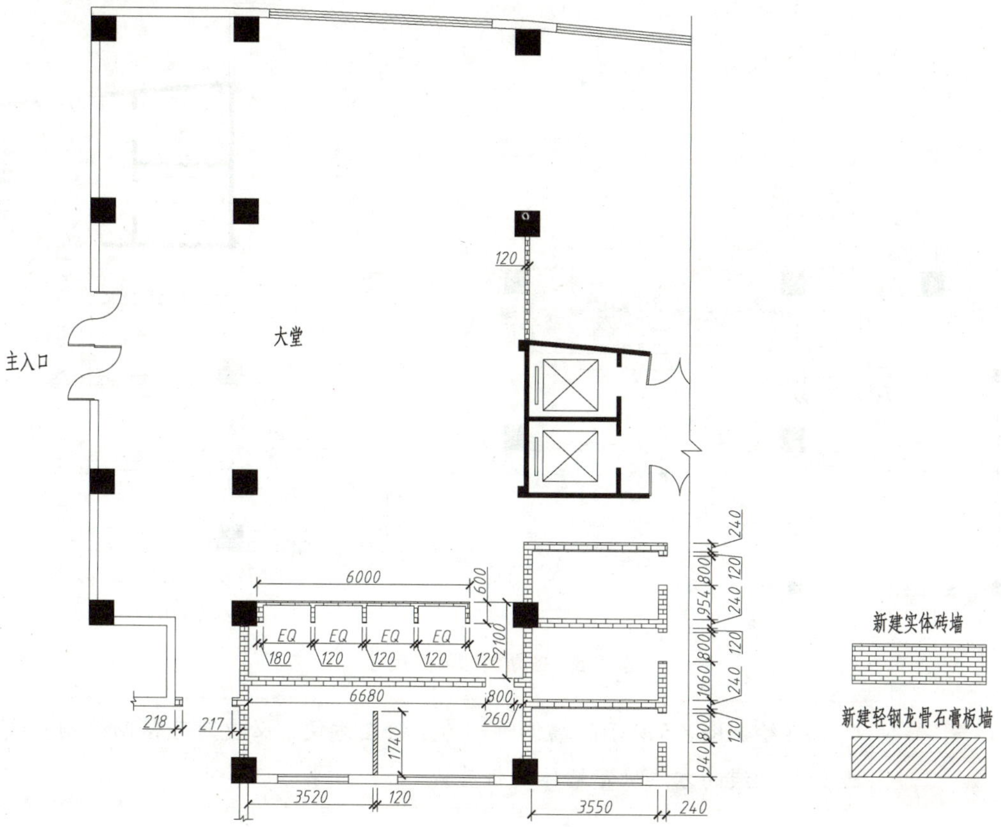

图 8-4　大堂墙体定位图

要绘制图 8-4 所示的新增墙体，可按如下方法操作。

步骤 1▶ 打开本书配套素材中的"素材与实例">"ch08">"大堂一层建筑平面图.dwg"文件，然后将"墙体-240"多线样式设为当前样式，参照图 8-5 所示的尺寸，利用"多线"命令绘制厚度分别为 240 mm 和 120 mm 的墙体，最后对多线的接口处进行处理。

> **提示**　从本节开始，在绘制图形的过程中，将不再侧重介绍关闭图层、创建图层或当前在哪个图层上绘制图形等问题，读者可根据绘图需要及前几章所讲知识，灵活切换和设置图层。

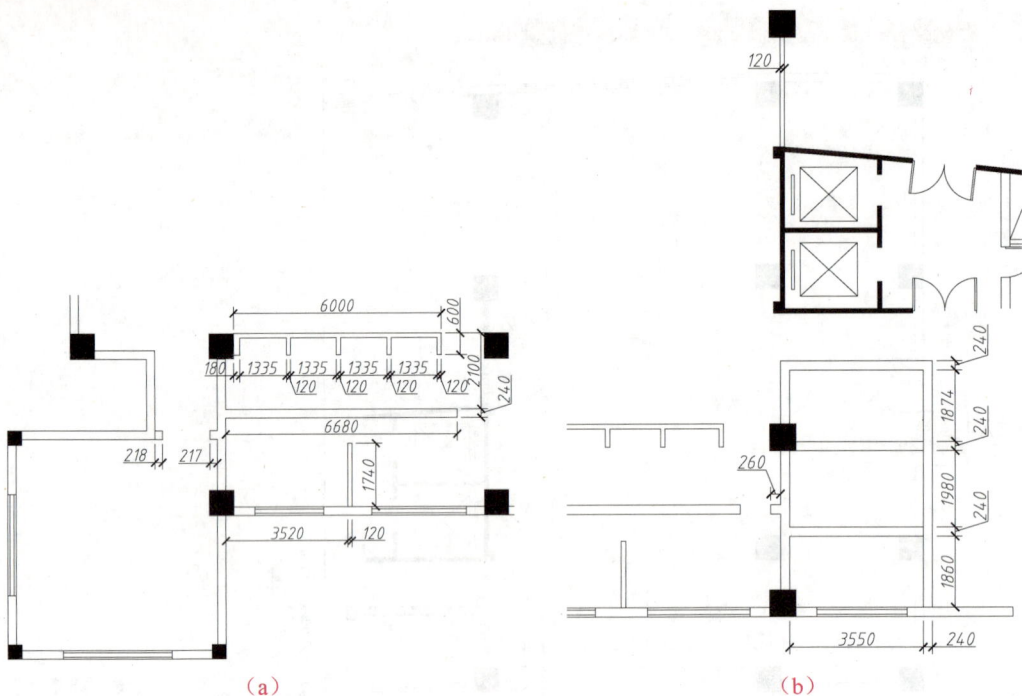

（a）   （b）

图 8-5　各新建墙体的尺寸

> **提示**　在绘制图 8-5 所示的墙体时，为了绘图方便，必要时可借助绘制直线或偏移轴线的方法确定墙体的位置。

步骤 2▶ 利用"直线"和"偏移"命令绘制图 8-6（a）所示的辅助直线，然后利用"修剪"命令修剪出门洞，最后对多线的接口进行"T 形打开"处理，效果如图 8-6（b）所示。

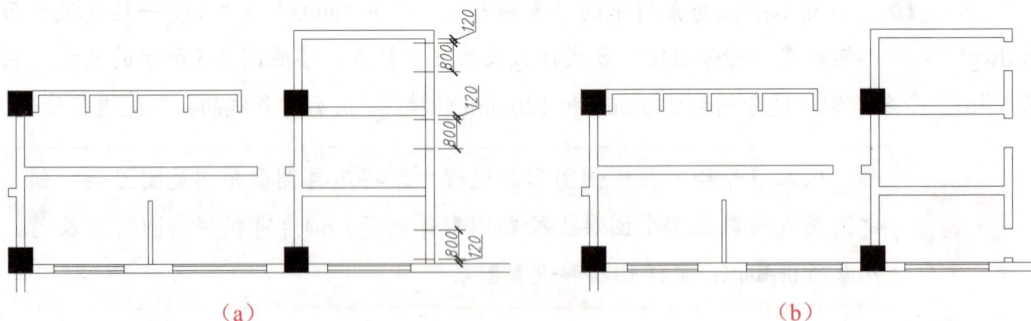

（a）   （b）

图 8-6　绘制门洞

步骤 3▶ 利用"图案填充"命令为前面所绘制的墙体填充图案。其中，实体砖墙的填充图案为"AR-BRSTD"，比例为"2"，角度值为"0"；轻钢龙骨石膏板墙的填充图案为"ANSI31"，比例为"25"，角度值为"0"，结果如图 8-7 所示。

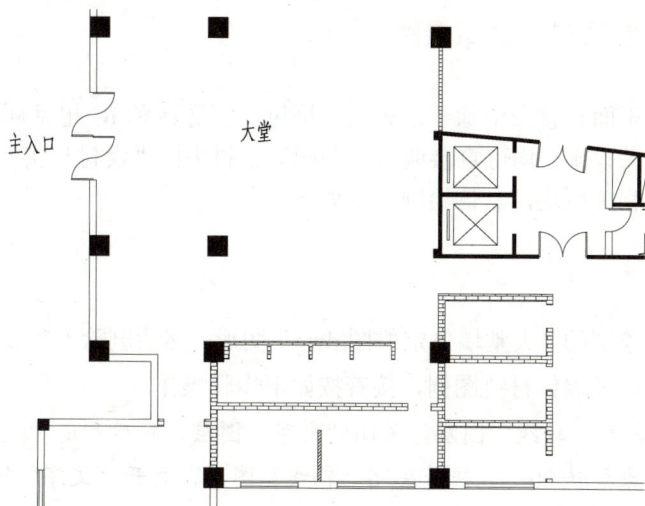

图 8-7　新建墙体图案填充效果

步骤 4▶　由于本案例仅讲解大堂的布置效果，因此，可先打开"轴线"图层，然后利用"多段线"命令在大堂右侧合适位置绘制一条折断线，接着利用"修剪"和"删除"命令将折断线右侧的所有图形对象删除，效果如图 8-4 所示。

> **提示**
>
> 　　使用"修剪"命令修剪涂黑的剪力墙时，必须在墙体内所填充的图案上单击，以指定要修剪掉的对象，否则将无法修剪该图案。在修剪门图形时，必须先使用"分解"命令将该门图形分解，然后再修剪。
>
> 　　如果所绘制的折断线两侧墙体内的图案是使用"图案填充"命令一次填充的，那么使用"删除"命令删除折断线右侧墙体内的图案时，其左侧墙体内的图案也会被删除。此时，需使用"图案填充"命令重新填充图案。

步骤 5▶　采用同样的方法，绘制其余两处折断线，并利用"修剪""分解"和"删除"命令删除不需要的图线，接着为新建的墙体标注尺寸，最后在绘图区的合适位置绘制墙体图例并注写新建墙体的名称，效果如图 8-4 所示。

> **小技巧**
>
> 　　在注写新建墙体的名称时，可先利用"复制"命令将绘图区中的"大堂"文字复制到合适位置，然后双击该文字，接着在出现的编辑框中输入所需文字即可。在输入文字的过程中，还可以通过拖动文本框上方标尺右侧的◁▷图标，使所输入的文字为一行文字。

　　至此，该大堂的墙体定位图就绘制完了。关闭不需要的"轴线"图层，即可得到图 8-4 所示的效果。

8.1.3 绘制大堂室内平面布置图

该宾馆大堂平面布置图中除了杂志架、屏风、服务台和 IC 电话厅需要绘制外，其余涉及的家具及相关设施，均可直接调用本书配套素材中的"素材与实例"＞"ch08"＞"图块"文件夹中的相关图块，具体绘制方法如下。

1. 绘制柱基和门

打开上节所绘制的"大堂墙体定位图.dwg"图形，然后删除不需要的尺寸标注、墙体内填充的图案，以及墙体材料图例，接着按如下步骤操作。

步骤 1▶ 打开"轴线"图层，关闭"文字"图层，然后利用"旋转"命令将绘图区中的所有图形对象旋转 90°，接着关闭"轴线"图层，打开"文字"图层，并将"大堂"和"主入口"等文字移动到合适位置，效果如图 8-8 所示。

步骤 2▶ 利用"偏移"命令将柱子的轮廓线向外偏移 80 mm，以形成柱基的外轮廓，最后对偏移得到的轮廓进行修剪，效果如图 8-8 所示。

步骤 3▶ 利用"复制""旋转"和"移动"命令将大门处的一扇门复制并移动到合适位置，然后利用该图形上的夹点调整门的尺寸，从而布置图 8-8 所示 4 处门图形。

2. 布置休息室

休息室中的沙发、玻璃茶几和角几，可直接调用本书配套素材中的"素材与实例"＞"ch08"＞"图块"文件夹中的相关图块，屏风和杂志架需要绘制，其布置效果如图 8-9 所示。

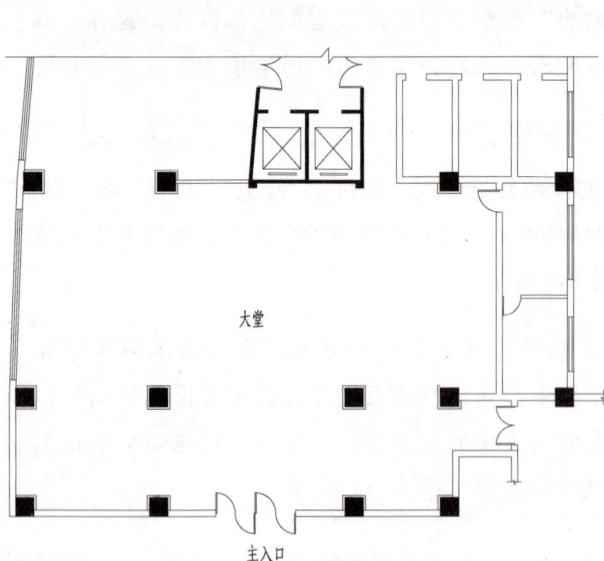

图 8-8 旋转图形效果

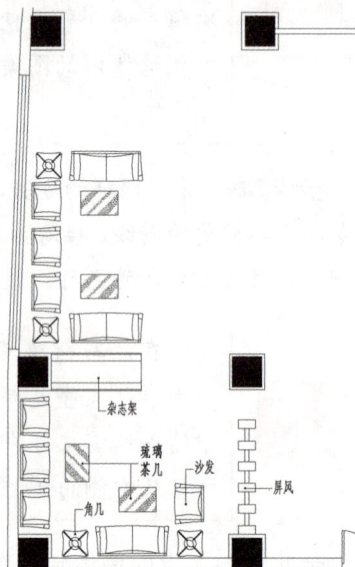

图 8-9 休息室布置效果

屏风和杂志架的具体绘制方法如下。

步骤 1▶ 利用"矩形"命令在绘图区任意空白处绘制尺寸为 2100 mm×500 mm 的矩形，然后利用"分解"命令将其分解，最后利用"偏移"命令将水平直线向其上方偏移 150 mm，再将偏移得到的直线向上偏移 30 mm，效果如图 8-10（a）所示。

步骤 2▶ 利用"镜像"命令将偏移得到的两条直线，以矩形的水平轴线为镜像线进行镜像，然后利用"圆角"命令对矩形左、右两条竖线进行延伸，效果如图 8-10（b）所示，最后将该杂志架图形移动到图 8-9 所示位置。

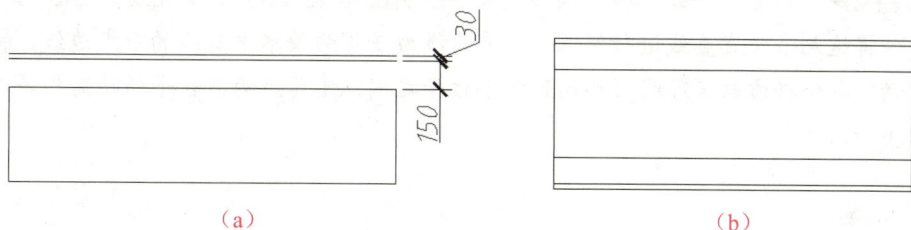

（a）　　　　　　　　　　　　　　　　　　　　（b）

图 8-10　绘制杂志架图形

步骤 3▶ 利用"矩形"命令在绘图区空白处绘制尺寸为 400 mm×200 mm 的矩形，然后利用"矩形阵列"命令将该矩形进行阵列，其行数为"6"，行距为"485"，列数为"1"，列距为默认值，最后利用"直线"和"复制"命令绘制直线，并将该屏风图形移动至图 8-9 所示位置。

3. 布置总服务台

用于支撑服务台的墙体会被服务台的台面遮挡，因此在平面布置图中，需要将上节新建的用于支撑服务台的墙体删除，然后再布置服务台。服务台后面右侧的休息室内可布置一张单人床和一个小型衣柜，其布置效果如图 8-11 所示。

① 服务台：可先利用"矩形"命令绘制尺寸为 940 mm×6000 mm 的矩形，然后利用"分解"命令将其分解，并利用"偏移"命令将左侧竖直直线向右偏移 300 mm，最后再调用本书配套素材中的"素材与实例">"ch08">"图块">"电脑.dwg"图块。

② 休息室中的单人床：可直接调用"素材与实例">"ch08">"图块">"单人床.dwg"图块。

③ 休息室中的衣柜：可先利用"矩形"命令绘制尺寸为 600 mm×1000 mm 的矩形，然后将其向内偏移 20 mm，最后利用"直线"命令绘制对角线即可。

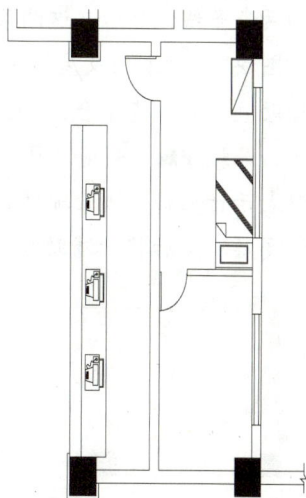

图 8-11　总服务台布置效果

4．其他布置

该大堂中的查询机和大门两侧的盆景可直接调用本书配套素材中的"素材与实例"＞"ch08"＞"图块"文件夹中的相关图块，IC 电话厅可使用相关绘图命令绘制，其具体操作方法如下。

步骤 1▶ 输入"PL"并回车，然后在绘图区任意位置绘制图 8-12（a）所示的直线，接着输入"O"并回车，将所绘制的多段线向其内侧偏移 20 mm。

步骤 2▶ 利用"直线"和"偏移"命令绘制图 8-12（b）所示直线，然后利用"镜像"命令将这两条竖直直线进行镜像，其镜像线为任意两条水平直线的中点边线，最后利用"移动"命令将该电话厅图形移动到两个柱子之间，使其距两侧柱子的距离相等，效果如图 8-3 所示。

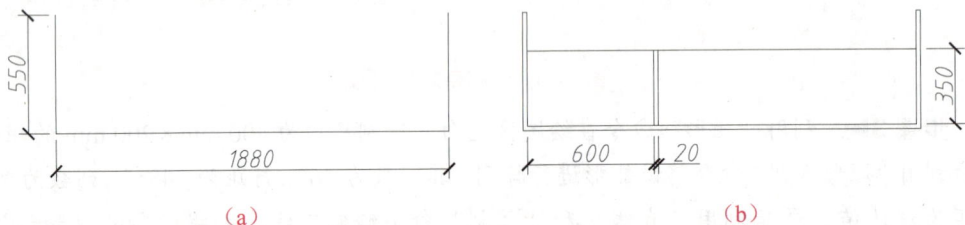

（a） （b）

图 8-12　绘制 IC 电话厅

茶室与休息室之间用竹栏杆和一个带有屋檐的木门隔开，其具体操作方法如下。

步骤 1▶ 利用"多线"命令绘制厚度为 240 mm，长度分别为 1660 mm 和 540 mm 的两条多线，然后在这两条多线间绘制一条辅助直线，最后将"素材与实例"＞"ch08"＞"图块"＞"木门及屋檐平面图.dwg"图块插入这两条多线之间，并使图块的插入基点与辅助直线的中点重合，如图 8-13 所示。

步骤 2▶ 利用"图案填充"命令为上步所绘制的两条多线填充"AR-RSHKE"图案，以表示竹栏杆。删除辅助直线，然后创建"辅助线"图层并将上步所绘制的两条多线置于该图层，最后将"辅助线"图层关闭，效果如图 8-14 所示。

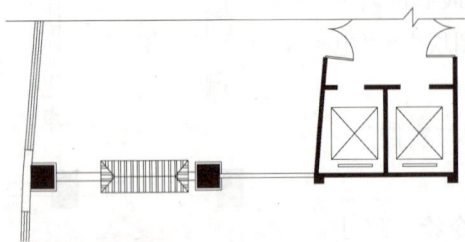

图 8-13　插入带屋檐的木门 　　图 8-14　绘制竹栏杆

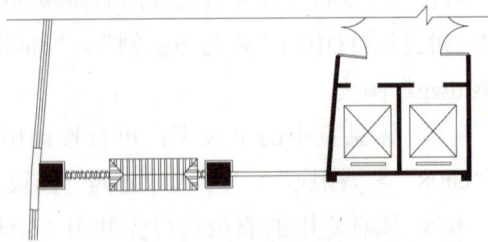

5．注写文字、符号和相关尺寸

布置好大堂后，还需要标注部分家具和设施的名称、尺寸，以及用于表示立面图方向的内视符号，其标注效果如图 8-15 所示。

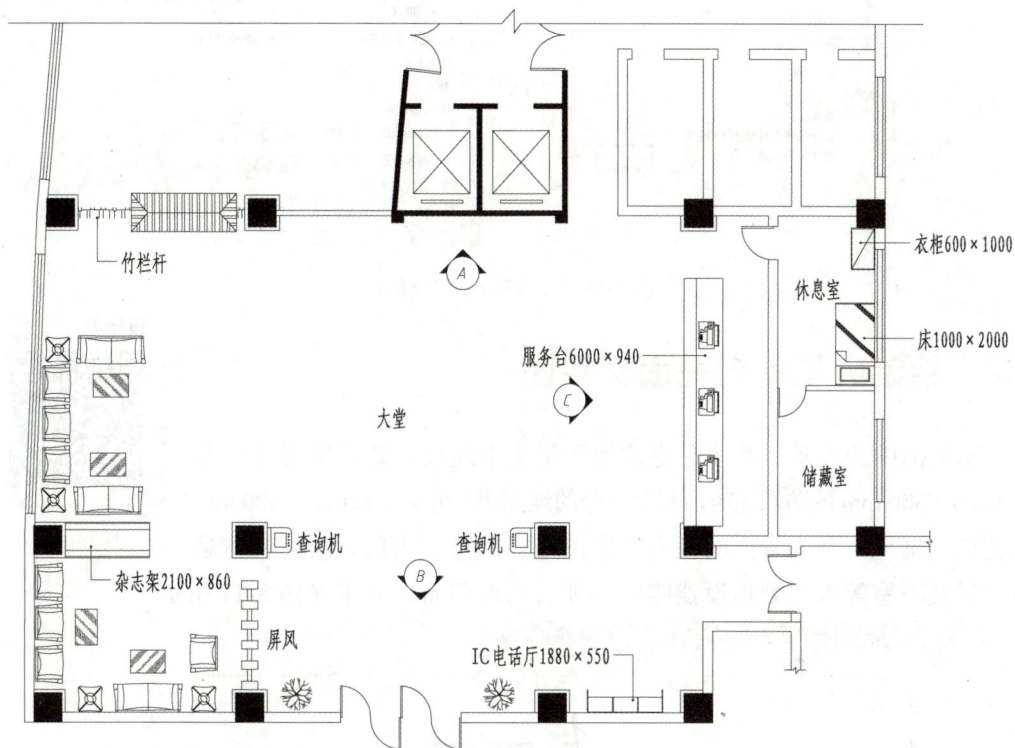

图 8-15　标注大堂室内平面布置图

标注图 8-15 所示的文字及相关尺寸时，需注意以下几点。

① 对于需要用引出线引出标注的内容，标注时需要先设置多重引线样式，即单击"注释"选项卡"引线"面板右下角处的 按钮，然后在打开的对话框中单击"修改"按钮，接着在"引线格式"选项卡中将箭头样式设为"小点"，大小设为"3.5"，"引线结构"和"内容"选项卡中的设置如图 8-16 所示。

② 对于除引线文字外的其他文字，可将绘图区中已有的文字复制到合适位置，然后修改其内容即可。

③ 内视符号可调用本书配套素材中的"素材与实例"＞"常用图块"＞"内视符号02.dwg"图块，然后将其放大 100 倍并旋转到合适位置，最后使用"分解"命令将其分解后，调整文字的旋转角度。

至此，该大堂平面布置图就绘制完了。关于各区域地面材料，将在下节绘制。

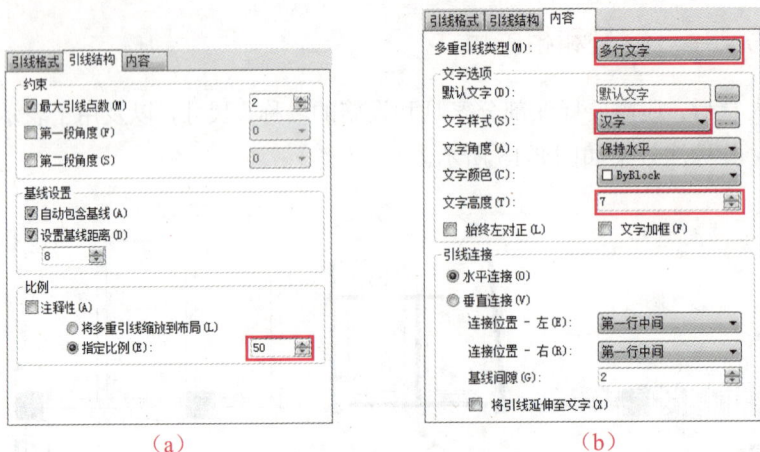

（a）　　　　　　　　　　　　　　　　（b）

图 8-16　设置多重引线样式

扫一扫

视频讲解

8.2　绘制大堂室内地面材料图

本案例中的大堂，其休息室的地面用实木地板，储藏室用尺寸为 300 mm×300 mm 的防滑地砖，其余部分的地面用尺寸为 700 mm×700 mm 的花岗石铺地，且大堂中间设有拼花图案。此外，大门、商店、休息室，以及茶室等入口处均设浅啡网大理石为过门石，效果如图 8-17 所示。

存储路径：素材与实例\ch08\大堂地面材料图.dwg

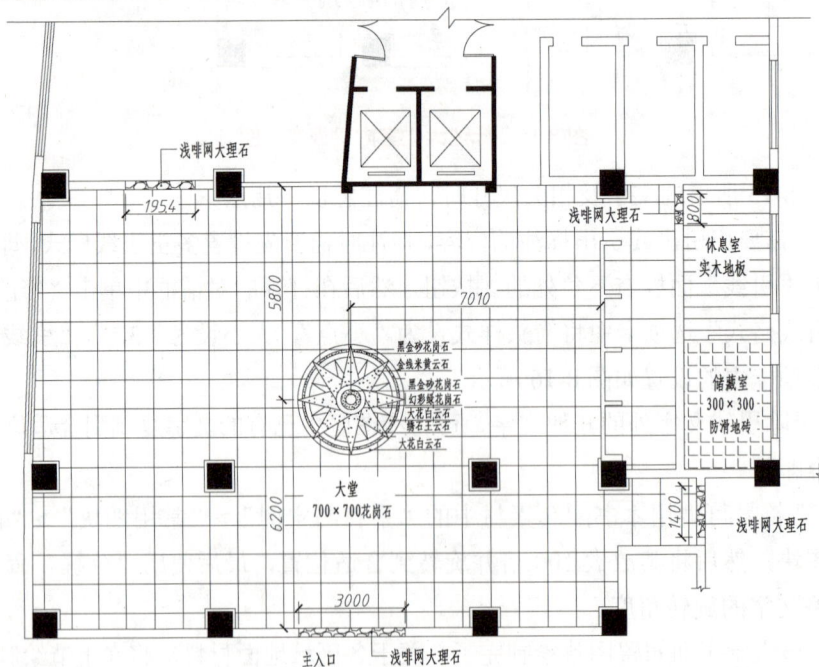

图 8-17　大堂室内地面材料图效果

图 8-17 所示大堂室内地面材料图的具体绘制方法如下。

步骤 1▶　将上节所绘制的"大堂平面布置图.dwg"文件另存为"大堂地面材料图.dwg"，然后删除其中的家具、设备、盆景、茶室入口处的竹栏杆和带屋檐的木门，以及休息室、商店和入口处的门图形。

步骤 2▶　打开"辅助线"图层，利用"直线"或"多线"命令绘制图 8-18 所示的过门石的轮廓线，过端点绘制直线 1 和直线 2 作为水平分界线，然后打开第 8.1.2 节绘制的"大堂墙体定位图.dwg"图形，并将总服务台处新建的墙体复制到图 8-18 所示位置。

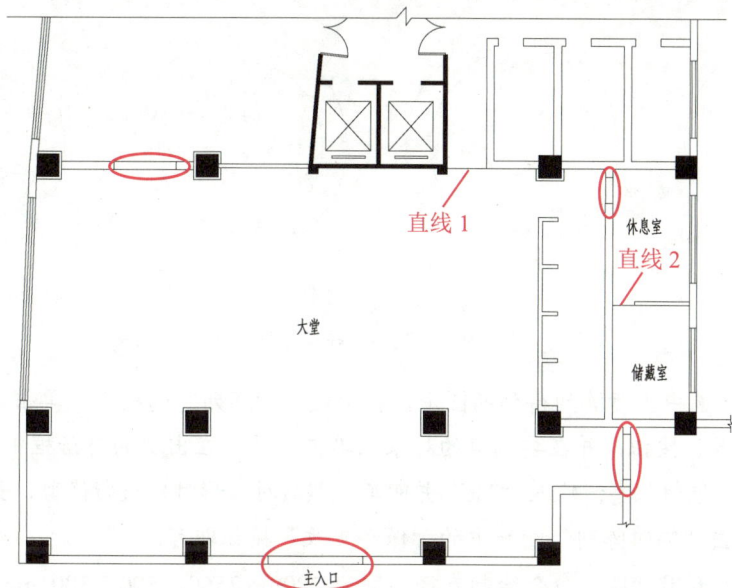

图 8-18　复制新建墙体并绘制过门石的轮廓

> **知识库**
>
> 当室内和室外的地面具有高度差时，可用过门石来缓和这种高低落差。此外，过门石还可以解决两种材料交接过渡的问题，设在厨房和卫生间门口处，还可以起到阻挡水的作用。

步骤 3▶　利用"图案填充"命令为上步所绘制的过门石填充图案，其图案为"GRAVEL"，比例为"25"。

步骤 4▶　在绘图区任意空白处绘制直径分别为 3000 mm 和 800 mm 的同心圆，然后将极轴增量角设为"45"，接着过同心圆的圆心绘制 45° 斜线和另外一条斜线（斜线的终点为圆的象限点），如图 8-19（a）所示，最后删除 45° 斜线。

步骤 5▶　选中上步所绘制的斜线，然后利用"镜像"命令将其镜像，接着绘制直径为 2320 mm 的同心圆；输入"SC"并回车，指定同心圆的圆心为缩放基点，然后输入"C"并回车，接着输入"R"并回车，依次捕捉圆心和两条斜线的交点，以指定参照长度，接着向下移动光标，捕捉直径为 2320 mm 圆的上象限点并单击，效果如图 8-19（b）所示。

步骤 6▶ 利用"旋转"命令将缩放得到的两条斜线旋转 22.5°，其旋转基点为同心圆的圆心，最后修剪掉多余的图线，效果如图 8-19（c）所示。

步骤 7▶ 选中上步所绘制的 4 条斜线，然后输入"AR"并回车，接着输入"PO"并回车，以选择"极轴"选项；捕捉同心圆的圆心并单击，以指定阵列中心，然后在"阵列创建"选项卡中将项目数设为"8"，填充角设为"360"，并确认"特性"面板中的"关联"按钮处于打开状态，其阵列效果如图 8-19（d）所示。

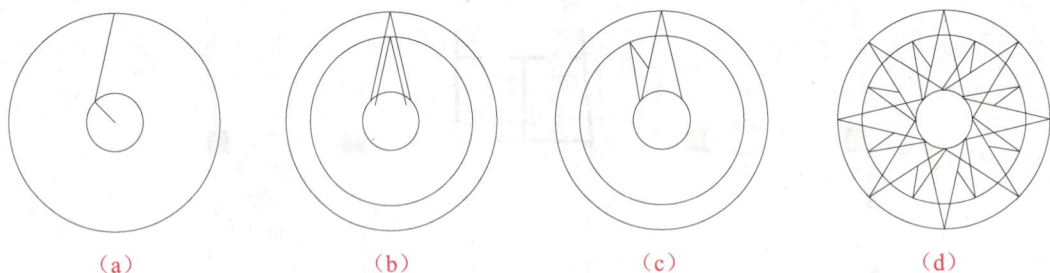

（a）　　　　　　（b）　　　　　　（c）　　　　　　（d）

图 8-19　绘制地面拼花图案 ①

步骤 8▶ 选中上步阵列得到的图形，在出现的"阵列"选项卡中单击"选项"面板中的"编辑来源"按钮，并在要编辑的对象上单击，然后在出现的对话框中单击"确定"按钮，即可进入编辑状态；输入"TR"并回车，然后对图形对象进行修剪，如图 8-20（a）所示，最后单击"编辑阵列"面板中的"保存更改"按钮即可。

步骤 9▶ 利用"圆"命令绘制直径分别为 2800，2560，500，300 mm 的 4 个同心圆，如图 8-20（b）所示；最后填充拼花图案，如图 8-20（c）所示。

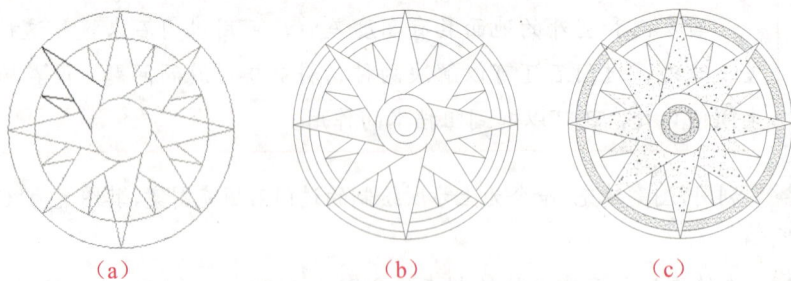

（a）　　　　　　　　（b）　　　　　　　　（c）

图 8-20　绘制地面拼花图案 ②

> **提示**
>
> 绘制地面拼花图案时，应先观察并找出要绘制图案的规律，然后再绘制。绘图时，对于形状相同或相近的图形，应尽量使用"复制""缩放""镜像"和"阵列"等命令，从而提高绘图效率。

步骤 10▶ 参照图 8-17 所示的尺寸,将上步所绘制的拼花图案移动到大堂处,然后利用"图案填充"命令分别为大堂、休息室和储藏室填充地面材料,最后标注过门石的尺寸,以及地面拼花和其他地面材料。

至此,该大堂室内的地面材料图就绘制完了。

8.3 绘制大堂室内顶棚平面图

该大堂的顶棚采用轻钢龙骨石膏板制作,设计时应注意以下几方面的问题。

① 室内不同功能区对应的顶棚部分应有所变化。

② 突出门厅部位的中心位置。

③ 兼顾休息区、总服务台部分的空间效果要求。

④ 注意墙、柱与顶棚边界的搭接和过渡处理。

⑤ 结合人工照明设计,使顶棚增色。

⑥ 力图体现大气时尚、庄重典雅的特征。

图 8-21 所示为该大堂室内顶棚平面图的布置效果。

存储路径: 素材与实例\ch08\大堂顶棚平面图.dwg

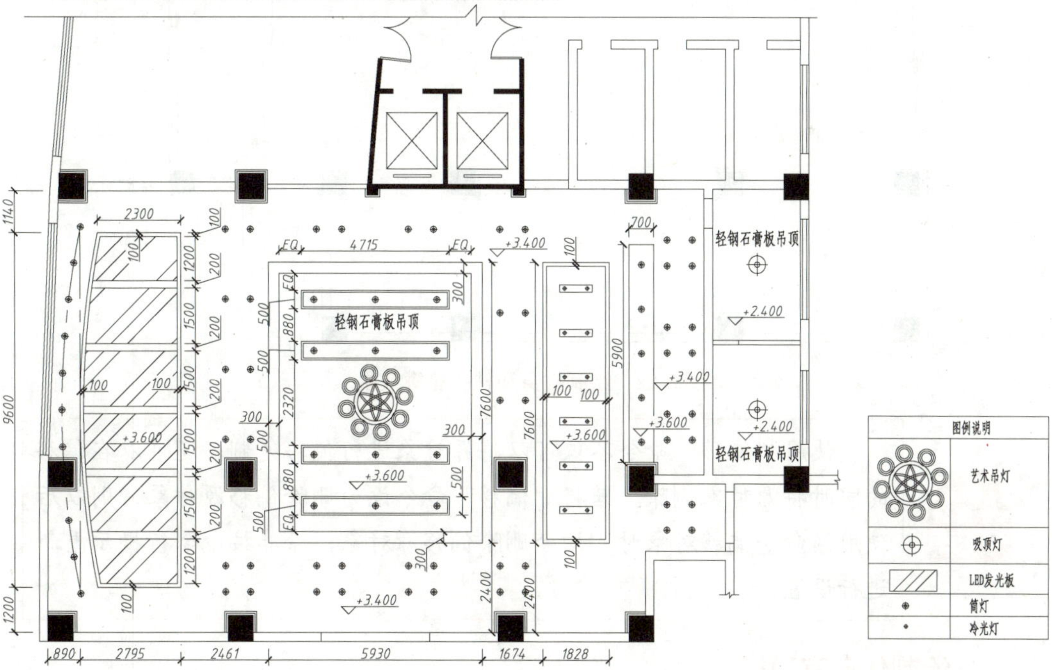

图 8-21 大堂室内顶棚平面图的布置效果

要绘制图 8-21 所示的顶棚平面图,可先将 8.2 节绘制的"大堂地面材料图.dwg"文件另存为"大堂顶棚平面图.dwg",然后删除地面材料、拼花图案、过门石内的图案和所有标注等，再按照如下步骤绘制。

1. 绘制装修后的柱身和柱头轮廓

步骤 1▶   输入 "O" 并回车，然后根据命令行提示输入 "E" 并回车，接着输入 "Y" 并回车，以选择删除偏移源对象；将偏移值设为 "30"，然后将柱基轮廓线向其内侧偏移，以得到柱身上所贴石材的外轮廓，同时系统将自动删除柱基轮廓线。

步骤 2▶   按回车键重复执行 "偏移" 命令，根据命令行提示依次输入 "E" 和 "N"，然后将上步偏移石材外轮廓线和剪力墙处的柱子向其外侧偏移 30 mm，以得到柱头贴石材后的外轮廓，最后整理图形，效果如图 8-22 所示。

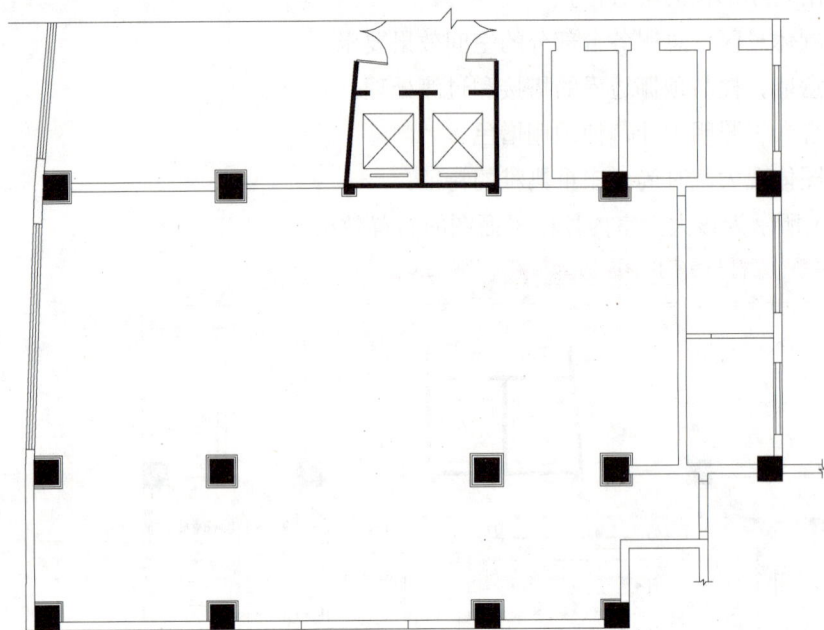

图 8-22   绘制柱身和柱头轮廓效果

> 使用 "偏移" 命令不仅可以将源对象进行偏移复制，还可以在偏移的同时将源对象删除。若将 "偏移" 命令设为删除偏移源对象，则以后使用该命令偏移对象时，均会删除偏移源对象，除非按命令行提示重新进行设置。

2. 绘制休息室顶棚

先绘制图 8-23（a）所示的辅助矩形和直线，然后输入 "ARC" 并回车，依次单击端点 *A*、中点 *B* 和端点 *C*，以绘制圆弧，接着修剪并删除不需要的图线，并将左侧竖直直线的线型设为"CENTER"图线，效果如图 8-23（b）所示。

选中上步绘制的矩形和圆弧（除中心线外），输入"J"并回车，即可将其合并为一条图线，接着将其与圆弧向其内侧偏移 100 mm，最后参照图 8-23（c）所示尺寸和图 8-23（d）所示图案绘制图形。

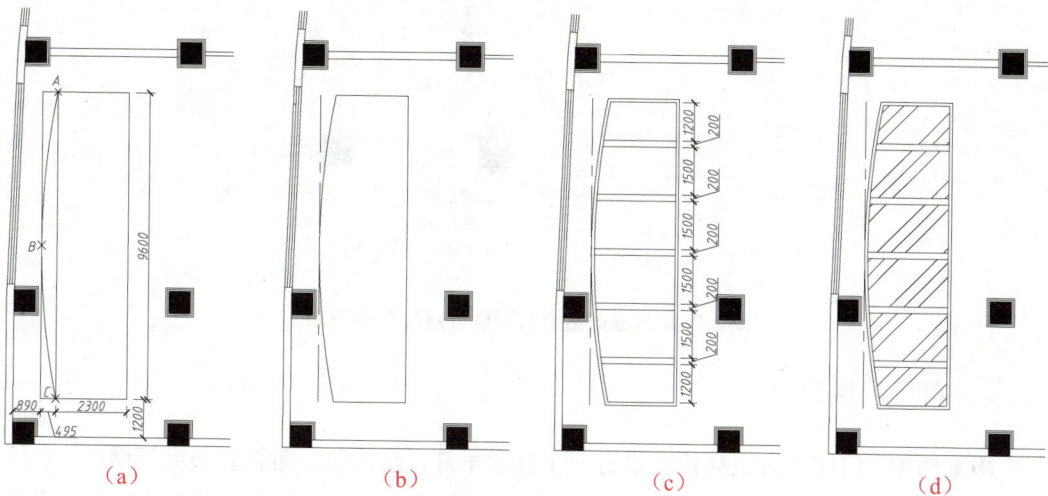

（a）　　　　　（b）　　　　　（c）　　　　　（d）

图 8-23　绘制休息室顶棚

3．绘制大堂其他部分顶棚造型

大堂正上方的顶棚造型及尺寸如图 8-24 所示，下方的两个灯槽由上方灯槽镜像得到。总服务台处的顶棚造型及尺寸如图 8-25 所示。

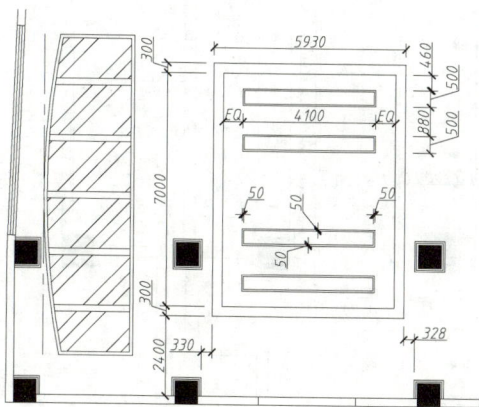

图 8-24　绘制大堂正上方的顶棚

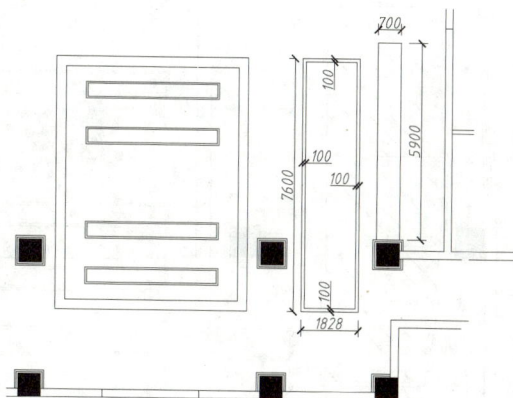

图 8-25　绘制总服务台处的顶棚

总服务台上方顶棚的矩形灯槽如图 8-26 所示，该灯槽的尺寸为 900 mm×200 mm，可先绘制上方或下方中的一个，然后使用"矩形阵列"命令将其阵列，其行数为"6"，行距为"1200"，列数为"1"，列距采用默认值。

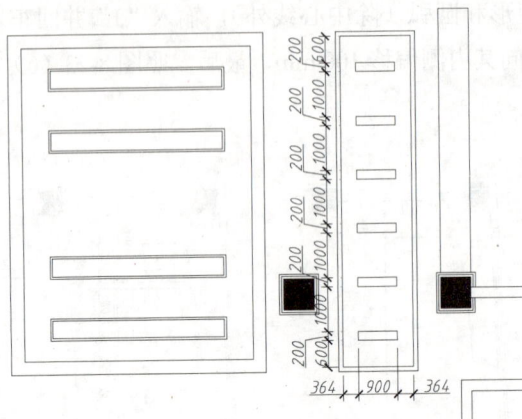

图 8-26　总服务台上方顶棚的灯槽布置效果

4．布置顶棚灯具

本案例中，门厅上方中央位置设有一个艺术吊灯，其他部分布置长条形灯槽；休息区吊顶处设有一片发光板；总服务台上方吊顶设有筒灯和冷光灯，休息室和储藏室上方设有吸顶灯，其他部分设有一些筒灯，如图 8-27 所示。

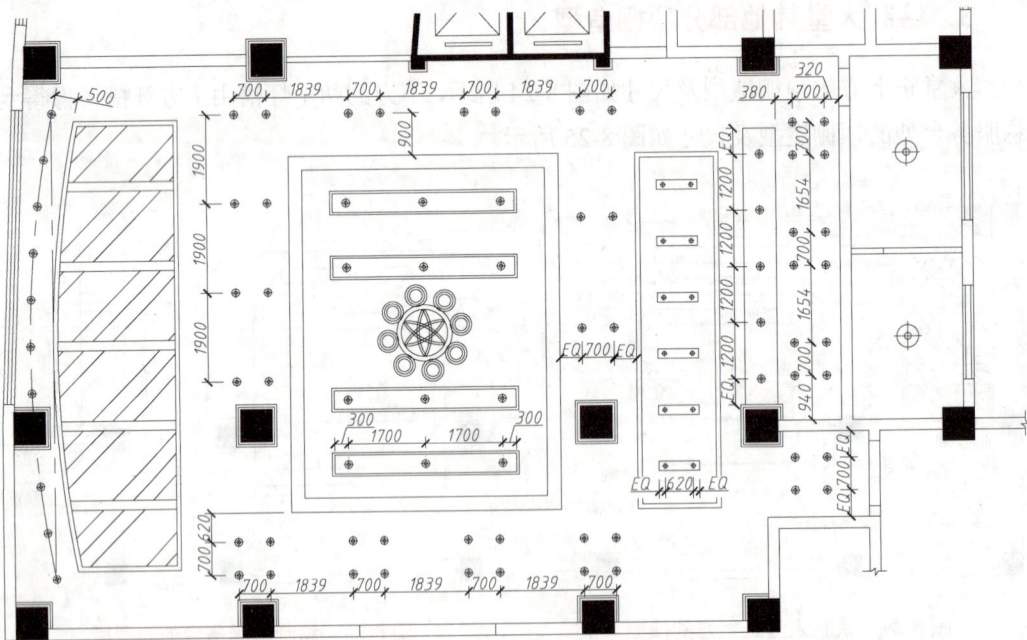

图 8-27　顶棚灯具布置效果

图 8-27 中的艺术吊灯、吸顶灯、筒灯和冷光灯都可以直接调用本书配套素材中的"素材与实例" > "ch08" > "图块"文件夹中的相关图块，并参照图中所示尺寸进行布置。休息区上方呈弧形排列的筒灯，可使用"路径阵列"命令来布置，具体操作方法如下。

步骤 1▶ 将吊顶造型的最外侧弧线向其外侧偏移 500 mm，然后将绘图区中的任意一个筒灯复制到该圆弧的中心处。

步骤 2▶ 选中该筒灯后单击"默认"选项卡"修改"面板中"阵列"按钮右侧的三角符号，在弹出的命令列表中选择"路径阵列"命令，然后单击选择上步偏移所得到的圆弧，以指定阵列路径。

步骤 3▶ 在弹出的"阵列创建"选项卡"项目"面板中的"介于"编辑框中输入"1200"并回车，最后按【Esc】键结束命令。选中阵列得到的对象，然后将其分解，接着将多余的筒灯删除，最后利用"镜像"命令得到上方 5 个筒灯。

> **提示**
>
> 使用"路径阵列"命令阵列对象的过程中，当命令行提示"选择路径曲线："时，在路径曲线的上、下、左或右端单击，系统将在单击处的另一侧生成对象。如在圆弧的上端单击，则生成的筒灯位于单击处的下方。

5. 绘制灯具图例

至此，该顶棚平面图就绘制完了。由于该顶棚平面图比例复杂，为了使图形清楚，可将顶棚的造型尺寸和灯具的定位尺寸分开标注在两幅图上，以形成顶棚平面图和灯具定位图，最后分别为这两幅图添加图 8-21 所示的灯具图例即可。

该灯具图例除了可以使用"直线"和"复制"等命令绘制外，还可以利用最简单快捷的"表格"命令来绘制，具体操作方法如下。

步骤 1▶ 输入"TABLE"并回车，在打开的对话框中将列数设为"2"，行数设为"6"，其他采用默认设置，在绘图区单击以指定该表格的插入位置后，按【Esc】键退出表格的编辑状态。

步骤 2▶ 选中该表格后利用其右下角的夹点◀调整表格的大小，然后利用"分解"命令将该表格分解，最后利用"单行文字"注写相关文字。

灯具定位图可在顶棚平面图的基础上绘制，即将该顶棚平面图复制到其他位置，并删除其中的所有顶棚造型尺寸，然后参照图 8-27 中的尺寸标注各灯具的定位尺寸即可。

8.4　绘制大堂室内立面图

为了符合宾馆的特点，本案例的室内立面应着重体现庄重典雅、时尚大气、具有现代感的设计风格，且设计时应考虑墙面、地面与吊顶之间的协调性。大堂的装饰重点体现在墙面、柱面、服务台及其他交接部位的装修上，采用的材料主要为天然石材、木材、壁纸、装修软包等。

扫一扫

视频讲解

8.4.1　绘制 A 立面图

A 立面图是宾客走入大厅后迎面看到的墙面，是需要重点设计的墙面之一。该立面图需要表达的内容有柱面、墙面、茶室入口、过道入口，以及它们之间的关系。为了表示左侧边柱和维护墙的关系，该立面图采用剖立面的方式绘制，如图 8-28 所示。

存储路径：素材与实例\ch08\A 立面图.dwg

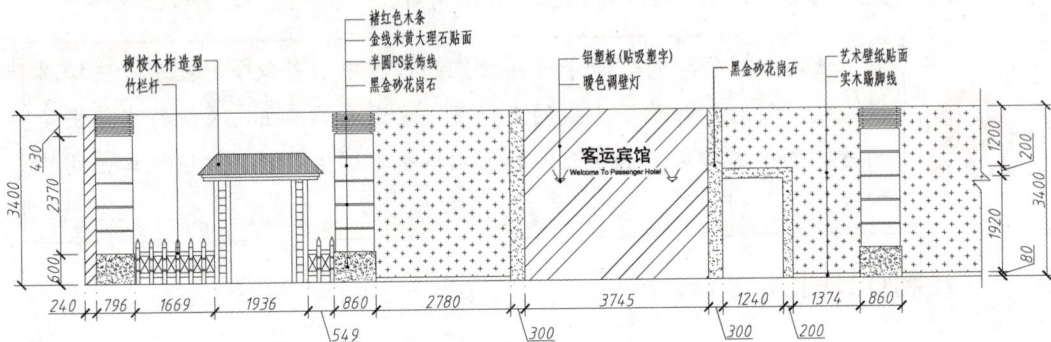

图 8-28　A 立面图

设计思路分析

为了体现茶文化的风格特征，茶室入口处用柳桉木一个中国仿古造型的门洞，门洞两侧设有竹栏杆，以便让大厅中的宾客能够看到茶室内的情景。

此外，在墙面的中部设有宾馆名称及欢迎词标识，以提醒客人注意，并加深顾客对宾馆的印象。为了突出该部分，在欢迎词标识两侧分别设有一个暖色调壁灯，其他部分根据柱面的竖向分割规律进行墙面划分。

要绘制图 8-28 所示的 A 立面图，可按如下方法操作。

绘图步骤

步骤 1▶　打开前面绘制的"大堂平面布置图.dwg"图形，然后将其另存为"A 立面图.dwg"。选中绘图区中的平面布置图，输入"B"并回车，再利用打开的"块定义"对话框将所选中的平面布置图转换为块，其基点为图上任意一点，名称为"参照"。

步骤 2▶　选中上步所创建的"参照"块，输入"CL"并回车，参照命令行中的提示依次选择"新建边界"和"矩形"选项，然后采用窗交法选取要剪裁的区域，效果如

图 8-29 所示。

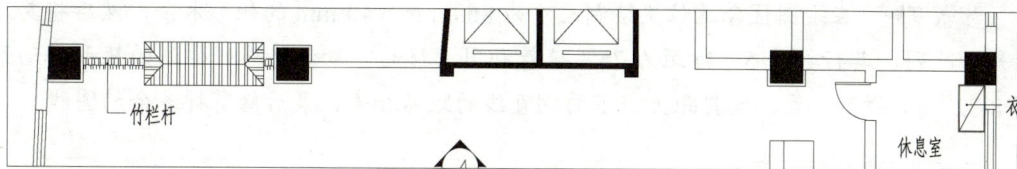

图 8-29　剪裁图形效果

步骤 3▶　参照图 8-30 所示尺寸，利用"直线""射线"和"偏移"等命令绘制柱子及立面图的轮廓线。

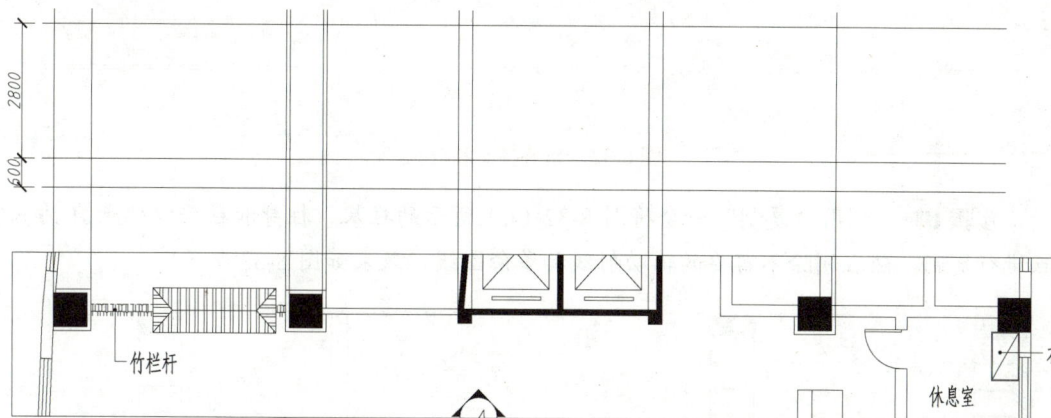

图 8-30　绘制柱子及立面图的轮廓线

步骤 4▶　利用"偏移"命令将左侧第 1 条竖直射线向其左侧偏移 240 mm，然后修剪出左侧墙体的轮廓，并为其填充"ANSI31"图案，接着利用"多段线"命令绘制出右侧的折断线，最后利用"修剪"命令修剪出柱子的轮廓和其他图线，效果如图 8-31 所示。

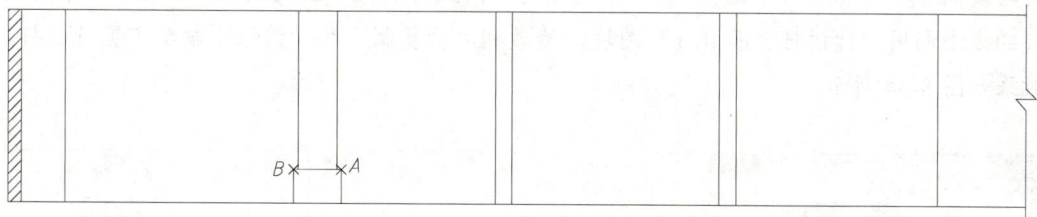

图 8-31　绘制墙体和折断线并修剪图形

步骤 5▶　利用"偏移"命令将图 8-31 所示的直线 AB 向其上方偏移 450 mm，然后将偏移得到的直线向其上方偏移 30 mm，接着利用"矩形阵列"命令将偏移得到的两条直线进行阵列，其行数为"5"，行距为"480"，效果如图 8-32（a）所示。

步骤 6▶　利用"偏移"命令将图 8-32（a）所示的两条竖直直线分别向其外侧偏移

50 mm，然后删除图中所示的直线 1，最后利用 "修剪" 命令修剪出图 8-32（b）所示图形。

步骤 7▶ 在绘图区合适位置绘制尺寸为 860 mm×40 mm 的矩形木条，然后将其进行矩形阵列，其行数为 5，行距为 75，接着利用 "移动" 命令将阵列得到的矩形移动到图 8-32（c）所示位置，使其距上、下两侧直线的距离相等，最后修剪掉多余的图线。

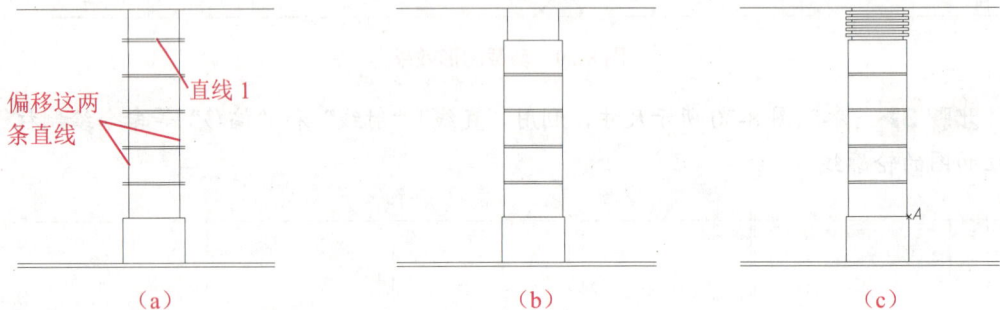

偏移这两条直线

直线 1

（a）　　　　　　　　　　（b）　　　　　　　　　　（c）

图 8-32　布置柱身和柱头

步骤 8▶ 利用 "复制" 命令将图 8-32（c）所示的柱基、柱身和柱头以端点 A 为基点进行复制，然后删除不需要的辅助射线和多余图线，效果如图 8-33 所示。

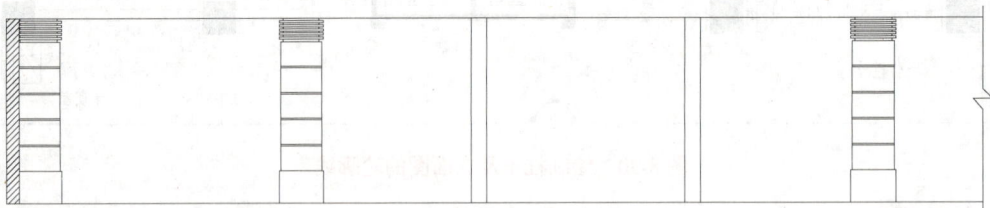

图 8-33　绘制柱子立面图

步骤 9▶ 过剪裁后的平面布置图中木门的中心位置引出一条竖直射线，然后将 "素材与实例" > "ch08" > "图块" > "带屋檐的木门立面.dwg" 图块插入立面图中。采用同样的方法调用 "竹栏杆立面.dwg" 图块，然后利用 "复制" 和 "镜像" 命令布置竹栏杆，效果如图 8-34 所示。

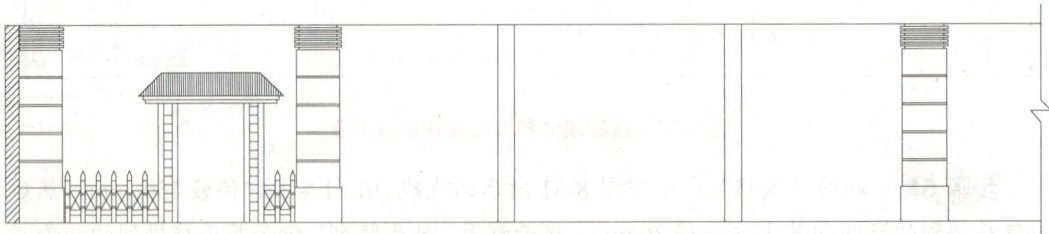

图 8-34　布置门和竹栏杆效果

步骤 10▶ 输入 "ST" 并回车，然后在打开的 "文字样式" 对话框中新建 "黑体"

样式，其字体为"黑体"，高度为"250"，最后利用"单行文字"命令注写图 8-35 中的文字"客运宾馆"；将"Standard"文字样式设为当前样式，然后注写"Welcome To Passenger Hotel"，最后调用"素材与实例">"ch08">"图块">"壁灯.dwg"图块。

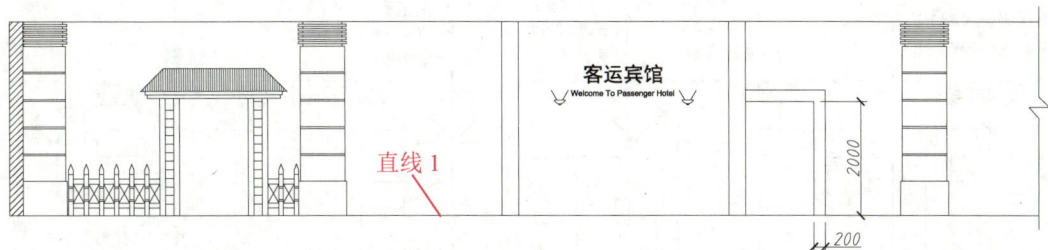

图 8-35　绘制宾馆 logo 墙及过道入口

步骤 11▶　过剪裁后的平面布置图中过道处的端点引出一条竖直辅助射线，然后绘制图 8-35 所示的图形；将图 8-35 所示的直线 1 向其上方偏移 80 mm，然后利用"修剪"命令进行修剪，以得到踢脚线的轮廓线，最后利用"图案填充"命令为该立面图中的墙面、柱基、logo 墙等绘制图案。其中：

墙纸的填充图案为"CROSS"，比例为"25"。

黑金砂花岗石的填充图案为"AR-SAND"，比例为"5"。

其填充效果如图 8-36 所示。

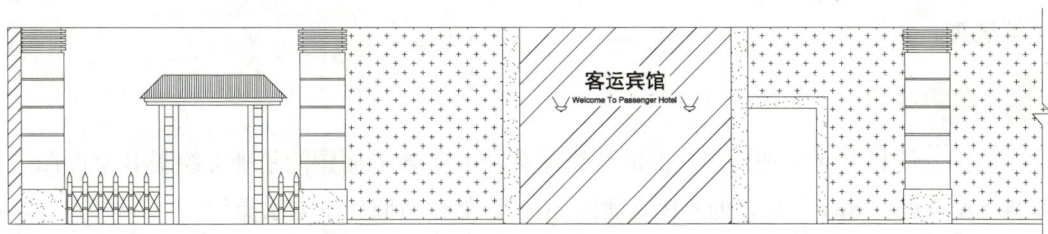

图 8-36　利用"图案填充"命令填充图案

至此，该 A 立面图就绘制完了。接下来需要为该立面图标注相关尺寸及文字注释，效果如图 8-28 所示。标注时应注意以下几个问题。

① 标注尺寸时，应先将尺寸标注样式的全局比例设为"50"。

② 标注带有引线的文字时，应先修改多重引线的样式，即将引线箭头设为"小点"，大小设为"3.5"；引线结构的比例设为 30，引线文字的文字样式设为"汉字"，高度设为 7。

8.4.2　绘制 B 立面图

B 立面图所要表达的墙面与 A 立面图所表达的墙面相对，其中，需要表达的内容有柱子、入口处大门、墙面和 IC 电话厅等，其立面效果如图 8-37 所示。

存储路径：素材与实例\ch08\B 立面图.dwg

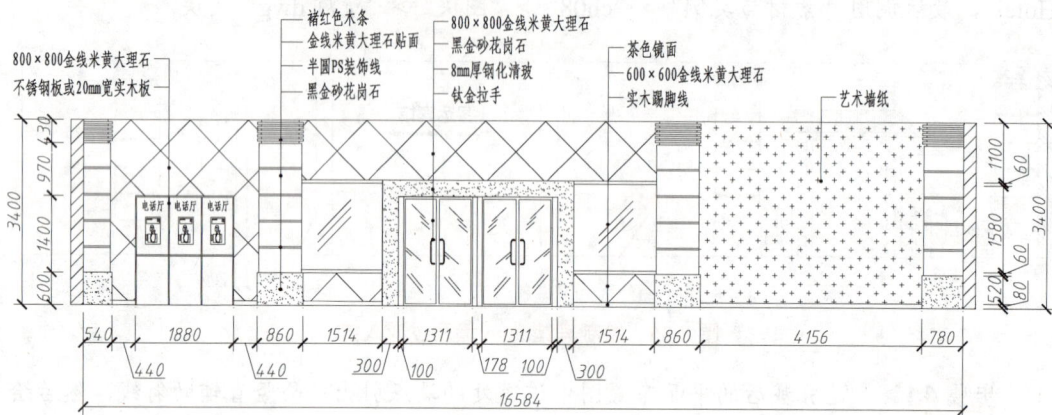

图 8-37　B 立面图

设计思路分析

　　该立面图中柱面的装饰与 A 立面图中的柱面相同。大门采用两道双开不锈钢玻璃弹簧门，门框用黑金砂花岗石板装饰。靠近大门两侧的墙面用茶色镜面装饰，从而提高大堂的明亮度。此外，为了与 A 立面图中的墙面呼应，该立面图休息区的墙面采用墙纸装饰。

绘图步骤

　　为了方便利用 A 立面图中柱面的装饰图案，可在 A 立面图的基础上绘制 B 立面图，即将 "A 立面图.dwg" 另存为 "B 立面图.dwg"，然后按照如下方法操作。

1．整理图形并绘制柱子

　　步骤 1▶　将用于参照的平面布置图旋转 180°，并利用夹点功能或 "剪裁" 命令裁剪出所需部分，然后将该参照图形移动至 A 立面图的正下方。

　　步骤 2▶　将 A 立面图复制到绘图区其他位置，然后采用窗交法选中平面布置图正上方的 A 立面图中的所有图形对象，接着按住【Ctrl】键在立面图的最上和最下水平直线上单击，使这两条直线不被选中，最后按【Delete】键删除其他对象。

　　步骤 3▶　参照 A 立面图的绘制方法，结合裁剪后的平面布置图绘制 B 立面图的轮廓及左右两侧墙体，最后将 A 立面图中的柱面复制到该立面图中，效果如图 8-38 所示。

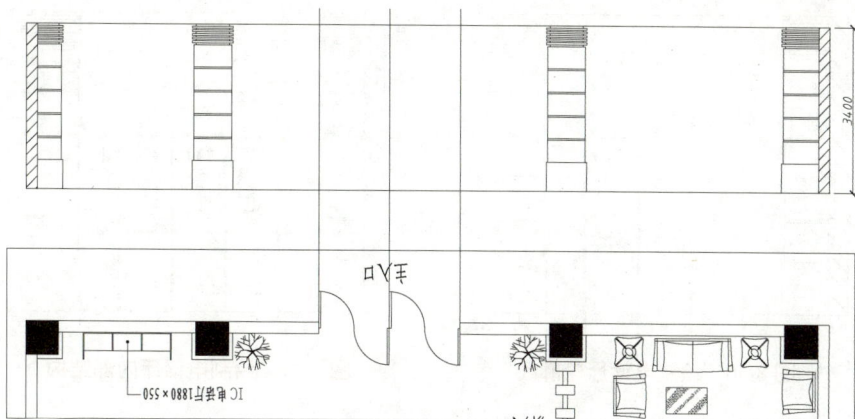

图 8-38　绘制 B 立面图中的柱面

2. 绘制大门立面

过平面布置图中大门的门洞处绘制图 8-38 所示的 3 条辅助射线，然后调用"素材与实例" > "ch08" > "图块" > "大门立面.dwg"图块，最后利用"多段线"命令或其他绘图命令，绘制图 8-39 所示的门框。

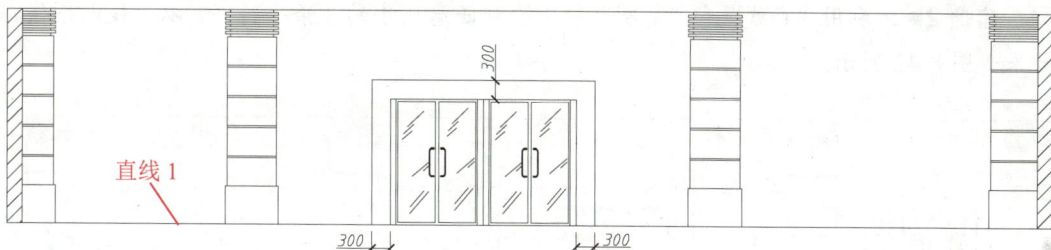

图 8-39　绘制大门立面及门框

3. 绘制电话厅立面

利用"射线"命令从平面布置图中电话厅的轮廓线处引出 8 条竖直射线，然后将图 8-39 所示的直线 1 向上偏移 2200 mm，最后修剪图形，效果如图 8-40 所示。

参照图 8-41 所示的尺寸，利用"直线""偏移"和"修剪"等命令绘制电话厅，最后调用"素材与实例" > "ch08" > "图块" > "电话厅立面.dwg"图块，并注写文字"电话厅"，其文字样式为"汉字"，字高为"250"，电话厅的板厚为"20"。

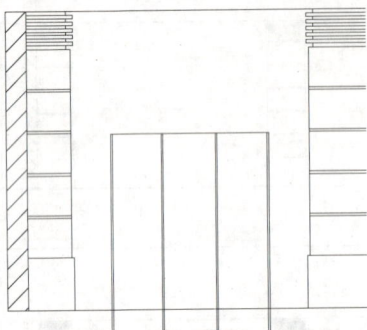

图 8-40　绘制电话厅轮廓线

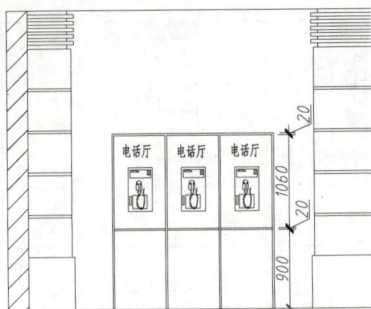

图 8-41　绘制电话厅内部结构

4．布置墙面

紧邻大门两侧的墙面用茶色镜面装饰，且镜面上、下两侧用 60 mm 宽的褚红色木条装饰，其余部分用 800 mm×800 mm 金线米黄大理石装饰，具体绘制方法如下。

步骤 1▶　以图 8-42 所示的端点 A 为起点，绘制水平直线 AB，然后将其向上偏移 60 mm，接着将这两条直线进行复制，其复制基点为端点 C，复制的第 2 点为端点 D；最后利用 "延伸" 命令将复制得到的对象延伸，并利用 "镜像" 命令将这 4 条直线镜像。

步骤 2▶　利用 "直线" 和 "复制" 命令绘制任意尺寸的 3 条平行线，以示镜面图案，效果如图 8-42 所示。

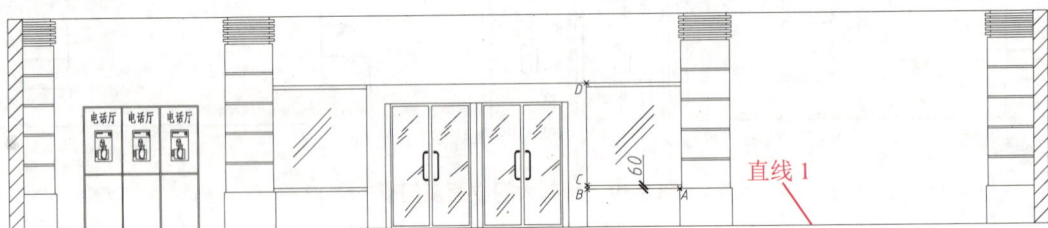

图 8-42　绘制木条及镜面

步骤 3▶　将图 8-42 所示的水平直线 1 向上偏移 80 mm，然后利用 "修剪" 命令进行修剪，以形成踢脚线的轮廓，最后利用 "图案填充" 命令为 800 mm×800 mm 金线米黄大理石、艺术墙纸和黑金砂花岗石填充图案。其中：

金线米黄大理石的填充图案为 "ANSI37"，比例为 "250"，角度值为 "0"。

艺术墙纸的填充图案为 "CROSS"，比例为 "250"，角度值为 "0"。

黑金砂花岗石的填充图案为 "AR-SAND"，比例为 "5"，角度值为 "0"。

效果如图 8-43 所示。

图 8-43　绘制墙面图案

最后，采用当前文件中的尺寸标注样式及多重引线样式，为该立面图标注相关尺寸及引线文字，效果如图 8-37 所示。

8.4.3　绘制 C 立面图

C 立面图主要反映总服务台的设计情况，其中包括柱子、服务台立面和背景墙立面等内容，如图 8-44 所示。

存储路径：素材与实例\ch08\C 立面图.dwg

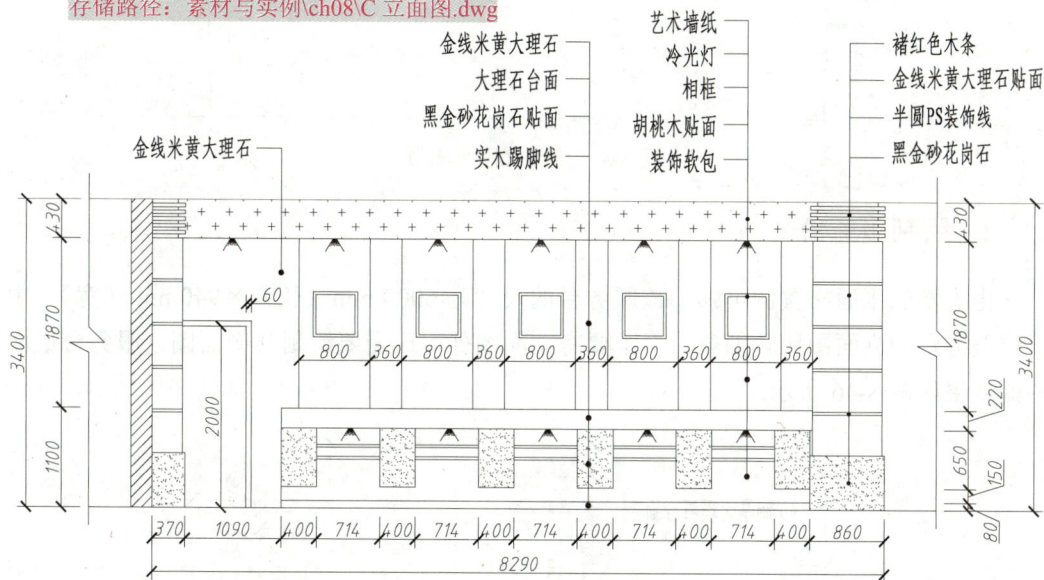

图 8-44　C 立面图

设计思路分析

该立面图中柱面的装饰与 A 立面图中的柱面相同。服务台的高度为 1100 mm，台面为大理石装饰，立面为黑金砂花岗石和软包相间装饰。背景墙采用胡桃木和金线米黄大理石相间装饰，墙面顶部 2970 mm 高处贴有 430 mm 宽的艺术墙纸，从而与其余两个墙面呼应。胡桃木墙面上挂不同客房的室内图片或全球主要城市的时间。

绘图步骤

该立面图与 B 立面图的绘制方法基本相同，即先单击剪裁后的平面布置图上的方向夹点🔼，然后利用"旋转"命令将该图块旋转−90°，接着利用夹点功能或"剪裁"命令裁剪出所需部分，最后依次绘制柱面、服务台立面和墙面。

1. 绘制柱面

绘制好两条水平直线和左侧墙体后，利用"射线"命令自剪裁后的平面布置图中柱基的端点处引出两条竖直辅助射线，然后将 B 立面图中的柱面及装饰图案复制到合适位置，最后利用"多段线"命令绘制两侧折线，并删除辅助射线，效果如图 8-45 所示。

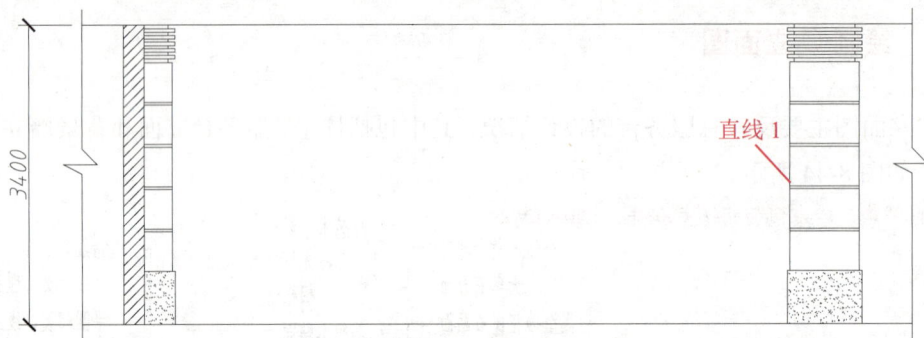

图 8-45　绘制墙体和柱面

2. 绘制服务台

由大堂的平面布置图可知，该服务台的尺寸为 6000 mm（长）×940 mm（宽）。由于该服务台的立面图比较抽象，除了要有立面图外，还需要绘制其剖面图。服务台剖面图的效果如图 8-46 所示。

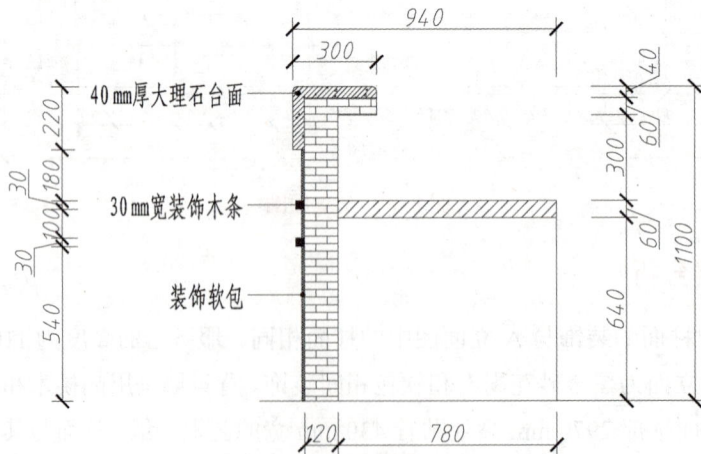

图 8-46　服务台剖面图

由于图 8-46 所示的剖面图能够更加清楚地表达服务台的结构，因此在绘制立面图前，有必要先绘制该服务台的剖面图，然后再根据剖面图中的尺寸绘制其立面图，具体绘制方法如下。

步骤 1▶　输入 "PL" 并回车，在绘图区任意位置单击后向左移动光标，绘制长度为 300 mm 的水平直线，接着向下移动光标，绘制长度为 220 mm 的竖直直线；将所绘制的多段线向其下方偏移 40 mm，最后利用 "直线" 和 "延伸" 命令绘制图 8-47（a）所示的图形。

步骤 2▶　利用 "分解" 命令将图 8-47（a）中偏移所得到的多段线分解，然后分别将分解得到的竖直直线向其右侧偏移 240 mm，将水平直线向其下方偏移 60 mm，最后利用 "修剪" 和 "直线" 命令绘制图 8-47（b）所示的图形。

步骤 3▶　将图 8-47（b）所示的直线 1 向其左侧偏移 10 mm，然后参照图 8-47（c）所示的尺寸，利用 "矩形" 命令绘制尺寸为 30 mm×30 mm 的矩形，最后利用 "图案填充" 命令填充图案，效果如图 8-47（d）所示，其中：

大理石台面的图案为 "AR-CONC" 和 "ANSI31"，比例分别为 "0.5" 和 "8"。

实心砖墙的图案为 "AR-BRSTD"，比例为 "0.5"。

装饰软包的图案为 "ANSI37"，比例为 "3"。

实木装饰板子的图案为 "SOLID"。

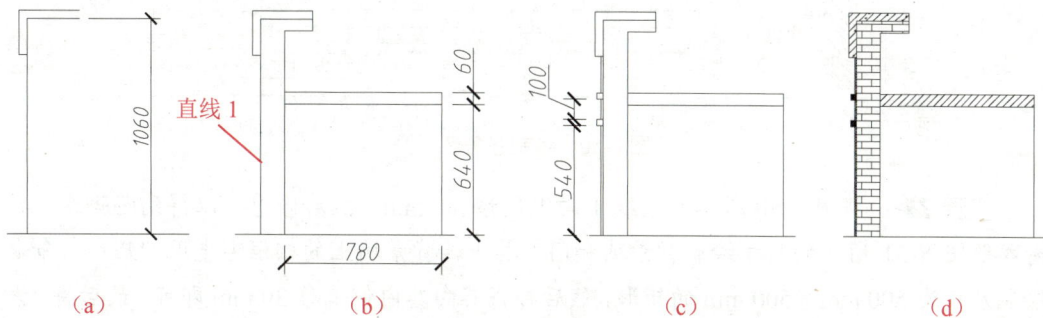

图 8-47　绘制服务台剖面图

步骤 4▶　利用 "移动" 命令将上步所绘制的服务台的剖面图移动到 C 立面图的右侧，并使其最下端水平直线与 C 立面图中最下端水平线平齐。

步骤 5▶　选中立面图中最下端的水平直线，然后输入 "CO" 并回车，捕捉图 8-48 所示的端点 A 并单击，以指定复制基点，接着依次单击端点 B 和端点 C，以得到两条水平直线；将图 8-49 所示的直线 1 向其左侧偏移 6000 mm，最后利用 "修剪" "延伸" 和 "矩形" 命令绘制图 8-49 所示的图形，该矩形的尺寸为 400 mm×650 mm。

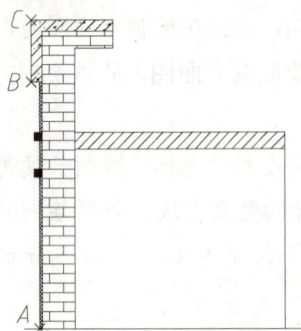

图 8-48　指定复制基点　　　　　　　图 8-49　绘制服务台 ①

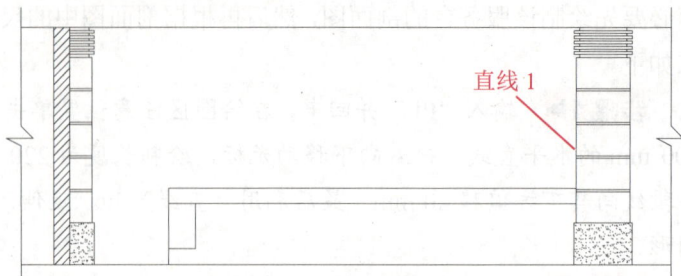

步骤 6▶　利用"图案填充"命令为上步所绘制的矩形填充"AR-SAND"图案，然后利用"矩形阵列"命令将该矩形及其图案进行阵列，其列数为"6"，列距为"1114"；利用"射线"命令过图 8-48 所示剖面图中实木装饰板的端点绘制 4 条水平射线，最后利用"修剪"命令修剪图形，效果如图 8-50 所示。

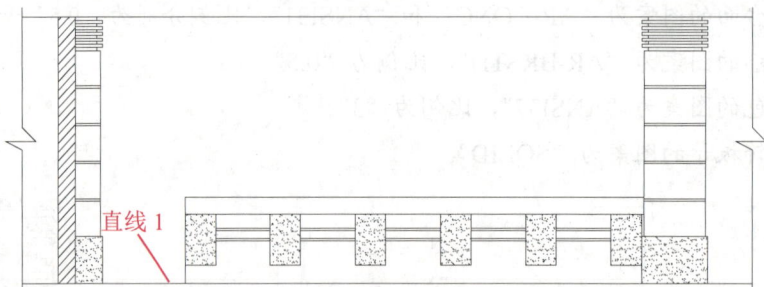

图 8-50　绘制服务台 ②

步骤 7▶　将图 8-50 所示的直线 1 向上偏移 80 mm，然后修剪，以得到踢脚线，接着参照图 8-51 所示的尺寸绘制背景墙和门。其中，背景墙上的相框可先用"矩形"命令绘制尺寸为 500 mm×500 mm 的矩形，然后再将其向其内侧偏移 30 mm 即可，最后将"素材与实例" > "ch08" > "图块" > "射灯.dwg"图块缩小一半插入合适位置。

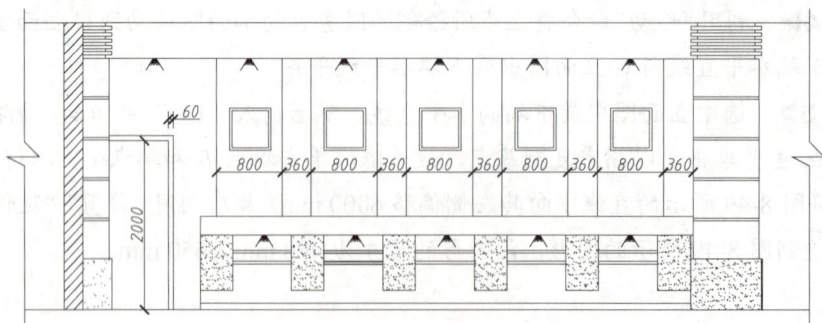

图 8-51　绘制背景墙

步骤 8▶　参照图 8-44 所示，利用"图案填充"命令绘制艺术墙纸的图案，最后为所绘制的 C 立面图和图 8-46 所示的剖面图标注相关尺寸及文字。

> 提示
>
> 　　由于剖面图的图形尺寸较小，因此在为其标注尺寸和引线文字时，应先创建合适的尺寸标注样式和多重引线样式，即基于"ISO-25"尺寸标注样式创建"剖面"样式，其全局比例因子为"10"，其余为默认设置；基于"Standard"多重引线样式创建"剖面"样式，其全局比例为"10"，其余为默认设置。

至此，该宾馆大堂的 C 立面图就绘制完了。

拓展园地——杨邦胜：做"吝啬"的设计

　　杨邦胜，全球十大杰出华人设计师、APHDA 亚太酒店设计协会副会长、中国室内装饰协会副会长、中国文化个性酒店设计倡导者。杨邦胜坚持"自然造物"的设计理念，善于挖掘东方美学的独特意境，融历史、文化、艺术于空间之中。从业 20 多年来，杨邦胜先后为各大国际酒店集团设计了超过 600 家高品质酒店，由他带领的 YANG 设计集团成为全球五大酒店设计集团之一。

　　杨邦胜的设计并不刻意强调风格，在材料选用和结构设计上偏好化繁为简，做"吝啬"的设计。杨邦胜说："在不同时期，我对自然与文化的理解程度有所不同，所以做出来的作品类型也会不同。"他说，"简"是指用最简洁的形式承载最丰富的内涵，是"以人为本"设计理念最极致的呈现方式，并非毫无内涵和创意。在地球资源有限的今天，他希望用最少的材料、最低的造价、极致且富有创意的设计营造空间美感，为客户和社会创造价值。

　　在创作过程中，杨邦胜十分看重对当地文化的表达。他说："开始创作前，我们会先搜集项目所在地的历史及人文资料，形成初步印象，再充分了解当地的风土人情、文化特色，明确项目的优缺点及与周边竞争品牌之间的差异，然后组织设计师进行头脑风暴，激活设计创意，直至提炼出最具特色、与项目品牌最契合且最能打动人的文化内容，再对设计主题和风格进行定位，最后用现代设计手法将文化元素进行抽象、重构与演绎，塑造出独一无二的风格，从而形成品牌的核心竞争力。"

　　海南万宁石梅湾威斯汀度假酒店拥有得天独厚的自然资源，离海岸线只有 50 m，背靠占地面积为 1.6 万亩的青皮林自然保护区，因此在设计时，杨邦胜便将酒店大部分空间放逐于自然中，实现建筑、景观、室内设计的和谐共融。例如，在设计酒店大堂时，杨邦胜以"青皮林探秘"为主题，提取青皮林的天然斑块、树干等元素，通过临摹，将这些元素体现在酒店大堂的屏风、地毯、墙面上。

　　在对南京凯宾斯基酒店进行设计时，杨邦胜着眼于南京作为六朝古都的文化属性，循着历史脉络找到"明皇宫"这个文化关键词，用自己的设计语言对这一历史文化名城进行全新演绎，试图探秘与解读那个"远迈汉唐"的盛世明朝，再现金陵王帝州的恢宏气势与深厚底蕴。

　　在过去一段时间内，中国的许多代表性建筑的室内设计都是由境外设计公司完成的，国内设计"走出去"的不多。2010 年，杨邦胜承接越南头顿铂尔曼酒店项目，用事实证明中国设计师不仅可以做本土的五星级酒店设计，还可以走出国门承接国外项目。之后，杨邦胜相继承接了来自马来西亚、帕劳等国的设计项目。杨邦胜认为，随着全球环境的不断恶化，酒店设计师在以设计为酒店运营赋能的同时，更要持续关注和思考人与空间、城市、自然的关系。

9 第9章 绘制餐厅室内装潢施工图

章前导读

　　现代都市生活极大地丰富了人们的饮食文化需求，外出用餐已趋于日常化，人们的饮食观念从最初的充饥型也逐渐向享受型、休闲型转变。人们可以根据不同的生活习俗、用餐主题和消费水平，选择不同形式和种类的就餐方式，这便对就餐的室内装潢提出了更新、更高的要求。

　　本章所涉及的餐厅为一小型高档餐厅，共有3层。其中，一层以服务为主，二层以休闲娱乐为主，三层以用餐为主。本章以该餐厅的一层为主，来讲解其室内装修施工图的绘制方法及其室内设计知识。

技能目标

◆　能够绘制餐厅一层的建筑平面图。

◆　能够绘制餐厅一层的平面布置图。

◆　能够绘制餐厅一层的地面材料图。

◆　能够绘制餐厅一层的顶棚平面图。

◆　能够绘制餐厅一层的灯具定位图。

素质目标

◆　培养创新精神，制作出具有独特性、民族性和丰富文化内涵的室内设计作品。

◆　从红色精神中汲取奋进力量，把伟大建党精神继承下去并发扬光大。

9.1　绘制餐厅一层的建筑平面图

　　该餐厅的原建筑为钢筋混凝土框架结构，其一层的建筑平面图如图9-1所示。

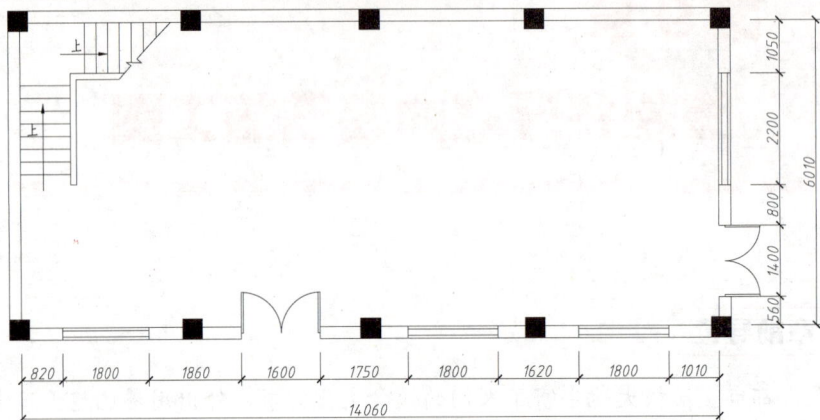

图 9-1　装修前的建筑平面图

1. 绘制图形

要绘制该建筑平面图，可按照"轴线→墙线→柱子→门窗→楼梯"的顺序绘制，具体操作方法如下。

步骤 1▶ 以前面所创建的"A3 样板.dwg"为样板文件，将"轴线"图层设为当前图层，并绘制图 9-2 所示的轴线，然后输入"LT"并回车，在打开的"线型管理器"对话框中将全局比例因子设为"50"，以调整轴线的显示效果。

步骤 2▶ 输入"MLST"并回车，然后利用打开的"多线样式"对话框新建"墙体-240"和"窗子"多线样式，并将"墙体-240"样式设为当前样式。

步骤 3▶ 将"墙体"图层设为当前图层，然后输入"ML"并回车，根据命令行提示将对正方式设为"无"，将比例设为"1"，依次捕捉并单击图 9-2 中的交点 A，B，C，D，最后输入"C"并回车，效果如图 9-3 所示。

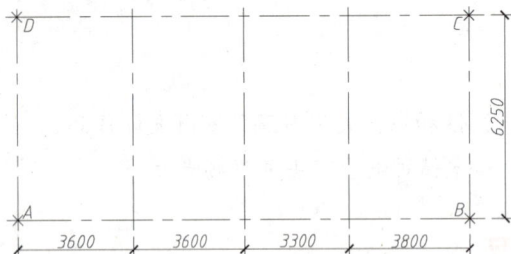

图 9-2　绘制轴线　　　　图 9-3　绘制墙体

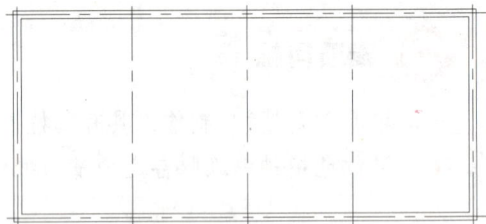

步骤 4▶ 将"柱子"图层设为当前图层，然后利用"矩形"命令绘制尺寸为 400 mm×400 mm 的矩形，接着利用"图案填充"命令为该矩形填充"SOLID"图案，最后利用"复制"命令将该矩形及其图案复制到图 9-4 所示位置。

步骤 5▶ 利用 "偏移" 命令将图 9-4 所示的轴线 1 向其左侧偏移 860 mm，然后在偏移得到的轴线上单击，接着在出现的动态输入框中输入偏移值 "1800" 并回车，最后利用 "修剪" 命令修剪出图 9-4 所示的窗洞，并删除偏移得到的两条辅助轴线。

步骤 6▶ 采用同样的方法，利用 "偏移" "修剪" 和 "删除" 命令绘制图 9-5 所示的其余窗洞。

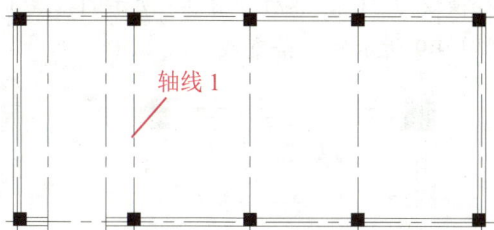

图 9-4　修剪出窗洞 ①

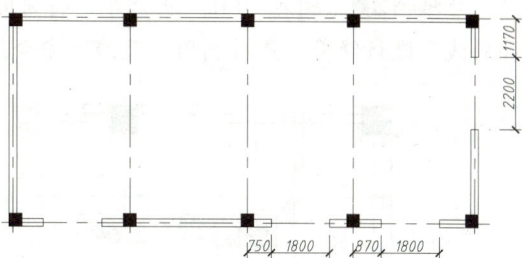

图 9-5　修剪出窗洞 ②

步骤 7▶ 输入 "MLST" 并回车，在打开的对话框中将 "窗子" 多线样式设为当前样式，然后输入 "ML" 并回车，采用默认的对正方式及比例，依次绘制图 9-5 所示窗洞处的窗子。

步骤 8▶ 采用同样的方法，参照图 9-6 所示尺寸修剪出门洞，然后输入 "I" 并回车，将 "素材与实例" ＞ "常用图块" ＞ "门平面图.dwg" 图块按 1∶1 插入图 9-6 所示位置；选中该图块后单击夹点▶，在出现的动态输入框中输入 "800" 并回车。

步骤 9▶ 选中上一步插入的图块，然后利用 "镜像" 命令将其镜像，其镜像线为以图 9-6 所示的端点 A 为起点的任意一条竖直直线。

步骤 10▶ 选中上一步所插入的双扇平开门，然后利用 "复制" 命令将该图形复制到绘图区任意空白位置处，然后利用该图块上的夹点▶，将两扇门的尺寸分别改为 700，接着利用 "旋转" 命令将这两扇门旋转−90°，最后将其移动至图 9-7 所示位置。

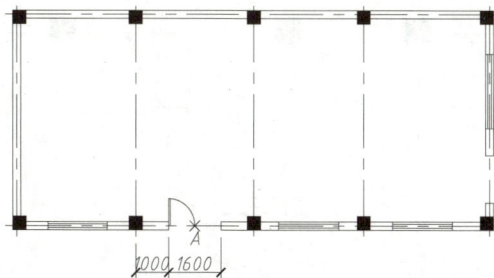

图 9-6　绘制门洞并插入门

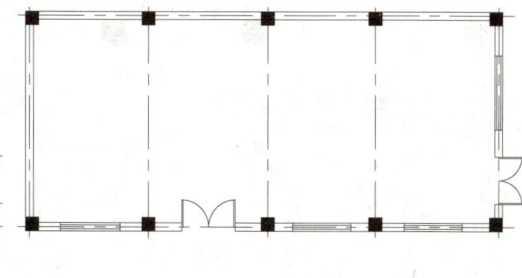

图 9-7　插入双扇平开门

步骤 11▶ 利用 "偏移" 命令将最左侧竖直轴线向其右侧偏移，将最上端水平轴线向其下方偏移，其偏移值均为 "1120"；输入 "L" 并回车，捕捉偏移得到的两条轴线的交点并向下移动光标（不要单击），待出现竖直极轴追踪线时输入"2100"并回车，接着向左移动光标并绘制长度为 120 mm 的水平直线。

步骤 12▶ 按住【Ctrl】键并单击鼠标右键，在弹出的右键快捷菜单中选择"自"菜单项，然后竖直向上移动光标，待出现图 9-8 所示的交点时单击，接着竖直向下移动光标，输入"120"并回车，最后水平向右移动光标，绘制任意长度的直线即可。

步骤 13▶ 输入"FIL"并回车，将圆角半径值设为"0"，然后对图 9-8 所示的轴线 1 和轴线 2 进行修剪，最后利用"直线"命令绘制图 9-9 所示的两条直线。

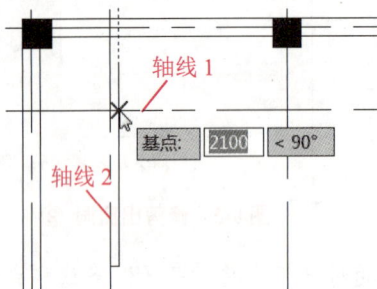

图 9-8 临时参考点

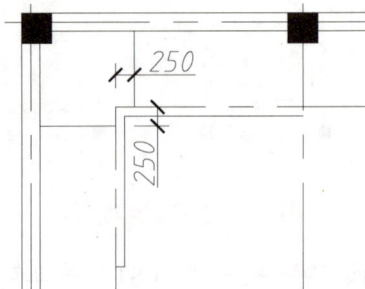

图 9-9 绘制楼梯扶手和踏步

步骤 14▶ 选中上一步骤所绘制的水平直线，然后单击"默认"选项卡"修改"面板中的"矩形阵列"按钮，在出现的"阵列创建"选项卡中将行数设为"8"，行距设为"-250"，将列数设为"1"，最后按【Esc】键结束命令。

步骤 15▶ 选中图 9-9 所示的竖直直线并回车，以重复执行"矩形阵列"命令，然后将列数设为"7"，行距设为"250"，将行数设为"1"，最后单击"特征"面板中的"关联"按钮，其阵列效果如图 9-10（a）所示。

步骤 16▶ 输入"PL"并回车，绘制图 9-10（b）所示的多段线，然后利用"修剪"命令修剪图形，并将所绘制的楼梯踏步和扶手置于"楼梯"图层，效果如图 9-10（c）所示。

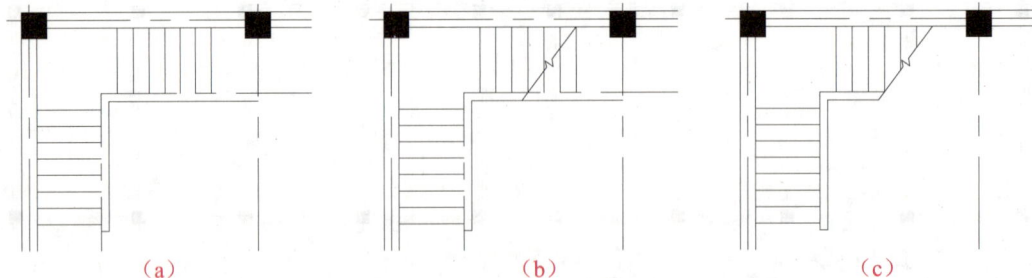

（a）　　　　（b）　　　　（c）

图 9-10 绘制楼梯踏步

至此，该餐厅一楼的建筑平面图就绘制完了。接下来就可以为该图形标注相关尺寸、文字和方向箭头了。

2. 标注尺寸、文字及方向箭头

将"轴线"图层关闭，然后为该建筑平面图标注图 9-1 所示的尺寸。标注时，需注意以下几点。

① 标注尺寸前，需要先将"ISO-25"尺寸标注样式的全局比例因子设为"30"，然后再进行标注。

② 楼梯的方向符号除了可以使用"多重引线"命令来绘制，也可以利用直线和尺寸标注中的箭头来表示。当使用"多重引线"命令绘制楼梯的方向箭头时，需先将箭头样式设为"实心闭合"，基线距离设为"0"，多重引线类型设为"无"。实际绘图时，通常以分解线形尺寸标注的方法来得到方向箭头，其具体操作方法如下。

步骤 1▶ 输入"D"并回车，在打开的"标注样式管理器"对话框中将"Standard"样式的箭头大小设为"3.5"，然后在"调整"选项卡中将全局比例设为"50"，其余采用默认设置，并将"Standard"样式设为当前样式。

步骤 2▶ 输入"DIML"并回车，在绘图区任意空白位置处单击，然后向右移动光标并在合适位置单击，以标注竖直尺寸，接着选中该尺寸标注后输入"EXPL"并回车，即可将该尺寸分解，最后利用"移动"命令将分解得到的箭头移动到合适位置即可。

③ 文字"上"可使用"单行文字"命令注写，文字样式为"汉字"，字高为"250"。

9.2 绘制餐厅一层的平面布置图

该餐厅的一层以服务为主，主要设有服务台、休息区、卫生间和厨房等。要绘制该餐厅一层接待区的平面布置图，需要先在建筑平面图的基础上划分功能区域，然后再确定各区域的定位墙体，最后再布置相关家具及陈设。图 9-11 所示为该餐厅一层接待区的平面布置效果。

存储路径：素材与实例\ch09\餐厅一层平面布置图.dwg

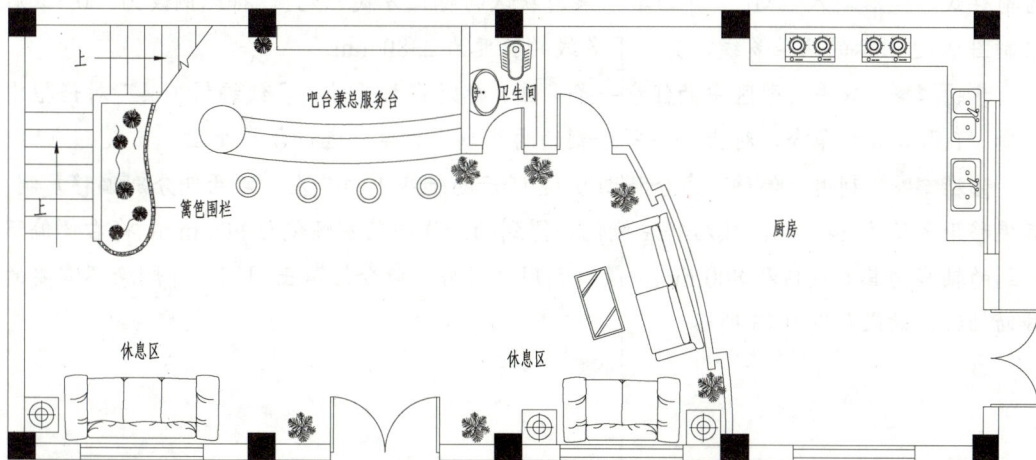

图 9-11　餐厅一层接待区的平面布置效果

> **提示**
>
> 餐厅中厨房的装修设计应从实用性出发，尽可能多参考主厨的意见。装修过程中不仅要结合食物的操作流程对操作区进行合理布置，还要注意操作台、柜体和其他家电设备的相对位置。
>
> 此外，餐厅的食品类型、加工工艺、客流量等不同，其厨房内的厨具类型、数量及位置也有所不同。因此，本节主要绘制接待区的平面布置图，其厨房区域仅绘制出灶台及灶台上的陈设。

9.2.1　绘制餐厅的墙体定位图

由图 9-11 所示的平面布置效果可知，要绘制其平面布置图，需要先绘制卫生间及休息区的隔墙。这些隔墙（包括弧形墙）既可以采用砖砌，也可以采用轻钢龙骨为主体的纸面石膏板墙，其具体绘制方法如下。

> **知识库**
>
> 考虑到耐用性和施工的方便性，本案例中卫生间处的墙体采用砖砌，以便贴墙面砖，而休息区的弧形墙采用轻钢龙骨作主体，并用纸面石膏板作罩面。

步骤 1▶　将上节所绘制的"一层建筑平面图.dwg"文件另存为"一层墙体定位图.dwg"，然后删除不需要的尺寸。

步骤 2▶　打开"轴线"图层，然后利用"偏移"命令将从左向右数的第 3 条竖直轴线分别向其左、右两侧偏移复制，偏移距离分别为 630 mm 和 460 mm，接着将最上方的水平轴线向其下方偏移 1890 mm。

步骤 3▶　输入"MLST"并回车，在打开的对话框中将"墙体-240"多线样式设为当前样式，然后输入"ML"并回车，采用默认的对正方式"无"，将比例设为"0.5"后绘制图 9-12 所示的两条多线，其水平多线的长度为 2380 mm。

步骤 4▶　双击绘图区中的任意一条多线，然后在打开的"多线编辑工具"对话框中选择"T 形合并"命令，对上一步所绘制的两条多线的接口进行合并处理。

步骤 5▶　利用"偏移"命令将图 9-12 所示的轴线 1 向其左、右两侧分别偏移复制，其偏移距离均为 240 mm，然后将左侧偏移得到的轴线向其左侧偏移 600 mm，将右侧偏移得到的轴线向其右侧偏移 800 mm，最后利用"修剪"命令修剪出门洞，并删除不需要的辅助轴线，效果如图 9-13 所示。

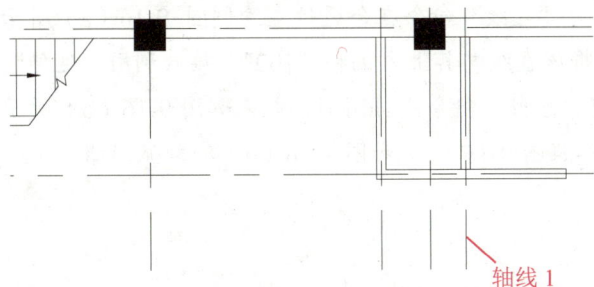

图 9-12　绘制墙体

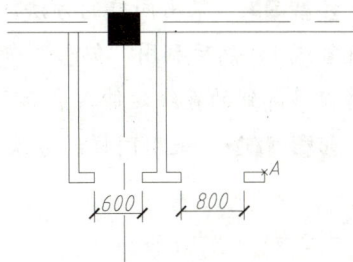

图 9-13　修剪出门洞

> 　　实际装修施工时，一般只要求建成后的弧形墙的形状与图纸中的形状大致相同即可，这是因为装修时所新建的弧形隔墙和幕墙不起承重作用，如果严格按照图纸上的尺寸施工，不但会增加施工难度，而且没有任何实际意义。
>
> 　　在绘制本案例的弧形隔墙时，为了便于读者绘图，本书提供了几组弧形隔墙的相关尺寸，这些尺寸仅供绘图时使用。

步骤 6▶　隐藏"轴线"和"柱子"图层。输入"C"并回车，按住【Ctrl】键并单击鼠标右键，在弹出的快捷菜单中选择"自"菜单项，接着捕捉并单击图 9-14 中的端点 *B*，输入"@1746，160"并回车，以指定圆心，然后捕捉图 9-13 所示的端点 *A*，以指定半径，最后利用"修剪"命令修剪掉不需要的圆弧，效果如图 9-14 所示。

步骤 7▶　利用"偏移"命令将上步所绘制的圆弧向其外侧偏移并复制，以得到 4 条相邻间距为"100"的圆弧，再将图 9-14 所示的圆弧向其内侧偏移 100 mm。

步骤 8▶　利用"直线"命令在合适位置单击，然后按住【Ctrl】键并单击鼠标右键，在弹出的快捷菜单中选择"垂直"菜单项，将光标移至图 9-14 所示的圆弧上，待出现"垂直"标记时单击；接着用"分解"命令将图 9-14 所示的多线分解，最后利用"修剪"命令修剪图形，效果如图 9-15 所示。

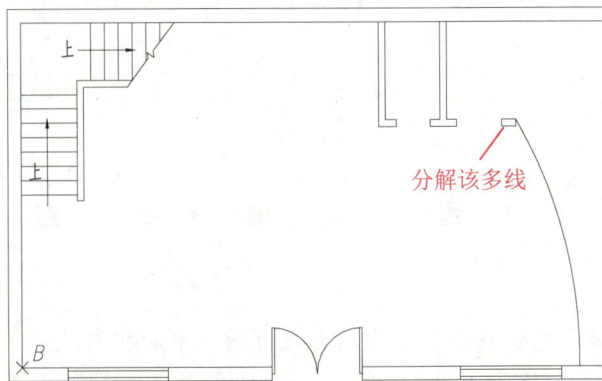

图 9-14　绘制圆弧

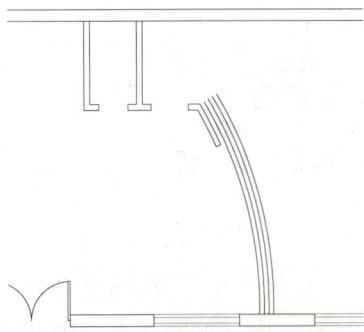

图 9-15　偏移并修剪图形

步骤9▶ 采用同样的方法，利用"直线"命令在合适位置绘制图 9-16（a）所示的垂直直线 1，然后利用"偏移"命令将该直线向其上方偏移"100"，接着利用"延伸"命令将偏移得到的直线延伸，最后利用"修剪"命令修剪图形，效果如图 9-16（b）所示。

步骤10▶ 采用同样的方法，参照图 9-16（c）和图 9-16（d）绘制弧形墙。

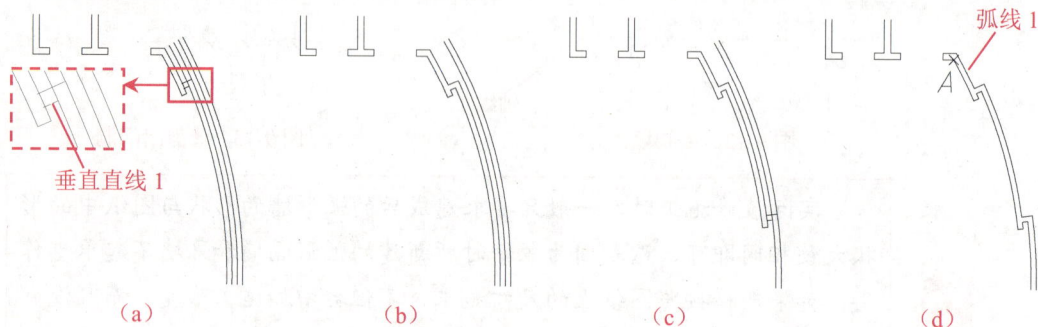

（a）　　　　　　　（b）　　　　　　　（c）　　　　　　　（d）

图 9-16　绘制弧形墙

步骤11▶ 打开"柱子"图层。执行"直线"命令，然后以图 9-16（d）所示的端点 A 为起点，接着选择右键快捷菜单中的"垂直"菜单项，并将光标移至弧线 1 处，待出现"垂直"标记时单击，接着利用"直线"命令在柱子与弧形墙体的交界处绘制一条水平直线，最后利用"图案填充"命令为其新建的墙体填充图案。其中：

砖墙的填充图案为"AR-BRSTD"，比例为"1"，角度值为"0"；

轻钢龙骨纸面石膏板墙的填充图案为"ANSI37"，比例为"20"，角度值为"30"。

至此，该餐厅一层的墙体定位图就绘制完了。在图形的合适位置绘制新建墙体的图例，并注写墙体名称，最后为其标注相关尺寸即可，效果如图 9-17 所示。

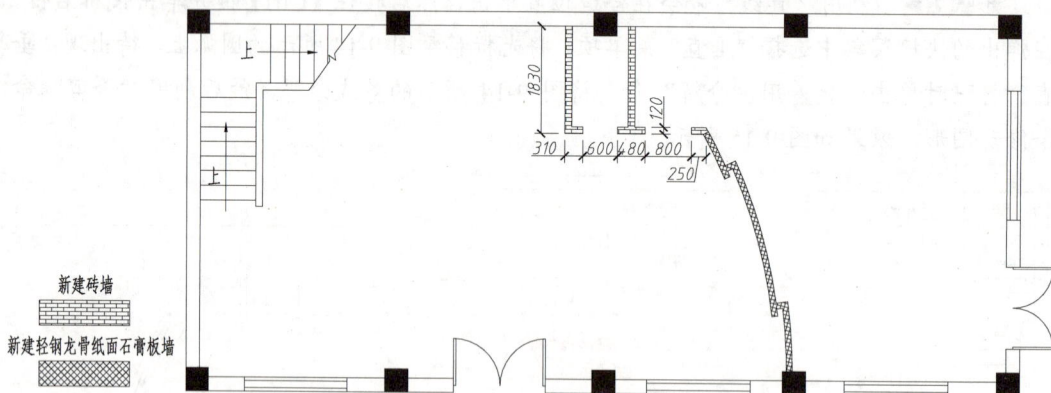

图 9-17　墙体定位图效果

实际装修时，由于弧形墙仅在形状上要求与设计图纸中的相同，因此墙体定位图中的弧形墙可不标注尺寸。

9.2.2　绘制接待区及厨房的平面布置图

由于该餐厅一层有一道弧形隔墙，为了使大厅中的家具及陈设与弧形墙相呼应，可将吧台设计为弧形，并在吧台左侧楼梯处设弧形篱笆围栏，且篱笆围栏内摆放各种盆景，这不仅可以遮挡楼梯板下方的空间，还可以为整个大厅增添一些绿意，从而使得在休息区等候或休息的顾客心情舒畅，其平面布置图如图 9-11 所示。

要绘制该平面布置图，可先将上节绘制的"一层墙体定位图.dwg"文件另存为"一层平面布置图.dwg"，然后删除图中的尺寸、墙体内的填充图案及墙体图例，接着利用"复制"命令将绘图区中的任意一个"门.dwg"图块复制到卫生间和厨房入口处的门洞处，并借助图块上的夹点调整该门的尺寸，最后按"总服务台→休息区→卫生间→厨房"的顺序布置接待区。

1．布置总服务台

总服务台处设有酒柜、吧台、圆椅和弧形篱笆围栏，如图 9-18 所示，其具体绘制方法如下。

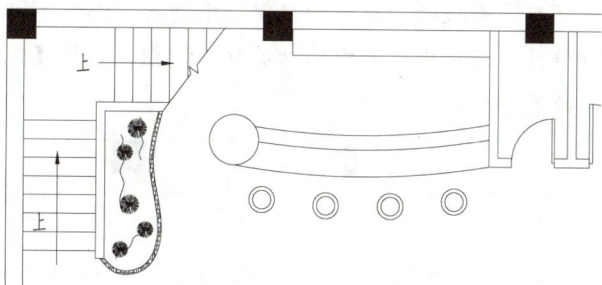

图 9-18　总服务台布置效果

步骤 1▶　输入"L"并回车，然后捕捉图 9-19（a）所示的端点 A 并向下移动光标（不要单击），待出现竖直极轴追踪线时输入"350"并回车，接着绘制图 9-19（a）所示的水平和竖直直线，其水平直线的长度为 2700 mm，最后绘制长度为 3500 mm 的水平直线 BC。

步骤 2▶　输入"A"并回车，捕捉图 9-19（a）所示的端点 B 并单击，以指定圆弧的起点，然后在点 B 左下方合适位置单击，以指定圆弧上的第 2 点，接着捕捉端点 C 并单击，以指定圆弧的端点；输入"C"并回车，捕捉端点 C 并向上移动光标（不要单击），待出现竖直极轴追踪线时输入"340"并回车，然后绘制半径为 340 mm 的圆，如图 9-19（b）所示。

步骤 3▶　删除圆弧处的辅助直线，然后利用"偏移"命令将上步所绘制的圆弧向其上方偏移并复制，其偏移距离分别为 560 mm 和 360 mm；输入"EX"并回车，再次回车将所有对象作为延伸边界，然后将偏移得到的两条圆弧进行延伸，效果如图 9-19（c）所示，最后利用"修剪"命令修剪掉多余的图线。

(a)　　　　　　　　　　(b)　　　　　　　　　　(c)

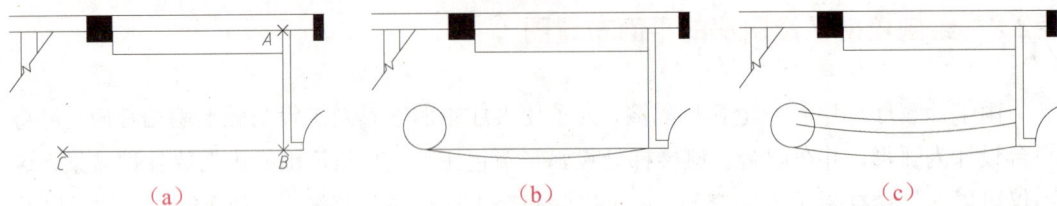

图 9-19　绘制服务台

> **提示**　弧形吧台可定制。定制时，一般只需要提供长度和宽度的大致尺寸。为方便读者绘制该服务台，本书在绘图过程中提供了一些相关数据，但这些数据仅供绘图时使用，一般不在制作服务台时使用。

步骤 4▶　输入"C"并回车，然后在服务台外侧合适位置绘制图 9-20 所示的两个同心圆，表示圆椅，这两个同心圆的直径分别为 350 mm 和 250 mm，如图 9-20 所示。

步骤 5▶　选中上步所绘制的两个同心圆，然后单击"默认"选项卡"修改"面板中"阵列"按钮右侧的三角按钮，在弹出的按钮列表中选择"路径阵列"命令，接着在图 9-20 所示圆弧 1 的右侧单击，以指定路径曲线。

步骤 6▶　在"项目"面板的"介于"编辑框中输入"850"并回车，采用默认的阵列个数，然后取消"特性"面板中已选中的"关联"按钮，并按【Esc】键结束命令，最后删除多余的圆椅，效果如图 9-21 所示。

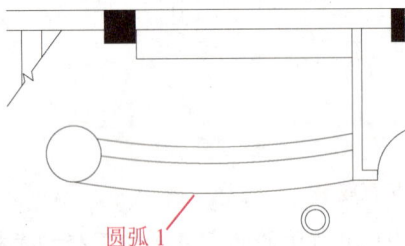

圆弧 1

图 9-20　绘制圆椅

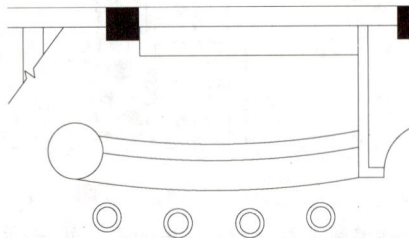

图 9-21　阵列圆椅

> **提示**　在指定阵列路径时，一定要在图 9-20 所示圆弧 1 的右侧单击，否则，生成的圆椅将位于阵列源对象的右侧。

步骤 7▶　单击"默认"选项卡的"绘图"面板标签中的▼按钮，以展开该面板，然后单击其中的"样条曲线拟合"按钮，或输入"SPL"并回车；捕捉并单击图 9-22 所示的端点 A，然后依次在合适位置单击，以指定样条曲线上的点，最后按回车键结束命令，效果如图 9-22 所示。

> **提示**　若所绘制的样条曲线的形状不合适，可在绘制完该曲线后将其选中，然后通过调整该曲线上夹点■的位置来调整其形状。

步骤8▶ 采用"偏移"命令将上步所绘制的样条曲线向其左侧偏移并复制，其偏移距离为"50"，然后利用"修剪"命令修剪掉偏移得到的曲线两端的多余部分，最后利用"图案填充"命令为其填充"AR-RSHKE"图案，如图 9-23 所示。

步骤9▶ 利用"插入"命令将本书配套素材中的"素材与实例" > "常用图块" > "植物 3.dwg"图块插入合适位置，然后利用"复制"和"缩放"命令在不同位置处绘制不同大小的植物，如图 9-23 所示，最后利用"样条曲线拟合"命令绘制几条曲线以作点缀。

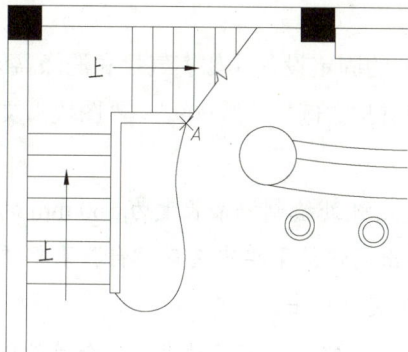

图 9-22　绘制样条曲线

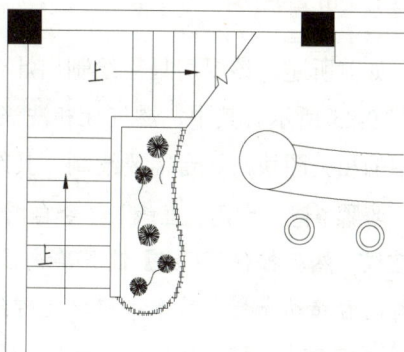

图 9-23　绘制篱笆围栏及植物

2. 布置休息区

休息区设有沙发、茶几、角几及盆景植物等，这些家具及盆景可直接调用本书配套素材中"素材与实例" > "ch09" > "图块"文件夹中的相关图块，其布置效果如图 9-24 所示。

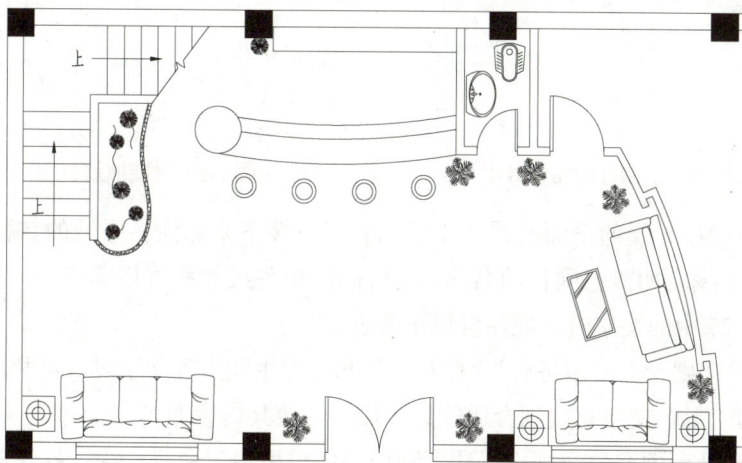

图 9-24　休息区布置效果

> **提示**
> 在布置弧形隔墙处的沙发和茶几时，可在插入该图块后利用"旋转"命令将所插入的图块旋转。旋转时，在指定旋转基点后移动光标，待旋转生成的沙发参照图形与圆弧两端点的连线大致平行时单击即可。

3．布置卫生间

本案例中的卫生间主要为员工使用，其面积较小，因此内部仅设置必需的便池和洗手池。便池和洗手池可直接调用"素材与实例"＞"ch09"＞"图块"文件夹中的相关图块，其布置效果如图 9-24 所示。

4．布置厨房

如前所述，该厨房只需绘制出灶台，以及灶台上的固定设备（如燃气灶和洗涤盆），如图 9-25 所示。其中，燃气灶和洗涤盆可调用"素材与实例"＞"ch09"＞"图块"文件夹中的相关图块，灶台需要绘制，其绘制方法如下。

步骤 1▶ 利用"直线"命令自图 9-26 所示的交点 *A* 处绘制一条长度为 560 mm 的竖直直线，然后按住【Ctrl】键并单击鼠标右键，在弹出的快捷菜单中选择"自"菜单项，接着向右移动光标，待水平极轴追踪线与内侧墙线相交时单击。

步骤 2▶ 水平向左移动光标，输入"560"并回车，然后向下移动光标，绘制图 9-26 所示的竖直直线和水平直线即可。

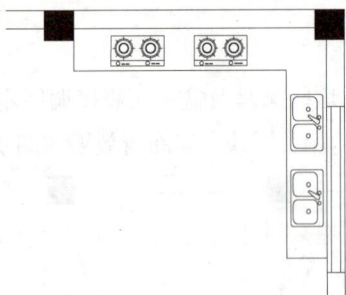

图 9-25　厨房灶台布置效果　　　　图 9-26　绘制灶台

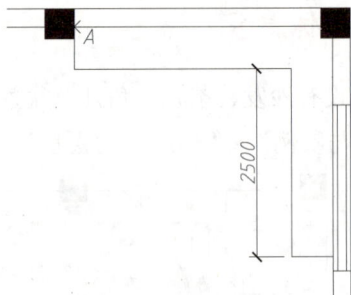

至此，该餐厅一层的平面布置图就绘制完了。接下来标注各区域的名称及抽象设备（或陈设）的名称，如篱笆围栏的名称，最后标注相关尺寸和规格即可，如图 9-27 所示。

标注图 9-27 中的文字时，应注意以下两点。

① 在标注"吧台兼总服务台""休息区"和"卫生间"等文字时，可利用"复制"命令将楼梯处的"上"文字复制到合适位置，然后修改其内容即可。

② 酒柜和灶台的名称及规格尺寸可利用"多重引线"命令标注。标注前，应先设置多重引线的标注样式，即箭头符号为"小点"，大小为"3.5"；"引线结构"选项卡的指定比例为"50"；文字样式为"汉字"，文字高度为"5"。

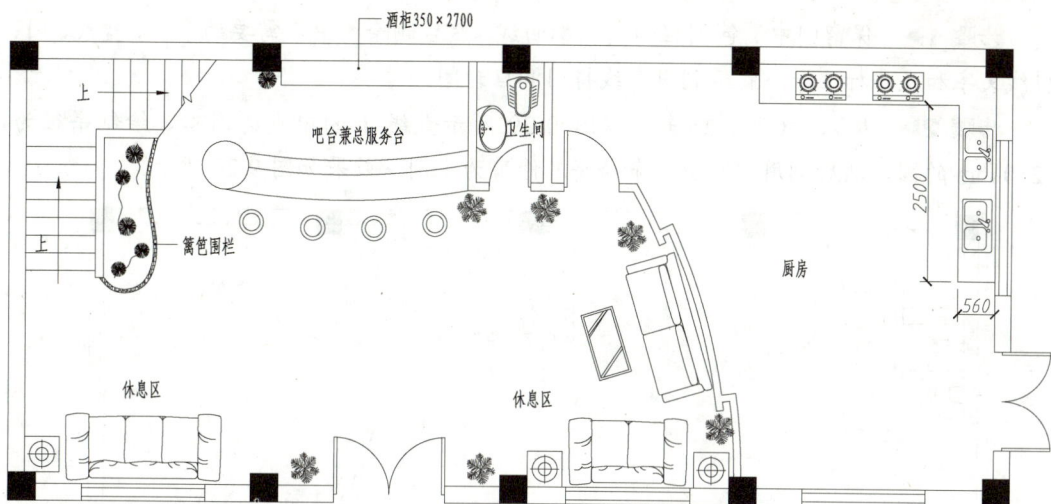

图 9-27　标注餐厅一层平面布置图

9.3　绘制餐厅一层的地面材料图

该餐厅大门入口处的地面设计一个半圆形大理石造型，大理石外侧用宽度为 150 mm 的磨砂玻璃饰面，玻璃内设有灯光；楼梯处弧形篱笆围栏所围成的区域用鹅卵石铺地，大厅其他部分用 600 mm×600 mm 的抛光砖铺地；卫生间和厨房用 300 mm×300 mm 防滑砖铺地，其地面布置效果如图 9-28 所示。

存储路径：素材与实例\ch09\餐厅一层地面材料图.dwg

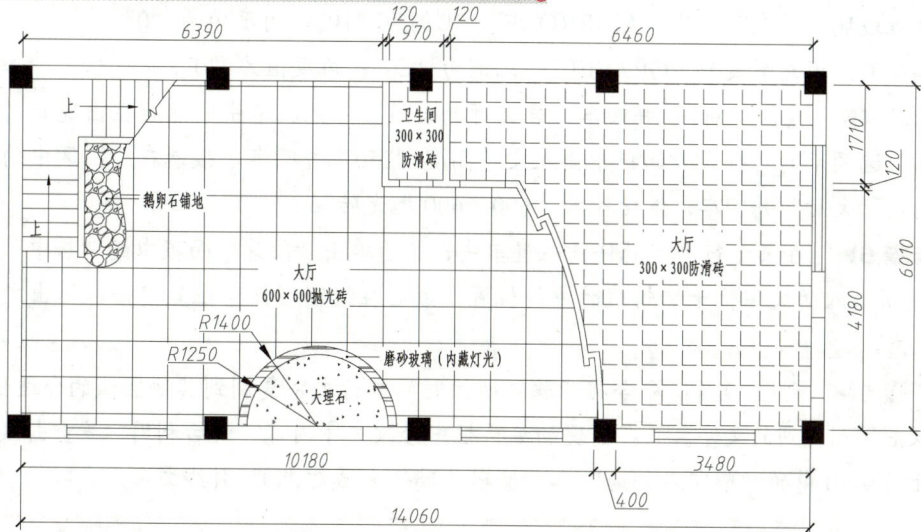

图 9-28　餐厅一层地面材料图

图 9-28 所示的地面材料图可在上节所绘制的平面布置图的基础上绘制，其具体绘制方法如下。

步骤1▶ 保留图中篱笆围栏的内轮廓曲线，然后删除图中不需要的家具、盆景、门、引线文字和尺寸标注等，最后利用直线将门洞口封闭。

步骤2▶ 输入 "C" 并回车，以图 9-29 所示直线 1 的中点为圆心，绘制半径为 1250 mm 的圆，然后利用 "修剪" 命令将其修剪为半圆，效果如图 9-29 所示。

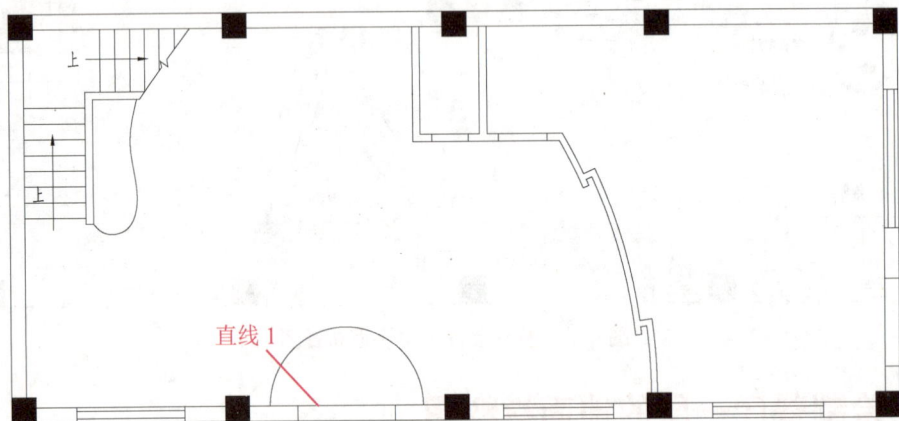

图 9-29　整理图形并绘制半圆

步骤3▶ 利用 "偏移" 命令将上一步所绘制的半圆向其内侧偏移并复制，其偏移值为 "150"，然后利用 "图案填充" 命令为这两部分及弧形篱笆围栏所围成的区域填充图案。各区域的填充图案、比例和角度如下：

　　大理石：填充图案为 "AR-CONC"，比例为 "2"，角度值为 "0"。

　　磨砂玻璃：填充图案为 "AR-RROOF"，比例为 "10"，角度值为 "0"。

　　鹅卵石：填充图案为 "GRAVEL"，比例为 "20"，角度值为 "0"。

步骤4▶ 输入 "MT" 并回车，在大厅的合适位置依次单击，然后在出现的 "文字编辑器" 选项卡的 "样式" 面板中输入文字高度 "250" 并回车，接着在绘图区中的编辑框中输入 "大厅" 并回车，继续输入 "600×600 抛光砖"。

步骤5▶ 在第 1 行文字的任意位置单击，然后单击 "段落" 面板中的 "居中" 按钮▣，使所输入的文字位于编辑框的中间位置，最后在绘图区任意位置单击，退出文字的编辑状态。

步骤6▶ 利用 "复制" 命令将步骤 4 所注写的多行文字复制到其他区域的合适位置，然后双击复制得到的文字，并在出现的编辑框中修改文字内容，最后利用 "多重引线" 命令标注图 9-30 中的 "鹅卵石铺地" 和 "磨砂玻璃（内藏灯光）" 引线文字。

> **提示**　在注写卫生间地面砖的名称时，可在退出文字的编辑状态后选中文字 "卫生间 300×300 防滑砖"，然后通过单击夹点▶并移动光标的方法调整文字，使其位于所属区域内。

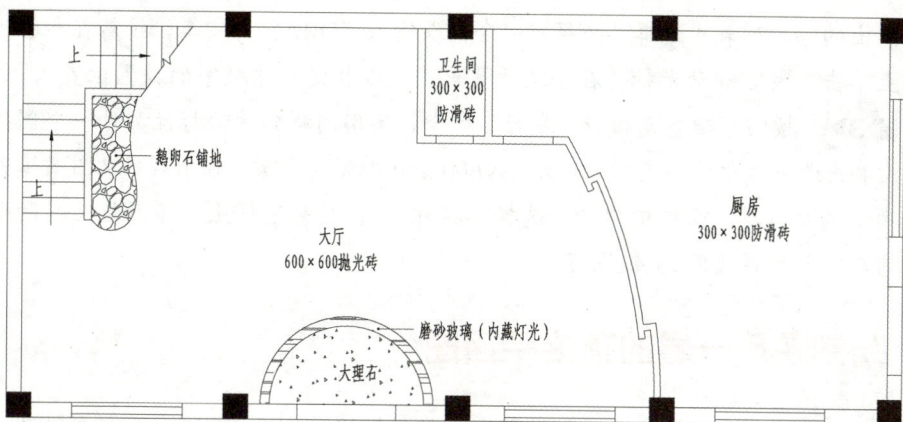

图 9-30　注写相关文字

步骤 7▶ 选中圆形大理石图案，然后在出现的"图案填充编辑器"选项卡的"边界"面板中单击"选择"按钮▣，接着选择文字"大理石"并回车，从而使得图案避开文字填充，最后按【Esc】键退出对对象的选择状态。

步骤 8▶ 利用"图案填充"命令为卫生间和厨房填充"ANGLE"图案，其填充比例为"50"；为大厅的其余部分填充"ANSI37"图案，其填充比例为"200"，效果如图 9-31 所示。

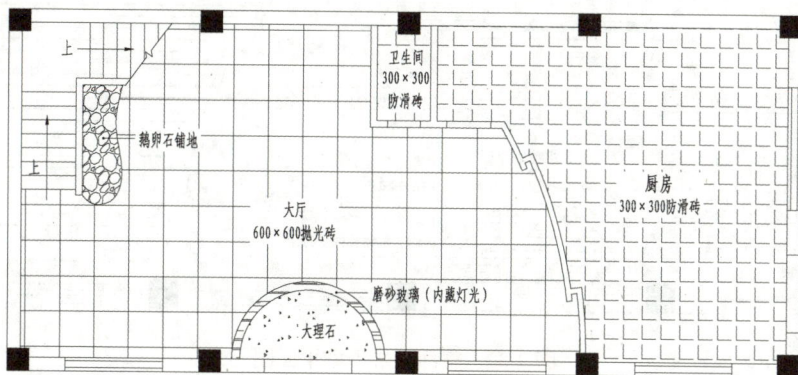

图 9-31　为不同地面填充图案

至此，该地面材料图已经绘制完了，参照图 9-28 所示为该图形标注室内尺寸及地面图案尺寸。其中，圆弧的半径尺寸可按如下方法标注。

步骤 1▶ 输入"D"并回车，然后在打开的"标注样式管理器"对话框中基于"ISO-25"样式创建"半径"样式，即在"符号和箭头"选项卡中将箭头样式设为"实心闭合"，箭头大小设为"7"，在"文字"选项卡中的"文字对齐"设置区中选中"ISO 标准"单选钮，其余采用默认设置。

步骤 2▶ 在"注释"选项卡的"标注"面板中单击"标注"按钮下方的三角符号，

然后在弹出的命令列表中选择"半径"命令，或输入"DRA"并回车，接着在要标注尺寸的圆弧上单击，最后移动光标并在合适位置单击，以指定尺寸数字的放置位置。

步骤 3▶ 按回车键重复执行"半径"命令，采用同样的方法标注另外一个圆弧的半径尺寸。单击选中大厅处填充的 600 mm×600 mm 抛光砖图案，在出现的"图案填充编辑器"选项卡的"边界"面板中单击"选择"按钮，接着选择上一步所标注的两个半径尺寸并回车，最后按【Esc】键即可。

9.4 绘制餐厅一层的顶棚平面图

该餐厅二层以休闲娱乐为主，因此其一层的顶棚设计应突出舒适、明快的视觉感。本案例中，大厅接待区的顶棚采用轻钢龙骨石膏板，卫生间和厨房的顶棚采用铝扣板，如图 9-32 所示，其灯具图例如图 9-33 所示。

存储路径：素材与实例\ch09\餐厅一层顶棚平面图.dwg

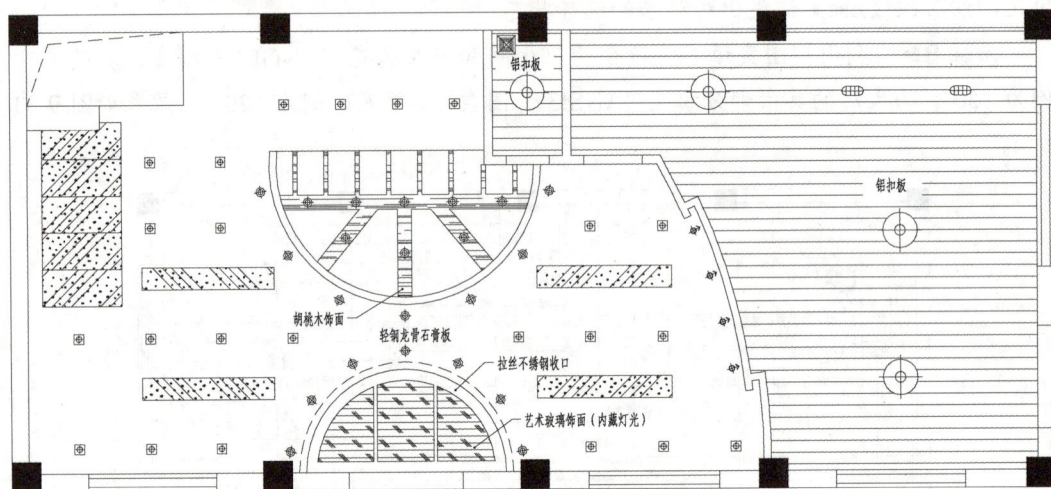

图 9-32 餐厅一层顶棚平面图

> 由图 9-32 可知，门厅处的顶棚造型与地面造型相呼应，吧台处的顶棚造型与吧台的形状及门厅处顶棚的造型风格相吻合。除了上述这种设计方案外，读者还可以根据自己的想法设计并绘制其顶棚造型。

图例说明	
⊕	单头斗胆灯
⊞	防水灯
⊕	筒灯
⊙	吸顶灯
⇔	有向射灯
⊠	排气扇
▨	磨砂玻璃饰面（内藏灯光）

图 9-33 灯具图例

9.4.1　绘制顶棚造型

要绘制图 9-32 所示的顶棚平面图，可先将 9.3 节所绘制的 "一层地面材料图.dwg" 图形另存为 "一层顶棚平面图.dwg"，保留地面图案中的两个半圆，然后关闭 "尺寸" 图层，删除不需要的文字、图案及楼梯图形，再按如下方法绘制。

1．绘制二楼入口处的楼梯

步骤 1▶　输入 "PL" 并回车，然后绘制图 9-34 所示的两条多段线和斜线，以表示二楼入口处的楼梯位置，最后将所绘制的图形置于 "楼梯" 图层。

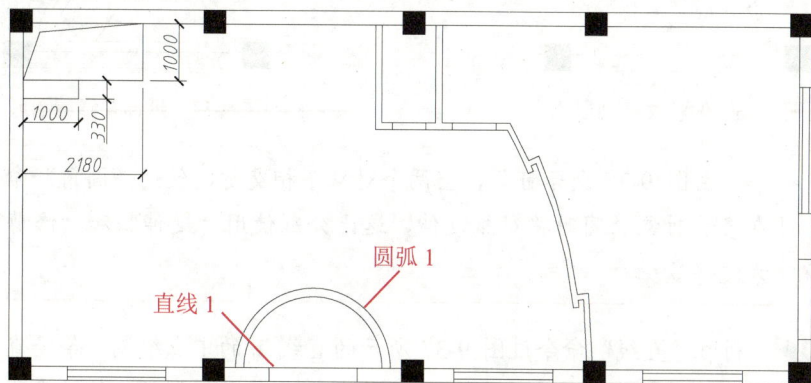

图 9-34　整理图形并绘制楼梯图形

步骤 2▶　在 "默认" 选项卡 "特性" 面板的 "线型" 列表框中单击，在弹出的下拉列表中选择 "其他" 选项，然后在打开的 "线型管理器" 对话框中加载 "DASHED" 线型。

步骤 3▶　选中图 9-34 中绘制的斜线，然后在 "特性" 面板的 "线型" 列表框中单击，并在弹出的下拉列表中选择上步所加载的 "DASHED" 线型；单击 "特性" 面板右下角的 ⬛ 按钮，然后在弹出的 "特性" 选项板中将 "线型比例" 设为 "0.3"，效果如图 9-35 所示。

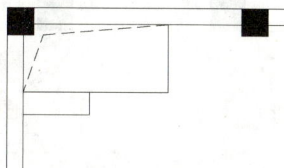

图 9-35　调整对象的线型

2．绘制门厅入口处的吊顶造型

步骤 1▶　利用 "偏移" 命令将图 9-34 所示的直线 1 向上偏移 150 mm，接着将圆弧 1 向上偏移 100 mm；单击 "默认" 选项卡 "特性" 面板中的 "特性匹配" 按钮 ⬛，然后单击图 9-35 中的虚线, 以指定匹配源对象, 接着在偏移得到的圆弧上单击, 以指定要匹配的对象, 最后按回车键结束命令, 效果如图 9-36 所示。

知识库 　　使用"特性匹配"命令, 可将绘图区中已有图形对象的颜色、图层、线型、线型比例、线宽等属性一次性复制给目标对象, 也可以将源文字对象的字体、字高等属性复制给目标对象。

步骤 2▶ 输入"F"并回车, 然后根据命令行提示将半径值设为 0, 接着对圆弧和偏移所得到的水平直线进行圆角处理, 效果如图 9-37 所示。

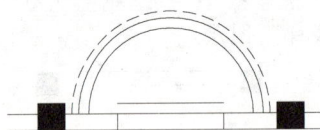

图 9-36　偏移并复制对象　　　　　　　图 9-37　延伸并修剪图形

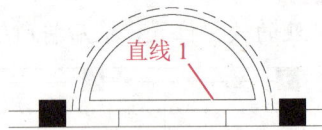

知识库 　　由图 9-37 所示可知, 当两个对象不相交时, 使用"圆角"命令可以在修剪对象的同时将对象延伸, 这比分别使用"延伸"和"修剪"命令方便得多。

步骤 3▶ 利用"直线"命令过图 9-37 所示的直线 1 的中点绘制一条竖直直线, 然后将其向左右两侧偏移, 其偏移值均为 400 mm, 接着将偏移得到的左侧的直线向左偏移 50 mm, 右侧的直线向右偏移 50 mm, 最后修剪图形, 效果如图 9-38 所示。

步骤 4▶ 利用"图案填充"命令填充"CORK"图案, 其填充比例为"30", 效果如图 9-39 所示。

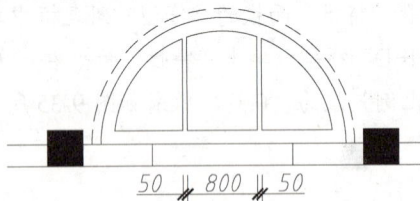

图 9-38　偏移并修剪图形　　　　　　　图 9-39　图案填充效果

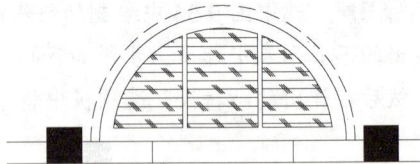

3. 绘制吧台处的吊顶造型

步骤 1▶ 输入"C"并回车, 捕捉图 9-37 所示直线 1 的中点, 然后向上移动光标, 接着捕捉图 9-40 所示的端点 A 并向左移动光标, 待两条极轴追踪线垂直相交时单击, 绘制半径为 1800 mm 的圆, 最后利用"偏移"命令将该圆向其外侧偏移 200 mm, 效果如图 9-40 所示。

步骤 2▶　利用"直线"命令过偏移所得到的圆的左象限点绘制一条水平直线，然后利用"偏移"命令将该直线向其上方偏移 200 mm，向其下方分别偏移 400 mm 和 600 mm，最后利用"修剪"命令修剪图形，结果如图 9-41 所示。

步骤 3▶　利用"直线"命令过图 9-41 所示直线 1 的中点绘制一条竖直直线，然后将该直线分别向其左右两侧偏移，偏移值为"100"，最后利用"修剪"命令修剪图形，效果如图 9-42 所示。

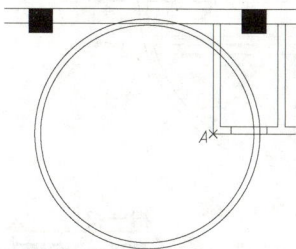

图 9-40　绘制同心圆　　　图 9-41　绘制直线 ①　　　图 9-42　绘制直线 ②

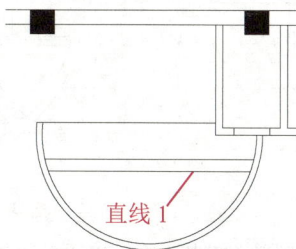

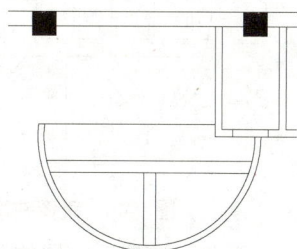

步骤 4▶　选中上步所绘制的两条平行直线，然后单击"默认"选项卡"修改"面板中的"阵列"按钮右侧的三角符号，在弹出的命令列表中选择"环形阵列"命令，接着捕捉圆弧的圆心并单击，以指定阵列中心。

步骤 5▶　在"阵列创建"选项卡"项目"面板中的"数目数"编辑框中输入"2"并回车，在"介于"编辑框中输入"40"并回车，接着单击"特性"面板中的"基点"按钮，使其不被选中，最后按【Esc】键结束命令，效果如图 9-43 所示。

步骤 6▶　利用"镜像"命令将上一步阵列得到的两条直线进行镜像，最后利用"修剪"命令修剪图形，效果如图 9-44 所示。

步骤 7▶　利用"矩形"命令在绘图区合适位置绘制一个尺寸为 60 mm×600 mm 的矩形，然后参照图 9-44 所示的尺寸将其移动到合适位置；利用"分解"命令将该矩形分解，并删除其上、下两条水平直线。

步骤 8▶　选中上一步得到的两条竖直直线，然后单击"修改"面板中的"阵列"按钮右侧的三角符号，在弹出的命令列表中选择"矩形阵列"命令，将列数设为"4"，列距设为"440"，其阵列效果如图 9-45 所示。

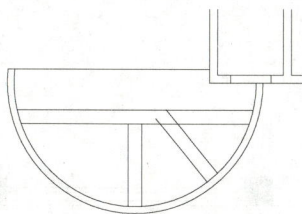

图 9-43　环形阵列图形　　　图 9-44　镜像并修剪图形　　　图 9-45　矩形阵列效果

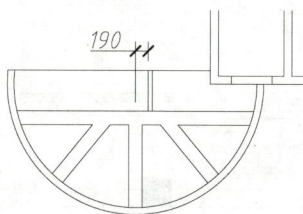

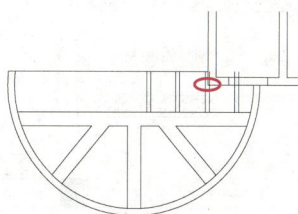

步骤 9▶ 利用"镜像"命令将阵列得到的 4 组平行线进行镜像，然后利用"直线"命令在图 9-45 所示位置处绘制一条水平直线，接着利用"修剪"命令修剪掉多余的图形，效果如图 9-46 所示。最后利用"图案填充"命令为吧台吊顶填充"AR-RROOF"图案，填充比例为"7"，效果如图 9-47 所示。

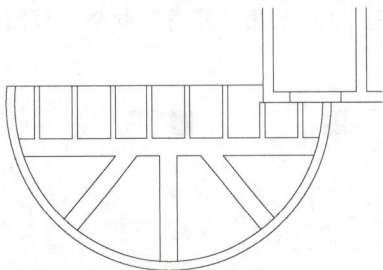

图 9-46　镜像并修剪图形

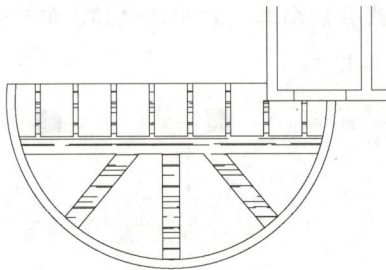

图 9-47　填充图案效果

扫一扫

视频讲解

至此，该餐厅一层的顶棚造型就绘制完了。接下来可根据顶棚的造型来布置各灯具。

9.4.2　布置顶棚灯具

该餐厅接待区的主要照明区域为大厅两侧的休息区和楼梯台阶处。因此，可在两侧休息区共设 4 块尺寸为 1860 mm×300 mm 的磨砂玻璃面板灯（内藏灯光），楼梯处设置 5 块尺寸为 1100 mm×500 mm 的磨砂玻璃面板灯。

此外，还可在吧台上方的胡桃木条形板内设筒灯，在大厅的其他位置设单头斗胆灯，在弧形墙处设有向射灯，从而营造温馨、舒适的氛围，其灯具布置如图 9-48 所示。

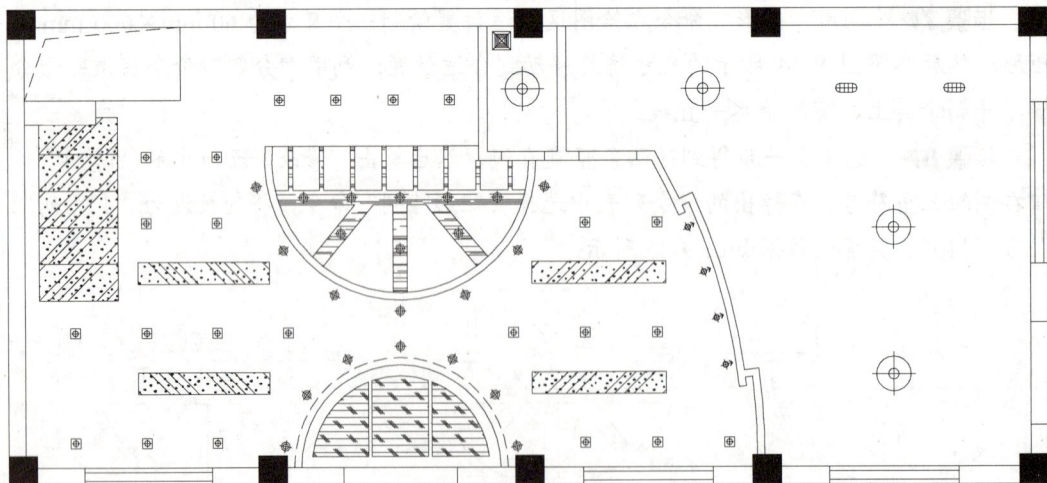

图 9-48　灯具布置效果

图 9-48 所示的灯具中，除磨砂玻璃面板灯外，其余灯具均可调用"素材与实例" >
"常用图块"文件夹中的相关灯具图块，但在布置时需注意其位置及排列方式。下面讲解
这些灯具的具体布置方法。

步骤 1▶　输入"REC"并回车，然后按住【Ctrl】键并单击鼠标右键，在弹出的快捷
菜单中选择"自"菜单项；捕捉图 9-49 所示直线 1 的中点并单击，接着输入"@1840，
1000"并回车，继续输入"@1860，300"并回车。

步骤 2▶　输入"H"并回车，然后为上一步绘制的矩形填充"AR-SAND"和"ANSI34"
图案，其填充比例分别为"5"和"30"，最后利用"矩形阵列"命令将该矩形和所填充的
图案进行阵列，其行数为"2"，行距为"1500"，效果如图 9-49 所示。

步骤 3▶　利用"镜像"命令将上一步阵列所得到的两个矩形及其内部的图案进行镜
像，其镜像线为以图 9-49 中直线 1 的中点为起点的任意长度的竖直直线。

步骤 4▶　隐藏"柱子"图层，然后输入"REC"并回车，接着选择右键快捷菜单中
的"自"菜单项；捕捉并单击图 9-50 所示的端点 A，接着输入"@200，2280"并回车，
最后绘制尺寸为 1100 mm×500 mm 的矩形。

步骤 5▶　利用"图案填充"命令为上一步绘制的矩形填充"AR-SAND"和"ANSI34"
图案，然后利用"矩形阵列"命令将该矩形及其图案进行阵列，其行数为"2"，行距为"1500"，
最后利用"修剪"命令修剪图形，效果如图 9-51 所示。

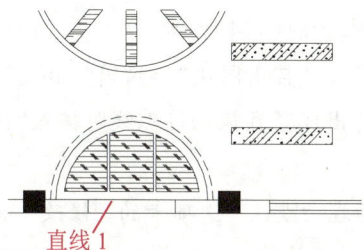

图 9-49　绘制并阵列图形　　　图 9-50　绘制矩形　　　图 9-51　矩形阵列效果

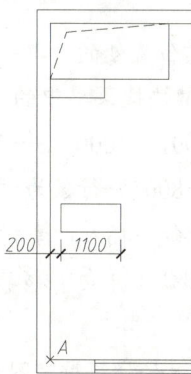

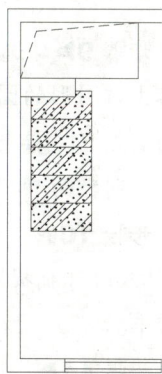

提示　当使用"修剪"命令不能修剪掉填充的图案时，可先将所填充的图案删除，然后再重新为其填充图案。

步骤 6▶　输入"I"并回车，然后在打开的对话框中选择"素材与实例" >"常用图
块" >"单头斗胆灯.dwg"图块，采用默认的插入比例和旋转角度，最后单击"插入"对
话框中的"确定"按钮；按住【Ctrl】键并单击鼠标右键，然后选择"自"菜单项，接着
单击图 9-52 中的端点 A 后输入"@700，335"并回车，即可插入该图块。

步骤 7▶ 选中上一步插入的"单头斗胆灯"图形，然后单击"修改"面板中的"矩形阵列"按钮，在弹出的"阵列创建"选项卡中将列数设为"4"，列距设为"1000"，行数设为"3"，行距设为"1500"，并不选中"特征"面板中的"关联"按钮，最后删除多余的"单头斗胆灯"图块，效果如图 9-52 所示。

步骤 8▶ 选中上一步阵列得到的所有"单头斗胆灯"图形，然后将其以圆弧形顶棚造型的竖直中心线为镜像线进行镜像，接着删除镜像得到的多余的"单头斗胆灯"图形，最后利用"复制"命令将图 9-52 中最上方的两个"单头斗胆灯"图形向其上方复制，其复制距离为"900"，效果如图 9-53 所示。

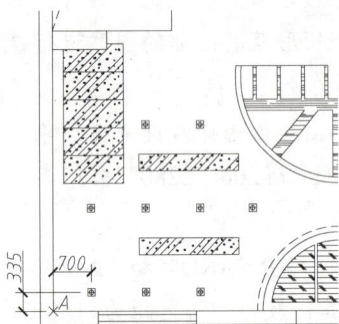

图 9-52　阵列"单头斗胆灯"图形　　　　图 9-53　复制并镜像图形

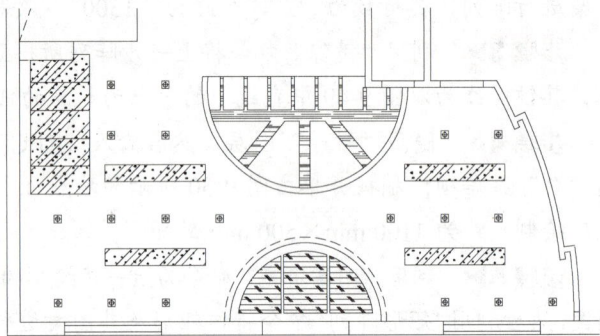

步骤 9▶ 选中绘图区任意位置处的"单头斗胆灯"图形，输入"CO"并回车，捕捉并单击该图形的圆心；选择右键快捷菜单中的"自"菜单项，然后捕捉并单击图 9-54 所示的端点 B，接着输入"@-400，-1000"并回车，最后将复制得到的该图块进行矩形阵列，其列数为"4"，列距为"-800"，行数为"1"，效果如图 9-54 所示。

步骤 10▶ 利用"插入"命令插入"素材与实例" > "常用图块" > "筒灯.dwg"图块，插入时可捕捉图 9-54 中的圆弧 1 并向下移动光标，待出现竖直极轴追踪线时输入"150"并回车。

步骤 11▶ 选中上一步插入的"筒灯"图形，然后在"默认"选项卡的"修改"面板中选择"环形阵列"命令；捕捉图 9-54 所示圆弧 1 的圆心并单击，接着在出现的"阵列创建"选项卡的"项目"面板中输入填充角"80"并回车，输入项目数"4"并回车，最后按【Esc】键结束命令，效果如图 9-55 所示。

步骤 12▶ 利用"镜像"命令将上一步阵列得到的筒灯以圆弧 1 的竖直对称中心线为镜像线进行镜像，然后利用"直线"和"复制"命令布置胡桃木板上的 4 个"筒灯"图形，如图 9-56 所示。即先利用"直线"命令绘制出这 4 条胡桃木板的对称中心线，然后再利用"复制"命令将绘图区任意位置处的"筒灯"图形复制到对称中心线的中心位置处即可。

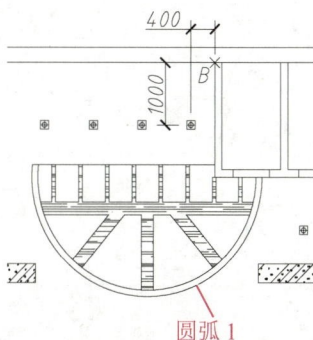

图 9-54　复制并阵列图形　　　图 9-55　阵列图形　　　图 9-56　复制"筒灯"图形

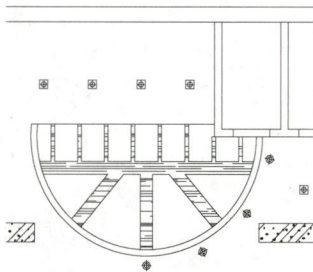

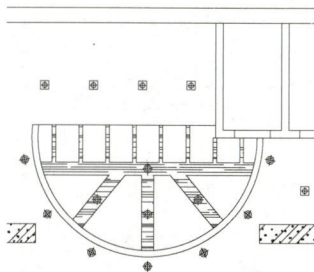

步骤 13▶　利用"矩形阵列"命令将水平胡桃木上的"筒灯"图形进行阵列，其列数为"3"，列距为"680"，然后利用"镜像"命令将阵列得到的两个筒灯图形进行镜像，其镜像线为水平胡桃木的竖直对称中心线，最后删除所填充的胡桃木图案，并重新为其填充图案，效果如图 9-57 所示。

步骤 14▶　采用同样的方法将绘图区中已有的"筒灯"图形复制到图 9-58 所示"150"位置处，然后利用"环形阵列"和"镜像"命令将其进行阵列并镜像，其阵列时的填充角度值为"80"，项目数为"4"，效果如图 9-58 所示。

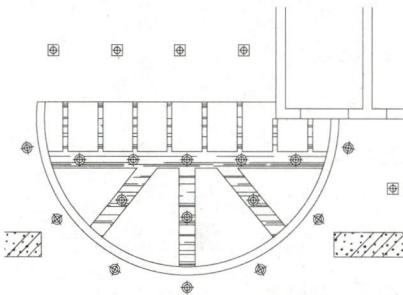

图 9-57　阵列并复制图形 ①　　　　　　图 9-58　阵列并复制图形 ②

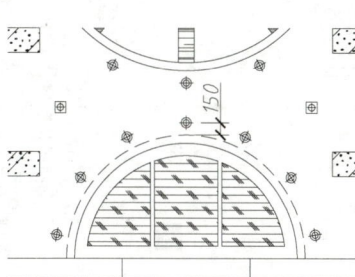

步骤 15▶　利用"偏移"命令将图 9-59 所示的圆弧 1 向其左侧偏移 150 mm，然后将直线 1 向其下方偏移 200 mm，接着利用"插入"命令将"素材与实例" > "常用图块" > "有向射灯.dwg"图块插入偏移所得到的两个对象的交点处，其插入时的旋转角度值为"30"，效果如图 9-59 所示。

步骤 16▶　选中上步插入的"有向射灯"图形，然后在"默认"选项卡的"修改"面板中选择"路径阵列"命令；根据命令行提示选择上步偏移所得到的圆弧，以指定阵列路径，接着在出现的选项卡的"项目"面板中输入阵列距离"650"并回车，最后删除不需要的辅助线，效果如图 9-60 所示。

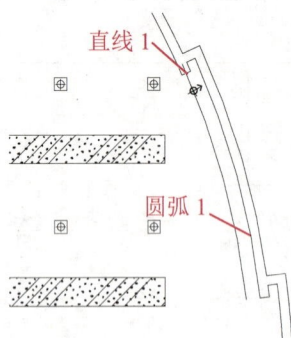

图 9-59　插入"有向射灯"图块　　　　　图 9-60　按路径阵列图形

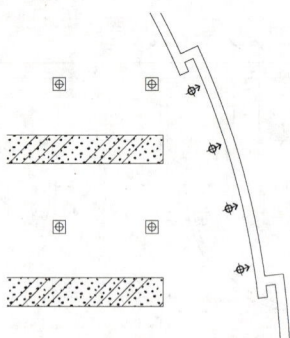

步骤 17▶ 参照图 9-61 所示尺寸，将"素材与实例">"常用图块"文件夹中的"吸顶灯.dwg"和"防雾灯.dwg"图块插入合适位置。

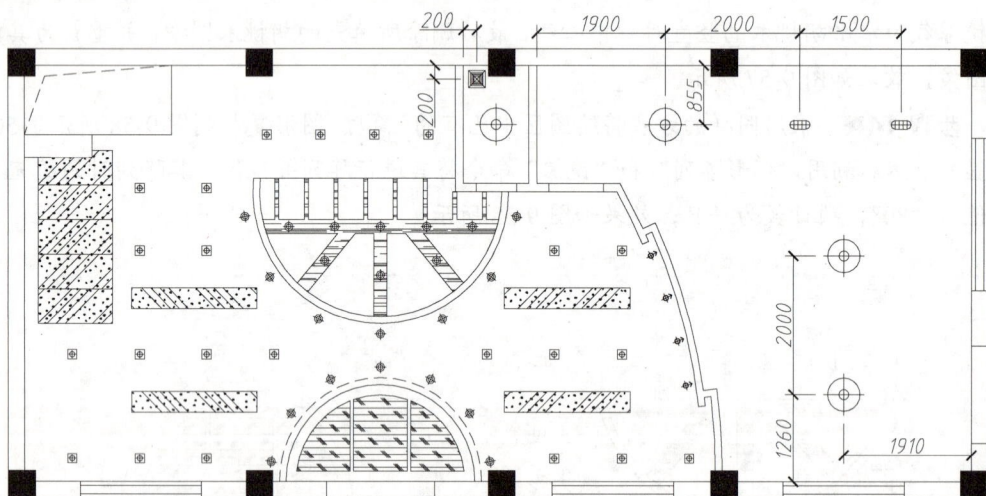

图 9-61　布置卫生间和厨房的灯具

> **提示**　由于厨房中的橱柜及其他电器的位置需要根据餐厅的食品类型和加工工艺等因素确定，因此厨房处可暂且布置 3 个吸顶灯和 2 个防雾灯。

至此，该餐厅一层顶棚平面图中的所有灯具就布置完了，最后还需要绘制图 9-33 所示的灯具图例。该灯具图例表既可以使用"直线"和"复制"命令绘制，也可以利用"表格"命令绘制，其中的文字可使用"单行文字"命令注写，其字高为"150"。

9.4.3　标注顶棚平面图

　　绘制完顶棚造型并布置好灯具后，还需要标注吊顶材料名称、不同位置的标高、不同功能区的尺寸及灯具的定位尺寸等。由于该餐厅一层顶棚平面图中的灯具较多，且顶棚造型较复杂，因此可将顶棚尺寸及灯具的定位尺寸分开标注。顶棚平面图的相关尺寸如图 9-62 所示。

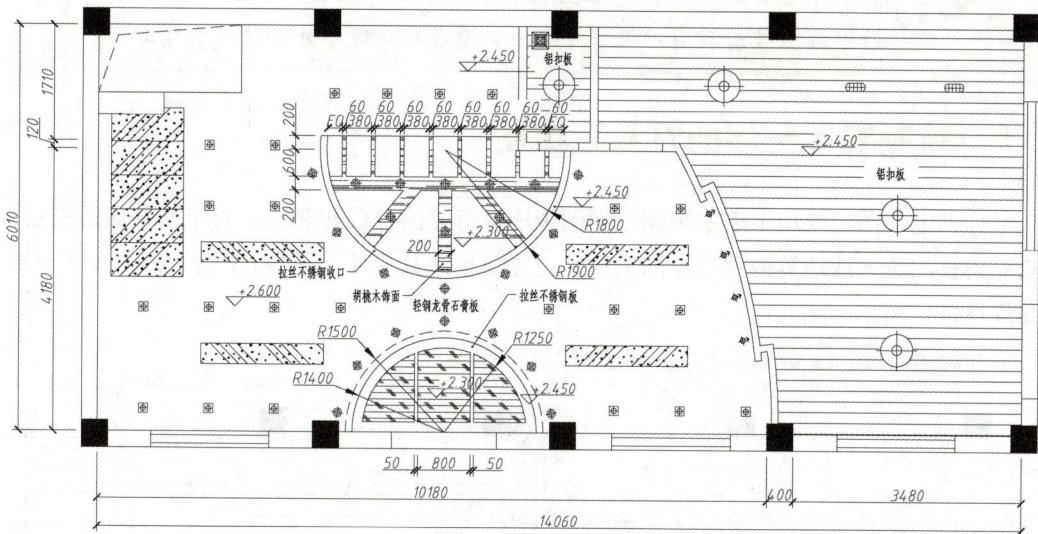

图 9-62　顶棚平面图尺寸标注效果

> **提示**
> 　　为了使读者能够清楚地看到该顶棚平面图中所标注的文字和相关尺寸，图 9-63 中省略了本平面图中的灯具图例，以下类似情况不再赘述。

　　该大堂顶棚平面图可按照"标高符号→文字→尺寸"的顺序标注，标注时应注意以下几点。

　　① 标高符号可直接调用"素材与实例">"常用图块">"标高符号.dwg"图块，并将其放大 50 倍插入合适位置。

　　② 带有引线的文字可使用"多重引线"命令标注，标注前需先将多重引线样式"Standard"的全局比例设为"30"。在注写其他单行文字时，可将文字高度设为"150"。

　　③ 标注半径尺寸时，应先输入"D"并回车，然后在打开的"标注样式管理器"对话框中将"半径"样式的全局比例设为"30"，并将该样式设为当前样式，最后再利用"注释"选项卡"标注"面板中的"半径"命令标注圆弧的半径尺寸。

　　④ 标注线型尺寸时，应先将"ISO-25"样式的全局比例设为"30"，然后将该样式设为当前样式后再进行标注。

⑤ 如果所标注的尺寸数字、文字或标高符号位于填充图案上，可先选中所填充的图案，然后在打开的选项卡的"边界"面板中单击"选择"按钮 ，接着单击选择图案上的尺寸标注、文字或标高符号并回车，从而使所填充的图案避开这些对象填充。

> **提示**
>
> 《房屋建筑制图统一标准》（GB/T 50001—2017）中规定，所有图线不得通过尺寸数字。为此，在标注吧台上方顶棚处胡桃木的尺寸后，可先利用"分解"命令将卫生间的墙体分解，然后在合适位置绘制必要的辅助线，最后利用"修剪"命令将通过尺寸数字处的墙线剪断即可。

9.5　绘制餐厅一层的灯具定位图

灯具定位图主要用于表示顶棚平面图中所有灯具的位置和名称，对于一些如透光板、亚克力板、透光玻璃等内藏灯光的型材，还需要标注其尺寸，图 9-63 所示为该餐厅一层的灯具定位图。

存储路径：素材与实例\ch09\餐厅一层灯具定位图.dwg

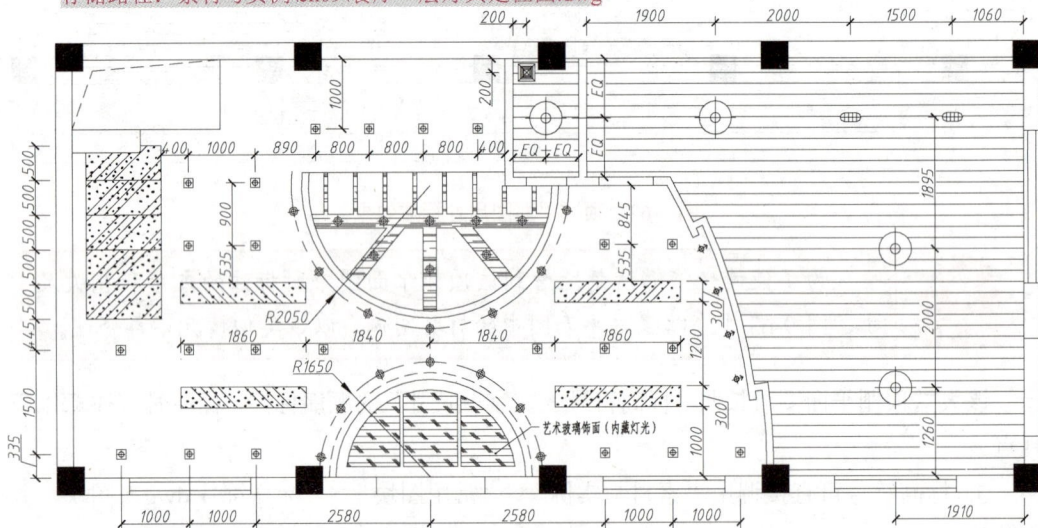

图 9-63　灯具定位尺寸

该灯具定位图可在 9.4 节所绘制的"顶棚平面图.dwg"的基础上绘制，即先删除顶棚平面图中不需要的标高符号、文字及尺寸标注，然后采用相同的尺寸标注样式和多重引线样式，标注图 9-63 所示的引线文字和尺寸。标注尺寸时，应注意以下几点。

① 删除不需要的标高符号、文字及尺寸标注后，应选中所填充的图案，然后在弹出的"图案填充编辑器"选项卡"边界"面板中单击"删除"按钮 ，接着在所填充区域内依次单击删除内容后的区域边界线，如图 9-64（a）所示，最后按回车键，即可为删除

对象后的区域填充图案，如图 9-64（b）所示。

②　对于门厅和吧台上方吊顶处按圆弧排列的筒灯，可先利用"偏移"命令分别将最外侧的圆弧向其外侧偏移 150 mm，然后将偏移得到的圆弧的线型改为"CENTER"，最后在"特性"选项板中将这两个圆弧的线型比例设为"0.4"。

③　将"半径"标注样式置于当前样式，并利用"半径"命令为偏移所得到的两个中心线圆弧标注半径尺寸。

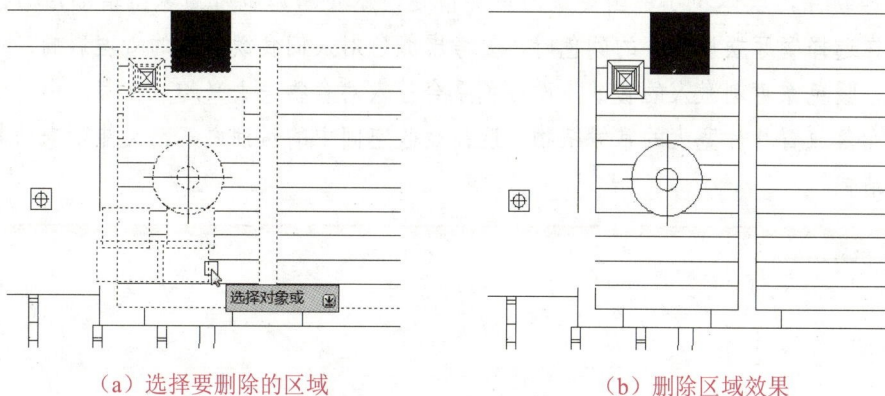

（a）选择要删除的区域　　　　　　　　　　（b）删除区域效果

图 9-64　删除填充区域效果

拓展园地——餐厅设计与中华传统文化的关系

　　中华传统文化对餐厅空间有许多内在的和外显的影响。这些影响体现在餐桌的形状、餐桌的材质、餐厅的摆设等多个方面。

1. 餐桌的形状

　　中华传统文化中讲究"天圆地方"，大多数家庭中，餐桌的形状是圆形或方形的。

　　圆形餐桌形如满月，象征一家老小团圆，亲密无间。同时，圆形餐桌可以很好地体现中国人对"长幼尊卑"观念的注重，人们在用餐时，可以很自然地按照传统的礼序来落座。

　　方形餐桌可分为正方形餐桌和长方形餐桌两种。正方形餐桌又可分为"四仙桌"和"八仙桌"，方正平稳，功能性强。长方形餐桌中，最常见的为六人位餐桌，尺寸适中，可横可竖，灵活方便，适应性强。

2. 餐桌的材质

　　在古代，餐桌多为木制，触感温润。现代餐桌的材质更为多样，不仅有木质的，还有大理石、玻璃、金属及其他复合材料的。餐桌的取材应符合以下原则：① 表面易于清理；② 耐腐蚀、耐高温；③ 在使用过程中，不能释放任何对人体有害的物质，不能污染食物。

3. 餐厅的摆设

餐厅的摆设可以为餐厅带来"声""色""味"。例如，在餐厅中摆设鱼缸、盆景等物件，就体现了中国传统的审美情趣，水声潺潺也可为家里增添活力。此外，在选择餐厅摆设物件的颜色时，要考虑颜色对人们食欲产生的心理影响，一般来说，暖色系可刺激人的食欲，而冷色系会让人对食物失去兴趣。在餐厅中，还可以在角落放置叶片宽大的常绿植物，既能吸收空间中的污浊之气，又能带来植物特有的清香。

参考文献

[1] 陈志民. AutoCAD 建筑设计与施工图绘制课堂实录 [M]. 北京：清华大学出版社，2015.

[2] 姜勇. AutoCAD 建筑设计标准教程 [M]. 北京：人民邮电出版社，2016.

[3] 胡海燕. 建筑室内设计：思维、设计与制图 [M]. 2 版. 北京：化学工业出版社，2014.

[4] 张英杰. 建筑室内设计制图与 CAD [M]. 北京：化学工业出版社，2016.

[5] 周宇，刘珊. 办公建筑室内设计 [M]. 北京：中国建筑工业出版社，2011.

[6] 李军，陈雪杰，孚祥建材，等. 室内装饰装修材料应用与选购 [M]. 北京：人民邮电出版社，2016.